高等教育建筑类专业系列教材

城乡基础设施规划

主编　刘　勇
副主编　张继刚　刘冠东
　　　　魏亚建　高　策

重庆大学出版社

内容提要

本书系统地阐述了城乡基础设施规划的范畴、规划设计的原则和方法,包括城乡给水、排水、电力、电信、燃气、供热、环卫、防灾、人防、管线综合等基础设施规划的工作程序,以及基础资料、负荷的预测和计算、主要设施布置、管线敷设、防护措施等内容。力求使读者掌握城乡基础设施规划的基本内容,并通过计算,从量化角度科学合理地规划出各种基础设施,为进行综合性城乡规划打下基础。

书中突出了与我国现行的各层次城乡规划的相关性,注重城乡基础设施规划的系统性、先导性和实用性,结合有关各专业最新的规范和标准,技术经济指标和新技术、新方法,以及工程规划图例等内容,以供读者参考使用。

本书可供高等院校城乡规划及相关专业学生作为教材使用,也可供城乡建设领域教学科研人员学习参考。

图书在版编目(CIP)数据

城乡基础设施规划 / 刘勇主编. –– 重庆 : 重庆大学出版社, 2023.2(2024.11 重印)
高等教育建筑类专业系列教材
ISBN 978-7-5689-3682-8

Ⅰ. ①城… Ⅱ. ①刘… Ⅲ. ①城乡规划—中国—高等学校—教材②市政工程—基础设施建设—中国—高等学校—教材 Ⅳ. ①TU984.2②TU99

中国国家版本馆 CIP 数据核字(2023)第 004728 号

高等教育建筑类专业系列教材
城乡基础设施规划
CHENGXIANG JICHU SHESHI GUIHUA
主 编 刘 勇
副主编 张继刚 刘冠东 魏亚建 高 策
策划编辑:王 婷
责任编辑:陈 力 版式设计:王 婷
责任校对:关德强 责任印制:赵 晟
*
重庆大学出版社出版发行
出版人:陈晓阳
社址:重庆市沙坪坝区大学城西路 21 号
邮编:401331
电话:(023) 88617190 88617185(中小学)
传真:(023) 88617186 88617166
网址:http://www.cqup.com.cn
邮箱:fxk@ cqup.com.cn(营销中心)
全国新华书店经销
重庆升光电力印务有限公司印刷
*
开本:787mm×1092mm 1/16 印张:23 字数:590 千
2023 年 3 月第 1 版 2024 年 11 月第 2 次印刷
ISBN 978-7-5689-3682-8 定价:59.00 元

前　言

万物发展，固因根基，城市和乡村建设的发展亦是如此。

2022年10月，习近平总书记在中国共产党第二十次全国代表大会开幕会上作报告时指出，未来五年我国要深化教育领域综合改革，加快推动产业结构、能源结构、交通运输结构等调整优化，积极稳妥推进碳达峰碳中和，推进以人为核心的新型城镇化，加强城市基础设施建设。当前站在"两个一百年"的关键节点上，下一阶段的主要目标就是团结带领全国各族人民全面建成社会主义现代化强国、实现第二个百年奋斗目标，以中国式现代化全面推进中华民族伟大复兴。要实现这一宏伟目标，就要统筹城乡及区域协调发展，提高城乡规划、建设、管理水平，加强城乡基础设施建设，助推工业、建筑、交通等领域清洁低碳转型。随着形势的不断发展变化，城乡一体化的发展方兴未艾，城乡基础设施规划工作的发展还需上下求索，广度、深度也必须不断升级。

当前我国巩固了脱贫攻坚成果，全面推进乡村振兴，完成了神舟十三号、十四号、十五号接力腾飞，中国空间站全面建成、白鹤滩水电站全面投产，说明我国正处于全面建设社会主义现代化国家开局起步的关键时期，当前发达国家包括综合管廊在内的基础设施比较完善，正在推动传统基础设施同信息通信、人工智能等技术的结合，实现基础设施向数字化、智能化融合发展，全球也正在发生着百年未有之大变局。国家倡导的和人民需要的就是我们追求的，目前，我国通过构建"双循环"新发展格局，城镇化率从2014年的54.77%大幅提升至2022年的65.22%。但城市与乡村、一线城市与二线和三线城市之间的发展不平衡，中国的城镇化能否全面实现高质量发展，重点在于广大县城和乡镇区域。补足小城镇短板，优化现有大城市建设举措，特别是基础设施方面的改善，成为现阶段城镇建设的重点。

与此同时，人与自然的矛盾日益突出，城乡基础设施建设的推进存在量不足、质不高、变化大、运行管理粗放等缺点，如何在充分考虑这些限制因素的基础上提升功能，充分利用自然资源为城乡建设服务，保证城乡居民生活生产的舒适性，将是我们探究的主题。

为响应我国现阶段的新型城镇化建设和乡村振兴工作的号召，以推动高质量发展、创造高品质生活、实现高效能治理为目标，适应新时代城乡发展和城乡规划面临的重大变革，根据教育部、自然资源部、住房和城乡建设部以及全国高等学校城乡规划专业教学指导分委员会对城乡规划专业课程改革的要求，我们团队编写了《城市工程系统规划》一书。该书作为部分高等院校城乡规划专业的教材，相关专业的教辅用书，在各高等院校和科研院所被广泛使用，得到了良好的反响。综合考虑国家、社会以及教育部门的需要，我们团队在原教材的基础上，根据团队多年的教学和工作经验进行了补充研究，并将教材名称改为《城乡基础设施规划》，其覆盖面广、探究内容前瞻性强，符合国家建设改革潮流，适应国家发展和学科建设要求。本版教材是在城乡基础设施规划的动态发展基础上进行编写的，除在各章节中阐述城乡基础设施规划的相关知识外，还增加了典型案例、问题思考等内容，将城乡规划学科的工程性、艺术性以及人文性融合进本书内容，使结构更加紧密，系统性更强。

本书编写历时两年多，在本书编写的过程中，城乡基础设施规划的相关领域内各级标准及技术规范指标在不断地修订和更新，在使用过程中应以最新颁布的技术规范为准。

最后，对于本书所参阅文献的作者以及因疏漏而未列入参考文献的作者，致以最真诚的感谢！也衷心感谢长安大学多位领导和老师的大力支持！同时也对西安建苑（集团）有限公司连芳、苗建武、汪伟、李晓飞、樊志杰、王争利等的大力支持表示感谢。由于现代化发展的脚步不断加速，且编写人员水平有限，书中难免有不足之处，恳请读者指正。

编　者

2023 年 3 月

目　录

1

绪 论

导入语：

　　城乡基础设施是指为社会生产和居民生活提供公共服务的物质工程设施，是用于保证国家或地区社会经济活动正常进行的城市后勤系统。城乡基础设施系统由城市交通、给水、排水、供电、燃气、供热、通信、环境卫生、防灾等工程及农村生产、生活、生态环境、社会发展等基础设施组成，是区域经济、社会发展的支撑体系。

　　本章关键词：工程系统；相关联系；规划要素；规划体系

1.1 城乡基础设施规划的构成与作用

1.1.1 城乡基础设施概述

　　习近平总书记在 2019 年十三届全国人大二次会议代表团审议会议中针对乡村基础设施问题提出先规划后建设的原则。然而，我国乡村基础设施建设长期处于薄弱环节，为补齐乡村基础设施短板，促进城乡统筹发展，基础设施建设必须从城市的单一视角转到城市与乡村的统一视角。现有的各高校使用的工程系统规划方面教材，大多侧重于城市的相关基础设施建设，本教材在编写过程中，特别增添了乡村方面的基础设施建设指导内容，以期为广大规划建设工作者提供更为全面的参考。

　　基础设施作为城乡经济、社会文化和生态环境可持续发展的基础，是城乡各种要素流动的载体，是增加城乡居民收入、落实国家支持"三农"发展政策的重要保障，是促进城乡一体化发展的关键,是建设城乡物质文明和精神文明的重要保证,是持续地保证国家或地区社会经济活动正常进行的关键性组成。城乡基础设施是城乡居民生活生产的物质基础,能够保障城市和乡村正常高效运行,是物质生产的重要条件,它主要由给排水、电力电信、燃气供热、人防防灾、环境卫生、综合管线系统等构成,科学系统的城乡基础设施规划理论对推动城乡一体化发展具有重要意义。

20 世纪 40 年代后,发展经济学家强调资本积累的重要性,将基础设施视为经济发展的重要前提,认为基础设施投资可以直接影响总产出的增加,对国民收入、资本积累及经济活动都有着积极的促进作用。奥地利学派著名经济学家保罗·罗森斯坦·罗丹在《"大推进"理论笔记》中指出基础设施对发展外在经济的重要性,提出欠发达地区应在建设初期大力投资基础设施建设。20 世纪 60 年代,罗斯托提出了经济增长初期基础设施具有不可替代的作用。战金艳和鲁奇提出:基础设施以及公共服务设施的差别化供给是导致中国城乡居民收入差距的主要原因,完善农村基础设施建设可以缩小城乡差距。基础设施对于发展农村社会经济、提高农村居民生活水平具有积极的改善作用。里尔顿等通过分析拉美国家农村基础设施建设情况后指出,农民可以在农村基础设施完善过程中获得更多的就业机会。刘敏认为城乡之间的产业等利益差异是城乡基础设施建设存在差异的主要原因,并从城乡结构、利益和制度一体化的路径提出"农村—城乡接合部—城市"基础设施一体化的发展模式。伊萨赫等指出,基础设施在改善城乡居民生活质量方面具有一定的促进作用。

城乡基础设施建设状况与城乡一体化发展程度具有高度的关联性,我国城乡基础设施作为城乡综合服务功能的重要载体,在城镇形成和发展过程中起着重要作用,已成为衡量城市和乡村发展水平的重要因素之一,在统筹城乡经济发展、加速城乡一体化进程中起着主导作用。我国在城乡基础设施建设步伐加快的同时,也面临着非常多的问题。第一,基础设施项目存在盲目投资的现象。我国存在基础设施建设投资决策失误的情况,部分基础设施建设缺乏深入细致的调查研究,或者过分追求规模形象,投资额度巨大的项目无法发挥其原定的效果,造成功能闲置,带来严重的资源浪费。第二,基础设施发展越来越滞后于城乡发展,基础设施建设普遍依靠政府投资,且其内部各系统间发展也存在不协调现象,严重制约了城市和乡村的可持续发展。此外,长期以来,常规的城乡基础设施规划只考虑了各功能系统结构的规划布局,缺乏统一的、科学的规划,导致城乡各功能系统布局状态失衡,且各系统之间协同能力变差。

因此,我国城乡基础设施总量不足、标准不高、运行管理粗放、协调能力弱等问题是摆在眼前亟待解决的。今后,完善城乡基础设施规划理论,加强城乡基础设施建设,推动经济结构调整和发展方式转变,实现碳达峰、碳中和都将是奋斗的目标。

1.1.2　城乡基础设施的构成与作用

21 世纪的世界正在见证一个伟大的社会变革——中国的新型城镇化。

城市是以非农业产业和非农业人口集聚形成的较大居民点;城市的出现,是人类走向成熟和文明的标志,也是人类群居生活的高级形式。城市高度聚集着大量的人口、产业和财富,是现代社会最为活跃的核心地域。城市经济在世界大多数国家的国民经济中占据主导地位,是一个国家综合国力的重要组成部分。

城镇化是由以农业为主的传统乡村社会向以工业和服务业为主的现代城市社会逐渐转

变的历史过程,具体包括人口职业的转变、产业结构的转变、土地及地域空间的变化。需要指出的是,国内外学者对城市化的概念分别从人口学、地理学、社会学、经济学等角度出发,给出了不同的阐述。截至 2021 年,第七次全国人口普查公布数据显示,中国的城镇常住人口90 199万人,比上年末增加 5 356 万人;城镇人口占总人口比重(城镇化率)为 63.89%,比上年末提高 3.29 个百分点,已经超越世界平均水平,城镇化取得显著成效。

党的第十九届五中全会指出,要构建国土空间开发保护新格局,推动区域协调发展,推进以人为核心的新型城镇化。我国城镇化的平稳健康增长,各级大、中、小城市经济社会活动的正常进行,取决于城市的物质基础设施保障。

城乡基础设施体系中的各项设施,为城市和乡村提供了最基本且必不可少的设施保障。其中,城乡给水基础设施承担供给城市和乡村的各类用水、保障居民生活与经济生产的职能,城乡排水基础设施担负着城市和乡村的排涝除渍、生态环保的职能,城乡给水、排水设施联系紧密,共同承担着城市和乡村的"新陈代谢";城乡电力基础设施担负着向城市和乡村提供赖以生存的电能的职能;城乡燃气基础设施担负着向城市和乡村提供清洁、高效的燃气能源的职能;城乡供热基础设施担负着提供城市和乡村的寒季供暖和特殊类别工业生产所需要的蒸汽等职能;城乡电力、燃气、供热基础设施又相互关联,共同承担着保障城市和乡村高效、低能耗、环保、安全的能源循环供给职能;城乡电信基础设施担负着城市和乡村内部与外界信息交换、资讯共享的流媒介的职能;城乡环境卫生基础设施担负着处理污废物、公共卫生、洁净城市和乡村环境的职能;城乡防灾基础设施与城乡人防基础设施担负着防抗(以防为主、以抗为辅)自然灾害、人为危害、次生灾害,减少损失,保障居民人身安全和城市与乡村的公共安全等职能。

城乡基础设施规划是确保城市和乡村基础设施体系建设科学有效进行的关键,是保证城乡生存、持续发展的支撑体系,是建设新型城镇化、社会主义和谐社会的物质基础。各项城乡基础设施系统有其各自的特性、不同的构成形式与功能作用。这些系统都在保障、维护城市和乡村经济社会活动中发挥了相应的作用。需要指出的是,由于目前我国基础设施的各项专业规范之间存在冲突,城市和乡村的发展速度也远远超过各规范的编制、修编速度等,很多时候规划编制人员也难以面面俱到。

1)城乡给水基础设施的构成与作用

城乡给水基础设施主要由取水工程、净水工程、输配水工程构成。

(1)取水工程

取水工程包括城市和乡村的水源(含地表水、地下水)和取水地点的选取,建造适宜的取水构筑物。取水工程的作用是将原水取、送到城市和乡村,从而为城市和乡村提供足够的水源。

(2)净水工程

净水工程包括城市和乡村的自来水厂、净水池、输送净水的二级泵站等设施,建造给水处理构筑物,对天然水质进行处理。净水工程的作用是将原水净化处理成为能够满足生活饮用水水质标准要求或工业生产用水水质标准要求。

(3)输配水工程

输配水工程包括从净水工程中输入城市和乡村供配水管网的输水管道、供配水管网及调节水量和水压的高地水池、水塔、清水增压泵站等设施。输配水工程的作用是将足够的水量输送和分配到各个用水地点,保证水压和水质。水塔或高地水池常设置于城市和乡村的较高区域。

2)城乡排水基础设施的构成与作用

城乡排水基础设施主要由城乡污水处理与排放工程、城乡雨水排放工程构成。

(1)城乡污水处理与排放工程

城乡污水处理与排放工程由污水管渠系统、泵站、污水处理厂(以下简称"污水厂")、出水排放系统等构成。污水处理与排放工程的作用是收集与处理城市和乡村各种生活污水、生产废水,综合利用、妥善排放处理后的污水,控制与治理城市和乡村水污染,保护区域的水环境。

(2)城乡雨水排放工程

城乡雨水排放工程主要由房屋雨水管道系统、街坊或厂区和街道雨水系统、泵站、出水口及承接城市和乡村雨水排出的周边河流组成,其组成还可以根据管理范围进行划分,从而形成一个更加完善的城乡雨水排放系统。

3)城乡电力基础设施的构成与作用

城乡电力基础设施又称为城乡强电系统,主要由城乡电源工程、城乡输配电网络线路构成。

(1)城乡电源工程

城乡电源工程主要包括电厂、区域变电所(站)等电源设施。其中电厂可分为火力发电厂、水力发电厂(站)、核能发电厂(站)、风力发电厂、地热发电厂等。区域变电所(站)是区域电网上供给城市及乡村电源所接入的变电所(站),通常是大于等于 110 kV 电压的高压变电所(站)或超高压变电所(站)。城乡电源工程通过自身发电或从区域电网上获取电源,为城市和乡村提供电力源。

(2)城乡输配电网络线路

城乡输配电网络线路,由城乡输送电网与配电网组成。城乡输送电网包括城电所(站)和从电厂、区域变电所(站)接入的输送电线路等设施。城乡变电所通常为大于 10 kV 电压的变电所。其中输送电线路以架空线为主,重点地段等常用直埋电缆、管道电缆等敷设形式。输送电网具有将城市和乡村的电源输入城区,并将电源变压进城乡配电网的作用。

城乡配电网由高压、低压配电网等组成。高压配电网电压等级为 1~10 kV,包括变配电所(站)、开关站、1~10 kV 高压配电线路。高压配电网具有为低压配电网变配电源,以及直接为高压电用户送电等作用。高压配电线路通常采用直埋电缆、管道电缆等敷设方式。低压配电网电压等级为 220 V~1 kV,含低压配电所、开关站、低压电力线路等设施,具有直接为用户提供电力的作用。

4)城乡电信基础设施的构成与作用

城乡电信基础设施又称为城乡弱电系统,主要由网络线路、移动通信、有线通信、邮政通信、城乡广播电视系统等构成。

(1)网络线路

网络线路是将两台计算机或者是两台以上的计算机终端、客户端、服务端通过计算机信息技术的手段相互联系起来,人们可以与远在万里之外的朋友相互发送邮件,共同完成一项工作或者共同娱乐。同时,网络线路还是物联网的重要组成部分,根据中国物联网校企联盟的定义,物联网是目前几乎所有技术与计算机网络线路技术的结合,可以让信息更快更准地收集、传递、处理并执行。

（2）移动通信

通信双方有一方或两方处于运动中的通信,称为移动通信,包括陆、海、空移动通信。采用的频段遍及低频、中频、高频、甚高频和特高频。移动通信系统由移动台、基台、移动交换局组成。若要同某移动台通信,移动交换局通过各基台向全网发出呼叫,被叫台收到后发出应答信号,移动交换局收到应答后分配一个信道给该移动台并从此话路信道中传送信令使其能够接收信息。移动通信系统由空间系统、地面系统两部分组成。地面系统包括:①卫星移动无线电台和天线;②关口站、基站。

（3）有线通信

有线通信是一种通信方式,狭义上现代的有线通信是指有线电信,即利用金属导线、光纤等有形媒质传送信息的方式。光或电信号可以代表声音、文字、图像等。

特点:一般受干扰较小,可靠性、保密性强,建设费用高。主要应用于计算机(台式)、电视、电话等。具体的媒介有光纤、电话线、网线等。

（4）邮政通信

邮政系统通常包括邮政局(所)、邮政通信枢纽、报刊门市部、售邮门市部、邮亭等设施。邮政局(所)经营邮件传递、报刊发行、电报及邮政储蓄等业务。邮政通信枢纽起收发、分拣各种邮件的作用。邮政系统具有快速、安全传递城乡各类邮件、报刊及电报等作用。

（5）城乡广播电视系统

城乡广播电视系统有无线电广播和有线广播两种发播方式。广播系统含有广播台(站)工程和广播线路工程。广播台(站)工程包括无线广播电台、有线广播电台、广播节目制作中心等设施。广播线路工程主要包括有线广播光缆、电缆,以及光电缆管道等。广播台(站)工程的作用是录制与远程控制广播节目,广播线路工程的功能是传递广播信息给听众。

城乡电视系统有无线电视和有线电视(含闭路电视)两种发播方式。城市和乡村电视系统都是由电视台(站)工程和线路工程组成。电视台(站)工程包括无线电视台、电视节目制作中心、电视转播台、电视差转台及有线电视台等设施。线路工程主要包括有线电视及闭路电视的光缆、电缆管道、光接点等设施。电视台(站)工程的作用是制作、发射电视节目内容,以及转播、接播上级与其他电视台的电视节目。线路工程的作用是将有线电视台(站)的电视信号传送给电视接收器。

城市和乡村的有线电视台往往与无线电视台设置在一起,以便经济、高效地利用电视制作资源,实现信息共享。现在,有些城市和乡村将广播电台、电视台和节目制作中心设置在一起,组建广播电视中心,共同制作节目内容,共享信息系统。

5）城乡燃气基础设施的构成与作用

城乡燃气基础设施主要由燃气气源工程、燃气储气工程、燃气输配气管网工程等构成。

（1）燃气气源工程

燃气按来源分类可分为天然气、人工煤气、石油液化气和生物气四大类。一般在城市系统中采用前三种类型燃气,生物气适宜在村镇等居民点使用。石油液化气气化站是目前天然气厂、煤气厂用作管道燃气的气源,设置方便、灵活。气源工程具有为城市和乡村提供可靠的燃气气源的作用。

在中国乡村地区并没有普遍使用石油液化气,一是由于经济成本高,二是由于天然气管道的安全问题让人担心:第一,农村地区地形复杂天然气管道易出现损坏的现象,特别是一些裸露在外的管道;第二,个别地区安装不标准,存在偷工减料的问题。

(2)燃气储气工程

燃气储气工程包括各种管道燃气的储气站、石油液化气的储存站等设施。储气站储存煤气厂生产的燃气或输送来的天然气,调节满足城市日常和高峰时段的用气需要。石油液化气储存站具有满足液化气气化站用气需求和城市石油液化气供应站的需求等作用。

(3)燃气输配气管网工程

燃气输配气管网工程包括燃气调压站、不同压力等级的燃气输送管网、配气管道。一般情况下,燃气输送管网采用中高压管道,配气管为低压管道。燃气输送管网具有中长距离输送燃气的作用,配气管则具有直接供给用户使用燃气的作用。燃气调压站具有升降管道燃气压力的作用,以便燃气远距离输送,或由高压燃气降至低压,向用户供气。

6)城乡供热基础设施的构成与作用

城乡供热基础设施主要由供热热源工程和传热管网工程构成。供热系统将其他形式的能源(矿物燃料、核能、工业余热等)转换为热能,或直接采用地热等天然热源,通过蒸汽或热水等介质,沿着热网输送到用户。而中国的乡村地区通常采用烧煤采暖、土暖气、秸秆燃气取暖、太阳能取暖、电暖气、空调、真火壁炉等供热方式。

(1)供热热源工程

供热热源工程包括城市热电厂(站)、区域锅炉房等设施。城市热电厂(站)的主要作用是为城市供热(供给高压蒸汽、采暖热水等)。区域锅炉房是城市地区集中供热的锅炉房,主要用于城市采暖或提供近距离的高压蒸汽。

(2)传热管网工程

传热管网工程包括热力泵站、热力调压站和不同压力等级的蒸汽管道、热水管道等设施。热力泵站的主要作用是远距离输送蒸汽和热水,热力调压站的作用是调节蒸汽管道的压力。

7)城乡环境卫生基础设施的构成与作用

为了保证城乡居民拥有良好的居住、工作和生活环境,规划设计者坚持以人为本、可持续发展的理念,进行城乡环境卫生基础设施规划。城乡的环境卫生基础设施主要由城乡垃圾处理厂(场)、垃圾填埋场、垃圾收集站、垃圾转运站、车辆清洗场、环卫车辆场、公共厕所及城乡环境卫生管理设施构成。城乡环境卫生基础设施具有收集与处理城乡各种废弃物,循环利用废弃物,清洁市容,净化城乡环境的作用。

乡村的垃圾按其来源可分为农业生产型垃圾、农村生活垃圾和乡镇企业垃圾3种,处理方式可分为集中填埋处理、焚烧处理和堆肥处理3种,通常生活垃圾可作喂养家禽家畜、施肥之用,部分地区则设有垃圾收集点以集中回收垃圾。

8)城乡防灾基础设施的构成与作用

城乡防灾基础设施是城乡规划中为抵御地震、洪水、风灾等自然灾害,为保护人类生命财产而采取预防措施的规划系统,城市防灾基础设施主要由城市消防工程、防洪(潮、汛)工程、抗震工程及救灾生命线系统等构成。乡村地区建筑抗灾能力弱,基础设施匮乏,相关的防灾工程建设标准低,一旦受到灾害,损失较为严重,灾后恢复时间也较长。

(1)城市消防工程

城市消防工程包括消防站(队)、消防给水管网、消火栓等设施。消防设施可以起到日常防范火灾、及时发现并迅速扑灭各种火灾、避免或减少火灾损失的作用。

(2)城市防洪(潮、汛)工程

城市防洪(潮、汛)工程包括防洪(潮、汛)堤、截洪沟、泄洪沟、分洪闸、防洪闸、排涝泵站等设施。城市防洪(潮、汛)设施的作用是采用避、拦、堵、截、导等各种方法,抗御洪水和潮汛的侵袭,排除城区涝渍,保护居民安全。

(3)城市抗震工程

城市抗震工程主要在于通过设计、施工与技术(隔震膜技术)加强建筑物和构筑物等抗震强度,合理布置避灾疏散场地和道路。

(4)城市救灾生命线系统

城市救灾生命线系统由城市急救中心、疏运通道及给水、电力、电信等设施组成。在发生各种灾害时,应立即启动应急预案,提供医疗救护、运输等帮助,以及给水、电力、电信调度等物质条件,如直升机高空作业,抛撒应急物资等。

乡村地区的防灾基础设施与城市地区的类似,但由于经济条件的限制,多数农村的防灾系统还比较欠缺。为促进乡村多元化发展,逐步实现城乡建设的协同一体化目标,乡村防灾基础设施建设积极响应党的十九大和2022年中央一号文件乡村振兴战略的号召,不断完善与丰富其体系从而让乡村更加宜居。

9)城乡人防基础设施的构成与作用

城市人防基础设施主要由防空袭指挥中心、防空专业设施、防空掩体工事、地下建筑、地下通道及战时所需的地下仓库、水厂、变电站、医院等设施构成。在非战争时期,相关人防工程设施可在确保其安全要求的前提下,遵循"平战结合、兼顾适用"的宗旨,供居民日常活动使用。地下商场、娱乐设施、地铁等均属人防工程设施范畴。城市人防基础设施的作用是提供战时市民防御空袭、核战争的安全空间和物资。

乡村地区则由于建设成本和战争条件等多方面因素的考虑,一般不设人防基础设施。

1.1.3 城乡基础设施的相互关系

1)城乡基础设施与城乡建设的关系

实践证明,建设一套设施完备、功能健全的城乡基础设施是城市及乡村地区建设最首要的任务。城乡基础设施的配置是一个将城市和乡村的"生地"转变为"熟地"(可笼统概括为"N通一平")的过程。适度超前、配置合理的城乡基础设施不仅能满足城乡地区居民各项活动的要求,而且有利于带动城乡建设和经济发展,保障城市和乡村健康持续的发展;滞后或配置不合理的城乡基础设施必然阻碍城市和乡村经济社会的发展。因此,城乡发展要大力推进给水、排水、电力、信息、燃气、供热、通信、环境卫生、防灾、人防等各项基础设施的建设力度。

2)城乡基础设施的相互关系

城乡各专业基础设施之间存在彼此相依相倚与相离相斥的关系。在适当的情况下,为使城乡基础设施能够经济节约与综合利用,在保证设施安全使用与高效管理的前提下,有些设施可集约布置。

城乡给排水是由城乡给水基础设施与排水基础设施组成的一个整体。由于水质和卫生要求,自来水厂和城乡取水口应设置在地表水或地下水源的上游位置,同时必须远离污水处理厂、雨水排放口。给水管道与污水管道不应设置在道路的同侧。由于客观因素限制,即使是在将给水管道与污水管道设置在同侧的情况下,也要留有足够的距离以保证安全。水源、取水口、自来水厂等设施附近不可以设置垃圾转运站、填埋场、处理场等设施。

城乡电力基础设施与电信基础设施存在相互干扰的危险因素,如磁场与电压等,为了保持信息设备的正常工作,城乡电力基础设施必须与电信基础设施有足够的距离,用于保证信息设备的安全。特别是在无线电收发信区应当有足够的安全防护距离,以防止强磁场干扰。为了保证电信线路和设备的安全,电信线路与电力线路不应布置在道路的同侧。在受到客观因素限制,电信线路与电力线路必须布置在道路同侧的地段时,要留有足够的距离以保证安全,并且考虑电信线路采用光缆,或采用管道敷设。

为了保证各类基础设施的安全和整个城乡的安全,易燃易爆设施工程和管线之间应有足够的安全防护距离。发电厂、变电所、各类燃气气源厂、燃气储气站、液化石油气储配站、供应站等均应有足够的安全防护范围。电力基础设施与燃气基础设施不应布置在相邻地域;电力线路与燃气管道、易燃易爆管道不得布置在道路的同侧,各类易燃易爆管道应有足够安全的防护距离。此外,电力基础设施、燃气基础设施还须远离易燃、易爆物品的仓储区或化学品仓库等。

1.1.4 城乡基础设施规划的范畴

本书以指导开展“资源节约型、环境友好型、经济合理型”的城乡基础设施规划为宗旨,采用新数据,引入新方法,内容涵盖城乡给水、排水、电力、电信、燃气、供热、环境卫生、防灾、人防基础设施规划及城乡工程管线综合规划等范畴。书中所介绍的城乡基础设施规划有:①城乡给水基础设施规划;②城乡排水基础设施规划;③城乡电力基础设施规划;④城乡电信基础设施规划;⑤城乡燃气基础设施规划;⑥城乡供热基础设施规划;⑦城乡环境卫生基础设施规划;⑧城乡防灾基础设施规划;⑨城乡人防基础设施规划;⑩城乡管线基础设施综合系统规划。

需要特别指出的是,进入21世纪以来,城乡基础设施规划的各专项规划尚在逐步发展过程中。因此,需要特别明确与强化除城乡交通基础设施以外的城乡基础设施各专项规划,以期建立与城乡规划、城乡建设相协调,且自成一体的城乡基础设施规划系统体系。

1.2 城乡基础设施规划的任务与特性

1.2.1 城乡基础设施规划的任务

城乡基础设施规划的总体任务是根据城乡总体发展目标,结合城市和乡村的现实状况,合理确定规划期限内各项基础设施的设施布局、规模、容量、质量,以及制订相应的建设策略和措施。各项城乡基础设施规划在城乡经济社会发展总目标的前提下,根据各自基础设施的实况和特性,结合城市和乡村实际,依照国家规章,按照本项规划的理论、程序、方法及要求进行规划。各项城乡基础设施规划的主要任务如下所述。

1)城乡给水基础设施规划的主要任务

根据城市和乡村的区域水资源现状,以最大限度地保护和合理利用水资源为出发点,合理选择水源,进行水源规划,平衡水资源利用工作;确定城乡自来水厂等给水设施的地址、规模、容量;科学布置给水设施和各级给水管网系统,满足各级用户对水质、水量、水压等的要求;制订水源和水资源的保护措施与办法。

2)城乡排水基础设施规划的主要任务

根据城市和乡村地区的水资源环境和用水状况,合理确定规划期限内防水处理设施、污水处理设施的规模与容量,以及雨水排放设施的规模与容量;科学选址、布局污水处理厂(站)等各种污水处理与收集设施、排涝泵站等雨水排放设施及各级污水管网;制订水环境保护、污水利用等对策与措施。

3)城乡电力基础设施规划的主要任务

结合城市和乡村地区的电力资源供给与使用状况,合理确定规划期限内的用电量、用电负荷,并进行城乡电源规划;确定城乡输配电设施的地址、规模、容量,以及电压等级;科学布局变电所(站)等变配电设施和输配电网络;制订各类电力设施和电力线路的安全措施与保护手段。

4)城乡电信基础设施规划的主要任务

结合城市和乡村地区的电子信息状况和发展趋势,确定规划期限内城乡电信的发展目标,预测通信需求;合理确定邮政、电信、广播、电视等各种信息设施的地址、规模、容量;科学布局各类通信设施和通信线路;制订电信设施,综合利用对策以及电信基础设施的保护措施。

5)城乡燃气基础设施规划的主要任务

结合城市和乡村地区的燃料资源状况与用量,选择城乡燃气气源,合理确定规划期限内各种燃气的用气量,进行燃气气源规划,确定各种供气基础设施的地址、规模、容量;选择并确定城乡燃气管网系统;科学布置气源厂、气化站等产气、供气设施和输配气管网;制订燃气基础设施和管道的保护措施。

6)城乡供热基础设施规划的主要任务

根据当地气候、生活与生产需求,确定集中供热对象、供热标准、供热方式;合理确定城乡供热量和负荷并进行城乡热源规划,确定热电厂、热力站等供热设施的数量和容量;科学布局各种供热基础设施和供热管网;制订节能保温的对策与措施,以及供热基础设施的防护措施。

7)城乡环境卫生基础设施规划的主要任务

根据城市和乡村地区的卫生清洁等级,确定城乡环境卫生基础设施配置标准和垃圾集运、处理方式;合理确定环境卫生基础设施的地址、数量、规模;科学布局垃圾处理场等各种环境卫生基础设施,制订环境卫生基础设施的隔离与防护措施;提出垃圾回收利用的对策措施。

8)城乡防灾基础设施规划的主要任务

根据城市和乡村地区的自然环境、灾害区划和城乡等级,确定城乡各项防灾标准,合理确定各项防灾基础设施的等级、规模;科学布局各项防灾基础设施;充分考虑防灾基础设施与常用设施有机结合,制订防灾基础设施统筹建设、综合利用、防护管理等对策与措施。

9)城乡人防基础设施规划的主要任务

根据城市的重要防护目标、物资储存、人口分布和地下交通干线及其他地下工程情况,负责本市防空袭预案、遭空袭时人员掩蔽和人口疏散方案及各类保障计划的制订及修订;综合协调人防基础设施与城市建设相结合的空间分布,确定地下空间开发利用兼顾人防要求的原则和技术保障措施。

10)城乡管线基础设施综合系统规划的主要任务

根据城乡规划布局和各项城乡基础设施规划,检验各专业工程管线分布的合理程度,提出对专业工程管线规划的修正建议,调整并确定各种工程管线在城乡道路上水平排列位置和竖向标高,确认或调整城乡地区的道路横断面,提出各种工程管线基本埋深和覆土要求。

1.2.2 城乡基础设施规划各层面的要求

为了使城乡基础设施规划在城乡用地上得到空间保障,同时也使城乡规划的各项建设在工程技术上得到相应支持,在编制城乡基础设施规划的过程中应尽量与城市规划和乡村规划同步。城乡基础设施规划既是城乡各基础设施的发展规划,又是城乡规划各阶段的专业工程规划,两者联系紧密。

1)城乡基础设施规划各层面的主要内容

编制城乡基础设施规划既应面面俱到,又应深入仔细。城乡基础设施规划的编制要与各阶段的国土空间规划(总体规划、详细规划、相关专项规划)同步进行,在不同层面上与各阶段的城市及乡村规划融为一体;依据发展总目标,确定本规划编制的发展目标、主要矛盾与总体布局,并联系具体的工程设施与管网的建设规划,遵循从一般到个体,从个体到一般认识事物的辩证规律。

简而言之,城乡基础设施规划可形成与城乡规划相一致的 3 个层面:城乡基础设施总体规划、城乡基础设施分区规划、城乡基础设施详细规划。以下简述城乡基础设施规划 3 个层面所需解决的问题与城乡规划的相关关系。

(1)城乡基础设施总体规划

城乡基础设施总体规划是与城市总体规划和乡村规划相对应的规划层面,主要关注以下两个问题:

①从城市和乡村地区的各方面基础设施的现状基础、资源条件和发展趋势等方面分析和论证城乡总体发展目标的可行性,以及国土空间规划布局的可行性和合理性,并对城乡发展目标和总体布局提出调整意见和建议。

②根据确定的城乡发展目标、总体布局及上级主管部门的发展规划确立本项设施的规划发展目标,合理布局重大关键设施和网络系统,制订本项设施主要的技术指标、规定和实施措施。

(2)城乡基础设施分区规划

城乡基础设施分区规划是与城市分区规划相对应的规划层面,主要关注以下 3 个问题:

①根据本分区的现状基础、自然条件等,对城乡基础设施总体规划进行完善、充实或提出

相应的调整建议。

②依据城乡基础设施总体规划,结合本分区的现状基础、自然条件等,分析与论证城乡分区规划布局的可行性、合理性、经济性,并对城乡分区规划布局提出调整、完善等意见和建议。

③根据确定的城乡基础设施总体规划、城乡分区规划布局,结合现状布置本系统在本分区内的主体设施和工程管网,制订针对本分区的技术规定和实施措施。

（3）城乡基础设施详细规划

城乡基础设施详细规划是与城乡详细规划相对应的层面,主要关注以下两个问题:

①根据城乡基础设施总体与分区规划,结合本详细规划范围内所面临的各种状况,从基础设施出发对范围内城乡详细规划提出进一步完善或调整意见。

②依据城乡基础设施分区规划、城乡详细规划布局,结合现状布置本详细规划范围内所有的城乡室外工程设施和工程管线,提出相应的工程建设技术要求和实施措施。

2）城乡基础设施规划各层面的关系

（1）城乡基础设施规划 3 个层面的相互关系

城乡基础设施总体规划、城乡基础设施分区规划、城乡基础设施详细规划这 3 个层面之间的相互关系是循序渐进、步步推进的,是宏观与微观、全局与局部的关系。具体言之,城乡基础设施总体规划是城乡基础设施分区规划和城乡基础设施详细规划的上级依据,起到指示性和方向性的引导作用;城乡基础设施分区规划和城乡基础设施详细规划是对总体规划的深入、细化和具体落实。在这 3 个层面的规划中,下层规划可对上层规划中不完善、不合理的部分进行微调,从而使整个城乡基础设施规划向合理、科学、经济的方向完善。

通过纵向关联的城乡基础设施的总体规划、分区规划、详细规划可以形成完整的城乡基础设施规划,以便服务于城乡发展。

城乡基础设施规划的 3 个层面并非绝对的划分方式,它是依照城乡规划层面划分的。在大城市、特大城市和小城镇,宜设总体、分区、详细规划 3 个层面;对于大多数中小城市而言,宜设总体（总体和分区）、详细规划两个层面,即中小城市及部分乡村的基础设施总体规划的内容深度应达到上述城乡基础设施分区规划的要求。

（2）城乡基础设施规划 3 个层面与城乡规划各层面的关系

城乡基础设施总体规划与城乡总体规划为同一层面的关系;城乡基础设施分区规划与城乡分区规划为同一层面的关系;城乡基础设施详细规划与城乡详细规划也为同一层面的关系。城乡基础设施总体规划、分区规划、详细规划分别作为城市总体规划、分区规划、详细规划及乡村规划的专业基础设施规划。

3）城乡基础设施规划的规划期限

城乡基础设施总体规划分为近期规划与远期规划,规划期限一般与城乡规划期限相同,通常近期规划期限为 3~5 年,远期规划期限为 10~20 年。根据某些城乡基础设施分项建设的特殊要求,在近期规划与远期规划之间设置中期规划,期限一般为 10 年,可使规划建设衔接得更加紧密。城乡基础设施分区规划、详细规划的期限一般与城市分区规划、详细规划的期限相同。

另外,有些城乡基础设施的专业工程部分常以近期规划为基础,根据专业工程建设的实际情况,制订近期规划的滚动建设计划,即根据当年的建设实况和专业发展动态,在上年年底制订本年度的建设计划,修正和完善 3 ~ 5 年近期规划,形成滚动渐进的近期规划,切实可行地向远期规划目标渐进。这种灵活具体的规划方法是非常值得学习的。

1.2.3　城乡基础设施规划的特性

1)系统的整体性

城乡基础设施规划是一个大系统。这个系统包括若干个子系统,每个子系统承担一定的城乡基础功能。每个子系统在城区内构成网络,形成群体结构,集群指挥,支撑整个城乡运转。城乡基础设施规划直接为城市和乡村地区居民的生活、生产服务。所以,城乡基础设施规划必须从整体出发,进行发展规划与布局,并以此为依据,确定具体实施建设方案。

2)基础的先行性

城乡基础设施规划是整个城乡各建设项目的基础和前提。例如,不进行城乡给排水设施规划,城乡就无法生存发展;不进行城乡电力、燃气设施规划,城市和乡村地区居民的生产生活就将停顿。所以,有了城乡基础设施的各项规划,有关城乡的各项活动才能得以开展,各项生产建设才能够进行。

3)共享的双重性

城乡基础设施规划属于公共服务设施体系范畴,凡在城市和乡村地区生活、工作的各类人群和各行各业的单位或个体都能够享受其成果,具有共享的特征。从另一个角度看,它既能服务于居民生活,又能服务于社会生产,这便是它的双重性。

4)独立的统一性

在城乡基础设施规划中,每个分项规划必须按照各自的组成、特点、规律和要求进行规划布置,以完成各自所承担的独特任务要求。同时,各分项规划又应相互协调统一,默契协作,共同构成一个完整的城乡工程规划体系,共同服务于城乡社会经济的发展。

5)复杂的长期性

城乡基础设施规划必须满足城乡整体的规划、功能、运行、安全要求,同时兼顾各专业领域内的理论与技术规范,并且系统内各种专项规划编制要求相互配合服从。这就决定了城乡基础设施规划的综合性与复杂性。同时,城乡基础设施规划又是一项"以线带面"的规划方式,几乎延伸到城市与乡村规划的各个方面,因此导致其建设周期较长,在此过程中充满长期矛盾问题以及未知因素。

【思考题】

1.城乡基础设施由哪几方面构成?

2.城乡人防基础设施由哪些要素构成?

3.基础设施相关发展动态对城乡基础设施规划有什么影响?

4.简述城乡基础设施规划之间的相互作用。

5.如何统筹推进城乡基础设施建设?

6.简述我国农村基础设施现状及存在的主要问题。

2

城乡给水基础设施规划

导入语：

人类最早的聚居地都出现在接近自然水体的地方，现代居民生活需水量远大于古代，因此，有序的给水基础设施将有助于满足人们正常的用水需求。城乡给水基础设施系统通常由水源、输水管渠、水厂和配水管网组成。从水源取水后，经输水管渠送入水厂进行水质处理，处理过的水加压后通过配水管网送至用户，这就是现代输水系统。

本章关键词：水质；水量；水压

2.1 城乡给水基础设施规划的任务、组成及其布置形式

水是人类赖以生存的三大要素之一，不但人们生活需要水，工业生产等也需要大量的水。因此，城乡给水问题关乎区域的发展，尤其影响工业生产。作为城市及乡村地区的一项重要基础设施，必须把城乡给水问题（尤其是水源问题）作为重要内容，列入国土空间规划体系中。

国民经济发展迅速，人们生活水平迅速提高，生活用水量及工业用水量也随之大大提高。城乡给水基础设施要保证能够持续不断地向城市和乡村地区供应数量充足、质量合格的水，这样才能满足城市及农村地区居民的日常生活、生产以及绿化和环境卫生、消防等方面的需要。因此，必须对给水基础设施进行通盘而周密的规划和设计。

2.1.1 城乡给水基础设施规划的任务

城乡给水基础设施规划的基本任务是供给城市和乡村地区居民经济合理、安全可靠的生

活用水、生产用水、市政用水、消防用水,并满足用户对水质、水量和水压的要求。

2.1.2 城乡用水类型

城乡给水基础设施的给水对象主要有城市和乡村的居住区、工业企业、车站码头和大型的公共建筑等。根据给水对象对水质、水量和水压的不同要求,将给水分为4种类型:生活用水、工业企业用水、市政用水、消防用水,下面分别说明。

(1)生活用水

生活用水包括居民区家庭生活用水,机关、学校、部队、酒店、餐厅、浴室及其他公共建筑用水,工业企业职工生活用水等。

生活用水量与气候、生活习惯、建筑卫生设备的完善程度、工种特点、供水压力、水价标准、用水管理等因素有关。设计时,生活用水量标准可参照《室外给水设计标准》(GB 50013—2018),并结合现状,适当考虑近期和远期的发展,再行确定。

生活用水的水质应为无色、透明、无臭、无味、不含致病菌或病毒和有损健康的物质,并应符合《生活饮用水卫生标准》(GB 5749—2022)。

生活用水的压力应达到供水点给水管道所需的最小自由水压,其数值可根据多数建筑的层数确定,一般应符合《室外给水设计标准》(GB 50013—2018)。对于城市个别超高层建筑,一般应另行解决水压问题,若为此提高整个管网的压力,是不经济的。

(2)工业企业用水

工业企业用水是指工业企业生产过程中的用水,工业企业用水的水量、水质和水压要求与生产工艺和产品种类有关。如发电厂汽轮机的冷却用水、钢铁生产用水、造纸用水等的用水量都是很大的。工艺的改进可能影响到用水量的变化。食品加工用水应严格符合卫生标准,锅炉用水随着压力增高其水质要求也更高。生产用水的各项指标应根据生产工艺的要求或参照相应工业企业的用水要求进行确定。生产用水量一般会随着工业园区企业数量和规模的扩大而增加,设计时,应结合城市和乡村的近期和远期发展予以考虑。

(3)市政用水

市政用水包括街道洒水、绿化浇水等。随着市政建设的不断发展,城市环境保护要求的提高,绿化面积的扩大,市政用水量也将进一步增大。

(4)消防用水

消防用水指发生火灾时的灭火用水。消防用水不是日常所需的消耗,可与城乡给水基础设施合并考虑,对于要求高的工厂、仓库、超高层建筑可设立专用的消防给水系统。消防用水应满足消防用水的水量和水压要求,但对其水质无特殊要求。

除以上所述用水外,给水基础设施自身也存在一定的消耗,如水厂自用水、给水管道渗漏等未预见用水。

城乡给水基础设施规划的任务包括以下几个方面:

①估算城市和乡村的总用水量和给水基础设施中各单项工程设计水量。

②根据城市和乡村的特点制订给水基础设施的组成。

③合理选择水源,并考虑水质的处理方法。

④选择合适的水厂位置。

⑤布置城市和乡村的输水管道及给水管网,估算管径及泵站提升能力。

⑥给水基础设施方案比较,论证各方案的优缺点并估算工程造价和年经营费用,选定规划方案。

2.1.3 城乡给水基础设施的组成及其布置形式

1)给水基础设施的组成

给水基础设施通常由以下3部分组成。

(1)取水工程

取水工程包括水源和取水点、取水构筑物,以及将水提升至水厂的一级水泵站。其主要任务是保证城市和乡村地区取得足够的水量和质量良好的原水。

(2)净水工程

净水工程包括在水厂内的水处理构筑物和设备,以及将净化后的水压送至用户的二级水泵站。其主要任务是对天然水质进行处理,满足国家生活饮用水水质标准或工业生产用水水质标准要求。

(3)输水配水工程

输水配水工程包括将符合要求的水送至用水区并配给用户输水管、配水管道和管网,以及用以调节水压、水量的储水池、水塔和增压泵站等。其主要任务是将足够量的水输送和分配到各用水点,并保证足够的水压和良好的水质。

以地面水为水源的给水基础设施通常由上述3个部分组成,如图2-1所示。

当给水水源的水质较好,且水压能满足用户的要求,如某些地下泉水水质较好,并且有足够的压力,或某些工业生产用水无太高的水质要求,则给水基础设施有可能省去水处理构筑物,甚至加压泵站。图2-2所示为地下水源的给水基础设施。

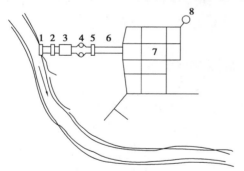

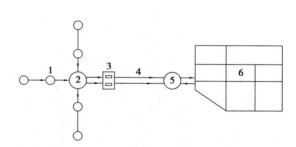

图 2-1　地面水源的给水基础设施示意图
　　1—取水构筑物;2—一级泵站;
　　3—水处理构筑物;4—清水池;5—二级泵站;
　　6—输水管;7—管网;8—水塔

图 2-2　地下水源的给水基础设施示意图
　　1—管井群;2—集水池;3—泵站;
　　4—输水管;5—水塔;6—管网

2)给水基础设施的布置形式

城乡规划的发展预期及区域的水源情况、地形、用户要求是影响城乡给水基础设施布置的主要因素。城乡给水基础设施的布置有如下几种基本形式。

(1)统一给水基础设施

将生活用水、生产用水、消防用水均按生活用水水质标准,用统一的给水管网供给用户的给水基础设施称为统一给水基础设施。这种给水基础设施的水源可以是一个,也可能是两个及以上。图2-3所示为两个水源统一给水基础设施示意图。

统一给水基础设施具有调度管理灵活、动力消耗少、管网压力均匀、给水安全程度高的特点。对于新建的中小城市、工业区、大型厂矿企业,用户较为集中,无须对用水进行长距离输送。各用户对水质、水压要求接近,地形起伏变化较小,建筑物层数相差不大时,宜统一采用给水基础设施。

（2）分质给水基础设施

将水经过不同程度的净化后分别送至所需用户的给水基础设施称为分质给水基础设施。当某些要求低水质的用户用水量占有较大比重时,可根据实际情况进行分质给水。该系统适用于缺乏优良水源的城市和农村地区,同时也适用于对中低水质需求量较大的城市和农村地区。这种系统的优点是节省水处理设施的基建投资,减少净水的运转费用,但输水管道系统多,管理较复杂。图2-4所示为分质给水基础设施示意图。

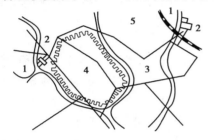 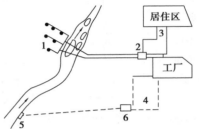

图2-3　两水源统一给水基础设施示意图
1—取水构筑物;2—水厂;3—给水管网;
4—旧城区;5—新城区

图2-4　分质给水基础设施示意图
1—管井群;2—泵站;3—生活用水管网;
4—生产用水管网;5—取水构筑物;
6—生产用水处理构筑物

（3）分压给水基础设施

因用户的水压要求不同而采用扬程不同的水泵,分别将不同水压的水引至低压管网和高压管网,然后再供给相应用户的给水基础设施称为分压给水基础设施。该系统可采取并联分压或串联中间加压两种模式。该系统适用于地形高差较大及用户对水压要求相差较大的城市、农村或工业区。其优点是管网压力适宜,动力消耗经济,可减少高压管道的设备,给水安全,也便于分期建设。压力分级不可能太多,否则设备复杂,不仅不能减少基建投资,而且操作管理不便。图2-5所示为分压给水基础设施示意图。

（4）分区给水基础设施

采用两个以上给水基础设施给水,各个系统之间既能独立运行,又能保持相互联系的给水基础设施称为分区给水基础设施。为保证给水安全和调度灵活,系统间要保持一定联系。城市用水量很大,城市面积大或延伸很长,或有明显分区的地形及功能分区较为明确的大中型城市有可能采用分区给水基础设施给水。这种系统的优点是既可以节省动力费用和管网投资,又便于分期建设,但管理较为分散。图2-6所示为分区给水基础设施示意图。

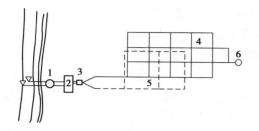

图 2-5 分压给水基础设施示意图
1—取水构筑物;2—水处理构筑物;
3—泵站;4—低压管网;
5—高压管网;6—水塔

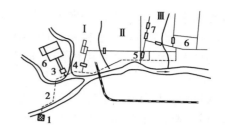

图 2-6 分区给水基础设施示意图
1—地下水取水构筑物;2—低压输水管道;
3—北郊新城区配水站;4—北郊工业区配水站;
5—旧城区配水站;6—配水管网;7—加压站;
Ⅰ—北郊新城区;Ⅱ—北郊工业区;Ⅲ—旧城区

(5)循环和循序给水基础设施

某些工业企业的生产废水经过适当处理可以循环使用,或用作其他工业生产用水,甚至生活饮用水。该系统适用于用水量大的工业企业。图 2-7、图 2-8 分别为循环给水基础设施和循序给水基础设施图。

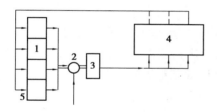

图 2-7 循环给水基础设施示意图
1—冷却塔;2—吸水井;3—泵站;
4—车间;5—补充水

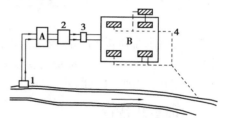

图 2-8 循序给水基础设施示意图
1—取水构筑物;2—冷却塔;3—排水系统;
4—补充水;A、B—车间

(6)区域给水基础设施

当城市、乡村或工业企业沿河分布较密,间距较大,为避免污染,有必要将取水点设于整个城市、乡村或工业区的上游,统一取水,供沿河各城市、乡村或工业区使用,这种从区域层面所形成的给水基础设施称为区域给水基础设施。该系统适用于多个距离较近的城市或乡村。

3)城乡给水基础设施布置的一般原则

城乡给水基础设施的确定是城乡给水基础设施规划的主要课题。设计时应遵循国家建设方针,在满足用户对水量、水质和水压要求的前提下,因地制宜地选择经济合理、安全可靠的给水基础设施。

给水基础设施布置的一般原则如下所述。

①保证提供足够的水量是选择水源的前提条件。在保证水量的条件下,优先选择水质较好、距离较近、取水条件较好的水源。

②在有地下水水源时,尽可能用地下水作为生活用水或冷却用水,地面水用于用水量较大的工业用水。大量开采地下水时,应考虑其储量是否能满足需要,工程费用是否合理,以及地下水开采所引起的地层下陷和水质降低等问题。

③地面水水源取水点的确定应考虑以下因素:避免水流冲刷,泥沙淤积;河水暴涨时,水位、水流速度、漂浮物对取水构筑物的影响;取水构筑物和一级泵站的建筑施工条件;结合污水排放的情况,保证取水的卫生条件;取水点尽可能靠近用水区,以便节省基建投资,降低运转费用。

④水厂位置应接近用水区,以便降低输水管道的工作压力,并减少其长度。净水工艺力求简单有效,符合当地实际情况,以便降低投资和生产成本,易于操作管理。

⑤输水和配水管道的投资占给水基础设施总投资的50%~80%,因此设计时,在保证给水的条件下,应考虑到用非金属管道,以及低压管道结合加压措施的给水方案、多水源给水方案、远近期相结合的管网建设方案。

⑥用水量较大的工业企业应采取循环和循序用水,以利于节省水资源,减少污染,减少工程投资和运转费用。

⑦充分挖掘现有给水基础设施的潜力,改造设备,改进净水工艺,调整管网、加强管理,以便尽可能提高现有给水基础设施的给水能力。

2.2　给水水源及其取水构筑物

城市和乡村给水水源的确定涉及水资源的开发利用和科学分配,它不但与国土空间规划相配合,同时也要与水资源规划相配合。水源因素不但影响到城市、乡村和工业区的近期建设,更影响到远期的发展。因此,水源问题是城乡给水基础设施规划的主要课题之一。

2.2.1　水源种类及特点

给水水源可分为地下水源和地面水源两大类。

(1)地下水源

地下水源主要包括潜水(无压地下水)、自流水(承压地下水)和泉水。

①潜水:潜水是埋藏在第一隔水层上,具有自由表面的重力水。潜水主要特征是有隔水底板而无隔水顶板,是具有自由表面的无压水。它的分布区和补给区基本一致,水位及水量变化较大。

②自流水:自流水是充满于两隔水层间的有压地下水,又称为承压地下水。用钻孔凿穿地层时,自流水就会上升到含水层顶板以上,如有足够压力,则水能喷出地面,称为自流井。其主要特征是含水层上下都有隔水层,有明显的补给区、承压区和排泄区,补给区和排泄区相隔很远。

③泉水:涌出地面的地下水称为泉。泉有包气带泉、潜水泉和自流泉等几种类型。包气带泉涌水量变化很大,旱季可干枯,水的化学成分及水温均不稳定。潜水泉由潜水补给,受降雨影响较大,季节变化显著,其特点是水流通常渗出地表。自流泉由自流水补给,其特点是向上涌出地表,动态稳定,涌出量变化甚小,是良好的给水水源。

大部分地下水由于受形成、埋藏、补给等条件的影响,具有水质澄清、无色无味、水温稳定、分布面广的特点,但其径流量较小,矿化度和硬度较高。近年来,由于工业的发展,某些地下水水源受到污染,出现水质浑浊,有机物、重金属和其他物质含量增高的情况。在一般情况下,开发地下水源有以下优点：

①取水条件好,取水构筑物构造简单,便于施工和运行管理。

②一般无须进行水的澄清处理,或只需做简单的处理,故可节省水处理设施的基建投资,降低制水成本。

③便于靠近用户建立水源,构成多水源给水基础设施,从而可降低给水基础设施(特别是输水管和配水管网)的造价,节省能耗,同时提高给水基础设施工作的质量。

④便于分期修建,减少初期投资。

⑤自然、人力因素干扰较少,人防、卫生条件好。

在我国北方地区,由于地表水占水资源的30%～40%,因而地下水的开发较为普遍。开发地下水源的勘察工作量较大,尤其是大型地下水开发工程,需要较长时间的水文地质勘察。在大城市、主要工业基地、沿海地区须注意由于地下水大量开采,造成地层下陷,海水渗入,影响水质,从而给城乡建设和工业生产带来的影响。

（2）地面水源

地面水源主要包括江河水、湖泊水、水库水、海水。

①江河水。我国江河水资源丰富,流量较大,由于各地条件不一,水源状况也各不相同。一般江河水流量变化较大。

②湖泊水及水库水。我国湖泊主要分布在长江流域。湖泊和水库是主要的给水水源。其特点是水量充沛,水质较清,含悬浮物较少,但水中易繁殖藻类及浮游生物,底部积有淤泥,应注意水质对水源的影响。

在一般中小河流上,由于流量季节变化大,尤其在北方,枯水季节往往水量不足,甚至断流,此时可根据水文、气象、地形、地质等条件修建年调节或多年调节水库作为给水水源。

③海水。随着近代工业的迅速发展,世界上淡水水源已明显不足。为满足大量工业用水需要,特别是冷却用水,世界上许多国家,包括我国在内,已经使用海水作为工业企业的给水水源。

2.2.2 给水水源的选择

选择给水水源应遵循以下原则：

（1）水源能够提供的水量应满足设计的需要

水源能够提供的水量应满足设计的需要,即除满足近期生产和生活用水需要外,还应考虑到发展的需要。

对于河水水源来说,允许从河流设计枯水流量中的取水量与河流水深、河宽、流速、流向和河床地形等有关,一般情况下取水量不应大于河流设计枯水流量的15%～20%。在有利的情况下,例如河床窄而深,流速慢,下游有浅滩、潜堰或取水河段为一深潭时,取水量可增大至30%～50%。不能满足上述条件时,须考虑径流调节和增选其他水源。

所谓河流设计枯水流量,是指具有一定保证率的枯水流量,一般应有90%～95%的保证率(数十年水文观测资料统计所得的10～20年一遇的枯水流量)。同样,为了进行取水构筑物的设计,还须取得具有一定保证率的设计枯水位和设计洪水位的资料,这些资料均来自水文观测的结果。

对于地下水源,允许提取的水量应不大于其开采储量(不使地下水位连续下降或水质变坏的条件下,从含水层中所能取得的地下水流量)。

（2）水质良好

对于生活饮用水水源的水质要求应符合《生活饮用水卫生标准》（GB 5749—2022）中关于水源水质的若干规定：

符合卫生要求的地下水，应首先考虑用作生活饮用水水源，从开采和卫生条件考虑，通常按泉水、承压水、潜水的顺序采用。当工业企业用水量不大，且水质条件符合时，也应考虑采用地下水水源。

水质良好的水源既有利于提高给水水质，也可以简化水处理净化工艺，从而减少水厂基建投资和降低水处理的成本。

（3）遵循国民经济全面发展的总方针，做好水资源利用的总体规划和统筹安排

水资源的利用包括给水、发电、航运、农业灌溉、水产养殖、旅游、排水等多方面，应全面考虑、统筹安排，合理综合利用各种水源。在干旱地区，应推广中水利用，利用处理后的污水灌溉农田及在工业给水基础设施中采用循环和循序给水，从而减少对水源的取水量，以解决城市或工业大量用水与农业灌溉用水的矛盾。在有些沿海地区，地面水和地下水受到海水的影响，淡水缺乏，这时应尽可能利用海水作为部分工业企业给水水源，以解决生活饮用水方面的矛盾。在需要与可能时还可修建水库，建立人工地面水源，同时可灌溉、养殖、发电，达到综合利用的目的。

（4）保证给水的安全

安全可靠地给水对城市和乡村人民生活和工业生产都是至关重要的。对于大中型城市来说，应考虑多水源分区给水；小城市和乡村也应有远期备用水源，只有一个水源时，结合远期发展应设两个以上的取水口。

在城乡给水基础设施规划的工作中，水源的选择是首要的课题，应予慎重对待，以免由于水源选择不当，给城市、乡村和工业区的建设和发展带来不良后果。

2.2.3 给水水源的保护

由于给水水源对于城市、乡村和工业企业给水有重要意义，因此应对给水水源采取有关的保护措施，以避免由于自然和人为的因素致使水源水量下降，水质变化。防止水源枯竭和污染是水源保护的两个方面。

1）保护给水水源的一般措施

①根据国民经济发展计划制定水源开发利用规划。水源开发利用规划应作为城市和乡村地区经济发展规划的组成部分，应统筹兼顾，合理安排，以防恶意开采，破坏水源。

②加强水源管理。对地面水源进行水文观测和预报，对地下水源则进行区域地下水动态观测，以防止过量开采和过量开采后带来的不良后果，并及时采取有效的措施。

③注意流域面积上的水土保持工作，以避免洪水量增加或常水性取水量下降。

④合理规划水源布局，提出卫生防护条件和防护措施。

2）水源的卫生防护

水源是城市和乡村地区人民生活和工业企业发展的基本保证，因此应妥为保护，一般应设置防护地带。《生活饮用水卫生标准》（GB 5749—2022）对城市及乡村地区集中给水水源卫生防护带的要求主要有下述两点。

（1）地面水源卫生防护要求

①为保护水源，取水点周围半径不小于 100 m 的水域内不得停靠船只、游泳、捕捞，不得从事一切可能污染水源的活动。

②河流取水点上游 1 000 m 至下游 100 m 水域内不得排入工业废水和生活污水；其沿岸防护范围内不得堆放废渣，设置有害化学物品的仓库或堆栈，以及设立装卸垃圾、粪便和有毒物品的码头；沿岸农田不得使用工业废水或生活污水灌溉以及使用持久性或剧毒的农药，并禁止放牧。

③在地面水源取水点上游 1 000 m 以外排放工业废水和生活污水，应符合《工业企业设计卫生标准》（GBZ 1—2010）的要求；医疗卫生、科研和兽医等机构含病原体的污水必须经过严格消毒处理，彻底消灭病原体后方可排放。

④对于供生活饮用水专用的水库和湖泊，应视具体情况，将整个水库或湖泊及其沿岸按②的要求执行。

⑤在水厂生产区或单独设立的泵站、沉淀池和清水池外围不小于 10 m 范围内，不得设立生活居住区和禽兽饲养场、渗水厕所、渗水坑，不得堆放垃圾、粪便、废渣或铺设污水管道；应保持良好的卫生状况，并充分绿化。

（2）地下水源卫生防护要求

①地下水取水构筑物的防护范围应根据水文地质条件、取水构筑物的形式和附近地区的卫生状况来确定，其防护措施应按地面水水厂生产区要求而定。

②在单井或井群的影响半径内，不得使用工业废水或生活污水灌溉和使用剧毒农药，不得修建渗水厕所、渗水坑，不得堆放废渣或铺设污水管道，并不得从事破坏深层土层的活动。如取水层在单井或井群的影响半径内，且不露出地面，或取水层与地面水没有互相补给关系时，可根据具体情况设置较小的防护范围。

③在地下水水厂生产区的范围内，其卫生防护与地面水厂生产区要求相同。

对水源卫生防护地带以外的周围地区，其中包括地下水含水层补给区，环境保护、卫生部门和给水单位等应经常观察工业废水和生活污水排放及污水灌溉农田、传染病发病和事故污染等情况，如发现可能污染水源时，应报地方有关单位，采取必要措施，保护水源。

2.2.4　取水构筑物

1）地下水取水构筑物

（1）位置选择

地下水取水构筑物的位置选择主要取决于水文地质条件和用水要求。在选择位置时应考虑以下几点。

①取水位置应与城市总体规划、乡村规划或工业区规划相适应。

②取水位置应选择在出水量大、水质良好的地方。

③取水位置应尽可能靠近主要用水区。

④取水位置应有良好的卫生防护，免遭污染。在易污染地区，城市和乡村地区生活饮用水的取水地点应尽可能在居民区或工业区上游。

⑤便于施工、运转管理，少占农田、不占良田、利用荒地和废弃地。

⑥应结合地下水资源综合开发利用。

（2）地下水取水构筑物

由于地下水的类型、埋藏条件等各不相同,因此开采和取集地下水的方法和取水构筑物的形式也各不相同。按构造情况,地下水取水构筑物有管井、大口井、渗渠、辐射井等型式。地下水取水构筑物形式的选择,应根据含水层埋藏深度、含水层厚度、水文地质特征及施工条件等通过技术经济比较来确定。

2）地面水取水构筑物

（1）位置选择

正确选择地面水取水构筑物的位置是保证安全、经济、合理地给水的重要环节。因此,在选择取水构筑物位置时必须根据河流水文、水利、地形、地质、卫生等条件综合研究,进行多方案技术经济比较,从中选择最合理的取水构筑物位置。

在选择取水构筑物位置时,应考虑以下几点:

①应与国土空间规划要求相适应。在保证给水安全的情况下,尽可能靠近用水地点,以节省输水投资。

②取水位置应能保证取得足够的水量和较好的水质,且不被泥沙淤积堵塞。因此,宜选在水深岸陡、泥沙量少的凹岸,并在顶冲点下游 15～20 m 处。在顺直河段,宜选在主流河段并靠近岸边,河床稳定、断面窄、流速大的河段。凸岸一般易淤积,较少设置取水构筑物。

③在有沙洲的河段,应离开沙洲有足够的距离（500 m）;当浅滩、沙洲有向取水构筑物移动趋势时,这一间隔还应加大。在有分岔河段,取水位置应在主河道上游深水河段。

④宜设在水质良好的地段:对城市和乡村地区的生活饮用水源,一般应选在城市、乡村和工业区上游,以防止污染;在沿海受潮汐影响的河流上,取水位置应在潮汐影响的范围以外,以免吸入咸水。

⑤从湖泊和蓄水库取水时,宜选在水足够深,并远离支流汇入口处,以免泥沙淤积。取湖水,宜靠近湖水出口;取蓄水库水,宜靠近堤坝附近,并在常见主导风向上方,以免聚集水草和浮游生物。

⑥取水位置应设在洪水季节不受冲刷和淹没的地方;在寒冷地区为防止冰凌影响,应设在无底冰和浮冰的河段。

⑦选择取水位置时,须考虑人工构筑物,如桥梁、码头、丁坝、拦河坝等对河流特性引起变化的影响,以防对取水构筑物造成不良后果。

⑧取水位置与给水处理厂、输配水管网等关系密切,因此取水位置还应从整个给水基础设施的方案考虑确定。

（2）地面水取水构筑物的形式

①固定式取水构筑物:固定式取水构筑物按其构造特点可分为岸边式、河床式、斗槽式和潜水式等。

②移动式取水构筑物:移动式取水构筑物有浮船和缆车两种。

③水库取水构筑物:由于水库的水质随水深及季节等因素而变化,因此大多数采用分层取水方式,以选择最优水质的水层取水。水库取水构筑物分为与坝泄水口合建的和单独建立的两类。

④海水取水构筑物:海水取水构筑物主要有 4 种形式:引水管渠取水、岸边取水、斗槽取水、潮汐取水。

2.3 给水的净化处理及水厂

2.3.1 天然水源水质概述与水质标准

1)天然水中的杂质

无论是地下水,还是地面水均有各种杂质,自然和人为的干扰使得水中杂质甚为复杂。按杂质在水中存在的状态,杂质可分为3种。

(1)悬浮物质

悬浮物质如泥沙、黏土、水草、藻类、原生动物、细菌等。这类杂质由于颗粒较大,具有较易从水中分离的特点。

(2)胶体物质

胶体物质如黏土、硅酸胶体、腐殖质胶体,病毒及某些细菌等。这类杂质颗粒较小,其表面常有电荷,天然水中主要是带负电的黏土类胶体。由于电荷间的排斥作用,胶体溶液处于稳定状态。因此,要从水中分离去除这些杂质,必须投加电解质(混凝剂),破坏胶体的稳定状态,使杂质凝聚成较大颗粒而下沉。

(3)溶解物质

溶解物质如含氯物、二氧化碳、钙盐、镁盐及其他盐类、溶解有机物等。同时人类活动给水体也带来了污染,尤其是工业废水带入到水体的各种溶解物质,使得水体变得更加复杂,对水体的污染甚至更大。

水中杂质分类见表2-1。

表2-1 水中杂质分类

分散颗粒	溶解物(低分子、离子)	胶体颗粒	悬浮物	
颗粒尺寸	0.1 nm	1 nm 10 nm 100 nm	1 μm 10 μm 100 μm 1 mm	
分辨工具	电子显微镜可见	超显微镜可见	显微镜可见	肉眼可见
分散系外观	透明	光照下浑浊	浑浊	

注:$1 \text{ mm} = 10^3 \text{ } \mu\text{m}, 1 \text{ } \mu\text{m} = 10^3 \text{ nm}$。

2)天然水源水质的特点

(1)地下水

地下水由于经过了地层的渗滤,水中悬浮物和胶体物质已基本被去除,因而水质清澈,且水源不易受外界影响,水质、水温较稳定。然而,地下水流经岩层时溶解了各种溶解性矿物质,其含量取决于流经地层的矿物质成分、地下水埋深、接触时间等。大多数地下水含盐量为200~500 mg/L,含盐量高的可达1 000~4 000 mg/L。我国南方多雨地区,地下水含盐量较低,而北方干旱地区则地下水含盐量较高。

地下水还含有较高的硬度,我国地下水的总硬度通常在 $100 \sim 300$ mg/L(以 CaO 计),个别地区可高达 $300 \sim 700$ mg/L。

在我国,含铁地下水分布较广,比较集中的地区是松花江流域和长江中下游地区,其次是黄河流域、珠江流域等地区。我国地下水含铁量通常在 10 mg/L 以下,个别可达 30 mg/L。

含盐量高、硬度高的地下水作为某些工业生产用水未必经济。含铁量超过生活饮用水标准时,也须经过除铁处理。

(2)江河水

江河水易受自然与人为因素的影响,水中悬浮物和胶体物质含量较多。随着地理环境不同,季节变化,导致江河水的浊度相差甚大,如黄河水系、海河水系由于水土流失严重,含沙量大,某些河段平均含沙量为 37 kg/m^3,而暴雨时可高达数百千克/m^3。在土质、植被和气候条件较好的东北、华东、西南地区,大部分河流的浊度较低,年平均浊度为 $50 \sim 400$ mg/L。

江河水最大的缺点是易受工业废水、生活污水及其他人为污染,致使有害物质侵入水体,使水质变坏,显现出水的色、臭、味;水温不稳定,夏季常不能满足工业冷却用水的要求。

(3)湖泊和水库水

湖泊和水库水主要由河水补给,水质与河水接近。由于湖(或水库)水流动小,储存时间长,经自然沉淀,浊度较低。水流动小和透明度高,给水中浮游生物,尤其是藻类的繁殖创造条件,由于含藻类较多,且水生生物的残骸沉积于湖底而腐化,使湖水水质受到影响,并使湖水产生色、臭、味。

湖水的补给少,储存时间长,由于蒸发的原因,使湖水的含盐量增加。若淡水湖换水频繁,含盐量一般与河水近似。

(4)海水

海水的含盐量甚高,总含盐量约为 35 g/L。其中,氯化物含量最高,可占总含盐量的89%左右,硫化物次之;再次为碳酸盐,其他盐类含量极少。海水一般须经淡化处理方可用作生活用水或工业用水,但可直接用作工业冷却用水。

3)水质标准

水质标准是拟订的用户对于用水要求的水质指标。随着经济的发展,技术的进步及检测技术的不断改进,水质标准也不断进行修正。

(1)生活饮用水水质标准

世界卫生组织于 1971 年修订《生活饮用水国际标准》。许多国家根据各自具体情况拟订饮用水水质标准。我国于 1976 年颁发《生活饮用水卫生标准》,2006 年修订。2022 年 3 月重新发布,将于 2023 年正式实施。

生活饮用水水质应无色、无臭、无味,不浑浊,无有害物质,特别是不含传染病菌。表 2-2 为生活饮用水水质常规指标及限值。该标准通过观测性状指标、化学指标、毒理学指标和细菌学指标对生活饮用水水质加以控制。

表 2-2 水质常规指标及限值

指 标	限 值
1）微生物指标①	
总大肠菌群（MPN/100 mL 或 CFU/100 mL）	不得检出
耐热大肠菌群（MPN/100 mL 或 CFU/100 mL）	不得检出
大肠埃希氏菌（MPN/100 mL 或 CFU/100 mL）	不得检出
菌落总数/（CFU·mL^{-1}）	100
2）毒理指标	
砷/（mg·L^{-1}）	0.01
镉/（mg·L^{-1}）	0.005
铬/（六价,mg·L^{-1}）	0.05
铅/（mg·L^{-1}）	0.01
汞/（mg·L^{-1}）	0.001
硒/（mg·L^{-1}）	0.01
氰化物/（mg·L^{-1}）	0.05
氟化物/（mg·L^{-1}）	1.0
硝酸盐/（以 N 计,mg·L^{-1}）	10,地下水源限制时为 20
三氯甲烷/（mg·L^{-1}）	0.06
四氯化碳/（mg·L^{-1}）	0.002
溴酸盐/（使用臭氧时,mg·L^{-1}）	0.01
甲醛/（使用臭氧时,mg·L^{-1}）	0.9
亚氯酸盐/（使用二氧化氯消毒时,mg·L^{-1}）	0.7
氯酸盐/（使用复合二氧化氯消毒时,mg·L^{-1}）	0.7
3）感官性状和一般化学指标	
色度（铂钴色度单位）	15
浑浊度（NTU-散射浊度单位）	1,水源与净水技术条件限制时为 3
臭和味	无异臭、异味
肉眼可见物	无
pH（pH 值）	不小于 6.5 且不大于 8.5
铝/（mg·L^{-1}）	0.2
铁/（mg·L^{-1}）	0.3
锰/（mg·L^{-1}）	0.1
铜/（mg·L^{-1}）	1.0
锌/（mg·L^{-1}）	1.0
氯化物/（mg·L^{-1}）	250
硫酸盐/（mg·L^{-1}）	250
溶解性总固体/（mg·L^{-1}）	1 000
总硬度/（以 CaCO$_3$ 计,mg·L^{-1}）	450
耗氧量/（COD Mn 法,以 O$_2$ 计,mg·L^{-1}）	3,水源限制,原水耗氧量 >6 mg/L 时为 5
挥发酚类/（以苯酚计,mg·L^{-1}）	0.002
阴离子合成洗涤剂/（mg·L^{-1}）	0.3
4）放射性指标②	
总 α 放射性/（Bq·L^{-1}）	0.5
总 β 放射性/（Bq·L^{-1}）	1

注：①MPN 表示最可能数；CFU 表示菌落形成单位。当水样检出总大肠菌群时,应进一步检验大肠埃希氏菌或耐热大肠菌群；水样未检出总大肠菌群,不必检验大肠埃希氏菌或耐热大肠菌群。

　　②放射性指标超过指导值,应进行核素分析和评价,判定能否饮用。

（2）工业用水水质指标

工业用水种类繁多，水质要求各不相同；即使是同一企业，不同生产工艺过程对水质要求也不相同。

食品、酿造及饮料工业的原料用水对水质的要求应符合生活饮用水卫生标准。

纺织、印染、化纤、造纸等工业用水直接与产品接触，其用水普遍要求水质清澈、色度低、铁和锰的含量低，硬度也不能过大。

石油、化工、钢铁、电力等部门需要耗用大量冷却水，要求水温低。

电子工业对水质的要求很高，要使用纯水和高纯水，这些用水通常由工业企业自备。

锅炉水对水的硬度、碱度以及其他物质含量有要求，随着锅炉压力的增加，水质要求越高。表2-3和表2-4分别列出了不同压力锅炉给水水质标准。

其他工业企业对水质要求应视具体生产性质和工艺过程而定。

表 2-3　压力为 25 kg/cm² 以下锅炉给水水质标准

锅炉形式	过热器	水冷壁	给　水				炉　水	
			总硬度/ $(mEq \cdot L^{-1})$	含氧量/ $(mg \cdot L^{-1})$	含油量/ $(mg \cdot L^{-1})$	pH 值	硬度/ $(mEq \cdot L^{-1})$	含盐量/ $(mg \cdot L^{-1})$
水管锅炉	有	有	0.035	0.05	2	7～8.5	12.5	2 500
		无	0.035	0.05	2	7～8.5	14.0	2 500
水管锅炉	无	有	0.100	0.10	5	7～8.5	14.0	5 000
		无	0.300	0.10	5	7～8.5	18.0	5 000
锅壳锅炉			0.500		5	7～8.5	23.0	5 000

注：毫克当量（mEq）表示某物质和 1 mg 氢的化学活性或化合力相当的量。

表 2-4　高压锅炉（100 25 kg/cm² 以上）给水水质标准

pH 值	9±0.2
溶解离子	电阻率 $2×10^6$ Ω·cm
SiO_2	<0.02 mg/L
Fe+Cu	<0.1 mg/L
溶解氧	<0.01 mg/L

2.3.2　给水处理方法概述

天然水源的水质与用户对水质的要求总存在着不同程度的差距。给水处理的任务就是通过必要的处理方法除去原水中的悬浮物质、胶体、病菌以及水中其他有害人体健康和影响工业生产的有害杂质，改善水质，使之符合生活饮用或工业使用所要求的水质标准。在给水处理中，某一种处理方法除了取得某一特定的处理效果外，有的往往也直接或间接地取得其他处理效果。给水处理的方法有以下几种。

1）水的沉淀处理

在重力作用下,水中杂质颗粒从水中分离出来的过程称为沉淀。

（1）自然沉淀

自然沉淀就是控制一定的水流速度,依靠重力作用,水中杂质在不改变颗粒大小、状态和密度的情况下自然沉淀。利用自然沉淀作为水的预处理,对于处理泥沙含量较高的河水,可以去除水中较大的杂质颗粒。由于在自然沉降过程中,无须投加任何药剂,因而可节省药剂费用。并且,泥沙含量高的河水经预处理后,水质获得改善,为后续处理创造了有利条件。但是依靠自然沉淀处理不能有效地分离水中颗粒细小的悬浮杂质和胶体物质。

（2）混凝沉淀

混凝沉淀就是在水中投加混凝剂,使水中细微浑浊物质——胶体杂质颗粒的电位降低,从而使其相互接触形成较大的颗粒——絮凝体而下沉。在混凝沉淀过程中,杂质颗粒的大小、形状和密度都发生了变化。

常用的混凝剂有硫酸铝 $Al_2(SO_4)_3 \cdot 18H_2O$,明矾 $KAl(SO_4)_2 \cdot 12H_2O$,三氯化铁 $FeCl_3 \cdot 6H_2O$,硫酸亚铁 $FeSO_4 \cdot 7H_2O$,聚合氯化铝 $[Al_2(OH)_nCl_{6-n}L]_m$ 和聚丙烯酰胺等。

混凝沉淀是常规水处理中的一个重要的工艺环节。

（3）化学沉淀

化学沉淀是针对水中所含溶解物质,投加某种化学药剂,使其生成难溶的沉淀产物,从而达到分离的目的。化学沉淀法常用于特种水处理。

2）水的过滤处理

过滤是以具有孔隙的颗粒状,如石英砂等截流水中杂质,从而使水获得澄清的工艺过程。水在经沉淀处理后,在水中尚存细微杂质,要进一步除去水中细微的胶体和悬浮杂质,需对水进行过滤处理。当原水浊度较低（一般在 100 mg/L 以下）且未受工业用水污染时,也可将原水直接过滤处理。混凝后直接过滤时则为接触过滤。水经过滤处理后不仅进一步降低了水的浊度,且随着浊度降低,水中的有机物、细菌乃至病毒也被大量去除。因此,对于生活饮用水而言,过滤是不可缺少的处理工艺。

滤池有重力式和压力式两类。在城乡水厂中多采用重力式,如普通快滤池,双层或多层滤料滤池,无阀滤池和虹吸滤池等。压力式滤池多用于中小型工业企业以及城乡地下水除铁水厂等。

3）水的消毒处理

利用化学和物理方法,消除水中病原菌、病毒和其他致病性微生物等病原微生物,是继过滤处理后生活饮水给水的最后处理步骤。

城乡给水处理常用的消毒方法为液氯消毒和漂白粉消毒,其原理都是因在水中投加液氯和漂白粉后生成次氯酸($HClO$),正是由于次氯酸的氧化能力破坏了细菌的酶系统,致使细胞死亡。

为了抑制水中残留细菌的再度繁殖,在配水管网中尚需维持少量剩余氯,以保持杀菌能力。

4）水的软化处理

减少水中钙、镁盐的浓度,降低水的硬度的水处理过程称为水的软化。软化处理的方法有加热法、药剂软化法和离子交换法。

加热法就是将水加热到 100 ℃ 或 100 ℃ 以上,在煮沸过程中,使水中的钙、镁的碳酸氢盐转变为 $CaCO_3$ 和 $Mg(OH)_2$ 沉淀去除。药剂软化法是使水中的钙离子和镁离子与加入的药剂进行化学反应生成不溶于水的化合物;离子交换法是使原水与离子交换剂接触,交换剂中的钠离子或氢离子能将原水中的钙离子和镁离子交换出来,从而降低水的硬度。

药剂软化法是使水中的钙离子和镁离子与加入的药剂进行化学反应生成不溶于水的化合物;离子交换法是使原水与离子交换剂接触,交换剂中的钠离子或氢离子能将原水中的钙离子和镁离子交换出来,从而降低水的硬度。

5)水的除铁和除锰

生活饮用水质量标准规定:铁含量不超过 0.3 mg/L,锰含量不超过 0.1 mg/L。水中含过量铁和锰使水有铁锈味,还会形成黄斑;在工业生产上影响印染、纺织、针织、造纸等产品质量;在给水管道中引起铁细菌的大量繁殖,影响过水能力,此外,它能沉积在滤料、离子交换剂表面上,降低其工作效果。

地下水中铁的形态主要成分为重碳酸铁,在酸性水中则常含有硫酸亚铁,在含有大量有机物的地下水中,则常含有溶解性有机铁(腐植酸铁)。

(1)除铁

生活用水方面:药剂处理法。包括石灰碱化法、混凝法和离子交换法,其中离子交换法的交换剂通常采取磺化煤或离子交换树脂。

地下水方面:①曝气法;②曝气天然锰砂过滤法。

(2)除锰

锰的存在形态与铁基本相同,只是在某些反应条件上比除铁要求更高,一般有以下几种方法:

①采用强氧化剂氧化法。加氯或加高锰酸钾可以得到最好的除锰效果。含锰原水经曝气后,加氯氧化,使 pH 值保持在 7.7 以上,然后经锰砂过滤,将锰去除。

②原水中含铁又含锰时,可先经曝气、锰砂过滤去除铁,然后把除铁的水加氯氧化,再经过一次锰砂过滤除锰。

③"黑纱"除锰。当石英砂表面被高价锰的氧化物(黑色沉淀物)所包裹时,便自然地对二价锰的氧化过程起催化作用,因此,它具有良好的除锰能力。

6)水的除氟处理

人体中微量的氟主要来源于水,氟对人体健康有一定的影响。当水中含氟水量过低时会引起龋齿。当大于 2.0 mg/L 时,可使牙齿出现斑釉。含氟量过高甚至引起关节疼痛,骨硬化症、瘫痪,甚至死亡。饮用水中含氟的适宜浓度为 0.5～1.0 mg/L,我国饮用水标准规定,含氟不能超过 1.5 mg/L。

2.3.3 水厂的规划设计

1)厂址选择

厂址选择应在城乡给水基础设施规划设计方案中综合考虑,通过技术经济比较确定。在选择厂址时,一般应考虑以下几个问题:

①厂址应选择在工程地质条件较好的地方。一般选在地下水位较低,承载力较大、湿陷

性等级不高,岩石比较少的地层,以降低工程造价和便于施工。

②水厂尽可能选择在不受洪水威胁的地方。否则应考虑防洪措施。

③水厂应少占农田,不占良田,利用荒地和废弃地,并留有适当的发展余地。要考虑周围卫生条件和《生活饮用水卫生标准》(GB 5749—2022)中对卫生防护要求的规定。

④水厂应设置在交通方便、靠近电源的地方,以利于施工管理和降低输电线路的造价,并考虑沉淀池排泥及滤池冲洗水排除方便。

⑤决定水厂位置时,应注意少拆迁,并留有适当绿化和发展用地。

⑥当取水地点距离用水区较近时,水厂一般设置在取水构筑物附近,通常与取水构筑物建在一起;当取水地点距离用水区较远时,厂址选择有两种方案,一种是将水厂设置在取水构筑物附近;另一种是将水厂设置在离用水区较近的地方。

2)水厂工艺流程选择

给水处理方法和工艺流程的选择应根据原水水质及设计生产能力等因素,通过调查研究、必要的试验并参考相似条件下处理构筑物的运行经验,经济技术比较后确定。水处理构筑物的生产能力,应以最高日用水量和加水厂自身用水量(有时还包括消防补充水量)进行设计,并应用原水水质最不利的情况进行校核。城市和乡村地区的水厂的自身用水量一般采用给水量的5%~10%,必要时通过计算确定。

由于水源不同,水质各异,生活饮水处理系统的组成和工艺流程有多种多样。以下介绍4种典型的给水处理工艺流程,以供参考。

①地表水作为水源时,处理工艺流程通常包括混合、反应、沉淀或澄清、过滤及消毒。其中,混凝沉淀(或澄清)及过滤作为水厂中主体构筑物,两者具备,习惯上常称为二次净化,工艺流程如图2-9所示。

图2-9　地表水二次净化工艺流程

②当原水浊度较低(一般在150 mg/L以下)、不受工业废水污染且水质变化不大时,可省略混凝沉淀(或澄清)构筑物,原水采用双层滤料接触滤池直接过滤,习惯上称为一次净化,工艺流程如图2-10所示。

图2-10　地表水一次净化工艺流程

③当原水浊度高、含沙量大时,为了达到预期的混凝沉淀(或澄清)效果,减少混凝剂利用量,应增设预沉池或沉砂池,工艺流程如图2-11所示。

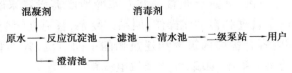

图2-11　高浊度水处理工艺流程

④以地下水作为水源时,由于水质较好,通常处理工艺比较简单,如消毒处理等,水厂建设和工艺流程比较简单。当地下水含铁量超过生活饮用水水质标准时,则应采取除铁措施。

总之,给水处理工艺流程应根据原水水质和用户对水质要求加以确定,一般可参考表2-5选择。

表2-5　给水处理工艺流程选择

	工艺流程		适用条件
生活饮用水	原水	——接触过滤——消毒 ——澄清——消毒	进水浊度一般不大于100~150 mg/L的小型给水,水质较稳定且无藻类繁殖
	原水 —— 混凝沉淀或澄清 —— 过滤 —— 消毒		一般进水浊度不大于2 000~3 000 mg/L,短时间可达5 000~10 000 mg/L
	原水	——预处理——混凝沉淀或澄清——过滤——消毒 ——预处理——接触过滤——消毒	山溪河流,水质经常清澈,洪水时含大量泥沙
	原水 —— 预处理 —— 混凝沉淀或澄清 —— 过滤 —— 消毒		高浊度水
	原水 —— 一次过滤 —— 二次过滤 —— 消毒		浊度低而色度高(如潮水、蓄水水库)
工业用水	原水 —— 预处理		对水质要求不高
	原水 —— 混凝沉淀或澄清		一般要求

工业冷却用水的水质只要求悬浮物含量低,在河水含沙量不高的情况下,有时只需经过自然沉淀就可能达到要求;在河水含沙量很高的情况下,就需要采取自然沉淀和混凝沉淀两步处理,才能满足工业冷却用水的水质标准。因此,应视具体情况进行给水工艺选择。

对于水质要求相当于生活饮用水水质标准的工业用水,可采取生活饮用水的处理工艺流程,消毒与否应根据生产需要而定。

3)水厂平面布置与高程布置

(1)水厂平面布置

水厂的基本组成分为两部分:

①生产构筑物和建筑物,包括处理构筑物、清水池、二级泵房、药剂间等。

②辅助建筑物,其中又分为生产辅助建筑物和生活辅助建筑物两种。前者包括化验室、修理部门、仓库、车库及值班宿舍等;后者包括办公楼、食堂、浴室、职工宿舍等。

生产构筑物及建筑物平面尺寸由设计计算确定。生活辅助建筑物面积应按水厂人员编制和当地建筑标准确定。

当各构筑物和建筑物的个数和面积确定之后,根据工艺流程和构筑物及建筑物的功能要求,结合本厂地形和地质条件进行平面布置。

处理构筑物一般比较分散,常露天布置。北方寒冷地区需设置采暖设备,可室内集中布置,比较紧凑,占地少,便于管理和自动化操作,但结构复杂,管道立体交叉多,造价较高。

水厂平面布置主要内容有各种构筑物和建筑物的平面定位;各种管道、闸阀及管道节点的布置;排水管(渠)井布置;道路、围墙、绿化及供电线路的布置等。

作水厂平面布置时,应考虑以下8点要求:

①布置紧凑,以减少水厂占地面积和连接管(渠)的长度,并便于操作管理,如沉淀池或澄清池应紧靠滤池,二级泵房尽量靠近清水池。但各构筑物之间应留出必要的施工间距和管(渠)道地位。

②充分利用地形,力求填、挖土石平衡,以减少填、挖土方量和施工费用。例如,沉淀池或澄清池应尽量布置在地势较高处,清水池尽量布置在地势较低处。

③各构筑物之间连接管(渠)应简单、短捷,尽量避免立体交叉,并考虑施工、检修方便。此外,应设置必要的备用管道,以便某一构筑物停产检修时,为保证必须供应的水量采取应急措施。

④沉淀池或澄清池排泥及滤池冲洗废水排除方便。力求重力排污,避免设置排污泵。

⑤厂区内应有管、配件等露天堆场;滤池附近应留有堆砂场和翻砂场;锅炉房附近应有堆煤场。并考虑上述堆场运输方便。

⑥建筑物布置应注意朝向和风向,如加氯间和氯库应尽量设置在水厂主导风向的下风向;泵房及其他建筑物尽量布置成南北向。

⑦有条件时(尤其大水厂),最好将生产区和生活区分开,尽量避免非生产人员在生产区通行和逗留,以确保生产安全。

⑧应考虑水厂扩建的可能,留出适当的扩建余地;对分期建造的工程,应考虑分期施工方便。

(2)水厂高程布置

在处理工艺流程中,各构筑物之间水流应为重力流。两构筑之间水面高差即为流程中的水头损失,包括构筑物本身、连接管道、计量设备等水头损失在内。水头损失应通过计算确定,并留有余地。

构筑物中的水头损失与其形式和构造有关,一般可参考表 2-6 数据,必要时通过计算确定。

表 2-6　构筑物中的水头损失

构筑物名称	水头损失/m	构筑物名称	水头损失/m
进水井格网	0.2 ~ 0.3	普遍快滤池	2.5 ~ 2.5
反应池	0.4 ~ 0.5	无阀滤池、虹吸滤池	1.5 ~ 2.0
沉淀池	0.2 ~ 0.3	接触滤池	2.5 ~ 3.0
澄清池	0.7 ~ 0.8	压力滤池	5.0 ~ 6.0

各构筑物之间的连接管道(渠)断面尺寸由流速决定,其值一般按表 2-7 采用。当地形有适当坡度可以利用时,可选用较大流速以减小管道直径及相应配件和闸阀尺寸;当地形平坦时,为避免增加填、挖土方量和构筑物造价,宜采用较小流速。在选定管(渠)的水头损失(包括沿程和局部)时应通过水力计算确定,估算时可采用表 2-7 数据。

表 2-7　连接管中允许流速和水头损失

连接管段	允许流速/(m·s⁻¹)	水头损失/m	附　注
一级泵站至反应池	1.0 ~ 1.2	视管道长度而定	—
反应池至沉淀池	0.15 ~ 0.02	0.1	应防止絮凝体破碎
沉淀池或澄清池至滤池	≤0.6	0.3 ~ 0.5	—
滤池至清水池	0.8 ~ 1.2	0.3 ~ 0.5	流速宜取下限,留有余地
滤池冲洗水管	2.0 ~ 2.5	视管道长度而定	—
冲洗水排水管	1.0 ~ 1.2	视管道长度而定	—

　　各项水头损失确定之后,便可进行构筑物高程布置。构筑物高程布置与厂区地形、地质条件及所采用的构筑物形式有关。当地形有自然坡度时,有利于高程布置;当地形平坦时,高程布置中既应避免清水池埋入地下过深,又应避免反应沉淀池或澄清池在地面上架高。上述两种情况均会增加构筑物总造价,尤其当地质条件较差、地下水位高时。例如,当采用普通过滤池时,应考虑反应沉淀池、澄清池是否在地面上架高布置。这些问题,在初步设计中选用构筑物形式时应考虑。

4)水厂的用地指标

　　水厂的面积应根据水厂规模、生产构筑物、生产辅助建筑物以及水厂其他组成部分的合理布置所需要的总面积来确定。不同规模的水厂用地指标不同,根据《室外给水排水工程技术经济指标》确定。

　　水厂用地指标可参见表 2-8。图 2-12 所示为某水厂的平面布局图。

表 2-8　用地指标

水厂设计规模	用地指标/m²	
	地面水沉淀净化工程综合指标	地面水过滤净化工程综合指标
Ⅰ类(水量 10 万 m³/d 以上)	0.2 ~ 0.3	0.2 ~ 0.4
Ⅱ类(水量 2 万 ~ 10 万 m³/d)	0.3 ~ 0.7	0.4 ~ 0.8
Ⅲ类(水量 2 万 m³/d 以下)	0.7 ~ 1.2	—
Ⅲ类(水量 1 万 ~ 2 万 m³/d)	—	0.8 ~ 1.4
Ⅳ类(水量 5 000 ~ 1 万 m³/d)	—	1.4 ~ 2.0
Ⅴ类(水量 5 000 m³/d 以下)	—	1.7 ~ 2.5

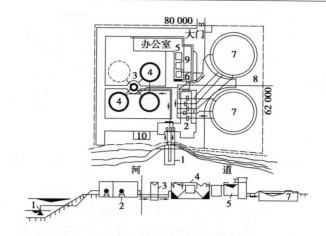

图 2-12　某水厂的平面布局图

1—取水口；2—一、二级泵站；3—配水井；4—澄清池；5—滤池；
6—加氯间；7—清水池；8—出厂水；9—化验室；10—加药间、药库

2.4　给水管道管网规划

2.4.1　给水管道管网的布置

1)给水管道管网布置的基本要求

给水管道管网的作用是将水从净水厂或取水构筑物输送至用户。它是给水基础设施的重要组成部分,并且与输水泵站、调节水池和水塔等构筑物有密切的关系。给水管道管网不但涉及经济、合理、安全给水,而且在整个给水基础设施中其投资所占比例可达 50%~80%。因此,正确设计给水管道管网是非常重要的。

给水管道管网的布置应满足以下要求:

①应符合国土空间规划的要求,注意给水基础设施的分期建设,并充分考虑今后的发展需要。

②管网应布置在整个给水区内,保证向用户提供具有适当水压的水量。

③在可能的情况下,力求沿最短路线敷设管线输水至用户,以降低管道工程造价和经营管理费用。

④必须保证安全可靠地给水,当内部管网发生故障时,仍然不间断给水。

2)给水管网的布置形式

给水管网布置有两种基本形式,即树枝状管网和环状管网。

(1)树枝状管网

如图 2-13(a)所示,管网呈树枝状向给水区延伸,管道管径随管道的延伸而逐渐变小。在确定给水干管的基础上,各街坊给水管道的详细规划按经济入口进行接管。街坊内部的管网布置则根据建筑群的布置确定,如图 2-13(b)所示。

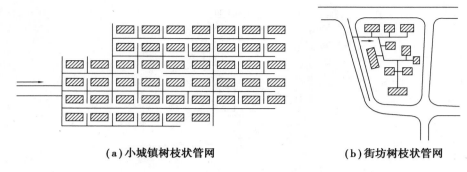

(a)小城镇树枝状管网　　　　**(b)街坊树枝状管网**

图 2-13　树枝状管网布置

树枝状管网长度短、管路简单、投资少,但当某处管道发生破裂事故时,其以下部分则给水中断,又由于管道终端水流停顿,引起水质变坏,因而给水可靠程度差。树枝状管网常用于给水要求不高的小型给水管网,或在建设初期先用树枝状管网,以后按发展规划形成环状,这样可减少初期投资。

(2)环状管网

将各给水干管互相连通则形成闭合的环状管网,如图 2-14 所示。由于在环状管网中任一条管道都可以由两个方向给水,因而大大提高了给水的可靠程度。大中城市及乡村的给水管网、不能停水的管网均应布置成环状管网,环状管网因管路较长,投资较大,但其系统的阻力减小,可降低动力损耗,且环状管网能减少管内水锤威胁,有利于管网的安全。

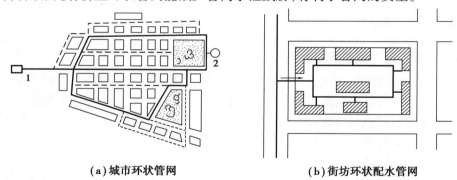

(a)城市环状管网　　　　**(b)街坊环状配水管网**

图 2-14　环状管网布置
1—水厂;2—水塔

在工程实际中,管网的布置既要安全可靠,又要经济合理,因而常采用环状与树枝状相结合的管网。例如,在城市中心区的主要给水区域或给水要求高的工业区采用环状管网给水;而在郊区或要求不高的边远地区,则可采用树枝状管网给水。

3)给水管道管网的布置

城市和乡村的给水管道包括从水厂内二级泵站(或直接取水的输水泵站)至用水区的输水管道(渠),以及城市和乡村的配水给水管网。在给水管网中,根据作用不同又有干管、配水管和接户管之分。城乡给水管网的布置和计算,通常只限于给水干管。

(1)输水管(渠)的定线

输水管(渠)的任务是输水,一般较少接出支管。由于水源条件不同,输水管的长度相差悬殊,有的输水距离可达数十千米甚至上百千米。根据地形不同,输水形式可分为重力流和压力流。在长距离输水中为了降低管道压力还可能设置中途加压泵站。

输水管(渠)线的定线应考虑以下要求:

①在保证给水安全的前提下,尽量选择管线短,工程简单,便于施工和检修(尽量沿道路),少占农田、不占良田,利用荒地和废弃地。

②输水管(渠)线走向、平面布置和高程应符合城市、乡村和工业企业对管线规划的要求,有条件时最好沿现有道路和规划道路敷设。

③输水管线应尽量避免穿越河谷、山脊、主要铁路和洪水泛滥淹没地区,避开滑坡、塌方、工程地质不良地段及易发生泥石流和高侵蚀土壤地区,否则须采用有效防止措施。

④充分利用地形,在可能时优先考虑重力流输水或部分重力流输水。加压输水时应通过技术经济比较确定加压级数,加压站设在电力供应和交通均方便的地方。

⑤为保证安全给水,输水管一般应设置两条,两条管间设连通管(图2-15),将连通管与阀门合理布置(图2-16)。连通管管径可与输水管管径相同或小于输水管管径20%～30%。连通管的间距可采用表2-9数据。当输水量小,输水管长,或有其他水源可以利用时,可以考虑采用一条输水管输水,此时应在用水区附近设置蓄水池,水池容积的大小,按应急用水量与应急事故延续时间来计算。

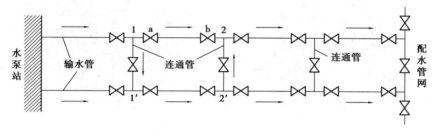

图2-15　两条输水管上连通管的布置

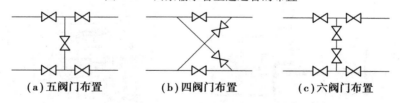

(a)五阀门布置　　(b)四阀门布置　　(c)六阀门布置

图2-16　阀门及连通管的布置

表2-9　连通管间距

输水管长度/km	<3	3～10	10～20
间距/km	1.0～1.5	2.0～2.5	3.0～4.0

⑥输水管定线时应考虑附属构筑物的合理布置和检修时放空、进气或放气等措施。

(2)给水管网的布置

城乡给水管网的布置与城市和乡村的平面布置(街区和用户的分布,街区的大小和形状)、城市和乡村的地形、水渠、调节水池和水塔的位置、河流、铁路、桥梁等天然或人为障碍物及其位置、用户位置等有关,布置时应遵循下列原则:

①干管布置的主要方向应按给水主要流向延伸（图2-17），而给水的流向取决于最大用水户或水塔等调节构筑物的布置。

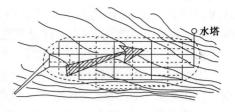

图2-17 干管中水流的主要方向

②通常为了保证给水可靠，按照主要流向布置几条平行的干管，其间用连通管连接，这些管线以最短的距离到达用水量大的主要用户。干管间距视给水区的大小、给水情况而不同，一般为500～800 m。

③干管一般按规划道路布置，尽量避免在高级路面或重要道路下敷设。管线在道路下的平面位置和高程应符合城乡地下管线综合设计的要求。

④干管应尽可能布置在高地，这样既可保证用户附近配水管中有足够的压力，又可降低干管内压力，以增强管道的安全性。

⑤干管的布置应考虑发展和分期建设的要求，并留有余地。

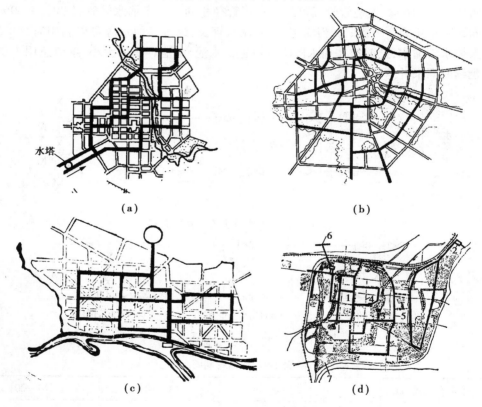

图2-18 干管布置形式
1—住宅区;2—水厂;3—工厂;4—供水分区联络网;
5—城乡干管;6—地下水源;7—绿地

考虑以上原则，干管通常由一系列邻接的环组成，并且较均匀地分布在整个城市和乡村的给水区域。

在图2-18(a)中，水塔在管线起端，干管由水塔开始包围整个给水区，并用3条干管将水输送至最大与最远的用户 A 与 B 两点。

在图2-18(b)中,干管由两个同心环状管网a组成,其间用径向管线c连接,而水由两根干管b供给。

当城市和乡村的延伸方向垂直于连接管网输入点与水塔的干管时,如图2-18(c)所示,这时干管由a、b两种干管组成,其中干管a连接输入点及水塔,干管b沿给水区敷设。

当采用多水源独立分区给水时,为保证给水安全,用联络网连接全市干管,以利互相调剂,如图2-18(d)所示。

对工业企业内的管网布置,由于自身特点不同,故通常根据企业内的生产用水和生活用水对水质和水压的要求,两者可以合用一个管网,或者分建两个管网。有时,即使是生产用水,水质和水压的要求也不一样,因此在同一工业企业内,有时形成分质、分压的管网系统,分别布置多套管网。消防用水管网往往不单独设置,而是和生活、生产给水管网合并。

管网的布置形式根据工业给水基础设施的特点而有所不同。例如,不供给消防用水的生活给水管网可采用树状管网,分别供应生产车间、仓库、辅助设施等处的生活用水。生活、消防用水合用的管网可采用环状管网,并应符合居住区生活、消防管网的一切要求。

生产用水管网可按照对供水可靠的要求,采用树状管网、环状管网或者两者相结合使用。对于不能断水的企业,生产用水管网必须是环状管网。个别相距过远的车间可用两条输水管代替环状管网。在大多数情况下,生产用水管网采用环状管网、两条输水管及树状管网相结合的形式。

鉴于车间用水量一般较大,所以生产用水管网无论干管和支管都要进行管线布置(定线)和计算。工业企业内的管线布置比城乡管网简单,因为厂区内车间位置明确,用水比较集中,易于以最短管线到达用水量最大的车间的要求。但是,有些工业企业有许多地下建筑物和其他管线,地面上又有各种运输设备来往于各个车间和其他部门,这时的管线布置显得复杂、困难,须会同有关部门综合研究解决,必要时给水管道也可在空中架设。

2.4.2　给水管网的工作状况

1)管网的给水压力

为了满足建筑物的最高用水点所需水量和适宜的压力,要求管中的给水具有一定压力,这个压力称为管网的自由水头。

管网给水连接点的自由水头 H_c(为简化计算,自地面算起),如图2-19所示。

$$H_c = H + h_u + \sum h \tag{2-1}$$

式中　H——建筑物中最高取水点在地面以上的高度,m;

h_u——取水龙头所需水头,m;

$\sum h$——由最高取水点到城乡管网连接点全部管段上的沿程水头损失和局部水头损失之和,m。

H_c的数值可根据建筑物层数确定,对生活饮用水管网一般规定为:一层建筑为10 m,二层建筑为12 m,二层以上每增加一层增加4 m。对于自备增压设备的建筑,则与此无关。

当位于地面较高、离水厂(或水塔)较远,或建筑物层数较多地区最不利点(称为控制点)的自由水头能满足时,则整个管网的水压均可符合要求。

无水塔的管网工作情况如下所述。

当城乡给水管网未设水塔而由二级泵站直接给水时,水压线如图2-20所示。

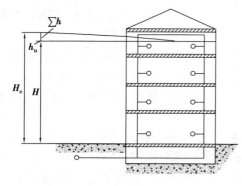

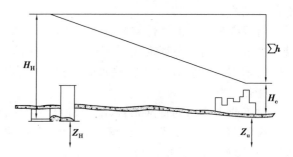

图 2-19　自由水头　　　　　图 2-20　管网中无水塔时工作情况

管网中无水塔时水泵全扬程 H_H 算式为

$$H_H = (Z_u - Z_H) + H_c + \sum h + H_s \tag{2-2}$$

式中　Z_u——最不利点的地面高程，m；

　　　Z_H——泵轴中心高程，m；

　　　H_c——自由水头值，m；

　　　$\sum h$——水泵出水管到最不利点的水头损失之和，m；

　　　H_s——水泵的吸水高度 H_i 和吸水管中的水头损失 h_i，m。

　　由于有管路的沿程损失，随着泵站远离，管网中的水压逐渐下降，致使最远的给水点压力最小，处在地势较高的管网水压也较少。管道的水头损失是随着管道中的流速（即流量）增大而增高的，因而在给水量大时水力坡降线较陡，用水量、水力坡降线则变缓，此时管网最不利点的水压显然高于所需的自由水头。因此，在未设水塔的管网中，若水泵站采用一级压力给水，在非最大用水量时，出现给水压力过高、水泵效率低、电能浪费的现象，这种给水方式宜采用多级压力给水或中途设补压设施。

2）有水塔的管网工作情况

　　在管网中设置水塔，可以调节水量和水压。图 2-21 所示为管网中设置前置水塔的给水基础设施。a 点为最不利点，其自由水头为 H_c。按图 2-21 可求得水塔水箱底的设置高度 H_b 为

$$H_b = H_c + \sum h - (Z_b - Z_a) \tag{2-3}$$

式中　$\sum h$——a，b 两点间的水头损失，m。

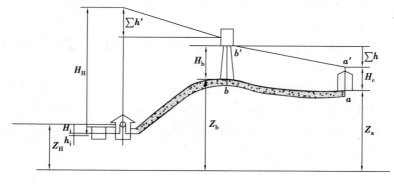

图 2-21　管网中设前置水塔时工作状况

显然,水塔设置点高程 Z_b 越大,则 H_b 越小;当 $H_b = 0$ 时,则水塔建于地面,这将大大降低水塔的建筑造价。

设置前置水塔时,塔高按设计年限内最高用水量确定,在未达到设计流量前,管网总水压高于实际需要,从而浪费能量。当水量超过设计值时,随着管网内水头损失的增大,边远地带水压不足。因此,前置水塔给水基础设施对流量变动的适应能力较差。

设置对置水塔时,其水压线如图 2-22 所示。在最大用水时,泵站和水塔分别从两端向管网给水,管网中存在给水分界线,如图 2-23 所示。

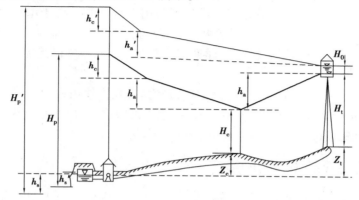

图 2-22　管网中设对置水塔时工作情况

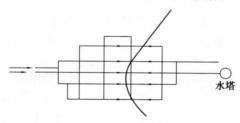

图 2-23　设对置水塔时管网的供水分界线

因用水最大时,有两个方向向管网给水,相对于仅由泵站一方给水量为小,所以管道管径可以减少,可以降低管网造价。但是,当管网用水减小时,有大量转输流量通过管网进入水塔,则形成较长距离的输水,此时甚至需要比最大用水时更高的送水扬程。为了防止在分界线上的管网管径选择太小,应该对最大转输时的水泵扬程和管径进行复核计算。

设想把对置水塔的给水系统分成两部分:一部分是从泵站到分界线上 C 点,这部分可看作是无水塔的管网,所以二级泵站的扬程仍按式(2-2)计算;另一部分是从水塔到分界线上的 C 点,这部分类似于网前水塔的管网,水塔高度可按式(2-3)确定。

当泵站供水量大于用水量时,多余的水通过整个管网流入水塔,流入水塔的流量称为转输流量。因一天内泵站供水量大于用水量的时间很多,一般取转输流量最大时流量进行计算,以保证安全供水。此流量称为最大转输时流量。

最大转输时的水泵扬程为:

$$H_p' = Z_t + H_t + H_0 + h_a' + h_c' + h_s' \tag{2-4}$$

式中　h_a', h_c', h_s'——分别表示最大转输时管网、输水管、水泵吸水管中的水头损失,m。

在最大转输时,虽然用水量较小,但因转输流量通过整个管网进入水塔,所以最大转输时的水泵扬程往往大于最高用水时。在最高用水时和最大转输时的两种情况下,水泵的流量和扬程有所不同,为便于管理,所选用水泵的台数和型号不宜多,在难以两者兼顾而选出合适水泵的情况下,可酌情放大管网中个别管段的管径。

水塔也可能设在城乡给水管网的中部,此时管网的工作情况视水塔所处位置、工作情况或类似前置水塔,或类似对置水塔。

在城市和乡村的消防给水中,我国大都采用低压消防体制,即给水管网保证供给消防时所需水量,而消防所需水压由消防车加压,但管网给水时,给水水压不得低于 10 m 水柱。

消防使用时,管网输水量为最大用水量与消防用水量之和。由于增加了消防用水量,致使沿着火点流水方向的管网水头损失增大,压力下降。为了确定给水压力能满足消防的需要,应对管径和水泵扬程进行核校计算(详见有关专业书籍),不能满足需要时,须增设专用消防泵。

在大中城市和乡村中,由于用水量大,用水较均匀,且往往由多水源给水,可以采用分级给水、阶段加压、集中调配来满足用水的要求,一般不设置水塔,但在小城镇、居民点和工业区内一般要设置水塔,以调节给水与用水之间的不平衡状况。

2.4.3 给水管道穿越障碍物的措施

障碍物主要包括隧道、河谷、铁路等。可以采用以下措施来穿越这些障碍物。

1) 采用倒虹吸管

采用倒虹吸管时,一般采用铸铁管(柔性接口);采用焊接钢管时,应有防腐措施;对于低压的倒虹吸管,可采用钢筋混凝土管。

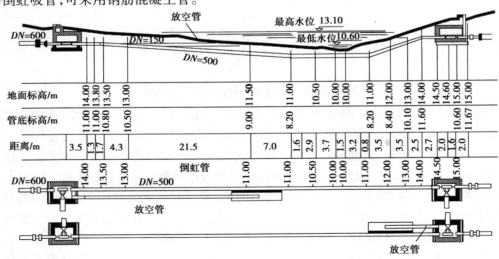

图 2-24　倒虹吸管

倒虹吸管一般应敷设两条。倒虹吸管管顶在河床下的埋深应根据水流冲刷情况而定,但不得小于 0.5 m,在航线的范围内不得小于 1.0 m。倒虹吸管的管径应根据管内流速确定,一般应小于上下游管道的管径,以提高管中水的流速,防止沉积泥沙,当管径为 200~350 mm 时,管中经济流速应小于 0.9 m/s。

倒虹吸管敷设的位置,应选择在地质条件较好的河床及河岸不受或少受冲刷处。当河床土质不良时,应作管道基础,必要时还应在河床和被冲刷地段采取加固措施。图 2-24 所示为倒虹吸管示意图。

2)架空管

采用架空管时,应尽量利用已有或拟建的桥梁敷设,敷设时可将管道吊在桥下或在人行道边的沟内,如图 2-25 所示。当无桥梁可利用时,可修建管桥。管材一般采用钢管或铸铁管(并用青铅接口);距离较长时,应设伸缩管;管道高处应设排气阀,并应采取保温措施。

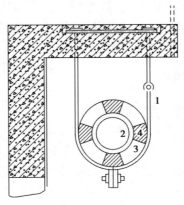

图 2-25 桥梁人行道下吊管法
1—吊环;2—水管;3—隔热层;4—垫块

3)埋设套管

当给水管道在穿越国家 1～2 级铁路干线时,应在路基下用钢管或钢筋混凝土管作套管。套管的管径应比穿超的管径至少大 600 mm。管道的两端设闸门井,并有一定的坡度,以便安装及检修。图 2-26 所示为设有套管时管道的敷设图。

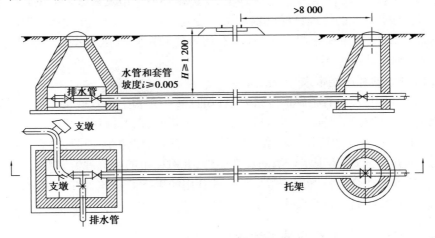

图 2-26 设套穿越铁路的管线

2.5　城市中水设施规划和节约用水规划

"中水"即"再生水",是指污水经适当处理后,达到一定的水质标准,满足某种使用要求,可以进行使用的水。"中水"一词来源于日本。"给水"水质好,能为人所用,所以人们通过水塔和泵站将低处的水运往高处供人们使用,故将"给水"称为"上水"。"污水"水质差,不能为人所用,所以人们利用重力原理将污水从高处排往低处,故将"污水"称为"下水"。水质介于"给水"和"污水"之间的水就称为"中水"。

2.5.1　城市中水设施规划的意义

中水系统规划是缓解水资源短缺的有效途径。

我国人口基数大,人均水资源少。据最新统计,我国淡水总量 2 700 亿 m³,居世界第 6 位,但是人均淡水量为 2 500 m³,为世界人均水平的 1/4,居世界 109 位。我国东西部水资源分布不均匀。随着国民经济的快速发展,尤其是西部地区水资源问题更加严峻。

据有关资料统计,城市给水的 80% 转化为污水,经收集处理后,其中 70% 的中水可以再次循环使用。这表明通过污水处理使用,可以在现有给水量不变的情况下,使城市的可用水量至少增加 50%。世界各国都十分重视中水利用,中水作为一种合法的替代水源,正在得到越来越广泛的利用,并成为城市水资源的重要组成部分。

中水系统规划是实现水资源可持续利用的重要环节。

水是城市发展的基础资源和战略经济资源,随着城镇化进程和经济的发展,以及日趋严重的环境污染,水资源日趋紧张,成为制约城市发展的瓶颈。推进污水深度处理,普及再生水利用是人类与自然协调发展、创造良好水环境、促进循环型城市发展进程的重要举措。

在国际上,对水资源的管理目标已发生重大变化,即从控制水、开发水、利用水转变为以水质再生为核心的"水的循环再用"和"水生态的修复和恢复",从根本上实现水生态的良性循环,保障水资源可持续利用。

中水系统规划的利用能带来可观的效益。

再生水合理利用,不但有很好的经济效益,而且其社会和生态效益也是巨大的。首先,随着城市自来水价格的提高,再生水运行成本的进一步降低,以及回用水量的增大,经济效益越来越突出;其次,再生水合理利用,能维持生态平衡,有效地保护水资源,改变传统的"开采—利用—排放"的开发模式,实现水资源的良性循环,并对城市的水资源紧缺状况起到积极的缓解作用,具有长远的社会效益;最后,再生水合理利用的生态效益体现在不但可以清除废污水对城市环境的不利影响,而且可以进一步净化环境,美化环境。

2.5.2　城市中水设施规划的基本要求

城市中水系统介于城市给水基础设施和城市排水设施之间,中水系统所取原水来自城市排水系统,中水处理设施既是污水处理厂,又是给水净化厂。经中水处理设施处理过的污水成为中水系统的给水。所以,进行中水系统规划既要兼顾城市给水基础设施和排水设施的规划要求,又要满足以下几点要求:

①中水系统主要是为了解决用水紧张问题所建立的,所以应根据城市用水量和城市水资源情况进行综合考虑。中水作为城市污水重复利用的主要方式应给予广泛关注,一些缺水地区应在规划时明确建立中水系统的必要性,水量平衡、水源规划、污水处理、管网布置都应在总体规划中有所反映,并作为具体规划设计时的依据。

②总体规划中明确建立中水系统的城市,应在给水排水工程的分区规划和详细规划中,结合城市具体情况,在对一些具体问题进行技术经济分析后予以确定:如所需要回用的污水量、中水系统的类型、中水水源集流的形式、中水处理厂的位置、污水处理厂和中水处理的预留用地及中水系统建设的分期等。

③中水系统管网的布置要求与给水排水管网相似。管网规划设计应与城市排水体制和中水系统相一致。中水系统应保持其系统独立,禁止与自来水系统混接。对已建地区,地下管线繁多,中水管道敷设时应尽量避开管线交叉,而敷设专用管线。回用与用水单位,新建地区中水系统与道路规划、竖向规划和其他管线规划相一致,并保证同步建设。

④中水处理厂应结合用地布局规划合理预留。单幢建筑物的中水处理设施一般布置在地下室,小区域建筑群的中水处理设施布置在区域内部,以靠近中水水源和中水用水地点,缩短集水和供水管线,要求中水处理厂与住宅有一定的间距。严格制订防护措施,以避免臭气、噪声、震动等对周围环境的影响。

⑤中水系统比城市污水处理厂的污水回用处理显得分散,使投资和处理费用增高,回用面小,难于管理和保证水质。原则上应使中水系统向小区域建筑群中水系统和区域建筑群中水系统方面发展,要求规划时在整个规划范围内统筹考虑,增加回用规模。

2.5.3　城市中水系统分类及处理方法

1)城市中水系统分类

(1)中水系统按规模分类

①排水设施完善地区的单幢建筑中水系统。该中水系统水源取自本系统内用水和优质排水。该排水经集流处理后供建筑内冲洗便器、清洗车、绿化等。其处理设施根据条件可设于本建筑内部或邻近外部。这种中水系统的特点是:规模小,不在建筑外设置中水管道,可进行现场处理,较易实施,但投资和处理费用较高。

②排水设施不完善地区的单幢建筑中水系统。对于城市排水体系不健全的地区,其污水处理设施达不到二级处理标准,通过中水系统处理再利用,可以减轻污水对当地河流的污染。该中水系统水源取自该建筑的排水净化池(沉淀池、化粪池、隔油池等),该池内的水为生活污水。其处理设施根据条件可设于建筑内或邻近外部。这种中水系统的特点同上一个中水系统相同,同时也具有保护环境减少污染的特点。

③小区域建筑群中水系统。该中水系统水源取自小区域内各建筑物所产生的排水。这种中水系统可用于住宅小区、学校及党政机关团体大院。其处理设施置于小区内部。这种中水系统具有管理集中、基建投资和运行费用相对较低、水质稳定的特点。

④区域建筑群中水系统。区域中水系统水源取自城市污水处理厂或工业废水,将这些水运至中水处理站,经进一步深度处理后,供给具有中水系统的单幢建筑物或小区域建筑群。该中水系统要求小区域具有二级污水处理设施。其特点是规模大、费用低、管理方便,但须单独设置中水管道系统。

（2）按用途分类

①饮用水中水系统。将中水处理到"饮用水的水质标准"而直接回用到日常生活中，即实现水资源直接循环利用。这种中水系统适用于水资源极度缺乏的地区，但投资高，工艺复杂，不能广泛运用。

②城市"杂用水"中水系统。"杂用水"又称非饮用水。水质未达到生活饮用水卫生标准，而符合《城市污水再生利用 城市杂用水水质》（GB/T 18920—2020）的生活用水。不能饮用，也不适宜与人体直接接触。按用途分有冲洗用水、浇洒用水、浇灌用水和特种用水（如空调用水、水景用水）。

将中水处理到"城市杂用水水质标准"，主要用于不与人体直接接触的用水，如便器冲洗，地面、汽车清洗，绿化浇洒，消防，工业普通用水等。这种中水系统是最常见的，也是现在运用最广泛的。

③景观环境水中水系统。将中水处理到"城市景观环境用水的水质标准"，将处理过的水用于城市景观喷泉、河流、溪水等。这种中水系统适用于因缺水而导致河流溪水干涸的城市。这种系统要求污水处理站和中水站建在河流上游，对污水处理站和中水站的安全要求较高。

④"农业"用水中水系统。这里的"农业"指的是"农、林、牧、副、渔"，将中水处理达到"'农业'用水的水质标准"。这种中水系统适用于"农业"灌溉（农田、牧场、森林等）、园林绿化（公园、校园、高速公路绿化带、高尔夫球场、公墓、绿化带和住宅区等）、改善水系环境（湖泊、池塘、沼泽地，增大河水流量和鱼类养殖等）。

⑤工业用水中水系统。工业上可以利用中水回用技术将达到外排标准的工业污水进行再处理，一般加上混床等设备使其达到软化水水平，达到工业用水水质标准，就可以进行工业循环再利用，以达到节约成本，保护环境的目的。

2）城市中水系统的处理方法

回用水的处理技术按其机理可分为生物化学法、物理化学法和物化生化组合法等。通常，回用技术须多种污水处理技术合理组合，即各种水处理方法结合，深度处理污水，这是因为单一的某种水处理方法一般很难达到回用水水质的要求。

（1）生物化学法

生物化学法（简称"生化法"）利用自然界存在的各种细菌微生物，将废水中有机物分解转化成无害物质，使废水得以净化。

处理流程：原水→格栅→调节池→接触氧化池→沉淀池→过滤→消毒→出水。

生物化学法可以分活性污泥法、生物膜法、生物氧化塔、土地处理系统、厌氧生物处理法等方法。

①活性污泥法。

a. 鼓风曝气，即排流式曝气，将压缩空气不断地鼓入废水中，保证水中有一定的溶解氧，以维持微生物的生命活动，分解水中有机物，以达到净化污水的效果。

b. 机械曝气，即表面曝气，利用装在曝气池内的机械叶轮转动，剧烈搅动水面，使空气中的氧溶于水中，供微生物生命活动，进行生化作用，以达到净化污水效果。

c. 纯氧曝气，按鼓风曝气方法向水中吹入纯氧，以提高充氧效率，加快污水净化速度。

d. 深井曝气，一般用直径为 0.5～6.0m 和深度 50～60m 的曝气装置，利用水压来提高水中氧的转移速率，以提高其净化效率。

②生物膜法。

a.生物滤池:使废水流过生长在滤料表面的生物膜,通过两面之间的物质交换及生化作用,使废水中有机物降解,达到净化目的。

b.生物转盘:由固定在一横轴上的若干间距很近的圆盘组成,不断旋转的圆盘面上生长一层生物膜,以净化废水。

c.生物接触氧化:供微生物栖附的填料全部浸于废水中,并采用机械设备向废水中充入空气,使废水中有机物降解,以净化废水。

③生物氧化塔。利用水中微生物的藻类、水生植物等对废水进行好氧或厌氧生物处理的天然或人工塘。

④土地处理系统。

a.土地渗滤:利用土壤膜中的微生物和植物根系对污染物的净化能力(过滤、吸附、微生物分解等)来处理生活污水,同时利用污水中的水、肥来促进农作物、牧草、树木生长。

b.污水灌溉:主要目的为灌溉,以充分利用净化后的污水。

⑤厌氧生物处理法。利用厌氧微生物(如甲烷微生物等)分解污水中有机物,达到净化污水目的,同时产生甲烷、CO_2等。厌氧生化处理主要用于处理高浓度有机废水及污泥硝化。

(2)物理化学法

物理化学法是利用物理和化学的综合作用使废水净化的方法,通常是指由物理方法和化学方法组成的废水处理系统,或指包括物理过程和化学过程的单项处理方法,如浮选、吹脱、结晶、吸附、萃取、电解、电渗析、离子交换、反渗透等。

处理流程:原水→格栅→调节池→絮凝沉淀池→超滤膜→消毒→出水。

物理化学处理既可以是独立的处理系统,也可以是生物处理的后续处理措施。其工艺的选择取决于废水水质、排放或回收利用的水质要求、处理费用等。

为除去悬浮的和溶解的污染物而采用的化学混凝—沉淀和活性炭吸附的两级处理是比较典型的一种物理化学处理系统。过程为:在废水中投加石灰,快速混合后,进行絮凝沉淀,除去大部分悬浮的和胶体的物质,同时除去一部分磷酸盐。沉淀后的出水流过活性炭接触床,由于活性炭的吸附作用,除去溶解的污染物,如溶解的有机物等。活性炭进行反冲洗和再生。沉淀池的沉渣经脱水、煅烧后,其中的石灰可回收利用;煅烧产生的二氧化碳气体可用作调整沉淀出水的 pH 值。通过这个系统处理后,出水水质的数据是:BOD(生化需氧量)5 mg/L、COD(化学需氧量)15 mg/L、悬浮物 5 mg/L、磷 0.15 mg/L、氮 2.6 mg/L。假若对水质有其他要求,还可增加相应的处理过程,如为了进一步脱氮,可以增加氨解析、离子交换或折点氯化。

物理化学处理法的优点是:占地面积可减少 1/4 ~ 1/2;出水水质好,而且效果比较稳定;对废水水量、水温和浓度变化的适应能力较强;可以除去有害的重金属离子;除磷、脱氮和脱色的效果好;可根据不同要求,选择处理方案;处理系统的操作管理易于实现自动检测和自动控制。

物理化学处理法的缺点是:这种处理系统的设备费和日常运转费较高,相比生物处理法消耗较多的能源和物料。因此,决定处理工艺方案时应根据对出水水质的要求,进行技术、经济比较和对环境影响的全面分析。

（3）物化生化组合法

传统的生物化学法运转时必须考虑反应速率和污泥的沉降性能。反应速率主要取决于活性污泥的浓度，污泥浓度高，则反应速度快。但考虑到二次沉池不能过大，所以活性污泥的浓度不能太大，否则影响反应速率。污泥的沉降性能取决于曝气池的运行条件。严格控制曝气池的操作条件是首要条件，因此也缩小了生物化学法的应用范围。为了克服这些困难，可以运用物化生化组合法。

物化生化组合法运用到实际中就是膜生物反应器技术。

膜生物反应器（Membrane Bioreactor，MBR）是将生物降解作用与膜的高效分离技术结合而成的一种新型高效的污水处理与回用工艺。

其处理流程：原水→格栅→调节池→活性污泥池→超滤膜→消毒→出水。

其原理是在一定压力下，采用具有一定孔径的分离膜，将溶液中的大分子物质、胶体、细菌和微生物截留下来，从而达到浓缩与分离的目的，处理精度可达 0.1 μm，不会产生生化法那样的气味，污泥量少，无须进行污泥处理。国外的研究资料表明，超滤技术作为中水处理的后处理技术具有适应能力强，对悬浮物、细菌和洗涤剂的去除率高，出水稳定等诸多优点。

对中水处理流程选择的一般原则是，当以洗漱、沐浴或地面冲洗等优质杂排水为中水水源时，一般采用以物理化学法为主的处理工艺流程即可满足回用要求。当主要以厨房、厕所冲洗水等生活污水为中水水源时，一般采用以生化法为主或生化物化结合的处理工艺。物化法一般流程为混凝、沉淀和过滤。

2.5.4　城市中水设施规划

1）节约用水规划的意义

"节水"是指采取现实可行的综合措施，减少水的损失和浪费，提高用水效率，合理高效利用水资源。

我国国情决定"节水"是我国的一项重大国策。

①水资源不足是我国的基本国情，"节水"是缓解当前城市缺水矛盾的长期硬性措施。

②"节水"是为保障我国经济社会可持续发展必须坚持的一项重大国策。

③治理、改善和保护我国水环境，迫切要求加强节水工作。

④促进社会稳定，要求加强节水工作。

2）节约用水规划的基本要求

①制定节水规划，应密切结合我国经济社会发展的需要，贯彻习近平总书记提出的"全面促进资源节约集约利用"重要指示，坚持开发与节约并重、节约优先、治污为本、科学开发、综合利用，以水资源的可持续利用来保障经济社会的可持续发展。

②节水规划要求具有全局性、阶段性、科学性、可行性与指导性，因地制宜，分清阶段，明确目标，统一协调。

③节水规划必须以水资源优化配置和高效利用为核心，协调开发与节约，农业与工业、城镇生活、生态用水，水与经济、社会、环境的关系，实现需水与供水节水，农业节水与工业、城镇生活节水，节水发展与经济社会发展，节水与生态环境的总体平衡。

④节水规划提出的措施应是综合配套的。

3）节约用水规划的编制要求

①规划以国民经济和社会发展计划、国土整治规划为依据，按照水资源可持续利用和人口、资源、经济、环境协调发展的要求，与水资源开发利用规划相配合，提出不同水平年水资源供需基本平衡的节水实施方案，为经济社会发展提供支持保障。

②规划以流域（及区域）水资源评价和水资源供求计划为基础，按省（自治区、直辖市）行政单元分析研究水资源合理配置和节水发展模式，其中县（区）级节水规划是基础。

③规划分区、分行业、分类型进行，提出总量控制目标和定额管理方法，统一分析考虑地表水、地下水和其他可利用或可替代水源的配置和节约。缺水地区限制新建高耗水的工业项目，禁止引进高耗水、高污染工业项目，限制农业粗放型用水。并要求全面规划与重点区域规划、重点项目规划相结合。

④规划坚持政府行为与市场行为相结合，工程措施和非工程措施并重。新上的用水项目应规划采用节水的先进用水技术和设施，已有的用水项目应规划进行节水技术和设施更新改造，逐步提高用水水平。非工程措施是规划的重要组成部分，研究提出有利于促进节水事业和节水产业发展的管理体制和机制，使节水投资渠道多层次、多元化。重视管理措施，以水权理论为指导，以取水许可制度为载体，建立用水总量管理与定额管理相结合的节水管理体系。

⑤重视采用新技术、新方法，提高成果的科技含量，保证规划先进与科学。采用新的基础资料，分析和充分利用原有规划、研究成果，根据近几年水资源利用的新情况、新问题和新思路，经过科学论证、经济分析和环境评价，形成新的规划成果。

4）节约用水的基本对策

（1）农业用水

农业节水发展应与农业产业结构调整、农村地区小城镇建设及生态建设相协调，根据水资源条件，按不同水平年分地区实行用水的总量控制。节水重点是灌区的节水改造，按节水目标规划发展。同时，加强节水目标规划的管理和协调，使水土条件较好的局部地区农业用水有增加，但全国总用水应争取基本不增长。为此，必须采取以下基本对策。

①以节水增产为目标对灌区进行技术改造。我国不少大中型灌区都是20世纪五六十年代修建的，由于工程老化失修或已到报废年限，灌溉效益衰减，灌溉用水浪费严重。因此，要根据当地自然、水资源、农业生产和社会经济特点，以节水、高效为目标，对灌区实施"两改一提高"工程，即改革灌区管理体制，改造灌溉设施和技术，提高灌溉水的有效利用率。重点放在现有大型灌区渠道防渗、建筑物维修更新和田间工程配套等节水技术改造上。

②因地制宜加快发展节水灌溉工程。在节水增效示范项目和节水增产重点县的建设中，因地制宜地推广发展管道输水、渠道防渗、喷灌、微灌、水稻浅湿灌、改进沟畦灌、膜上灌等工程节水措施；在山丘区，因地制宜建设集雨水窖、水池、水柜、水塘等小微型雨水蓄水工程，努力缓解水资源供需矛盾。

③加强用水定额管理，推广节水灌溉制度。在加强工程管理的同时，制订各主要农作物的用水定额，根据定额确定灌溉水量实行控制。积极研究和推广节水灌溉制度，把有限的水量集中用于农作物用水的关键期，以扩大灌溉面积，使灌溉总体效益最大。当前重点推广用水计量设备，实施斗渠计量控制。

④平田整地，开展田间工程改造。地面灌溉是我国目前采用最多的一种灌水方式，预计

今后相当长的一段时间内仍将占主导地位。据分析,地面灌溉用水损失中田间部分损失占到35%左右,说明田间节水潜力很大。造成田间用水损失的原因是畦块过大,地块大平小不平,致使灌水不均匀,深层渗漏严重。实施田间工程改造投资效益大,节水增产效果良好。

⑤大力推广节水农业技术。各种节水工程技术只有与相应的节水农业技术相结合,才能发挥综合优势,达到节水、高产、优质、高效的最终目标。节水农业技术措施包括抗旱节水品种、地膜覆盖、秸秆覆盖、少耕免耕、节水增产栽培、农业结构调整等,都具有投资省,节水、增产效果显著,技术成熟等特点,推广前景广阔。

⑥积极发展节水综合技术。目前,我国节水灌溉技术的推广应用仍以常规单项技术为主,虽然已开始重视研究节水综合技术,向精准化节水方向发展,但应用尚不普遍。节水灌溉综合技术的目标不但要提高灌溉水的利用率,而且也要使灌溉水的生产效率得以提高,真正发挥节水增产的作用。因此,节水灌溉技术今后发展的主要方向是将现代工程技术、农业技术和节水管理信息技术因地制宜地进行有机结合、集成,形成节水高效的节水灌溉综合技术体系,并大面积推广应用。

⑦在人畜用水困难地区尤其应因地制宜地发展推广综合节水技术。

（2）工业用水

工业节水在地区上不仅应考虑与农业节水及城市化发展相协调,按水资源供需平衡的原则实行用水总量控制,而且应与水环境的治理、改善和保护的要求相配合,同时考虑工业自身的产业结构调整、技术水平升级及产品更新换代。节水重点是那些用水大户、污染大户。应按节水标准规划发展,并由点到面,逐步推进。加强节水目标规划管理和协调,水源较好的局部地区用水可较大增长,但总用水增长率应逐步降低,缺水地区争取零增长。为此,应采取以下基本对策:

①控制生产力布局,促进产业结构调整。加强建设项目水资源论证和取水管理:限制缺水地区高耗水项目投产,禁止引进高耗水、高污染工业项目;以水定产,以水定发展。积极发展节水型的产业和企业,通过技术改造等手段,加大企业节水工作力度,促进各类企业向节水型方向转变;新建的企业必须采用节水技术。逐步建立行业万元国内生产总值用水量的参照体系,促进产业结构调整和节水技术推广应用。

②拟订行业用水定额和节水标准,对企业的用水进行目标管理和考核,促进企业技术升级、工艺改革,设备更新,逐步淘汰耗水大、技术落后的工艺设备。

③推进清洁生产战略,加快污水资源化步伐,促进污水、废水处理回用。采用新型设备和新型材料,提高循环用水浓缩指标,减少取水量。

④强化企业内部用水管理,建立完善三级计量体系,加强用水定额管理,改进不合理用水因素。

⑤沿海地区工业发展海水利用。

（3）城镇生活用水

城镇生活节水与城市化发展和人民生活水平相适应,同时考虑我国人口和资源条件,对水资源的需求和供给加以适当限制。节水重点在城市,应按城市生活节水标准规划发展,并由城市向市镇推进。通过强化管理,建设和推广节水设施,逐步使用水定额得以控制,并使总用水增长率逐步降低。为此,须采取以下基本对策:

①实行计划用水和定额管理。通过水平衡测试,分类分地区制订科学合理的用水定额,

逐步扩大计划用水和定额管理制度的实施范围,适时对城市居民用水推行计划用水和定额管理制度。针对不同类型的用水,实行不同的水价,以价格杠杆促进节约用水和水资源优化配置,强化计划用水和定额管理力度。鼓励用水单位采取节水措施,并对超计划用水的单位给予一定的经济处罚。居民住宅用水彻底取消"包费制",全面实现分户装表,计量收费,逐步采用阶梯式水价或两部制水价方式,提倡合理用水,杜绝跑、冒、滴、漏等浪费现象。

②全面推行节水型用水器具,提高生活用水节水效率。强化国家有关节水政策和技术标准的贯彻执行力度,制订推行节水型用水器具的强制标准。

③加快城市供水管网技术改造,降低输配水管网漏失率。研究确定城镇自来水管网漏失率的控制标准和检测手段,并明确限定达标期限。

④加大城镇生活污水处理和回用力度,在缺水地区积极推广"中水道"技术。在城市改建和扩建过程中,积极改造城镇排水网,设市城市建设生活污水集中排放和处理设施。城市大型公共建筑和供水管网覆盖范围外的自备水源单位都应建设中水系统,并在试点基础上逐步扩展居住小区中水系统建设的推行实施范围。

⑤在城市工业产业布局逐步合理、产业结构逐步优化的前提下,应实现城市及郊区水务统一管理,资源统一规划、综合利用,上中下水设施统一建设、小区集中处理、大区之间连通协调、市区郊区合理串供,努力建成蓄水、集水、节水、减排、清污、回用的城市节水清洁型供用水体系。逐步改变过去一个水系、一个水库、一条河道的单一水源向城市供水的方式,采取"多库串联、水系联网,地表水与地下水联调,优化配置水资源"的方式。

2.6　乡村区域给水基础设施规划

2.6.1　乡村区域给水基础设施总体规划

乡村区域给水基础设施总体规划应根据区域内各村庄的社会经济状况、总体规划、给水现状、用水需求、自然地理条件、区域水资源条件及其管理要求、村镇分布及居住状况进行编制。应根据水源的水量和水质、给水的水量和水质、给水可靠性、用水方便程度,对给水区域内给水现状进行分析和评价。

乡村给水区域规划范围宜以市(县)为单元进行统筹规划,并可根据实际情况突出重点、分步实施,水源和给水范围可跨行政区域进行规划。当给水水源地在规划区域以外时,水源地和输水管线应纳入给水基础设施规划范围。当输水管线途经的区域需由同一水源给水时,应进行系统规划。区域给水规划应以城乡一体化为目标,根据当地的自然条件、经济状况,确定工程形式,并应符合下列要求:

①优先考虑管网延伸给水,在城镇给水服务半径内的镇(乡)村应优先采用管网延伸给水,优先依托自来水厂的扩建、改建、辐射扩网、延伸配水管线,给水到户。

②当不能采用城镇延伸给水且具备水源条件时,应优先建设适度规模的集中式给水,可跨区域取水、连片给水。

③当受水源、地形、居住、经济等条件限制,不宜建造集中式给水工程时,可根据实际情况规划建造分散式给水基础设施。

④当居住相对集中、水源水质需特殊处理、制水成本较高时,可采用分质给水。

⑤居住分散的山丘区,有山泉水与裂隙水时,可建井、池、窖等,单户或联户给水无适宜水源时,可建塘坝、水池、水窖等,收集降雨径流水或屋顶积水。

2.6.2 乡村区域用水量

1) 乡村用水量组成

乡村用水量应由下列两部分组成。

①第一部分应为规划期内由给水基础设施统一供给的生活用水、企业用水、公共设施用水及其他用水水量的总和。

②第二部分应为给水基础设施统一供给以外的所有用水水量的总和。其中应包括企业和公共设施自备水源供给的用水、河湖环境用水和航道用水和农业灌溉等。

给水基础设施统一供给的用水量应根据所在区域的地理位置、水资源状况、现状用水量、用水条件及其设计年限内的发展变化、国民经济发展和居民生活水平、当地用水定额标准和类似工程的给水情况等因素确定。

给水工程规模应包括居民生活用水量、公共建筑用水量、饲养畜禽用水量、企业用水量、工业用水量、消防用水量、浇洒道路和绿地用水量、管网漏失水量和未预见用水量等,按最高日用水量进行计算。应根据当地实际水需求列项,分别计算给水范围内各村、连片集中给水基础设施的给水规模。在进行给水工程规模预测时,不同性质用水量指标可按现行行业标准《镇(乡)村给水工程技术规程》(CJJ 123—2008)执行。

2) 乡村用水量时变化系数

乡村用水量时变化系数,应根据乡村的给水规模、给水方式,生活用水和企业用水的条件、方式和比例,结合当地相似给水工程的最高日给水情况综合分析确定:

①全日给水基础设施的时变化系数可在1.6~3.0范围内取值,用水人口多、用水条件好或用水定额高的取较低值。

②定时给水基础设施的时变化系数,可在3.0~4.0范围内取值,日给水时间长、用水人口多的取较低值。

进行水资源供需平衡分析时,区域给水基础设施统一给水部分所要求的水资源给水量应为最高日用水量除以日变化系数再乘上给水天数。日变化系数应根据给水规模、用水量组成、生活水平、气候条件,结合当地相似给水基础设施的年内给水变化情况综合分析确定,可在1.3~1.6范围内取值。河湖环境用水和航道用水及农业灌溉用水等的水量,应根据有关部门的相应规划纳入用水量中。

3) 乡村区域给水水质和水压

乡村区域的给水水质水压应符合以下标准:

①统一供给的或自备水源供给的生活饮用水水质应符合国家标准《生活饮用水卫生标准》(GB 5749—2022)的有关规定。

②乡村集中式给水基础设施的给水水压,应满足配水管网中用户接管点最小服务水头的要求。单层建筑可按5~10 m计算,二层10~12 m,建筑每增加一层,水头应增加3.5~4 m。对地形很高或很远的个别用户水压不宜作为控制条件,可采用局部加压的方法满足其用水

需求。

③配水管网中,消防栓设置处的最小服务水头不应低于10 m。

2.6.3　乡村区域水源选择原则

1)乡村区域水源选择要求

乡村区域水源选择应符合下列要求:

①以水资源勘察或分析研究报告为依据。

②应充分利用现有的水利工程。

③当有多种水源可供选择时,应当对水质、水量、工程投资、运行成本、施工和管理条件、卫生防护条件进行综合比较后确定。当水源水量不足时,可同时选取地表水和地下水互为补充。

④水源地应设在水量、水质有保证和易于实施水源环境保护的地段。

⑤应符合当地水资源统一规划管理的要求,按优质水源保证生活用水的原则,合理安排与其他用水的关系。

乡村区域水源若用地下水作为水源时,其取水量应小于允许开采量;用地表水作为水源时,其设计枯水流量的年保证率,严重缺水地区不宜低于90%,其他地区不宜低于95%;当水源的枯水期流量不能满足要求时,应采取多水源调节或调蓄等措施。

2)乡村区域生活饮用水水源选择要求

乡村生活饮用水给水水源的卫生标准应符合下列要求:

①当采用地下水为生活饮用水水源时应符合国家标准《地下水质量标准》(GB/T 14848—2017)的规定。

②当采用地表水为生活饮用水水源时应符合国家标准《地表水环境质量标准》(GB 3838—2002)的规定。

3)乡村区域地表水水源选择要求

地表水水源选择应符合下列要求:

①选用地表水为水源时,水源地应位于水体功能区划规定的取水段或水质符合相应标准的河段。

②饮用水水源地应位于城镇、工业区或村镇上游。

此外,地下水取水构筑物位置的选择,可按行业标准《镇(乡)村给水工程技术规程》(CJJ 123—2008)第5.2.1条的规定执行。地表水取水构筑物位置的选择,可按行业标准《镇(乡)村给水工程技术规程》(CJJ 123—2008)第5.2.4条的规定执行。水源地的用地应根据给水规模和水源特性、取水方式、调节设施大小等因素确定,并应同时提出水源卫生防护要求和措施。

2.6.4　乡村区域给水系统分类

1)集中式给水基础设施

(1)给水系统

乡村区域集中式给水系统应符合以下要求:

①给水系统应满足水量、水质、水压及消防、安全给水的要求,并应根据当地的规划布局、地形、地质、城乡统筹、用水要求、经济条件、技术水平、能源条件、给水管网延伸的可能性、水源等因素进行方案综合比较后确定。

②规划给水系统时,应充分考虑利用已建给水工程设施,并进行统一规划。

③不适合建设集中式给水系统的居住点,可采用分散式给水系统。

④地形起伏大或规划给水服务范围广时,可采用分区或分压给水系统。地形可供利用时,宜采用重力输配水系统。

⑤根据水源状况、总体规划布局和用户的水质要求,可采用分质给水系统。

⑥有多个水源可供利用时,宜采用多水源给水系统。

（2）水厂

水厂厂址的选择,应符合乡村规划和相关专项规划,并根据下列要求通过技术经济比较综合确定:

①应充分利用地形高程。

②满足水厂近、远期布置需要。

③不受洪水与内涝威胁;有良好的工程地质条件。

④有较好的废水排除条件。

⑤有良好的卫生环境,并便于设立防护地带。

⑥少拆迁,少占农田,不占良田,利用荒地和废弃地。

⑦施工、运行和维护方便。

⑧供电安全可靠。

⑨地表水水厂的位置宜靠近主要用水区,有沉沙等特殊处理要求时宜在水源附近。

⑩地下水水厂的位置还应考虑水源地的地点和不同的取水方式,宜选择在取水构筑物附近。

水厂的设计规模,应考虑水厂工作时间,按最高日给水量加水厂自用水量确定。水厂自用水率应根据原水水质、所采用的处理工艺和构筑物类型等因素通过计算确定,一般可采用设计水量的5%~10%。当滤池反冲洗水采取回用时,自用水率可适当减小。

水厂应根据水源水质、设计规模和用户的水质要求,参照相似条件下已有水厂的运行经验或试验,结合当地条件,通过技术经济比较,综合研究确定净水处理工艺,同时应对生产废水和污泥进行妥善处理和处置,并应符合当地的环境保护和卫生防护要求。

当原水的含藻量、含沙量或色度、有机物、致突变前体物等含量较高、臭味明显或为改善凝聚效果时,可在常规处理前设预处理设施;当微污染原水经混凝、沉淀、过滤处理后,水中的有机物、有毒物质含量或色、臭、味等仍不能满足用户要求时,可采用颗粒活性炭吸附工艺或臭氧—生物活性炭吸附工艺进行深度处理。膜分离工艺应根据原水水质、出水水质要求、处理水量、当地条件等因素,通过技术经济比较确定。

用于生活饮用的地下水中铁、锰、氟、砷以及溶解性总固体含量等无机盐类超过国家标准《生活饮用水卫生标准》（GB 5749—2022）的水质指标限值时,应设置处理设施。工艺流程应根据原水水质、净化后水质要求、设计规模、试验或参照水质相似水厂的运行经验,通过技术经济比较后确定。

用于生活饮用水处理的药剂,应符合国家标准《饮用水化学处理剂卫生安全性评价》

（GB/T 17218—1998）的有关规定,生活饮用水必须消毒。消毒剂和消毒方法的选择应依据原水水质、出水水质要求、消毒剂来源、消毒副产物形成的可能、净水处理工艺等,通过技术经济比较确定。消毒剂和方法可采用液氯、次氯酸钠、二氧化氯、臭氧、紫外线、漂白粉或漂白精等。寒冷地区、飘尘或亲水昆虫严重地区的净水构筑物宜建在室内或采取加盖措施,以保证净水工艺正常运行或处理后水质。

水厂排水宜采用重力流排放,必要时可设排水泵站。厂区雨水管道设计的降雨重现期宜选用1~3年。生活污水管道应另成系统,污水应经无害化处理,其排放不得污染水源。水厂的供电可采用二级负荷,当不能满足时,不得间断给水的水厂应设置备用动力设施。水厂用地应按规划期给水规模和工艺流程确定,厂区周围应设置宽度不小于10 m的绿化地带。

（3）输配水

输配水管网应符合总体规划,并进行优化设计,在保证设计水量、水压、水质和安全给水的条件下,进行不同方案的技术经济比较。

输配水管道系统运行中,应保证在各种设计工况下,管道不出现负压。原水输送应采用管道或暗渠(隧洞)。当采用明渠时,应有可靠的防止水质污染和水量流失的措施。清水输送应采用管道。

从水源至水厂的原水输水管(渠)的设计流量,应考虑水厂工作时间,按最高日平均时给水量确定,并计入输水管(渠)的漏损水量和水厂自用水量。从水厂至配水管网的清水输送管道的设计流量,应考虑水厂工作时间,按最高日最高时用水条件下,由水厂承担的给水量计算确定。

输配水管(渠)应根据设计流量和经济流速确定管径,输水管道的设计流速不宜小于0.6 m/s。负有消防给水任务的管道最小直径不应小于100 mm,室外消火栓的间距不应超过120 m,应设在醒目处,并应符合国家标准《建筑设计防火规范(2018年版)》(GB 50016—2014)的有关规定。

输配水管(渠)系统的输水方式可采用重力式、加压式或两种方式并用,应通过技术经济比较后选定。输水管(渠)的根数、管径(尺寸)设置应满足规划布局、规划期给水规模并结合近期建设的要求,按不同工况进行技术经济分析论证,选择安全可靠的运行系统。

输水管(渠)线路的选择,应根据下列要求确定：

①整个给水系统布局合理。

②走向尽量沿现有或规划道路布置。

③尽量缩短线路长度。

④减少拆迁、少占农田、少毁植被、保护环境。

⑤尽量满足管道地埋要求,尽量避免急转弯、较大的起伏、穿越不良地质(地质断层、滑坡等)地段,减少穿越铁路、公路、河流等障碍物。

⑥充分利用地形条件,优先采用重力流输水。

⑦管道布置应避免穿越有毒、有害、生物性污染或腐蚀性地段,无法避开时应采取防护措施。

⑧施工、运行和维护方便,节省造价,运行安全可靠。

⑨考虑近远期结合和分步实施的可能。

长距离输水工程应遵守下列基本要求：

①进行管线实地勘察,对线路方案、管材设备进行技术经济比较和优化。

②进行必要的水锤分析计算,采取必要的水锤综合防护措施。

③应设测流、测压点,并根据需要设置遥测、遥信、遥控系统。

配水管网选线和布置应遵守下列基本要求:

①管网应合理分布于整个用水区,线路尽量短,并符合有关规划。

②村庄及规模较小的镇,可布置成枝状管网,但应考虑将来连成环状管网的可能;规模较大的镇,宜布置成环状管网,当允许间断给水时,可设计为枝状。

③管线宜沿现有道路或规划道路布置。

④管道布置应避免穿越有毒、有害、生物性污染或腐蚀性地段。

⑤干管的走向应与给水的主要流向一致,并应以较短距离引向用水大户。

⑥地形高差较大时,应根据给水水压要求和分压给水的需要,设加压泵站或减压设施。

⑦集中给水点应设在取水方便处,寒冷地区尚应有防冻措施。

⑧测压表应设在水压最不利用户接管点处。

输水管和配水干管穿越铁路、高速公路、河流、山体时,应进行技术经济分析论证,选择经济合理线路。管道(渠)与铁路交叉时,应经铁路管理部门同意,穿越河流时,应经水利管理部门同意。

配水管网应按最高日最高时给水量及设计水压进行水力平差计算,并应分别按下列3种工况和要求进行校核:

①发生消防时的流量和消防水压的要求。

②最大转输时的流量和水压的要求。

③最不利管段发生故障时的事故用水量和设计水压要求。

环状管网水力计算时,水头损失闭合差绝对值,小环应小于0.5 m,大环应小于1.0 m。生活饮用水管网,严禁与非生活饮用水管网直接连接,严禁与自备水源给水系统直接连接。配水系统的加压泵站位置应根据给水系统布局,以及地形、地质、防洪、电力、交通、施工和管理等条件综合确定,宜靠近用水集中地区。压力输配水管及泵站应考虑水流速度急剧变化时产生的水锤,并采取削减水锤的措施。输配水管(渠)在道路中的埋设位置可按国家标准《城市工程管线综合规划规范》(GB 50289—2016)执行。

给水管材及其规格应根据设计内径、设计内水压力、敷设方式、外部荷载、地形、地质、施工及材料供应等条件,满足卫生、耐久等基本要求,通过结构计算和技术经济比较确定,并应遵守下列基本要求:

①符合卫生学要求,不污染水质,符合国家标准《生活饮用水输配水设备及防护材料的安全性评价标准》(GB/T 17219—1998)的有关规定。

②地埋管道宜采用塑料管。

③明设管道应选用金属管,不应选用塑料管。

④采用钢管时,应考虑内外防腐处理,壁厚应根据计算需要的壁厚另加不小于2 mm的腐蚀厚度。

2)分散式给水基础设施

无条件建造集中式给水系统的地区,可采取分散式给水系统。分散式给水系统形式的选择应根据当地的水源、用水要求、地形地质、经济条件等因素,通过技术经济比较确定。在缺水地区,可采用雨水收集给水系统;有良好水质的地下水源地区,可采用手动泵给水系统等。

也可视情况,采取山泉水、截潜水、集蓄水池给水系统。

同时,可根据建设条件和用户需要,采取联户给水或按户给水,生活饮用水必须消毒。

【思考题】

1. 乡村地区是否需要规划中水系统?

2. 什么是经济流速?

3. 城镇经处理后的水可否用作下游城市、乡村的水源?

4. 什么是中水? 中水的回用水处理方式包括哪些内容?

5. 在我国国情下,如何加快城乡一体化给水的进程?

6. 给水管道沿程水头损失计算的方法?

3

城乡排水基础设施规划

导入语：

随着工业化、城镇化的加快，城乡发展用水量的增大也会引起污水量的同步增多，这类污水若得不到有效的处理和再利用，将会引起生态环境的污染和资源的浪费。此外，城乡内降水（雨水和冰雪融化）的径流流量也较大，也应及时排放。因此，需对各类污水、废水和降水进行妥善处理与排除。将污水、废水和降水有组织地排除与处理的工程设施称为排水基础设施。

本章关键词：排水体制；污水排放；雨水排放；排水（基础）设施规划

城市生活用水在使用过程中，除部分消耗掉外，大部分都受到污染成为污水或废水。随着工业化、城镇化的加快，城市污水排放量越来越大，这类污水（废水）若排入自然水体中，将给自然环境带来长期危害，影响人居环境质量和城市可持续发展。因此，需对该类污水（废水）进行妥善处理与排除。此外，城市内降水（雨水和冰雪融化）的径流流量也较大，也应及时排放。

将城乡污水、废水和降水有组织地排除与处理的设施称为排水基础设施。在城乡规划建设中，对排水基础设施进行全面统一安排，称为城乡排水基础设施规划。排水基础设施规划应根据国土空间规划，制订全市范围的排水方案，估算排水量，布置排水管网、防洪堤等。

城市排水基础设施规划的任务就是将生活污水、工业废水和降水这3种水汇集起来，输送到污水处理厂，经过处理后再排放，即城市排水基础设施规划的任务在于解决城市排水的问题，而这些问题往往相互关联，并涉及城市建设的其他方面，需通盘考虑，全面解决。

而乡村排水基础设施不同于城市排水基础设施，它具有以下特点：由于目前农村经济发展不平衡且水平有限,乡村排水基础设施只能分期建设,逐步完善;由于我国农村居住点和乡镇工业较分散,排水点的布置也较分散;排水时间相对集中。

城市排水基础设施(下水道及污水处理厂)如同城市给水基础设施一样,是现代化城市不可缺少的一项重要基础设施。它是由收集、输送和处理以上排水的管道和构筑物组成,并根据人们的生活和生产需要有组织建设的。我国一直十分关注和重视城市水污染防治工作。改革开放以来,全国各地的城市污水处理设施建设取得了令人瞩目的成果。

随着城市的进一步发展,我国工农业生产发展的步伐加快,特别是30多年来多种企业的诞生使我国的企业结构发生变化,有些企业在追求经济效益时忽视社会效益、环境效益,长此下去必将会使环境受到严重污染。为此,当今环境污染的治理工作不能仅停留在各级政府管理层面上,而应加强社会每位公民的环保意识。

3.1 城市排水基础设施的任务、组成与排水体制

3.1.1 城市排水基础设施的任务

随着我国城市的发展和对污水排放要求的提高,为贯彻《中华人民共和国环境保护法》《中华人民共和国水污染防治法》和《中华人民共和国海洋环境保护法》,控制水污染,保护江河、湖泊、运河、渠道、水库和海洋等地面水,以及地下水水质的良好状态,保障人体健康,维护生态平衡,促进国民经济和城市建设的发展,现在我国凡是有污水的地方一般都设置污水处理厂,处理后再排放。这对改善一个城市的生态环境和投资环境具有重大意义。

城市的生产和生活活动产生大量的污水与废水,同时大气降水(雨、雪)也形成达到一定污染程度的地面排水,导致城市污水和废水量越来越大,排水的水质也越来越复杂。污水中含有大量致病细菌、有机物质及有毒物质,从而污染城市环境和水体;降水排水还给城市建筑、工厂、仓库、道路、桥梁带来了淹没的危险。城市排水基础设施规划的任务是使整个城市的污水和雨水通畅地排泄,处理好污水,达到环境保护的要求,以减少其对环境的污染,保护水资源,避免雨水给城市生产、生活造成不便和危险。

总之,城市排水基础设施的目的在于将排水对人类生活环境带来的危害降低到最小,保护环境免受污染,促进工农业生产效率和保障人民的健康和正常生活,具有保护环境和城市减灾双重功能。因此,需建设完善的城市排水基础设施并进行科学管理。

城市排水基础设施规划的主要内容包括估算城市排水量、选择排水制度、设计排水管道、确定污水处理方法和城市污水处理厂的位置等。

3.1.2 城市排水基础设施的组成

城市排水基础设施通常由排水管道(管网)、污水处理设施(污水处理厂)和出水口组成。城市排水主要包括生活污水、工业废水和降雨径流,因此城市排水基础设施可依据排除对象不同分为城市污水排除设施、工业废水排除设施和雨水排除设施。以下分别对这3类排水基础设施的组成,以及排水管道附属构筑物进行介绍。

1) 城市污水排除设施的组成

城市污水排除设施通常是指收集和排除城市生活污水和部分工业生产污水的排水基础设施,其主要组成部分包括以下几个部分。

(1) 室内(车间内)污水管道设施及设备

室内(车间内)污水管道设施及设备主要作用是收集生活污水并将其排出至室外庭院、街坊或小区的污水管道中。室内各种卫生设备是生活污水排除设施的起端设备。

(2) 室外污水管道设施

室外污水管道设施包括街坊或庭院管道设施和街道污水管道设施,后者分支管、干管、主干管及管道设施上附属构筑物。污水由房屋流出管道通过各级管道汇集输向污水处理厂。

(3) 污水泵站及压力管道

污水一般以重力流排除,但在转输过程中,由于地形等条件限制,需将低处的污水向高处提升,则需设置泵站。泵站分为中途泵站、终点泵站和局部泵站。其中,设在管渠设施中途的泵站称为中途泵站,设在设施终点的泵站称为终点泵站。污水需压力输送时,应设置压力管道。

(4) 污水处理厂

处理和利用污水和污泥的一系列构筑物及其附属构筑物的综合体称为污水处理厂,通常设置在河流的下游地段,并与居民点或公共建筑保持一定的卫生防护距离。

(5) 污水出口设施

污水出口设施包括出水口、事故出水口及灌溉渠等。出水口或灌溉渠设在污水厂之后,以排放处理后的污水。事故出水口设在设施中容易发生故障的部位,如设在污水泵站之前,泵站检修时污水可从事故出水口排出。

通常,每个污水排除设施由上述 5 部分组成,并不必须全部具备,如地形有利,可不设中途泵站和压力管道。图 3-1 所示为某城市污水排除设施总平面示意图。

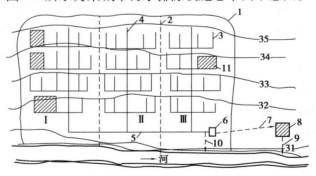

图 3-1 城市污水排除设施总平面示意图

I,II,III—排水流域

1—城市边界;2—排水流域分界线;3—支管;4—干管;5—主干管;6—总泵房;
7—压力管道;8—城市污水处理厂;9—出水口;10—事故出水口;11—工厂

2) 工业废水排除设施的组成

工业废水排除设施的作用是将车间及其他排水对象所排出的不同性质的废水收集起来,送至回收利用和处理的构筑物或排水基础设施。有些工厂可单独形成工业废水排除设施,其组成为:

①车间内部管道设施。

②厂区管道设施及设备。

③污水泵站和压力管道。

④污水处理站。

⑤出水口(渠)。

3)城市雨水排除设施的组成

雨水一般就近排入水体,无须处理。地势平坦、区域较大的城市或河流洪水水位高,在雨水自流排放有困难的情况下应考虑设置雨水泵站。

此外,对于合流制排水基础设施,只有一种管渠设施,除具有雨水口外,其主要组成部分和污水排除设施相同。

上述各排水基础设施的组成部分,对每一具体的排水基础设施来说,并不一定都完全具备,必须结合当地具体条件来确定排水基础设施内所需要的组成部分。

3.1.3 排水体制及其选择

城市排水体制也称为城市排水制度,是指在城市区域内对生活污水、工业废水和降雨径流所采取的排除方式。

1)体制

为了收集、输送城市生活、工业企业生产及自然降水形成的各类排水,必须设置管渠设施,予以排除。对于不同的城市排水体制,排水基础设施的设计、施工、运行、维护和管理迥然不同,排水体制的选择是城市排水基础设施规划所需解决的首要问题。常规排水体制有分流制和合流制两种基本类型。

(1)分流制排水基础设施

分流制排水基础设施是将生活污水、工业废水和雨水分别在两个或两个以上各自独立的管渠内排除的设施(图3-2)。其中,排除生活污水和工业废水的设施称为污水排除设施;排除降雨径流的设施称为雨水排除设施。通常,在分流制排水基础设施中,由于天然降水的排除方式不同,又分为以下两种。

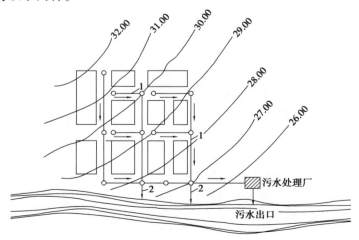

图3-2 分流制排水基础设施示意
1—污水管道;2—雨水管道

①完全分流制排水基础设施:是指在某一排水区域内,分别设置污水和雨水两个各自独立的排水管网设施,前者用于汇集生活污水和部分工业生产污水,并输送到污水处理厂,经处理后再排放;后者将汇集雨水和部分工业生产废水就近直接排入水体。

②不完全分流制排水基础设施:城市中只有污水管道设施而没有雨水设施,雨水沿着地面、道路边和明渠泄入天然水体。这种体制只有在地形条件有利时才能采用。对于新建城市或区域,有时为了急于解决污水出路问题,初期采用不完全分流制排水基础设施,先只埋设污水管道,以少量经费解决近期迫切的污水出路问题,待将来配合道路设施的不断完善,增设雨水管渠设施,将不完全分流制改为完全分流制排水基础设施。对于地势平坦、多雨易造成积水的地区,不宜采用不完全分流制排水基础设施。

(2)合流制排水基础设施

将生活污水、工业废水和降水用一个管渠设施汇集输送的排水方式称为合流制排水基础设施。根据污水、废水、雨水混合汇集后的处置方式不同,可分为下列3种情况。

①直泄式合流制,如图3-3(a)所示:城市污水与降水径流经管道收集后,不经过处理直接排入附近水体的合流制设施称为直泄式合流制,又称为直排式合流制。这种排水体制起源于19世纪的欧洲,其主要功能是改善城市的公共卫生条件。管渠设施布置就近排入水体,分若干排出口,混合的污水不经处理直接泄入水体。我国许多城市旧城区的排水设施大都是这种设施,这是因为以往工业尚不发达、城市人口不多、生活污水和工业废水量不大,直接泄入水体对环境卫生及造成的水体污染问题还不是很严重。但是,随着现代化工业与城市的发展,污水量不断增加,水质日趋复杂,所造成的污染越来越严重。因此,这种直泄式合流制排水基础设施目前不宜采用。

②截流式合流制,如图3-3(b)所示:随着城市污水对周边水环境的污染日趋严重,对城市污水进行适当处理势在必行,由此产生截流式合流制。这种体制在直泄式合流制的基础上,沿河修建截流干管,在合流干管和截流干管相交前或相交处设置溢流井,并在截流干管的末端修建污水处理厂。在街道管渠中合流的生活污水、工业废水和雨水同时排向沿河的截流干管,晴天时全部输送到污水处理厂;雨天时,雨量增大,雨水和生活污水、工业废水的混合水量超过一定数量时,其超出部分通过溢流井直接排入水体。

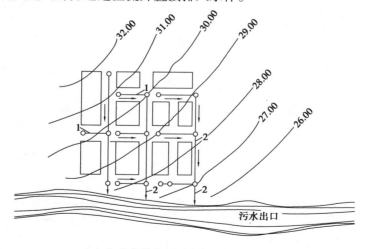

(a)直泄式合流制排水基础设施示意图

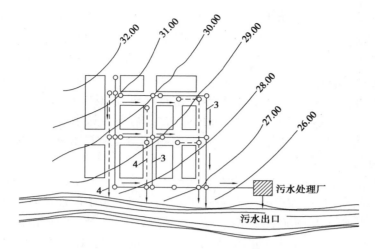

（b）截流式合流制排水基础设施示意图

图 3-3 合流制排水基础设施示意图

1—合流支管；2—合流干管；3—污合流管渠；4—溢流井

截流式排水体制是城市的主要排水体制之一，特别应用于改造老城区直泄式合流制排水管网设施。

③完全处理式合流制：完全处理式合流制是对直泄式合流制的根本改造，将污水、废水、雨水混合汇集，全部输送到污水厂处理后再排放。显然，这种体制对防止水体污染、保障环境卫生方面当然是最理想的，但需要主干管的尺寸很大，污水处理厂的容量也增加很多，基建费用相应提高，很不经济。同时，由于晴天时管道中流量过小，水力条件不好，会导致污水厂在晴天及雨天的水量、水质负荷很不均衡，造成运转管理上的困难。因此，这种方式在实际情况下也很少采用，通常应用在降雨量较小且对水质要求较高的地区。

2）排水体制的选择

排水体制是城市和工业企业排水基础设施规划与设计的核心问题，不仅从根本上影响排水基础设施的设计、施工和维护管理，而且也影响城镇和工业企业的总体规划，又关系到能否满足对自然环境保护的要求，同时还关系到排水基础设施的总投资和初期投资及维护管理费用。因此，排水基础设施的选择应从以下 4 个方面加以考虑。

（1）环境保护方面要求

截流式合流制排水基础设施同时汇集部分雨水送到污水厂处理，特别是较脏的初期雨水带有较多的悬浮物，其污染程度有时接近生活污水，这对保护水体是有利的。另一方面，暴雨时通过溢流井将部分生活污水和工业废水泄入水体，周期性地给水体带来一定程度的污染是不利的。对于分流制排水基础设施，将城市污水全部输送污水厂处理，但初期雨水径流未加处理直接排入水体，是其不足之处。从环境卫生方面分析，哪一种体制较为有利，需根据当地具体条件分析比较才能确定。在一般情况下，截流式合流制排水基础设施对保护环境卫生及防治水体污染方面不如分流制排水基础设施。分流制排水基础设施比较灵活，较易适应发展需要，通常能符合城市卫生要求，目前已得到广泛采用，因此是城市排水体制发展的方向。

（2）建设投资方面

合流制排水基础设施只需一套管渠设施，大大减少管渠的总长度。部分资料认为，合流制管渠比完全分流制管渠长度可缩短 30%~40%，而断面尺寸和分流制雨水管渠断面基本相同，因此合流制排水管渠造价一般比分流制渠道低 20%~40%，虽然合流制泵站和污水厂的造价比分流制高，但由于管渠造价在排水基础设施总造价中占 70%~80%，所以完全分流制的总造价一般比合流制高。从节省初期投资费用角度考虑，采用不完全分流制具有较大的经济意义。因为初期只建污水排除设施而缓建雨水排除设施，这样可分期建设，节约初期投资费用。同时，不完全分流制施工期限短，发挥效益快，可随着城市发展再建造雨水渠道。所以，目前我国不少新建的工业区与居住区均采用不完全分流制排水基础设施。

（3）施工维护管理方面

在维护管理上，合流制排水管渠可利用雨天时剧增的流量来冲刷管渠中的沉积物，维护管理较简单，可降低管渠的经营费用。对于泵站和污水处理厂，由于设备容量大，晴天和雨天流入污水厂的水量、水质变化大，从而使泵站与污水厂的运转管理复杂，从而增加运营经费。分流制可以保持污水管渠内的自净流速，同时流入污水厂的水量和水质比合流制变化小，有利于污水的处理与利用和运转管理。在施工上，合流制管线单一，减少与其他地域管线构筑物的交叉量，管渠施工较简单，特别对于人口稠密、街道狭窄、地下设施较多的市区优势较为突出。在建筑物有地下室的情况下，采用合流制，遭遇暴雨时有可能倒流入地下室，安全程度不及分流制。

（4）近远期关系方面

排水体制的选择应处理好近远期建设关系，在规划设计时应协调、衔接分期设施，使前期设施在后期设施中得以全面应用，特别是对于含有新旧城区的城镇规划。

总之，排水体制的选择是一项很复杂、很重要的工作，应根据城市的总体规划和环境保护的要求，结合当地的自然条件和水体条件、城市污水量和水质情况、城市原有排水基础设施情况综合考虑，通过技术经济比较决定。新建城市排水基础设施一般采用分流制，城区排水基础设施采用截流式合流制较多。同一城市的不同地区，根据具体条件，可采用不同的排水体制。

3.2　城市排水基础设施的平面布置

城市排水基础设施规划的平面布置是城市排水基础设施规划的主要内容，是现代城市不可缺少的一项重要基础设施，也是控制水污染、改善和保护环境的重要措施。它确定城市排水基础设施各组成部分在平面上的位置，是在统计出城市各种排水量、确定排水体制以及基本确定污水处理与利用的原则基础上进行的。城市排水基础设施的平面布置往往受到城市总体规划、竖向规划、排水体制、地形、河流、污水厂的位置、土壤条件、河流情况以及污水的种类和污染程度等众多因素的影响和制约。所以，在确定排水基础设施的布置形式时，应根据具体情况，综合考虑各方面的影响因素，以技术可行、经济合理、维护管理方便为原则，灵活进行排水管网的平面布置。城市排水基础设施的平面布置需考虑以下几类问题。

3.2.1　城市排水基础设施平面布置的内容及原则

污水排除设施布置时需确定污水厂、出水口、泵站及主要管道的位置，利用污水灌溉农田时还需确定灌溉田的位置、范围，以及灌溉干渠的位置。雨水排除设施布置时需确定雨水管渠、排洪沟和出水口的位置。工业废水排除设施布置时需根据工业类别,按照具体情况决定。厂内管渠设施一般由各厂自行布置,仅需确定厂内污水出流管的位置。各厂之间管渠设施及出水口位置由城市统一考虑,最后绘制出城市排水基础设施总平面图。

平面布置对整个排水基础设施起决定作用,为了使城市排水基础设施达到技术上先进、经济上合理,既能发挥其功能满足实用要求,又能处理好排水基础设施与城市其他部分的相互联系,平面布置中应遵循以下原则:

①符合城市总体规划的要求,并和其他单项设施密切配合,相互协调。

②满足环境保护方面的要求。

③合理使用土地,不占良田,少占农田。

④利用并结合现状,充分发挥城市原有排水基础设施的作用。

3.2.2　城市排水基础设施平面布置的要点

影响城市排水基础设施平面布置的因素很多,如地形、地貌、城市用地功能分区布局、排水基础设施各组成部分的特点与要求,以及原有排水基础设施的现状、分期建设安排等,布置时应分清主次,因地制宜,一般考虑下列因素。

(1)排水基础设施是分散布置,还是集中布置

根据城市的地形和地域,按分水线和建筑边界线、天然和人为的障碍物划分排水区域。每个区域的排水基础设施自成体系,单独设置污水处理厂和出水口,称为分散布置。将各个流域组合成为一个排水基础设施,所有污水汇集到一个污水厂处理排放,称为集中布置。集中布置,干管比较长,污水厂及出水口少;分散布置,干管较短,但需建几个污水厂。采用分散布置还是集中布置取决于当地地形变化情况、城市规模及布局等。对于大城市,一般采用分散布置。对于中小城市,在布置集中及地形起伏不大的情况下,宜采用集中布置。

(2)污水处理厂及出水口的布置

出水口应位于城市河流下游,特别应在城市给水设施取水构筑物和河滨浴场下游,保持一定距离,并避免设在回水区,防止污染城市水源。污水处理厂一般应尽可能与出水口靠近,以减少排放渠道长度。由于出水口要求位于河流下游,所以污水厂一般也位于城市河流下游,并应位于城市夏季最小频率风向的上风侧,与居住区域或公共建筑之间有一定的卫生防护距离。污水处理厂与出水口具体位置应由当地卫生主管部门同意。

(3)污水主干管的位置

应考虑使全区的主管便于接入,主管干不能埋置太浅,避免干管接入困难,但也不能太深,给施工带来困难,相应增加造价也是不适宜的。原则上在保证干管能接入情况下尽量使整个地区管道埋深最浅。主干管通常布置在集水线上或位于地势较低的街道上,若地形向河道倾斜,则主干管常设在沿河的道路上。从结合道路交通要求考虑,主干管不宜放在交通频繁的道路上,最好设在次要街道上,便于施工及维护检修。主干管的走向取决于城市布局及污水厂的位置。主干管最好以排泄大量工业废水的工厂为起端,这样在建成后可立即充分利用,有较好的水力条件。在决定主干管的具体位置时,应尽量避免或减少主干管与河流、铁路等的交叉量,同时避免穿越劣质土壤地区。

(4)泵站的数量和位置

泵站的数量和位置与主干管布置综合考虑决定,布置时尽量减少中途泵站的数量。

（5）雨水管渠布置

雨水管渠布置,根据分散和直接的原则,密切结合地形,就近将雨水排入水体。布置时可根据地形条件,划分排水区域。各区域的雨水管渠一般采用与河湖正交布置的方法,以便采用较小的管径,以较短距离将雨水迅速排除。

（6）分期建设

分期建设宜考虑在决定主干管及污水厂位置方案中,往往遇到这样的问题:初期修建一条较大的干管排泄近期污水? 还是先修建一条较小干管,待以后流量增大,输送能力不足时再修建另一条平行的干管? 哪一种方案合理经济? 此外,对于污水处理厂,是初期修建一个临时污水厂将污水简易处理后灌溉近郊农田,还是缩短近期修建的主干管长度? 还是近期就将污水送到离建城区较远的地点,修建永久的污水厂,近期立即敷设较长的主干管? 哪一种适宜? 远近期如何结合? 怎样安排近期建设? 这是平面布置时需着重考虑和分析比较的问题。

总之,平面布置是排水基础设施规划十分重要的内容,它体现这个设施规划的轮廓,确定排水基础设施的骨架,一些主要的控制问题在平面布置中基本确定,从而关系到整个排水基础设施的实用、经济、安全及施工方便。

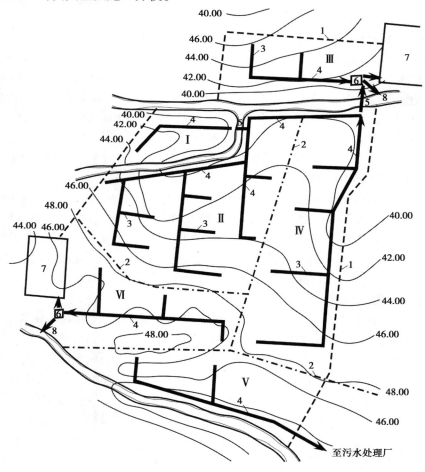

图 3-4　某城市污水排除设施总平面示意图

1—排水区界;2—流域分界线;3—污水干管;4—污水总干管;

5—倒虹管;6—污水处理厂;7—灌溉田;8—出水口

图 3-4 所示为某城市污水排除设施总平面示意图。根据河流位置、地形条件及城市用地布局,将整个城市划分为 6 个排水区域,各区域按分水线、建筑线分界。按各区域情况,分别布置污水主干管、干管、泵站等。主干管大多沿河敷设,用倒虹管过河连接 I 、II 、III 区,污水汇集到设于III区的污水总厂处理与利用,然后排至河流下游或灌溉农田;IV区与V区单独设置污水厂与出水口,分散处理。

3.2.3　城市排水基础设施平面布置的形式

城市排水基础设施平面布置形式是根据组成内容综合考虑上述原则最后得到的结果。影响排水基础设施平面布置的主要因素是城市规模、布局情况及地形等,应根据具体情况确定,一般有下列几种平面布置形式。

（1）集中式排水基础设施

全市只设一个污水处理厂与出水口,布置在城市下游,城市污水都汇集到该厂处理后再排入水体(图 3-5)。由于污水输送距离较长,根据地形条件,设有中途泵站提升污水。集中式排水基础设施比较容易确定污水处理厂、出水口的位置,污水处理集中,易于管理,易于确定与城市其他部分相对位置的关系。对于地形变化较小、排水基础设施规模不大的中小城市,采用集中式排水较多。

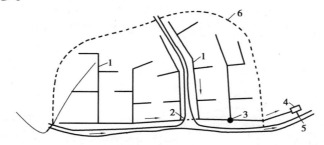

图 3-5　集中式排水基础设施示意图
1—污水干管;2—倒虹管;3—中途泵站;
4—污水处理厂;5—出水口;6—排水区界

（2）分区式排水基础设施

分区式排水基础设施分为 4 种(图 3-6)。根据城市布局与地形条件,划分为若干排水区域,通常各区有独立的管道设施、污水处理厂和出水口,有时某些区由于条件限制而不设污水厂,把污水用主干管输送到另一区集中处理。采用分区式排水基础设施有下列 4 种情况:

①地势高低相差大,形成高低两个台地,在高台地与低台地分别设置污水管道,污水集汇低台地污水厂处理后再排放[图 3-6(a)]。

②地形中间隆起,形成分水岭,岭两边分别设置排水基础设施,单独设污水厂及出水口[图 3-6(b)]。

③城市用地布局分散,地形复杂,被河流分隔成几个区域,各区形成独立的排水基础设施[图 3-6(c)]。

④处于平原的大城市,地域广阔,污水量大。为了避免干管太长,埋置太深,采取分区布置,可降低管渠设施造价和泵站的经营费用[图 3-6(d)]。

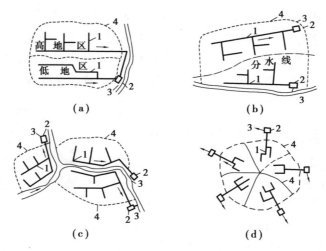

图 3-6 分区式排水基础设施示意图
1—污水干管;2—污水处理厂;3—出水口;4—排水区界

（3）区域排水基础设施

区域排水基础设施（图 3-7）是以一个大型的地区污水处理厂代替相邻各城镇许多独立的小型污水处理厂。在工业和人口稠密地区,采用这种排水基础设施能降低污水处理厂的建设与经营费用,能更有效地防止地面水的污染,能更好地满足环境保护的要求。

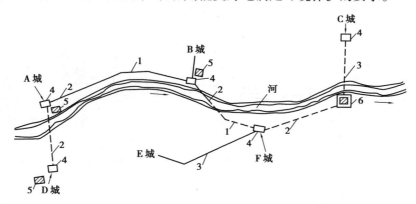

图 3-7 区域排水基础设施平面示意图
1—区域主干管;2—压力管道;3—新建城市污水管道
4—泵站;5—废除的城镇污水厂;6—区域污水厂

3.3 城市更新过程中排水基础设施规划

城市排水按照来源和性质分为 3 类:生活污水、工业废水和降水。通常所说的城市污水是指排入城市排水管道的各种污水和工业废水的总和。城市排水基础设施一般随城市的发展而相应发展。最初,城市往往用明渠直接排除雨水和少量污水至附近水体。随着工业的发展和人口的增加、集中,为保证市区的卫生条件,便采用直泄式合流制管渠排水基础设施。直泄式合流制管渠排水基础设施是在同一管渠内排除包括城市污水及雨水的管渠设施,此设施应用在我国大多数城市的旧排水管渠设施中。据有关文献资料,日本有 70% 左右、英国有 67% 左右的城市采用这种设施。由于城市化进程的加速和工业的发展,这种排水基础设施直接排入下游水体的污水量迅速增加,造成下游水体严重污染。随着环境问题的日益突出,伴随城市的扩建与改造,旧城市改造显得尤为重要和迫切,对城市(区)原有合流制排水管渠设施的改造与利用及合理处置城市工业废水的排放,是城市更新过程中排水基础设施规划所必然涉及的两个不可忽视的问题。

3.3.1　城市旧排水基础设施的改造

1)旧排水基础设施存在的问题

我国许多城市旧的排水基础设施简陋而混乱,随着工业与城市的进一步发展,直接排入水体的污水量增加,势必造成水体严重污染,所以旧的排水基础设施已不能适应城市的发展和现代卫生设备的需要。为保护水体,理所当然提出对城市旧排水基础设施的改造措施。实际上,中华人民共和国自成立以来,对城市旧的排水基础设施改造已开展大量的工作,也取得了较大的成绩,但是由于城市人口增加,经济发展迅速,排水基础设施还不能满足城市发展的需要。旧排水基础设施一般存在以下问题:

①管径小,排水能力低,设施凌乱,不能适应城市和工业发展需要。

②一般为直泄式合流制排水基础设施,出水口多而分散,就近将污水直接泄入河湖,污染水体,影响环境卫生及水体利用。

③工业废水未加控制,往往不经处理擅自排入城市管渠或泄入水体,加重污染。有些工业废水对城市管渠造成严重腐蚀。

④管渠渗漏损坏严重,泵站等构筑物不能充分发挥作用。

城市旧排水基础设施的改造与利用是一项重要而十分复杂的工作。首先必须与城市总体规划相结合,通盘考虑,充分利用,合理改造。为此,必须对城市旧排水基础设施进行全面调查,了解旧管区的位置、管径、埋深、坡度范围及目前使用情况等,绘制城市排水基础设施现状图,作为改建规划的依据。然后根据城市的发展规划,分析研究旧排水基础设施的薄弱环节、存在的主要问题,结合全市排水基础设施的规划方案,制订改建规划及分期实现的措施。

2)城市旧排水基础设施的改造途径

在旧排水基础设施改造中,除加强管理、严格控制工业废水排放、修建或新建局部管渠与泵站等具体措施外,体制的选择也是一项极为重要的问题。对于直泄式合流制旧排水基础设施的改造工作通常有以下 3 种途径。

(1)改合流制为分流制

将直泄式合流制改为分流制,可以解决城市污水对水体的污染,是一个比较彻底的方法,但需改建几乎所有的污水出水管及雨水连接管,破坏较多的路面,设施量大,影响面广,因此往往很难实现。只有当城市发展迅速,旧排水管渠输水能力基本上不能满足需要,或管渠损坏渗漏已十分严重时,可考虑彻底改成分流制,另行增设一条管线,而使原有管线修正后只供排除污水(有时是雨水)之用。这样,可以比较彻底地解决城市污水对水体的污染问题。

（2）保留合流制,新建合流制管渠截流管

沿河流修建截流干管及溢流井,汇集城市污水,送往下游进行处理排放,即将原直泄式合流制改为截流式合流制。截流干管的设置可与城市河道整治及防洪、排涝设施规划相结合。

（3）对溢流的混合污水进行适当处理和控制

由于从截流式合流制排水管渠溢流的混合污水直接进入水体仍将造成污染,且污染程度日益严重,为保护水体,可对此进行适当处理,即对溢流的混合污水进行适当处理后排放。处理措施有细筛滤、沉淀,也可投氯消毒后再排入水体;为减少溢流的混合污水对水体的污染,在土壤有足够渗透能力且地下水位较低的地区,采用提高地表持水能力和地表渗透能力的方法减少暴雨径流,从而降低溢流的混合污水量,避免由其引起的二次污染。

总之,城市旧排水基础设施的改造是一项很复杂的工作,必须根据当地的具体情况,与城市规划（村镇规划）相结合,在确保水体免受污染的前提下,充分发挥原有排水基础设施的作用,使改造方案既有利于保护环境,又经济合理、切实可行。

3.3.2　工业废水的排除

工业废水是指工业生产过程中产生的废水、污水和废液,其中含有随水流失的工业生产用料、中间产物和产品及生产过程中产生的污染物。城市总污水量中工业废水量通常占很大的比重,是造成水体污染的一个重要污染源。随着工业的发展,废水的种类和数量迅猛增加,对水体的污染也日趋广泛和严重,威胁人类的健康和安全。从保护环境来说,工业废水的处理比生活污水的处理更为重要。

1）排除工业废水的处理原则

工业废水的有效治理应遵循下述原则。

①最根本的是改革生产工艺,尽可能在生产过程中杜绝有毒有害废水产生,不排或少排废水,如以无毒用料或产品取代有毒用料或产品。

②应该严格控制工业废水的排放量。防治工业废水污染,不是消极处理已经产生的废水,而是控制和消除产生废水的原因,尽量节约用水,重复利用废水,以减少废水及污染物的排放量。

③在使用有毒原料及产生有毒的中间产物和产品的生产过程中,采用合理的工艺流程和设备,并实行严格的操作和监督,消除漏逸,尽量减少流失量。

④含有剧毒物质的废水,如含有一些重金属、放射性物质及高浓度酚、氰等的废水应与其他废水分流,以便处理和回收有用物质。

⑤一些流量大而污染轻的废水,如冷却水,不宜排入污水管道,以免增加城市污水管道和污水处理厂的负荷。这类废水应在厂内经过适当处理后循环使用。

⑥成分和性质类似于城市污水的有机废水,如造纸废水、制糖废水、食品加工废水等,可以排入城市污水设施。应建造大型污水处理厂,包括因地制宜修建的生物氧化塘、污水库、土地处理设施等简易可行的污水处理设施。与小型污水处理厂相比,大型污水处理厂既能显著降低基本建设和运行费用,又因水量和水质稳定,易于保持良好的运行状况和处理效果。

⑦一些可以生物降解的有毒废水,如含酚、氰的废水,经厂内处理后,可按容许排放标准排入城市污水管道,由污水处理厂进一步进行生物氧化降解处理。

⑧含有难以生物降解的有毒污染物的废水不应排入城市污水管道和输往污水处理厂,而

应进行单独处理。

2)不同水质的工业废水的排除设施

在排水基础设施规划中,首先落实各工业企业排放的废水量与水质情况。工业废水分为生产废水与生产污水两种,由于水质不同而要求各工业企业排水管道设计中必须清浊分流,分别排放。生产废水一般由工厂直接排入水体或者循环使用或排入城市雨水管渠,在规划中统一考虑接入雨水管渠的位置,并在雨水管渠计算中计入这部分水。生产污水的排除存在两种情况:一种是生产污水排入城市污水管道设施,与生活污水一并处理与排放;另一种是单独形成工业生产污水的排除与处理设施。

(1)生产污水排入污水管道设施

当工业企业位于市区内,污水量不大,水质与生活污水相类似时,通常可直接排入城市污水排除设施,如食品工业生产污水、肉类加工厂生产污水等。但并不是所有工业企业的生产污水都能这样处理,由于有些工业生产污水含有毒、有害物质,排入后可能使污水管道腐蚀损坏,或影响城市污水的处理,造成运转管理上的困难,增加处理的复杂程度。因此,对于工业生产污水排入城市污水管道,必须严格控制,加强管理,其水质应符合下列要求:①水温不高于40 ℃;②不阻塞管道,不腐蚀管道,pH 值为6~9;③不产生易燃、易爆和有毒的气体;④对病原体(如伤寒、疾病、炭疽、结核、肝炎等)必须严格消毒灭除;⑤不伤害养护工作人员;⑥有害物质最高容许浓度,应符合相关规定;⑦当城市污水处理厂采用生物处理时,抑制生物处理的有害物质容许浓度应符合表 3-1 所列规定。

上述 7 条仅是一般要求,各城市根据情况还可具体规定。当工业生产污水不能满足上述要求时,必须在厂内设置局部处理设施,对生产污水进行处理,符合规定要求后才准排入城市污水管道。

表 3-1　污水中抑制生物处理的有害物质容许浓度

有害物质名称	容许浓度/ (mg·L^{-1})	有害物质名称	容许浓度/ (mg·L^{-1})	有害物质名称	容许浓度/ (mg·L^{-1})
三价铬	10	硝基苯磺酸盐	15	酚	100
铜	1	拉开粉	100	甲醛	160
锌	5	硫化物 (以 S^{2-} 计)	40	硫氰酸铵	500
镍	2	氯化钠	10 000	氰化钾	8~9
铅	1	戊酸	3	吡啶	400
锑	0.2	甲醇	200	间苯二酚	100
砷	1.2	甲苯	7	二甲苯	7
银	15	二硝基甲苯	12	氯苯	10
石油及焦油	50	苯酚	150	苯胺	100

注:表列容许浓度都为持续浓度,一般可按平均浓度考虑。

若污水中同时含有两种或两种以上有害物质,其中单项物质容许浓度应低于表列数值,重金属容许浓度一般为表列数值的50%~70%。

(2)独立的工业生产污水排除处理设施

一般在下列3种情况下采用:①生产污水水质复杂,不符合排入城市污水管道的水质要求时;②生产污水量较大,利用城市污水管道排除时污水管道的管径增加较大,不经济时;③工厂位于城市远郊或离市区较远,利用城市污水管道排除生产污水有困难或增加管道连接而不经济时。

在生产污水自成独立排除设施情况下,为了回收与处理,常按生产污水的成分、性质,分为各种管道设施,如酸性污水管道、碱性污水管道、含油污水管道等。这些生产污水管道一般由一个厂或几个厂连成设施,专设污水处理站进行回收与处理后直接排放。

在城市排水基础设施规划中,对于上述生产污水管道设施,应统一考虑其出水口的位置,控制其出水水质,要求符合国家规定的排放标准后方可排出。

图3-8为某工业区排水基础设施总平面示意图,采用完全分流制,具有生活污水与生产污水、雨水、生产废水及特殊污染的生产污水管道设施。

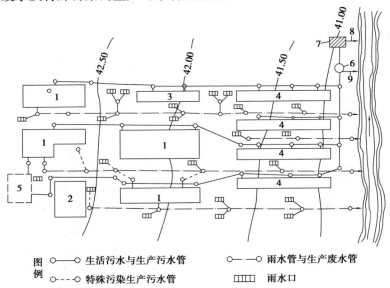

图3-8 某工业区排水基础设施总平面示意图
1—生产车间;2—办公楼;3—值班宿舍;4—职工宿舍;5—废水局部处理车间;
6—污水泵站;7—废水处理站;8—出水口;9—事故出水口

3.4 城市污水管道

3.4.1 城市污水管道的平面布置

城市污水管道的平面布置,在城市总平面图上确定污水管道的位置和走向,称为污水管道的定线。它是城市污水管道规划设计的重要环节,主要内容有确定排水区界,划分排水流域,确定设置泵站的具体位置,选择污水处理厂及出水口的位置。正确合理的污水管道平面布置,能在管线长度最短、管道埋深较浅的情况下,将需排除的污水送至污水处理厂或水体。

1)影响城市污水管道平面布置的因素

污水管道定线一般按主干管、干管、支管顺序依次进行。管道定线应遵循的原则是:尽可能在管线较短、埋深较小的情况下,让最大区域的污水能自流排出。在城市排水总体规划设计中,只确定污水主干管和干管的走向及平面位置。定线时,通常考虑影响污水管道平面布置的主要因素:城市地形、水文地质条件;城市的远景规划,竖向规划的修建顺序;城市排水体制与污水处理厂、污水出水口的位置;排水量大的工业企业和大型公共建筑的分布情况;街道宽度及交通情况;地下其他管线和地下建筑及障碍物等。

2)城市污水管道平面布置的原则

城市污水管道的布置应综合考虑以上因素,按以下原则进行:

①尽可能在管线较短和埋深较小的情况下,让最大区域的污水自流排出。

②城市排水一般采用重力流,避免提升。因此,充分利用地形是污水管道布置的关键。排水主干管一般布置在排水区域地势较低的地带,沿集水线或河岸低处敷设,这样便于支管和干管的排水能自流接入主干管。

当城市地形坡度较大时,排水主干管道可平行于等高线布置,则干管与等高线平行布置,如图 3-9 所示。这样可以减少管道的埋深,改善干管的水力条件,避免过多地修建跌水井。

当城市地形较平坦且略向一边倾斜时,可将主干管沿城市较低的一边平行于等高线布置,而将干管与地形等高线呈正交布置,如图 3-10 所示。

图 3-9　污水干管平行式布置
1—污水处理厂;2—主干管;
3—干管;4—支管

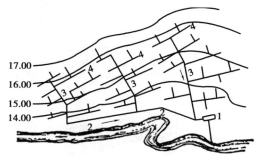

图 3-10　污水干管正交式布置
1—污水处理厂;2—主干管;
3—干管;4—支管

③污水干管一般沿城市道路布置。污水管道一般与道路中心线平行,敷设在城市街道下,通常设置在污水量较大、地下管线较少一侧的人行道,以及绿化带或慢车道下。当道路宽度大于 40 m 时,可以考虑在道路两侧各设一条污水干管,这样可以减少过街管道,便于施工、检修和维护管理。

④污水管道应尽可能避免穿越河道、铁路、地下建筑物或其他障碍物,减少与其他地下管线的交叉。应尽量布置在地质较好、地下水位较低的地段,以降低施工费用。

⑤管道定线应充分利用地形,尽可能使污水管道的坡降与地面坡度一致,以减少管道的埋深。为节省设施造价及经营管理费,尽可能不设或少设中途泵站。

⑥管线布置应简洁,特别注意节约大管道的长度,避免在平坦地段布置流量小而长度长的管道。流量小,保证自净流速所需要的坡度较大,而使埋深增加。

3)城市污水管道设施的一般布置形式

污水管道平面布置一般按先确定主干管,再确定干管,最后确定支管的顺序进行。干管与主干管一般应敷设在排水区域的较低处,以便于支管的污水自流接入。结合地形进行排水管道的平面布置在之前已阐述。管网的基本布置形式是污水管道定线的基础,在设计时应结合实际采用。

在进行技术设计时,还应进行排水支管的定线。污水支管汇集街坊内住房或工业企业的污水,其布置形式主要取决于城市地形和建筑规划,一般布置成低边式、围坊式和穿坊式。

（1）低边式

污水支管布置在街坊地形较低的一边,如图3-11(a)所示。这种管线布置较短,在污水工程系统规划中采用较多。

（2）围坊式

沿街坊四周布置污水管,如图3-11(b)所示。这种布置形式多用于地势平坦的大型街坊。

（3）穿坊式

街坊的四周不设污水支管,其支管穿坊而过,如图3-11(c)所示。这种布置管线短、设施造价低,但管道维护管理不便,故一般较少采用。

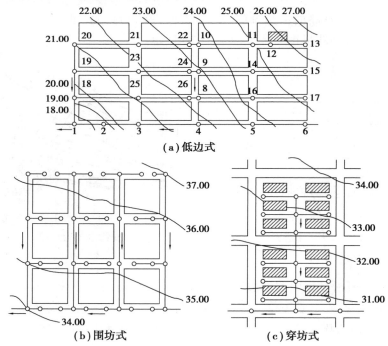

图3-11 街坊污水支管的布置

3.4.2 污水管道的埋设深度

污水管道的埋设深度是影响管道造价的重要因素,也是污水管道设计的重要参数。管道埋设深度包含两方面的含义:①埋设深度:是指管道内壁底部到地面的距离;②覆土厚度:是指管道外壁顶部到地面的距离,如图 3-12 所示。污水管道的埋设深度一方面涉及污水的排送,另一方面影响管道的设施造价、工期和施工难度。管道埋设深度越大,施工越困难,设施造价越高。故在满足技术要求的前提下,管道埋设深度越小越好。决定污水管道最小覆土厚度的因素有冰冻线的要求、地面荷载和满足街坊连接管衔接的要求。

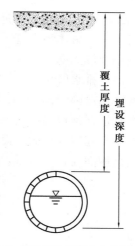

图 3-12　管道埋设深度与覆土厚度

(1)防止因冰冻膨胀而损坏管道

生活污水温度较高,即使在冬天水温也不低于 4 ℃,很多工业废水的温度也比较高。此外,污水管道按一定的坡度敷设,管内污水经常保持一定的流量,以一定的流速不断流动。因此,污水在管道内是不会冰冻的,管道周围的土壤也不会冰冻。所以,不必把整个污水管道都埋设在土壤冰冻线以下。如果将管道全部埋设在冰冻线以上,则因土壤冰冻膨胀,可能损坏管道基础,从而损坏管道。

《室外排水设计标准》(GB 50014—2021)规定,冰冻层内污水管道的埋设深度应根据流量、水温、水流情况和敷设位置等因素确定,一般应符合下列规定:

①无保温措施的生活污水管道或水温与生活污水接近的工业废水管道,管底可埋设在冰冻线以上 0.15 m。

②有保温措施或水温较高的管道,管底在冰冻线以上的距离可以加大,其数值应根据该地区或条件相似地区的经验确定。

(2)防止管壁因地面荷载而破坏

为了防止车辆荷载而损坏管壁,管顶需足够的覆土厚度。根据《室外排水设计标准》(GB 50014—2021)规定,污水管道在车行道下的最小覆土厚度不小于 0.7 m;在非车行道下,若能满足衔接要求且保证不受外部重压损坏,其覆土厚度可以适当减小。

(3)满足街坊污水连接管衔接的要求

由于污水管道多为重力流,因而管道应保持一定坡度,以免管道起点的埋设深度影响整个管道设施的埋设深度。支管应满足住宅或工厂排水管接入的要求,干管应满足支管接入的要求。显然,管道埋设深度越小越好。

在气候温暖、地势平坦的城市,污水管道最小埋设深度往往仅取决于管道衔接所需要的深度。住宅出户的埋设深度一般为 0.55~0.65 m,因而污水支管起端的埋设深度一般不小于 0.6~0.7 m,如图 3-13 所示。街道污水管起点埋设深度可表示为

$$H = h + il + Z_1 - Z_2 + \Delta h$$

式中　H——街道污水管道起点埋设深度,m;

　　　l——街坊污水支管和连接管的长度,m;

　　　i——街坊污水支管和连接管的坡度;

　　　h——街道污水管道起端的最小埋设深度,m;

　　　Z_1——街道污水管检查井的地面标高,m;

　　　Z_2——街道污水管(或住宅排水管的出户管)起端检查井的地面标高,m;

Δh——街道污水管底与接入的污水支管的管底高差,m。

对于一个具体污水管道管段,应同时满足上述 3 方面的要求,即以其中埋设深度的最大值为最小埋设深度。

在污水排水区域内,对管道设施的埋设深度起控制作用的地点称为控制点,或者说在整个排水管道设施中,离污水站或出水口最远、地势又最低的点是整个污水管道设施的控制点,即污水管道在该点的埋设深度影响整个污水管道设施的埋设深度。规划设计时应采取措施减少控制点起端管道的埋设深度,办法有:①增加管道强度;②局部采取保温防冻措施;③填土以提高地面高程,保证最小覆土厚度。

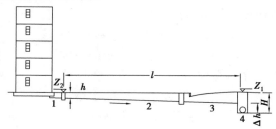

图 3-13　街道污水管起端埋深
1—住宅污水排出管;2—街坊污水支管;3—连接管;4—街道污水管

管道埋设深度太大,将大大增加设施费用和施工难度,污水管道的最大埋设深度在干燥土壤中一般不超过 7 ~ 8 m;在地下水位较高、流沙严重、挖掘困难的地层中通常不超过 5 m。

当随着污水管线的增长,埋设深度太大,地形增高和污水进入污水厂时,应设置泵站提升污水。污水泵站有 3 种类型,如图 3-14 所示。

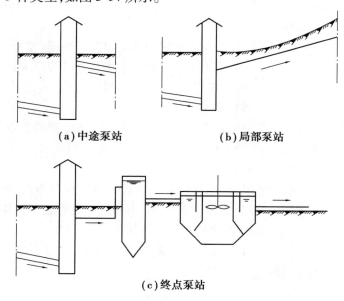

(a)中途泵站　　　　　　(b)局部泵站

(c)终点泵站

图 3-14　污水泵站的设置地点

3.4.3　污水管道的衔接

为了满足衔接与维护的要求,污水管道在管径、坡度、高程、方向发生变化时及接入支管时,通常设置检查井。在检查井中,上下游管道的衔接必须满足 3 个方面的要求:①避免在上游管道中形成回水而造成淤积;②尽量减少下游管道的埋设深度;③不允许下游管段的管底高于上游管段的管底。

污水管道的衔接方法(图 3-15)通常采用水面平接法和管顶平接法。

（1）水面平接法

如图 3-15(a)所示,水面平接法是指污水管道水力计算中使上下游管段在符合设计充满度的情况下,其水面具有相同的高程。水面平接法一般用于相同管径的污水管道衔接,避免在上游管道中形成回水。有时为了尽可能地减少下游管道的埋设深度,采用水面平接的方法。

（2）管顶平接法

如图 3-15(b)所示,管顶平接法是指污水管道水力计算中使上下游管道的管顶内壁位于同一高程。采用管顶平接,可以避免在上游管段产生回水,但会增加下游管道的埋设深度。管顶平接法一般用于不同管径管道衔接。管顶平接法具有施工快捷方便的特点,所以在设施中易被采用。城市污水管道一般都采用管顶平接法。但是,对于平坦地区及埋设深度较大的污水管道不宜采用。在坡度较大的地段,污水管道可采用阶梯连接或水井连接。

城市污水管道无论采用何种方法衔接,下游管段的水面和管底都不应高于上游管段的水面和管底。对于污水支管与干管交汇处,若支管管底高程与干管管底高程的高差较大,应该在支管上水井经跌落后再接入干管,以保证干管的水力条件。

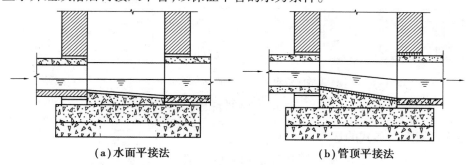

（a）水面平接法　　　　**（b）管顶平接法**

图 3-15　污水管道的衔接

3.4.4　污水管道的断面形式

1）污水在管道内的流动特点

①污水在管道内通常依靠重力由高处向低处流动,即所谓的重力流。污水中含有一定数量的悬浮物,但是水的含量占99%以上,可以认为污水的流动是遵循一般水流规律的,在设计中可采用水力学公式进行计算。

②污水在管道中的流动一般按均匀流速计算。由于管道交汇处、管道转弯处、坡度变化处、管道内的沉积物、管道接缝处等都使水流发生变化,所以污水在管道内的流动实际上是非均匀流。为了简化计算,又能满足设施需要,污水管道按均匀流计算。

③按部分充满管道断面设计污水管道。城市污水量每时每刻都在变化,难以准确计算,因此设计时需留出一部分管道断面;同时,污水管内的有机物可能在微生物的作用下析出一些有害气体,又因为污水中往往含有易燃液体(汽油、苯、石油等),也可能挥发为爆炸性气体。

因此,污水管道应保留适当空间,以保证通风排气。

④管道内的水流不产生淤积,也不冲刷损坏管道。由于污水中含有不少杂质,流速过小,使管道内产生淤积,从而降低输水能力,甚至阻塞管道。反之,流速过大,又因冲刷而损坏管道。为此,污水管道的流速要求在一定的适当范围内,既不发生淤积,又不应因冲刷而损坏管道。

2)污水管道的断面形式

污水管道的横断面形式必须满足静力学、水力学及经济上和养护管理上的要求。在静力学方面,管道必须有较大的稳定度,在承受各种荷载时是稳定和坚固的。在水力学方面,管道断面应具有最大的排水能力,并在一定的流速下不产生沉淀物。在经济方面,管道造价应该是最低的。在养护方面,管道断面应便于冲洗和畅通,没有淤积。常用的管道断面形式有圆形、马蹄形、矩形、梯形和蛋形等,如图 3-16 所示。

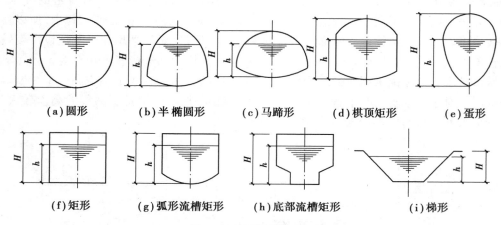

| (a)圆形 | (b)半椭圆形 | (c)马蹄形 | (d)棋顶矩形 | (e)蛋形 |

| (f)矩形 | (g)弧形流槽矩形 | (h)底部流槽矩形 | (i)梯形 |

图 3-16　管道断面形状

3)污水管道断面形式的选择

在城市排水管道设计中,确定管道断面形式的一般要求是水力条件好、受力合理、省料、运输及其施工方便,并便于维护。

圆形断面有较大的输水能力,底部呈弧形,水流较好,比较适应流量变化,不易产生沉积。此外,圆形管便于预制,使用材料经济,对外力的抵抗力较强,在运输和施工养护方面也较方便。因此,在城市排水基础设施中是较为常用的一种断面形式。

半椭圆形断面,在土压力和活荷载较大时,可以更好地分配管壁压力,因而可减少管壁厚度。在污水流量无大变化及管渠直径大于 2 m 时,采用此种形式的断面较为合适。

马蹄形断面,其高度小于宽度。在地质条件较差或地形平坦,受排出口水位限制时,需尽量减少管道埋设深度以降低造价,可采用此种形式的断面。由于马蹄形断面的下部较大,对于排除流量无大变化的污水流量较为适宜。

蛋形断面,由于底部较小,在理论上,在小流量时可以维持较大的流速,从而减小淤积。实际养护经验证明,这种断面的冲洗和清通工作比较困难。

矩形断面可按需要将深度增加,以增大排水量。某些工业企业的污水管道、路面狭窄地区的排水管道及排洪沟道常采用这种断面形式。

不少地区在矩形断面的基础上,将渠道底部用细石混凝土砂浆制成弧形流槽,以改善水力条件;可在矩形渠道内制成低流槽。这种组合的矩形断面是为合流制管道设计的,晴天时污水在小矩形内流动,以求减轻淤积程度或清除淤积。

梯形断面适用于明渠,它的边坡决定于土壤性质和铺砌材料。

当然,在设计排水管道时,如何确定管道的断面形式,还需综合考虑其他各种因素进行技术比较。

3.5 城市污水的处理与利用

污水中含有大量有毒有害物质,如不加以处理控制,直接排入水体或土壤中,就会污染环境,传播疾病。城市污水处理是指为改变污水性质,使其对环境水域不产生危害而采取的措施。因此,从保护环境、保障人民身体健康、保护水产资源和水体使用价值出发,要求在污水排放前必须考虑处理问题。

3.5.1 城市污水的特征

污水是生活污水、工业废水、被污染的雨雪融化水和其他排入城市排水基础设施等污染水的统称。其中,排入城市污水管网的生活污水和工业废水形成的混合污水称为城市污水。

城市污水由生活污水和部分工业废水组成。污水的性质取决于其成分,不同性质的污水反映出不同的特征。

1)生活污水的特征

生活污水是人们生活的排水,因而含有大量有机物质,如碳水化合物、蛋白质、氨基酸、脂肪及氨等有机物。同时,生活污水也含有大量的细菌和寄生虫卵,其中包括致病菌,从卫生角度看具有一定的危害。

生活污水的成分比较固定,只是浓度有所不同,表3-2所列为国内若干城市生活污水成分的组成及变动范围。

表 3-2 生活污水成分组成

成分项目	pH 值	BOD_5 /(mg·L^{-1})	耗氧量 /(mg·L^{-1})	悬浮物 /(mg·L^{-1})	氨氮 /(mg·L^{-1})	磷/(mg·L^{-1})	钾/(mg·L^{-1})
数量	7.1~7.7	15~59	30~88	50~330	15~59	30~34.6	17.7~22

2)工业废水的特征

工业废水的特征主要取决于生产所用的原料和生产工艺情况,其成分差别很大,大多具有危害,其危害程度视具体成分而定。污染程度较重的生产排水一般称为生产污水,污染程度轻的生产排水称为生产废水。各工厂的生产排水的水质特征都必须根据该厂的具体情况来分析,不同类型的工厂产生不同成分和浓度的污水,即便是同类型的工厂,由于生产工艺不同,其污水特征也有差别。表3-3所列为生产污水中主要有害物质的来源。

表 3-3　生产污水中主要有害物质的来源

有害物质	主要来源
游离氯	造纸厂、织物漂白
氨	煤气厂、焦化厂、化工厂
氰化物	电镀厂、焦化厂、煤气厂、有机玻璃厂、金属加工厂
氟化物	玻璃制品厂、半导体元件厂
硫化物	皮革厂、染料厂、煤油厂、煤气厂、橡胶厂
六价铬化合物	电镀厂、化工颜料厂、合金制造厂、冶炼厂、铬鞣制革厂
铅及其化合物	电池厂、油漆化工厂、冶炼厂、铅再生厂、矿山
汞及其化合物	电解食盐厂、炸药制造厂、医用仪表厂、汞精炼厂、农药厂
镉及其化合物	有色金属冶炼、电镀厂、化工厂、特种玻璃制造厂
砷及其化合物	矿石处理、农药制造厂、化肥厂、玻璃厂、涂料厂
有机磷化合物	农药厂
酚	煤气厂、焦化厂、炼油厂、合成树脂厂
酸	化工厂、钢铁厂、铜及金属酸洗、矿山
碱	化学纤维厂、制碱厂、制纸厂
醛	合成树脂厂、青霉素药厂、合成橡胶厂、合成纤维厂
油	石油炼厂、皮革厂、毛纺厂、食品加工厂、防腐厂
亚硫酸盐	纸浆工厂、黏胶纤维厂
放射性物质	原子能工业、放射性同位素实验室、医院、疗养院

3.5.2　污水的污染指标

　　水污染常规分析指标是反映水质污染状况的重要指标,是对水质进行监测、评价、利用及污染治理的主要依据。其主要指标有:臭味、水温、浑浊度、pH 值、电导率、溶解性固体、悬浮性固体、总氮、总有机碳(TOC)、溶解氧(DO)、生化需氧量(BOD)、化学需氧量(COD)、细菌总数、大肠菌群等。

3.5.3　水体的污染与自净

　　由于天然过程或人类活动排放的污染物进入河流、湖泊、海洋或地下水等,超出水体所能承受的程度——自净能力时,水体的物理、化学性质及生物群落组成发生变化,从而降低水体的使用价值,危害人体健康和生态环境,这种现象称为水体污染。

　　(1)污水对水体的污染及危害

　　城市污水未经处理直接泄入水体,造成水体性质变化,超过国家规定的某些有害物质最高容许的标准,则使水体污染。衡量水体被污染的程度,一般是采用生物及化学指标的分析法,即测定水体中 BOD、COD 及其他一些单项指标的数值,与国家规定该水体这些指标最高容许数值比较,决定水体的污染程度。受污染的水体造成的危害是很大的,主要有下述几个方面。

①对人体健康的危害。

②对渔业的危害。

③对农业的危害。

此外,水体被污染还会破坏风景游览地区的环境,使河滨水面无法使用,影响人们的游览、娱乐和疗养等。

水体是国家的重要资源,在人民生活和国民经济建设中具有重大作用。水体受污染,对人民健康、工农业生产和自然环境均带来莫大的影响。防止水体污染已是当前刻不容缓的任务。

(2)水体的自净

水体具有一定的净化水中污染物质的能力,称为水体自净。当污水排入水体后,一方面对水体产生污染,使水环境受到污染;另一方面水体本身有一定的净化污水的能力,即经过水体的物理、化学与生物的综合作用,使污水中污染物的浓度得以降低,经过一段时间后,水体往往能恢复到受污染前的状态,并在微生物的作用下进行分解,从而使水体由不洁恢复为清洁,这一过程称为水体的自净过程。水体自净的过程是很复杂的,它是在物理、化学、生物的因素作用下,稀释、沉淀、氧化还原和光合作用的结果。必须说明的是:水体自净能力是有一定限度的,自净过程是很缓慢的。随着城市的发展,污水量不断增加,水质复杂,往往下游河流受到污染尚未恢复到洁净状态,又再次受到上游城镇或工厂排出污水的污染,以致整段河流始终处于不洁状态,造成环境卫生的危害并影响水体的利用。因此,为防止污水对水体的污染,必须强调一定级别的污水处理(至少二级处理)及控制污水排放。

3.5.4 水体的防护

为了保护水体,必须严格控制排入水体的污水水质。污水在泄入水体前,通常需经处理,以减少或消除污水对水体的污染。

为保护水体而制订的一系列规程标准是作为向水体排放污水时确定其处理程度的依据。规程和标准既保障天然水体的功能,又使天然水体的自净能力得以充分利用,以降低污水处理的费用。规程从两个方面制订:一方面是直接控制污水排入水体时的水质;另一方面是规定各种用途天然水体的水质要求。

关于污水和工业废水排放的标准,我国相关标准规定:有害物质最高容许排放浓度分为两类,见表3-4。

表3-4 工业废水最高容许排放浓度

类别	序号	有害物质或项目名称	最高容许排放浓度
第一类	1	汞及其无机化合物	0.05 mg/L(按 Hg 计)
	2	镉及其无机化合物	0.1 mg/L(按 Cd 计)
	3	六价铬化合物	0.5 mg/L(按 Cr^{6+} 计)
	4	砷及其无机化合物	0.5 mg/L(按 As 计)
	5	铅及其无机化合物	1.0 mg/L (按 Pb 计)

续表

类别	序号	有害物质或项目名称	最高容许排放浓度
第二类	1	pH 值	6~9
	2	悬浮物(水力排灰;洗煤水,水力冲灰;尾矿水)	500 mg/L
	3	生化需氧量(5 天 20 ℃)	60 mg/L
	4	化学需氧量(重铬酸钾法)	100 mg/L[②]
	5	硫化物	1 mg/L(按 S 计)
	6	挥发性酚	0.5 mg/L
	7	氰化物	0.5 mg/L(按 CN⁻ 计)
	8	有机磷	0.5 mg/L
	9	石油类	10 mg/L
	10	铜及其化合物	1 mg/L(按 Cu 计)
	11	锌及其化合物	5 mg/L(按 Zn 计)
	12	氟的无机化合物	10 mg/L(按 F 计)
	13	硝基苯类	5 mg/L
	14	苯胺类	3 mg/L

注:①第一类指在环境或动植物体内蓄积,对人体健康产生长远影响的有害物质。其最高容许排放浓度指在车间处理设备排出口的废水应符合的标准,但不得用稀释方法代替必要的处理。第二类指其长远影响小于第一类的有害物质。其最高容许排放浓度指在工厂排出口的废水应符合的标准。

②造纸、制革、脱脂棉 <300 mg/L。

③本表资料来源于《污水综合排放标准》(GB 8978—1996)。

近年来,为更有效地保护水体,控制污染物质的排放量,有些国家推行除规定有害物质最高容许排放浓度外,还规定在一定时间内有害物质最高容许排放总量的办法。我国亦对地面水水质进行了相应的卫生要求,见表3-5。

3.5.5 城市污水处理与利用的原则和基本方法

城市污水含有许多有害及有用的物质,经处理后才能排放。城市排水及污水处理设施已经成为社会经济可持续发展必不可缺的基础设施,是城市水良性循环所必不可少的环节。城市污水再生利用是开源节流、减轻水体污染、改善生态环境、解决城市缺水的重要途径之一。因此,城市污水处理设施的规划建设目标应包括水源保护、水环境质量控制和污水再生利用3个方面。

1)城市污水处理与利用的主要原则

当前,"三废"(废水、废气、废渣)造成的环境污染已成为急需解决的世界性问题。我国一切从人民的利益出发,正确处理发展经济和保护环境的关系,贯彻以预防为主的原则。在环境保护问题上采取"全面规划、合理布局、综合利用、化害为利、依靠群众、大家动手、保护环境、造福人民"的方针。为此,国家明确规定:新建工业企业必须把"三废"治理设施与主体设施同时设计,同时施工,同时投产,否则不准建设。这就给"三废"治理创造了先决条件。为做好城市污水综合治理规划,应着重考虑下列问题。

(1)全面规划、统一安排,开展各部门之间的协作

在研究城市污水处理与利用方案中,要对全市污水全面分析,统一安排,要求各行业、各

部门共同来解决污水处理问题。如城市与工厂之间考虑哪些工厂的生产污水可排入城市污水管道与生活污水一起处理,哪些则应单独处理。工厂与工厂之间研究协作处理污水,工业废水中含有许多有用物质,一个厂的废水可能成为另一厂的原料,这就变废为宝,一举两得。另外,一个厂的废水与另一厂的废水相混合后,易于处理或减少有害物质的浓度或降低其危害,如酸、碱废水的中和处理。此外,还考虑城市污水用于灌溉农田、养殖。这样,可降低污水处理厂出水(用于灌溉或养殖)处理程度,节省处理费用。

表 3-5 地表水环境质量标准基本项目标准限值   单位:mg/L

序号	项目		标准值				
			Ⅰ类	Ⅱ类	Ⅲ类	Ⅳ类	Ⅴ类
1	水温		人为造成的环境水温变化应限制在: 周平均最大温升≤1 ℃ 周平均最大温降≤2 ℃				
2	pH 值(无量纲)		6~9				
3	溶解氧	≥	饱和率90% (或7.5)	6	5	3	2
4	高锰酸盐指数	≤	2	4	6	10	15
5	化学需氧量(COD)	≤	15	15	20	30	40
6	五日生化需氧量(BOD_5)	≤	3	3	4	6	10
7	氨氮(NH_3-N)	≤	0.15	0.5	1.0	1.5	2.0
8	总磷(以 P 计)	≤	0.02 (湖、库0.01)	0.1 (湖、库0.025)	0.2 (湖、库0.05)	0.3 (湖、库0.1)	0.4 (湖、库0.2)
9	总氮(湖、库,以 N 计)	≤	0.2	0.5	1.0	1.5	2.0

注:①最近用水点是指排出口下游最近的城镇、工业企业集中给水取水点上游 1 000 m 处,或农村生活饮用水集中取水点。

②在城镇、工业企业集中给水取水点的上游 1 000 m 及下游 100 m 的范围内,不得排入工业废水和生活污水。

③地面水的流量应按最枯流量或95%保证率的最早年最早月的平均小时流量计算,污水按排出时最高小时流量计算。

④本表资料来源于《工业企业设计卫生标准》(TJ 36-79)。

(2)加强城市污水管理,严格控制进入城市污水厂的污水水质

如对于含重金属或生物难降解的工业废水,以及含大量致病菌的医院污水,要求在厂内、厂际和医院内解决。以免增加城市污水处理的复杂程度。

(3)力求压缩污水量,降低污水中污染物质的浓度

主要针对工业废水,要求排出废水的工厂从改革生产工艺和污水循环使用上采取措施,减少废水排放量,最好不排放,对必须排出的废水先进行局部处理,回收利用废水中的污染物质,降低污染物排出浓度。

(4)工业废水分散处理与集中处理问题

城市中工业废水分散处理和集中处理各有优缺点,应因地制宜而定。"集中处理"具有建设投资省、处理成本低、管理质量好和管理人员少等优点,但会增加污水处理的复杂程度,且往往会给工业废水的处理利用带来困难。因此,对于工业废水一般要求尽可能在厂内或厂际处理解决。在不增加处理复杂程度及符合排入城市污水管道水质要求的前提下,也可集中到

城市污水厂统一处理。

（5）城市污水处理与利用方案应经济合理、技术先进、安全适用,确保质量充分考虑投资和用地,减少用电量和经营管理费用。

2）城市污水处理与利用的基本方法

城市污水中含有许多有害及有用的物质,需经处理后才能排放。城市污水处理一般分为三级:一级处理,是应用物理处理法去除污水中不溶解的污染物和寄生虫卵;二级处理,是应用生物处理法将污水中各种复杂的有机物氧化降解为简单的物质;三级处理,是应用化学沉淀法、生物化学法、物理化学法等,去除污水中含磷、氮等难降解的有机物、无机盐等。至于采取哪级处理比较合理,应视对最终排出物的处理要求而定。污水处理与利用的方法很多,取决于:①环境保护要求所确定的污水处理程度;②污水的水量、水质情况;③当地具体条件;④投资的多少。通常,污水处理的内容包括:固液分离、有机物和可氧化物氧化、酸碱中和、去除有毒物质、回收有用物质等方面。相应的污水处理与利用方法一般可归纳为物理法、生物法、化学法三大类。

（1）物理法

主要利用物理作用分离去除污水中的非溶解性物质,在整个处理过程中不发生任何化学变化。属于这类处理方法的有重力分离法、离心分离法、过滤法等。对于城市污水处理,常用的方法有筛滤与沉淀,习惯上称为机械处理。

物理法处理构筑物较简单,造价经济,处理效果比较稳定,是污水处理中常用的基本方法。其缺点是:处理程度低,处理效果差,如采用重力分离原理的沉淀法处理生活污水,一般可去除悬浮物 $50\% \sim 55\%$,五日生化需氧量可去除 $25\% \sim 30\%$ 。物理法通常用于污水预处理,又称为一级处理,如污水用于灌溉或养殖前的预处理、生物处理前的预处理等。其单独设置时,通常适用于主要含悬浮物的污水,用于城市水体容量大、自净能力强、污水处理程度要求不高的情况,或作为城市污水处理分期建设的第一期设施。

（2）生物法

利用微生物的生命活动,将污水中的有机物分解氧化为稳定的无机物,使污水净化,主要用来去除污水中能被生物氧化的胶体和溶解性有机物质。

生物处理法目前在城市污水处理中广泛采用,通常作为污水经物理法处理后的进一步处理方法,提高污水的处理程度,又称为二级处理。

（3）化学法

通过投加化学物质,利用化学反应的作用来分离、回收污水中的溶解物质或胶体物质,或使其转化为无害的物质。化学处理的具体方法很多,其中一种是投药法。该法是向污水中投加某些化学药剂,与污水中所含的污染物质起化学反应,生成新的物质,这些新物质可能是无毒或微毒的,呈固态而分离出来。

化学法多用于污水的三级处理,进一步处理生化处理后的出水,提高出水水质。

上述各种污水处理与利用方法各有特点与适用条件,常需组合使用。物理法和生物法在城市污水处理中使用较多。通常,物理法中筛滤、沉淀处理称为一级处理,生物处理称为二级处理,在生物处理基础上再进一步处理称为三级处理。城市污水一般通过一、二级处理后基本上能达到国家规定的污水排放标准,三级处理用于排放标准要求特别高的水体或者使污水处理后回用到生产。

3.5.6　城市污水的消毒处理

污水经过物理处理、生物处理后,细菌含量减少很多,但细菌数的绝对值仍很可观,并且还可能存在病原菌。如直接排入水体,必然污染水体,影响卫生,传播疾病。因此,污水在排入水体之前,需进行消毒。

1)污水消毒的要求

污水消毒与否及消毒程度,随排出污水的水质情况及污水处理厂处理后出水的使用情况而异。根据《污水综合排放标准》(GB 8978—1996)关于地面水水质卫生要求规定,含有病原体的工业废水(如生物制品厂、屠宰场等排出废水)和医院污水,必须经过处理和严格消毒,彻底消灭病原体后方准排入地面水体。对于处理后用于灌溉或养殖的污水,一般可不必消毒。

2)污水消毒处理的方法

污水消毒的方法有药剂消毒、臭氧消毒、紫外线消毒、高温消毒等。最常用的方法是药剂消毒。采用的药剂为液氯或漂白粉。生产能力较大的污水处理厂一般采用液氯消毒;中小型污水处理厂则用漂白粉消毒。

采用液氯消毒时,污水消毒的加氯量与污水中的细菌含量、有机物质的含量及所要求的消毒程度有关,一般可经试验确定。对于生活污水,当无实测资料时,可参考下列数值:

物理处理后的污水:25 ~ 30 mg/L。

生物处理后的污水:5 ~ 15 mg/L。

采用液氯消毒时,其溶液浓度不得大于0.5%。氯与污水的接触时间(包括接触池后污水在管渠中流动的全部时间)30 min,并保证剩余氯不少于0.5 mg/L。

采用漂白粉消毒时,其投量应按实际活性氯含量计算,溶液浓度不得大于2.5%。

3)污水消毒处理的构筑物

采用液氯消毒时,投氯的方法有直接投氯或利用投氯机投氯两种。常用的投氯机为真空加氯机,设置加氯间,加氯间的布置与设计应符合安全要求,详见《给水排水设计手册》。液氯与污水的混合接触常用构筑物为接触池,接触池的有效容积按接触时间计算,即 $V = Qt$(Q 为污水流量,m^3/h;t 为接触时间,一般采用0.5 h)。接触池构造型式类似于竖流式沉淀池,其沉降速度采用1 ~ 1.3 mm/s。其他设计数据及计算公式同初次竖流式沉淀池。

生物处理法采用生物滤池时,对于不回流污水的生物滤池的二次沉淀池,可同时用作投氯后的接触池。但曝气池后的二次沉淀池则不能兼作接触池,而必须单独设置,这是因为曝气池后的二次沉淀池中必须保障微生物的生存条件,以便回流活性污泥供应曝气池足够的活性污泥量。此外,当污水由污水厂的出水管流至水体所需时间大于30 min时,也可不设置接触池。

用漂白粉消毒时,一般需设置混合池。混合池类型通常有隔板式与鼓风式两种。

3.5.7　污泥的处理与利用

在城市污水处理的同时会产生污泥,而且数量很大,如一个 1×10^5 m^3/d 的城市污水处理厂每日产生的污泥量可达230 m^3 左右。这些污泥集聚了污水中的污染物,若不经处理,任意堆放或排泄,也会对周围环境造成二次污染。因此,在污水处理时必须解决污泥的处置与利用问题。

1)污泥的性质与数量

污泥的成分主要取决于产生污泥的污水性质,同时也与污水处理的方法及构筑物的类型有关。由于物理处理、生物处理、化学处理产生的污泥不同,沉砂池、初次沉淀池、二次沉淀池排出的污泥成分也各不相同。

按污泥中有机物含量分为污泥与沉渣。以有机物为主要成分的称为污泥,其特性是:有机物含量高,容易腐化发臭,卫生状况差,颗粒较细、较轻,比重接近1,含水率高,不易脱水,流动性好,如生活污水污泥、食品加工厂废水污泥等。以无机物为主要成分的称沉渣,其特性是:颗粒较粗,比重较大,含水率较低,流动性差,易脱水,不易腐化变质,如沉砂池沉渣、轧钢废水沉淀物(主要是氧化铁末屑)等属于这一类。

按污水处理方法及排出污泥构筑物分为:新鲜污泥、生物污泥(活性污泥及腐殖污泥)、化学污泥等。

按是否经过厌氧分解分为:新鲜污泥(生污泥)和消化污泥(熟污泥)。

2)污泥处理的一般方法

为满足环境卫生方面要求和综合利用的需要,必须进行污泥处理。污泥处理与利用基本流程如图3-17所示。含水率很高的污泥先进行浓缩,初步降低水分,再对有机污泥进行消化,消化后污泥可直接作农肥,也可进一步脱水干化,然后最终处置。

图3-17 污泥处理与利用基本流程示意图

(1)污泥脱水干化

污泥的含水率很高,一般为96%~99.8%;体积很大,故污泥的处理、利用及输送均有较大的困难。污泥中所含水分大致分为4种:颗粒间的空隙水约占污泥总水分的70%;污泥颗粒间的毛细管水约占20%;颗粒的吸附水和颗粒内部水占10%左右。去除污泥中水分的方法通常有下列几种。

①污泥浓缩。污泥浓缩是初步降低污泥的含水率、去除污泥颗粒间空隙水最经济的方法,主要用于活性污泥脱水,使污泥含水率从99%以上降低到95%~97%。常用的是重力浓缩法,相应的处理构筑物为重力式浓缩池。

重力式浓缩池的构造类似竖流式或辐流式沉淀池,利用污泥颗粒的重力沉降作用,使泥水分离。其浓缩时间一般采用10~16 h,沉淀部分上升流速通常不大于0.1 mm/s。

②污泥干化。污泥经浓缩后,含水率还很高,呈流态,体积仍较大。为了把流态污泥变为湿污泥,使污泥含水降低到60%~80%,需进行干化处理。常用的干化方法有自然干化与机械脱水两种。

a. 自然干化:污泥干化场,利用一块渗水性能良好的平坦场地,将含水率高的污泥置于场地上,铺成薄层(厚0.3~0.5 m),利用自然蒸发(日照、风吹等)和渗透作用使污泥逐渐变干,含水率降低,体积缩小,不流动,形如湿润土壤,运输方便。

干化场的优缺点:构造简单,污泥可不经调节(加混凝剂等)直接干化,管理方便,基建及经营费用低；占地面积大，有臭味，环境卫生条件差，受气候条件影响，适宜于气候比较干燥、降雨少、用地不紧、地下水位较低地区使用。

b. 机械脱水：利用机械作用使污泥脱水干化的方法，常用的有板框压滤机和真空过滤机。在机械脱水前，一般需对污泥进行预处理，包括浓缩、淘洗、加混凝剂等，以提高机械脱水效率。机械脱水不受气候条件影响，效果好，效率较高，占地小，对周围环境卫生影响不大，是污泥脱水的有效方法与发展方向。其缺点是建设投资及经营费用高，耗电量较大。

经过初步干化后，污泥呈湿润泥土状。为最终处理与综合利用，可进一步降低污泥含水率，采用的方法有自然风干与加热烘干等。

③污泥焚烧。污泥最终采用焚烧炉焚烧，可使污泥含水率下降至零。污泥焚烧所需热量主要依靠污泥本身含有的有机物燃烧释放热量，不足时补充燃料。污泥经焚烧后，有机物完全破坏，不能作为农肥，该方法只在污泥的其他处置方法有困难或不能使用时才采用。

（2）污泥厌氧消化

污泥厌氧消化是污泥中的有机物在无氧条件下，依靠厌氧、兼氧微生物，分解为甲烷、二氧化碳等气体。它是污泥处理的有效方法之一，适用于以有机物为主要成分的有机污泥。

3）污泥利用

污泥的种类与成分不同，利用的途径也不同。对于城市污水处理厂排出的以有机物为主要成分的有机污泥，作为农田肥料使用是较好的方法之一。国内外长期实践证明，有机污泥作为农肥，不仅可增产，而且可提高土壤肥力。同时，也存在一些需注意的问题。

（1）污泥的肥料价值

污泥的肥效主要取决于污泥的组成和性质。对于城市污水的有机污泥（包括新鲜污泥和活性污泥），其含肥成分为：氮占 2.06% ～ 7.15%；磷占 1.03% ～ 4.97%；钾占 0.11% ～ 0.78%；有机质含量在 40% 以上，腐殖量也很丰富，同时还有植物生长所必需的微量元素，因此是一种优质肥料。

（2）污泥作为农肥使用时应注意的问题

①新鲜污泥应经消化后再使用。城市污水未经消化的新鲜污泥（生污泥），不宜直接作农肥，由于这种污泥含有大量的病原菌和寄生虫卵，影响卫生，加之含油类物质多，可堵塞土壤空隙，破坏土壤结构。消化污泥（称消化污泥或熟污泥）可降低50%左右的油脂，消灭大部分病原菌和寄生虫卵，基本上解决了上述问题。

②严格控制污泥中有毒物质含量。近年来，由于城市污水中工业废水的比例日益增加，有害物质越来越多，影响污泥农肥利用。对于污泥中有害物质容许浓度，我国目前尚无统一规定。

③注意污泥使用中的卫生问题。经中温消化后的污泥去除了大部分致病菌和寄生虫卵，但不能完全杀灭，还会在一定程度上传染疾病。为此，在使用中应注意卫生问题。对污泥使用区域的选择原则应与污水灌溉区选择所考虑因素基本相同。对于可能生吃的某些作物，不能采用污泥施肥。

3.5.8 城市污水处理厂的厂址选择、用地指标与布置

城市污水处理厂是城市设施建设的一个重要组成部分，它和其他设施建设之间互有影响。恰当地选择污水处理厂位置，合理地选用处理方法与布置，关系到城市环境保护的要求、

污水的利用、管道设施的布局及处理厂的建设投资、年经营处理费用等。所以,应具体拟订处理方案,确定处理工艺流程,进行污水处理厂总平面布置,是城市总体规划中排水基础设施规划的一个重要内容。

1)确定污水处理方案

污水处理方案包括处理工艺流程和处理构筑物形式的选择两个内容,分述如下。

(1)城市污水处理流程的选择

处理流程的选择主要根据污水所需要的处理程度,而处理程度与下列两个因素有关:

①受纳水体的用途,包括环境保护方面及航运、渔业、体育等部门的意见,以及污水排放标准的要求。

②经污水处理厂处理后的污水可供灌溉田地及养殖,考虑这方面所能接受的污水量。

此外,当地目前的经济条件、近期污水处理投资的数量也影响方案选择。城市的性质对处理程度往往也有一定的影响。

城市污水处理通常分为一级处理、二级处理与三级处理。具体有各种处理方法,效率不同。对于城市污水常用几种处理方法及其处理效率见表3-6。选择时考虑上述因素,根据要求的处理程度确定处理流程。

表3-6 城市污水处理厂的处理效率

处理方法	处理效率/%	
	BOD_5	SS
沉淀法	25 ~ 40	40 ~ 70
生物过滤低负荷	80 ~ 90	70 ~ 92
生物过滤高负荷	65 ~ 90	65 ~ 92
活性污泥法常负荷	80 ~ 95	85 ~ 95
活性污泥法高负荷	50 ~ 90	65 ~ 95

注:负荷系每小时容积负荷及活性污泥负荷。

目前,国外城市污水处理的趋势是以二级处理为主体,以一级处理为预处理,三级处理为精细处理,当前大力普及二级处理。

(2)处理构筑物形式的选择

处理构筑物形式的选择应根据城市的具体条件来确定,如污水量大小、处理程度的要求、污水厂厂区面积大小、地下水位高低、施工及建筑材料条件等。

从污水量大小分析,平流式或辐流式沉淀池适合于大水量,而竖流式沉淀池宜用于中小水量。生物处理构筑物中生物转盘仅适用于小水量(每天几十 m³ 到 1 000 m³),水量大了不经济。在完全混合法中,当水量大于 8 000 m³/d 时,采用合建式曝气沉淀池不合适,宜将曝气池与沉淀池分建或采用其他处理构筑物。

在处理程度要求方面,可参照表3-6,活性污泥法一般比生物过滤处理效果好些,活性污泥法根据污泥负荷不同,处理程度也不同,低负荷处理效果较好。由污水处理厂位置分析,一般认为生物滤池对周围环境卫生影响比曝气池大,防护要求高些。

通过用地面积分析,平流式沉淀池占地面积比竖流式、辐流式均大。生物处理中普通生物滤池占地面积较大,曝气池占地面积较小,塔式生物滤池占地面积最小。各种构筑物中高负荷(污泥负荷)占地面积小,低负荷占地面积相应增大。应根据用地面积情况,酌情选择处理构筑物。

地质条件、地下水位高低也影响构筑物选择。地下水位高,地质条件不好,宜采用埋设深度较浅的平流、辐流式沉淀池,同时考虑后续处理构筑物工作水头的要求。

总之,正确选择处理工艺流程及处理构筑物十分重要。在技术上,必须是有效的、合理的、先进的,必须保证处理后的污水排入水体不会造成危害,并应尽可能采用高效的设施;在经济上应尽量节能和节地。

2)城市污水厂厂址选择

(1)城市污水厂的用地要求

①污水处理厂所需面积:污水处理厂面积与污水量及处理方法有关,表3-7所列为各种污水量及不同处理方法的污水厂所需的大体面积,供估算面积时参考,同时还应考虑今后污水厂的发展用地。对于丘陵地区,表列面积数据偏低,可增加50% ~100%。

表3-7 城市污水厂所需面积 单位:hm²

处理水量/(m³·d⁻¹)	物理处理	生物处理	
		生物滤池	曝气池或高负荷生物滤池
5 000	0.5 ~0.7	2 ~3	1.0 ~1.25
10 000	0.8 ~1.2	4 ~6	1.5 ~2.0
15 000	1.0 ~1.5	6 ~9	1.85 ~2.5
20 000	1.2 ~1.8	8 ~12	2.5 ~3.0
30 000	1.6 ~2.5	12 ~18	3.0 ~4.5
40 000	2.0 ~3.2	18 ~24	4.0 ~6.0
50 000	2.5 ~3.9	20 ~30	5.0 ~7.5
75 000	3.75 ~5.0	30 ~45	7.5 ~10.0
100 000	5.0 ~ 6.5	40 ~60	10.0 ~12.5

②地形条件要求:污水处理厂用地比较完整,最好有适当坡度的地段,以满足污水在处理流程上自流的要求。长条形是最适宜的用地形状,以利于按污水处理流程布置构筑物。

③用地高程要求:污水处理厂不宜设在雨季容易被水淹没的低洼之处。靠近水体的污水处理厂,厂址标高一般应在二十年一遇洪水位以上,不受洪水威胁。

④地质条件要求:污水处理厂用地选择宜在地质条件较好地段,应无滑坡、塌方等特殊地质现象,土壤承载力较好(一般要求在1.5 kg/cm³以上),且要求地下水位低,方便施工。

⑤其他方面要求:污水厂用地宜靠近公路及河流,水陆交通方便,以利于污泥运输。处理后出水可就近排入水体,以减少排放管渠长度。厂址处有水、电供应,最好是双电源。此外,要求厂址用地基建清理简便,不拆迁或少拆迁旧房及其他障碍物。

以上是污水处理厂用地的各方面条件要求,在厂址选择时尽可能予以满足,使污水处理厂能很好地发挥其功能作用及节省建设投资。

(2)污水处理厂厂址选择

城市污水厂位置选择与城市总体规划布局、城市污水管道设施的布置、出水口位置、灌溉田及湖塘(当污水用于农田灌溉及养殖时)位置等都有密切联系。厂址位置选择时应考虑下列因素:

①从支援农业出发,厂址选择时应不占良田,少占农田,尽量选择荒地;同时,应考虑污水便于灌溉农田,污泥便于作农肥使用。厂址最好靠近灌溉区域,以缩短输送距离。

②厂址必须位于集中给水水源下游,并应设在城镇工厂及居住区的下游。为保证卫生要求,厂址应与城镇工业区、居住区保持约 300 m 以上距离,但也不宜太远,以免增加管道长度,增加成本。

③厂址宜设在城市夏季最小频率风向的上风侧。

④结合污水管道设施布置及出水口位置,污水处理厂的位置选择应与污水管道设施的布局统一考虑,这两者是相互影响与制约的。当污水处理厂位置确定后,主干管的流向也就确定了;反之,根据地形及其他条件确定排水方向后,污水处理厂选址方向也就确定了。从利于污水自流排放出发,厂区位置宜选在城市低处,沿途尽量不设或少设提升泵站。此外,厂址宜结合出水口位置考虑,通常污水处理厂设在水体附近,便于处理后的污水就近排入水体,减少排放渠道的长度。

⑤污水处理厂具体位置的确定除了考虑以上几点外,还应考虑污水处理厂本身对用地各方面的要求,以利于经济合理地建设污水处理厂。

⑥考虑城市发展,厂址位置应远近期结合。城市污水处理厂近期合适位置与远期合适位置往往是不一致的,如近期将污水处理厂选择在离建成区较远的地方时,需建长距离排水干管,增加近期建设投资,而且干管利用率也低,水力条件不好;如近期将污水处理厂布置在靠近近期发展区域,若干年后,随着工业与城市发展,用地面积增大,该厂位置离工业区、居住区太近,将造成对周围环境卫生的影响,显然不恰当。针对上述矛盾,处理时需通盘考虑,解决好远近期结合与分期建设等问题。

城市污水处理厂位置选择是十分复杂的,各种因素互相矛盾,通常不可能各方面要求都满足,选择时需抓主要矛盾,分清主次条件,进行深入调查研究、分析比较。特别对于不满足的某些条件,应分析其影响大小、解决方法及弥补措施。当有几个布置可供选择时,要进行方案技术经济比较,确定最佳方案。

3)城市污水处理厂的总平面布置

污水处理厂总平面布置包括处理构筑物布置、各种管渠布置、辅助建筑物布置,以及道路、绿化、电力、照明线路布置等,总平面布置图根据厂规模可用 1∶100 ~ 1∶1 000 比例尺的地形图绘制。布置时应考虑下列要求:

①根据污水处理的工艺流程,决定各处理构筑物的相对位置,相互有关的构筑物应尽量靠近,以减少连接管渠长度及水头损失,并考虑运转时操作方便。

②处理构筑物布置应尽量紧凑,以节约用地,但必须同时考虑敷设管渠的要求,以及维护、检修方面及施工时地基的相互影响等。一般构筑物的间距为 5 ~ 8 m,如有困难达不到时至少应有 3 m;对于消化池,从安全考虑,与其他构筑物之间的距离应不小于 20 m。

③构筑物布置应结合地形、地质条件,尽量减少土石方设施量,同时避开劣质地基。

④厂内污水与污泥的流程应尽量缩短,避免迂回曲折,并尽可能采用重力流。

⑤各种管渠布置使各处理构筑物能独立运转。当其中某一构筑物停止运转时,不迫使其他构筑物停止运转。这就要求敷设跨越管及事故排放管。厂内各种管渠较多,布置时全面安排,避免互相干扰。

⑥附属构筑物的位置应根据方便、安全等原则确定。

⑦道路的布置应考虑施工中及建成后的运输要求,厂内应加强绿化,不断改善卫生条件。

⑧考虑为扩建留有余地,做好分期建设安排,同时考虑分期施工的要求。图 3-18 为某污水处理厂(活性污泥处理法)总平面布置图。

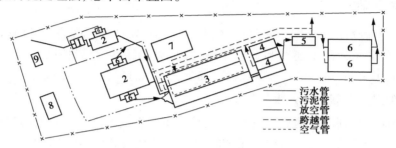

图 3-18 某污水处理厂(活性污泥处理法)总平面布置图
1—泵房;2—双层沉淀池;3—曝气池;4—二次沉淀池;5—计量槽;
6—污泥池;7—空气压缩机房;8—办公楼;9—住房

3.6 城市雨水管渠设施

我国地域广阔,气候差异比较大,降雨分布也不均匀。特别是大量的雨水多集中在较短时间倾泻而下,即使是在降雨较少的北方,也会形成较大的地表径流,在排水基础设施中称为径流量。若不及时排除城市雨水,将给城市造成巨大的危害。城市雨水管渠的任务就是及时排除暴雨形成的地表径流,以保障城市、工厂和人民生命财产的安全。

3.6.1 雨水排除设施的组成

雨水排除设施是由雨水管渠、雨水口、检查井、连接管、排洪沟和出水口等构筑物组成的一整套设施,如图 3-19 所示。城市雨水管渠设施规划的主要内容有:确定或选用当地暴雨强度公式;确定排水流域与排水方式,进行雨水管渠的定线,确定雨水泵站、雨水调节池、雨水排放口的位置;确定设计流量计算方法及有关参数;进行雨水管渠的水力计算,确定管渠尺寸、坡度、标高及埋设深度。

在雨水管渠设施设计中,管渠是主要的组成部分,所以合理而又经济地进行雨水管渠设计具有重要意义。根据管渠构造的特点,雨水管渠可分为暗管(渠)或明沟。明沟占地面积大,影响行人交通,给生产、生活带来不便,如管理不善,易淤塞、积水发臭、滋生蚊蝇等;但明沟构造简单,投资小,建设快。因此,在城市郊区建筑物密度小、交通量不大地区或在地区建设初期,可采用明沟排水,这对于节约国家投资有很大的意义。在城区内建筑密度大、交通频

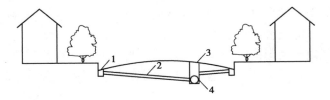

图 3-19　雨水排除设施示意图

1—雨水口；2—连接管；3—检查井；4—干管口

繁或生产重要地区，宜采用暗管（渠）排水。暗管（渠）排水投资较大，但可避免明渠的缺点。

3.6.2　雨水管渠的布置

雨水管渠设施设计的基本要求是能通畅及时地排走城镇或厂区内的暴雨径流量，雨水管渠布置的主要任务是使雨水能顺利地从建筑物、车间、工厂区或居住区内排出，既不影响生产，又不影响人民生活，达到既合理又经济的要求。雨水管渠在布置中应遵循下列原则。

1）充分利用地形，就近排入水体

雨水管渠应尽量利用自然地形坡度，以最短的距离靠重力流排入附近的池塘、河流、湖泊等水体中。雨水径流的水质虽然和它流过的地面情况有关，但只有初期雨水是比较清洁的，直接排入水体时，不致破坏环境卫生，也不致降低水体的经济价值。因此，规划雨水管线时，应首先按地形划分排水区域，再进行管线布置。在一般情况下，当地形坡度变化较大时，雨水干管宜布置在地形较低侧；当地形平坦时，雨水干管宜布置在排水流域的中间，尽可能扩大重力流排除雨水的范围，以便于两侧布置接入支管，可以节省干管的数量。

例如，当管道排入池塘或小河时，由于出水口的构造比较简单，造价不高，雨水管渠设施宜采用分散多出水口的管道布置形式。当河流的水位变化很大、管道出口离常年水位较远时，出水口的构造比较复杂，造价较高，不宜采用过多的出水口，这时宜采用集中出水口的管道布置形式。当地形平坦，且地面平均高程低于河流常年的洪水位高程时，需将管道出口适当集中，在出水口前设雨水出流泵站，暴雨期间的雨水经抽升后排入水体，这时宜在雨水进泵站前的适当地点设置调节池，以节省泵站的设计提升能力、设施造价和经常运转费用。

根据分散和便捷的原则，雨水管渠布置一般都采用正交式布置，保证雨水管渠以最短路线、较小的管径把雨水就近排入水体。

为了利于行人穿越街道，在道路交叉口，雨水不应漫过路面。因此，一般在路口、道路边设置雨水口。图 3-20 为某地区雨水管渠布置图，雨水管渠的布置是沿最短路程分别排入水体：在北部开挖一条明渠，以汇集北部地区的雨水，泄入东面的河道。从整个布置情况来看，雨水出水口构造比较简单，造价一般不高。在增加出水口的情况下，不致大量增加出水口的基建费用，这是由于就近排放，管线较短，管径也较小，总的造价可以降低。

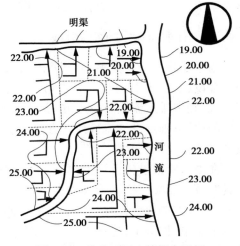

图 3-20　某地区雨水管渠布置图

2)避免设置雨水泵站

由于雨水量很大,雨水泵站的投资也很大,而且雨水泵站一年中运转时间又短,利用率很低,因此,必须尽可能利用地形,使雨水靠重力流排入水体,而不设置泵站。在某些地势平坦、区域较大或受潮汐影响的城市,如上海、天津等地因水体的水位高于地面,需设置雨水泵站来排除雨水。在需设置泵站的情况下,应尽量使经过泵站排泄的雨水量减少到最低限度,以降低雨水泵站的造价。

3)结合街区及道路设施规划布置雨水管渠,合理开辟水体

道路通常是街区内地面径流的集中地,所以道路边沟最好低于相邻街区地面标高,应尽量利用道路两侧边沟排除径流。为降低设施造价,在每一集水流域的起端100~200 m处可以不设置雨水管渠。雨水干管(渠)应设在排水地区的低处。雨水主管道应平行于道路布设,一般设在规划道路的慢车道上,最好设在人行道或绿化带下,以便检修,而不宜布置在快车道下,以免积水时影响交通或维修管道时破坏路面。若道路宽度大于40 m,可考虑在道路两侧分别设置雨水管道。在有连接条件的地方,应考虑两个管道设施之间的连接。在有池塘、坑洼的地方,可考虑雨水的调蓄。可利用城市中的洼地或池塘来储存一部分雨水,有时还可有计划地开挖一些池塘,开辟水体,作为在暴雨强度很大、雨水管渠来不及排泄时使用,使市区免于积水,并可使雨水管渠不必按过高重现期来设计,从而节约管渠投资。在缺水地区,有时还可把市区雨水引至郊区,进行农田灌溉并做出相应的雨水管渠布置。

4)结合城市竖向规划布置雨水管渠

城市用地竖向规划的主要任务之一是研究在规划城市各部分高度时,如何合理地利用自然地形,使整个流域内的地面径流能在最短时间内沿最短距离流到街道,排入最近的雨水管渠或天然水体。雨水管渠的平面布置应和它的立面布置相适应,因此,必须结合城市用地的竖向规划来考虑雨水管渠的定线,对于竖向规划中确定的填方或挖方地区,雨水管渠布置时必须考虑今后地形的变化,并相应处理。雨水干管的平面和竖向布置应考虑与其他地下构筑物(包括各种管线及地下建筑物等)在相交处相互协调,雨水管道与其他各种管线(构筑物)的间距在布置上满足国家相关规范规定的最小净距。对于坡度大、竖向规划中改造成梯形台地地区,排水时防止明沟水流速度过大而冲刷土壤,引起建筑物损坏。每层台地最好有单独的雨水排除设施,及时排泄雨水。

5)雨水管渠布置应与城镇规划相协调

建筑物的布置、道路布置和街区内部的地形是确定街区内部雨水分配的主要考虑因素。应根据建筑物的分布、道路布置及街区内部的地形、出水口位置等布置雨水管道,使雨水以最短距离排入街道低侧的雨水主管道。

街区内的雨水可沿街段内小巷两侧之明沟排除。道路上尽可能在较长的距离内用道旁明沟排水。若流量超过道旁明沟的输水能力,可部分采用街区边沟。

6)雨水口的布置

雨水口的布置应使街道边沟的雨水通畅地排入雨水管渠,而不使雨水漫过路面,以便于行人穿过街道和机动车辆识别运行路线。因此,在街道交叉路口的汇水点、低洼处一般应设置雨水口。此外,沿道路的长方向每隔一定距离处也应设置雨水口,其间距一般为30~80 m,

容易产生积水的区域应增设雨水口的数量。

7)合理开辟水体

规划时应利用城市中的洼地和池塘,或开挖一些池塘,以便储存因暴雨量过大雨水管渠一时排除不了的径流量,避免地面积水。这样,雨水管渠可不按过高重现期设计,以减少管渠断面,节约投资。

3.7　截流式合流制排水管渠

截流式合流制排水基础设施是一种较常采用的合流制排水管渠。在这种设施中,雨水与污水在同一管渠内排泄,而在沿河设置截流干管及溢流井。晴天时,截流管道将生活污水和工业废水排送至污水处理厂;雨天时,初期雨水仍排至污水处理厂,随着雨量增大,截流干管上的溢流井产生溢流,部分混合污水溢流排入水体。

截流式合流制排水基础设施具有管线单一、节省建设投资、便于施工等优点,同时也处理污染较重的初期雨水。其缺点在于大雨时,有部分混合污水排入水体,因此会造成对水体的污染。这种设施便于在旧城镇原有合流制的排水基础设施改造中采用,也可根据具体情况在新建城市中采用。

3.7.1　截流式合流制排水基础设施的选用条件

在下述情况下可以考虑采用截流式合流制排水基础设施:

①排水区域内有一处或多处水量充沛的水体,其流量与流速都足够大,并且大雨时溢入水体的混合污水对水体的污染在允许范围以内。

②街坊和街道的建设比较完善,必须采用暗管渠排除雨水,而街道又较窄,管渠设置受限制时,可考虑选用合流制。

③地面以一定坡度倾向水体,当水位到高水位时不致淹没岸边,无须设置泵站排水,不用防潮闸门。

对于城市的旧排水基础设施,可根据以上条件,改造成截流式合流制排水。对于新建城市,在雨量小、雨季长、污水量不大、水质不很复杂,且有以上有利条件时,也可采用。

3.7.2　截流式合流制排水基础设施的布置

1)截流式合流制排水基础设施布置特点及要求

采用截流式合流制排水管渠设施时,其布置特点及要求是:

①排水管渠的布置应使排水面积上的生活污水、工业废水和雨水都能合理地排入管渠,并尽可能以最短的距离排向水体。

②在排水区域内,如果雨水可以沿道路的边沟排泄,这时可只设污水管道;只有当雨水不宜沿地面径流时,才布置合流管渠。截流干管尽可能沿河岸敷设,以便于截流和溢流。

③沿水体岸边布置与水体平行的截流干管,在截流干管的适当位置上设置溢流井,以保证超过截流干管设计输水能力的混合污水能顺利地通过溢流井就近排入水体。

④在截流干管上,必须合理地确定溢流井的位置及数目,以便尽可能减少对水体的污染,并减小截流干管的断面尺寸,缩短排放渠道的长度。

⑤在汛期,因自然水体的水位增高,造成截流干管上的溢流井不能按重力流方式通过溢流管渠向水体排放时,应考虑在溢流管渠上设置闸门,防止洪水倒灌;考虑设置排水泵站,提升排放,这时宜将溢流井适当集中,以利于排水泵站集中抽升。

⑥为了彻底解决溢流混合污水对水体的污染问题,又能充分利用截流干管的输水能力及污水处理厂的处理能力,可考虑在溢流出水口附近设置混合污水贮水池,在降雨时,可利用储水池积蓄溢流的混合污水,待雨后将储存的混合污水再送往污水处理厂处理。此外,储水池还可起到沉淀池作用,可改善溢流污水的水质。但是,一般所需储水池容积较大,另外,蓄积的混合污水需设泵站,提升至截流管。

2)截流式合流制排水基础设施的布置

截流式合流制排水基础设施的布置原则除应满足管渠、泵站、污水处理厂、出水口等布置的一般要求外,还应考虑以下要求:

(1)管渠布置

管渠的布置应考虑所有服务排水面积上的生活污水、工业废水和雨水都能合理地排入管渠,并以可能的最短距离排向水体。截流式合流制的支管、干管布置基本上与雨水管渠布置方法相同——结合地形条件,管渠以最短距离连接附近的水体。在合流制设施上游排水区域内,如雨水可沿地面街道边沟排泄,则可只设污水管道;只有当雨水不能沿地面径流时,才布置合流管渠。截流干管一般沿水体岸边布置,其高程应使连接的支、干管的水能顺利流入,同时其高程应在最大月平均最高水位以上。在城市旧排水基础设施改造中,如原有管渠出口高程较低,截流干管高程达不到上述要求时,只有降低高程,采用防潮闸门及排涝泵站。

(2)溢流井的布置

溢流井的数目不宜过多,位置应该选择恰当,以便尽可能减少对水体的污染。从减少截流干管的尺寸考虑,要求溢流井数量多一些,这样可使混合污水及时溢入水体,降低下游截流干管的设计流量。溢流井过多,将增加溢流井和排放渠的造价,特别当溢流井离水体较远,施工条件困难时,更是如此。通常,当溢流井的高程低于最大月平均最高水位、需在排水渠道上设防潮闸门及排涝泵站时,为减少泵站造价,便于管理,溢流井应适当集中,且数量不宜多。从对水体的污染角度分析,截流式合流制在暴雨时溢流的混合污水是较脏的,为减少污染,保护环境,溢流井也宜适当集中,并应尽可能位于水体的下游。此外,要求溢流井的位置最好靠近水体,以减少排放渠的长度。溢流井尽量结合排涝泵站或中途泵站修建。通常溢流井设置在合流干管和截流干管的交汇处,但为了节约投资及减少对水体的污染,并不是在每个交汇点上都设置。溢流井的数量及具体位置可根据实际条件,结合管渠设施布置,考虑上述因素,通过技术经济比较决定。

在一个城市中,根据各排水区域的具体情况,也可采用其他的排水体制。当其他排水体制的排水最后与截流式合流制排水基础设施的排水集中排除时,应保证在混合后不再溢流,并应直排送到污水处理厂进行处理后再排放。

3.8 排水基础设施附属构筑物与管材

为了有效排除城市污水和雨水,除设置排水管渠外,还应根据需要在排水基础设施上设置一系列附属构筑物。这些附属构筑物包括排水泵站、检查井、雨水口、连接暗井、倒虹管、出水口及其他特殊构筑物,如跌水井、截流井、水封井及防潮门等,以保证排水基础设施正常工作,并便于进行维护管理。

3.8.1 排水泵站

排水泵站是用于排除洪涝渍水和降低地下水位的泵站。城市污水、雨水因受地质地形条件、水体水位等的限制,不能以重力流方式排除,在污水处理厂中为了提升污水或污泥时,需设置排水泵站。

3.8.2 检查井

为了便于对管渠进行检查和清通,在排水管渠上必须设置检查井。检查井的位置应设置在排水管渠的管径、方向、坡度改变处,以及管渠交汇处和相隔一定距离的直线管段上。相邻两检查井之间的管渠应成一直线。

检查井一般为圆形,由井底、井身和井盖3部分组成,如图3-21所示。检查井可分为不下人的浅井和下人的深井。

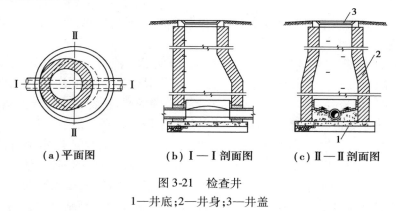

(a)平面图　　　　(b)Ⅰ—Ⅰ剖面图　　　　(c)Ⅱ—Ⅱ剖面图

图3-21 检查井
1—井底;2—井身;3—井盖

3.8.3 跌水井

跌水井是设有消能设施的检查井。在井中,上游水流从高处落向低处,然后流走,故称跌水井。跌水井的构造存在区别,决定于消能的措施,其井底构造一般都比普通窨井坚固。设置跌水井的一般要求是:管道跌水水头为1.0~2.0 m时宜设跌水井,跌水水头大于2.0 m时应设跌水井;管道转弯处不宜设跌水井。跌水井的进水管管径不大于200 mm时,一次跌水水头高度不得大于6 m;管径为300~600 mm时,一次跌水水头高度不宜大于4m。跌水方式可采用竖管或矩形竖槽。管径大于600 mm时,其一次跌水水头高度及跌水方式应按水力计算确定。当检查井中上下游管渠的管底高程差大于1 m时,应设跌水井。跌水井中应有减速防冲及消能设施。目前,常用的跌水井有两种形式:①竖管式;②溢流堰式。前者适用于管径等于或小于400 mm的管道,后者适用于管径400 mm以上的管道。当检查井中上下游管渠跌落差小于1 m时,一般只将检查井底部设斜坡,不设跌水。

竖管式跌水井的构造如图3-22(a)所示。竖管式跌水井的一次允许跌落高度随管径大小不同而异。当管径不大于200 mm时,一次跌落高度不宜超过6 m;当管径为250~400 mm时,一次跌落高度不宜超过4 m。

溢流堰式跌水井如图3-22(b)所示。溢流堰式跌水井常用于大管渠,井底应坚固,以防冲刷。溢流堰式跌水井也可用阶梯式跌水井来代替,阶梯式跌水井如图3-23所示。

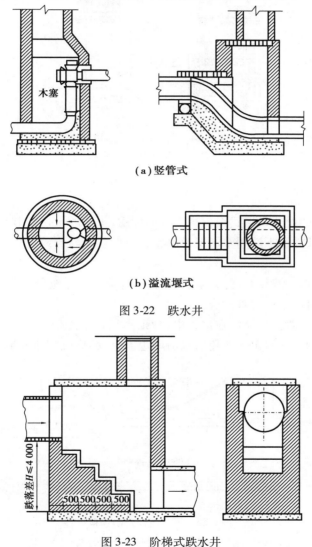

(a)竖管式

(b)溢流堰式

图3-22　跌水井

图3-23　阶梯式跌水井

3.8.4　溢流井

在截流式合流制排水基础设施中,为了避免晴天时的城市污水和初期降雨时的雨水、污水对水体的污染,通常在合流管渠的下游设置截流管和溢流井。当因停电或抽升水泵(或压力管)发生故障时要求关闭进水闸,或出现雨水积表、合流泵站超频率、污水超设计流量等情况时,来水管之流量不能及时抽升,就需要天然水体(或污水排入雨水沟渠)临时流入溢流井的溢流管中,以免淹没集水池和影响排水。

溢流井的构造形式有多种,图 3-24 为一种构造比较简单的溢流井。

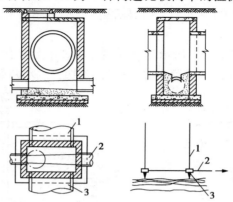

图 3-24　截流槽式溢流井
1—合流管渠;2—截流干管;3—排出管渠

3.8.5　出水口

排水管渠出水口的位置及形式根据排出水的性质、水体的水位及其变化幅度、水流方向、波浪状况、岸边地质条件及下游用水情况等决定。一般还应与当地卫生主管部门和航运管理部门联系,征得同意。

排水管渠的出水口一般设在岸边,当排出水需同受纳水体充分混合时,可将出水口伸入水体中,伸入河心的出水口应设置标志。

污水管的出水口一般都应淹没在水体中,管顶高程在常水位以下(图 3-25)。这样,可使污水和河水混合得较好,同时也可避免污水沿岸边流泄,影响市容和卫生。

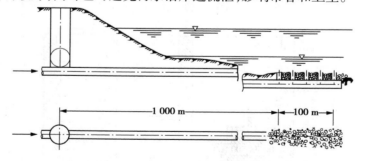

图 3-25　河心淹没式出水口

出水口与水体岸边连接处一般采用护坡或挡土墙,以保护河岸及固定出水管渠与出水口。图 3-26 为河岸护坡的出水口,图 3-27 为采用挡土墙的出水口。如果排水管渠出口的高程与受纳水体水面高差很大,应考虑设置单级或多级阶段跌水。

在受潮汐影响的地区,排水管渠的出水口可设置自动启闭或人工启闭的防潮闸门,防止潮水倒灌。

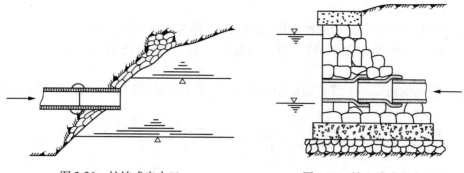

图 3-26　护坡式出水口　　　　　图 3-27　挡土墙式出水口

3.8.6　倒虹管

排水管渠遇到河流、山涧、洼地或地下构筑物等障碍物时,不能按原有的坡度埋设,而是按下凹的折线方式从障碍物下通过,这种管道称为倒虹管。倒虹管一般由进水井、下行管、上行管和出水井组成,如图 3-28 所示为一穿越河道的倒虹管。

倒虹管应尽可能与障碍物正交通过,以缩短倒虹管的长度。倒虹管应选择河岸及河床较稳定,不易被水流冲刷的地段及埋设深度较小的位置。为了保护倒虹管,管顶距规划河床底一般不小于 0.5 m。

对于穿越河道的倒虹管,其工作管道不得少于两条,但通过谷地、旱沟或小河时,可以敷设一条。倒虹管的进水井应设置事故排水口,以便在检修倒虹管时排泄上游来水。

倒虹管施工比较复杂,造价较高,维护困难,需用铸铁管或钢筋混凝土管。在城市排水管渠规划时,应尽量少设倒虹管。

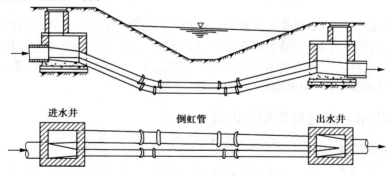

图 3-28　穿越河道的倒虹管

3.8.7　排水管渠材料

作为排水管渠材料的条件是:必须具有足够的强度,排水管渠的强度应能承受外部荷载及内部水压,并在运输过程中不致损坏;应具有良好的抗渗性能,以防止污水渗出和地下水渗入;应具有良好的水力条件,管渠内壁整齐光滑,以减少水流阻力,使排水畅通;应具有抗冲刷、抗磨损及抗腐蚀能力,以免污水或地下水浸蚀而损坏管渠;充分利用地方建筑材料,尽量就地取材。

目前,常用的排水管渠主要有混凝土管、钢筋混凝土管、陶土管、砖石渠道、石棉水泥管及少量的塑料管和铸铁管等。

混凝土管及钢筋混凝土管制作方便,造价较低,耗费钢材较少,在排水基础设施中使用极为广泛,但其容易被含酸含碱的污水侵蚀;管径大时重量较大,搬运不便;管段较短,接口较多。

混凝土管和钢筋混凝土管的构造形式有 3 种:①承插式;②企口式;③平口式,如图 3-29所示。

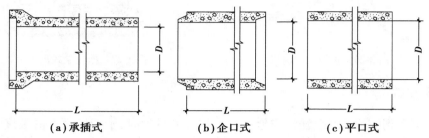

(a)承插式　　　　　　(b)企口式　　　　　　(c)平口式

图 3-29　混凝土管和钢筋混凝土管

混凝土管的直径一般不超过 600 mm。为了增加管的强度,直径大于 400 mm 时,一般需加钢筋,使之形成钢筋混凝土管。

选择管渠材料时,在满足技术要求的前提下,应尽可能就地取材,采用当地易于自制、便于供应和方便运输的材料,以使运输及施工总费用降至最低。

3.9　城市排水基础设施的规划

城市排水基础设施规划也是城市规划重要组成部分之一,其任务是根据城市发展的总体规划,拟订全市的排水方案,使城市有合理的排水条件,为排水基础设施设计奠定基础。2012年 7 月 21 日,北京特大暴雨造成重大人员财产损失,敲响了城市管网建设警钟,促使政府制定更积极的建设政策,加速全国城市排水基础设施建设。

3.9.1　城市排水基础设施规划的内容

城市排水基础设施规划包括以下内容:

①估算城市排水量。城市排水量包括生活污水量、工业废水量和雨水量。一般将生活污水量和工业废水量之和称为城市总污水量,雨水量则单独计算。

②拟订城市污水、雨水的排除方案,包括确定排水区界和排水方向;确定生活污水、工业废水和雨水的排除方式;旧城区原有排水基础设施的利用与改造及确定在规划期限内排水基础设施建设的远近期结合、分期建设等问题。

③研究城市污水处理与利用的方法及污水处理厂位置选择。城市污水是指排入城镇污水管道的生活污水和生产污水。根据环境保护的规定及城市的具体条件,确定其排放程度、处理方式及污水、污泥综合利用的途径。

④布置排水管渠,包括污水管道和雨水管渠的布置等,要求决定主干管和干管的平面位置、高程、估算管径、泵站设置等。

⑤估算城市排水基础设施的造价及年经营费用,一般按扩大经济指标计算。

3.9.2　城市排水基础设施规划的方法

排水基础设施的规划一般按下列步骤进行:

(1)搜集必要的基础资料

根据所掌握的有关资料进行排水基础设施的规划,使规划方案建立在可靠的基础上。所需资料包括以下3个方面:

①有关明确任务的资料:包括城市总体规划及城市其他单项设施规划的文案;上级部门对城市排水基础设施规划的有关指示、文件;城市范围内各种排水量、水质资料;环保、卫生、航运等部门对水体利用和卫生防护方面的要求等。

②有关设施现状方面资料:包括城市道路、建筑物、地下管线分布情况及现有排水基础设施情况,以及绘制排水基础设施现状图(1:10 000～1:5 000),调查分析现有排水基础设施存在的问题。

③自然条件方面的资料:包括气象、水文、地形、地质等原始资料。

(2)进行排水基础设施规划设计方案考虑及分析比较

在基本掌握资料的基础上,着手考虑方案,绘制排水基础设施方案图,进行设施造价估算。规划时给出若干方案,进行技术经济比较,选择技术合理、投资节省的最佳方案。

(3)绘制城市排水基础设施规划图,编写文字说明

①现状图:表示城市排水基础设施的布置和主要设施情况。

②设施规划图:表示规划期末城市排水基础设施的位置、用地,以及排水干管(渠)的布置、走向、出口位置等。

③规划文本与说明书主要内容有:分区排水基础设施规划依据和原则,污水排放定额,排放量计算,排水分区,排水基础设施的位置与规模,排水干管布置,管径控制。

3.9.3　城市排水基础设施规划与城市总体规划的关系

城市排水基础设施规划是城市总体规划工作的重要组成部分,是对水源,供水设施、排水基础设施的综合功能优化和设施布局进行的专项规划,是城市专业功能规划的重要内容。排水基础设施是城市建设的组成部分,是城市基础建设之一,是城市单项设施规划之一。城市总体规划中的设计规模、设计年限、功能分区布局、人口的发展、居住区的建筑层数和标准及相应的水量、水质、水压资料等是给水排水基础设施规划的主要依据。因此,城市排水基础设施规划与城市总体规划及其他各单项设施规划之间均存在密切的联系。规划时,不仅要考虑自身的特点与要求,同时应与总体规划及各单项设施规划彼此协调,有机组合。

1)城市排水基础设施规划与城市总体规划的关系

①城市总体规划是排水基础设施规划的前提和依据,同时城市排水基础设施规划对城市总体规划也有一定的影响。所以,应根据城市总体规划进行排水基础设施规划。

②排水基础设施的规划应根据城市总体规划进行,其规划年限应与城市总体规划所确定的远近期年限一致。城市近期规划一般为5年,远期规划为20年。

③城市总污水量的估计和污水水质情况的分析可根据城市发展的人口规模、工业种类和规模等来确定。城市排水基础设施的规模应符合城市发展的需要,避免过大或过小:过大,造

成设备、资金浪费;过小,则不能满足需要,如果不断扩建,既不合理,也不经济。

④城市排水基础设施的规划范围应根据城市用地及其发展方向来确定,并据此进行城市排水基础设施的布置及拟订分期建设计划。城市污水的处理和利用应根据污水排放标准,结合城市具体情况确定。

2)城市排水基础设施规划与其他单项设施规划的关系

其他单项设施规划有道路交通规划、用地规划,给水基础设施规划、人防基础设施规划等。排水基础设施规划与这些单项设施规划是在城市总体布局基础上平行进行的,要求单项设施规划之间相互配合、协调,解决彼此间的矛盾,避免冲突,使各组成部分之间构成有机的整体。排水基础设施规划还应研究与人防设施结合及与河道整治、防洪排洪设施结合等。

3.10　乡村排水基础设施规划

3.10.1　乡村排水基础设施的组成

①室内污水收集设备及管道设施,其作用是收集生活污水,并将其排除至室外。

②室外污水管道设施,包括分布在地下的依靠重力流输送污水至泵站、污水处理站或水体的管道设施。

③污水泵站及压力管道。

④污水处理站。处理和利用污水、污泥的一系列构筑物称为污水处理站。

⑤出水口及事故排水口。污水排入水体的渠道和出口称为出水口,它是整个乡村污水排水基础设施的终点设备。事故排水口是指在污水排水基础设施中,在某些易于发生故障的设施前面所设置的辅助性渠道和出口。

3.10.2　乡村污水的特点

总体上,我国乡村生活污水不同于城市污水的特点是:间歇排放,量少分散,瞬时变化大;经济越发达地区,生活污水的氮、磷含量越高。

3.10.3　乡村水污染源特点

乡村水污染源主要为非点源污染。农业非点源污染主要是农业生产活动中的化肥、农药及其他有机或无机污染物,因降水或灌溉过程通过地表径流、农田排水或地下水渗漏等形式进入周围环境水体中,造成水体污染,其污染形式主要包括化肥污染、农药污染、集中养殖业污染。农业非点源污染主要特点为来源分散、成分复杂、随机性强、潜伏周期长。

3.10.4　乡村排水总体布局的原则

（1）紧邻城市地区总体布局

紧邻城市的乡村地区排水基础设施可依托城区排水基础设施建设,一方面城区基础设施条件较好,另一方面近邻地区基础设施大多属于城市基础设施的有效覆盖范围,所以排水基础设施也进行联网建设,与城市排水基础设施相协调,并从长远规划着眼,采用雨污分流的排水体制。

（2）居民点密集地区总体布局

农户围绕某个经济较好的集中地(如镇区)居住,即形成农居点密集的地区。这类地区的排水处理情况较为复杂,应进行充分的技术经济分析。如果地形有利于污水集中收集,则可将几个村庄的污水进行统一处理,或顺应地形坡度排入镇区污水处理厂进行统一处理,局部偏远地区污水不易排出,则分片区自行处理,采用单户处理或联户处理方式。可采用污水管渠收集污水,或新建或对原有管渠进行改造利用,计算排水量,合理确定管渠的断面尺寸、坡度等,以保证排水畅通,避免污水横流现象发生。

（3）居民点分散地区总体布局

农居点分散地区与城区距离较远,农居点分布较为分散,平均人口密度低。规划应采用以分散处理为主,集中与分散相结合的方式。这种排水基础设施的小规模建设方式可与村庄经济发展相适应,二者同步发展或排水基础设施建设紧随经济的发展而发展,力求同步,使其既能促进经济的发展,又能保持经济对排水基础设施建设的积极引导作用。

（4）分类建立雨水收集设施

乡村的雨水收集主要分为屋顶雨水收集和地面雨水收集。在屋顶建设导流管将屋顶上的雨水汇集到导流管中,经过简单过滤和净化过程排入自然水体或存储起来供生活用;地面雨水成分复杂,往往含有大量悬浮物和杂质,在地面水汇流区建立导流沟,将雨水集中在一起,通过沉淀和过滤以及进一步净化排放到水体中供生活之用。

（5）合理铺设排水收集管网

因地制宜地采用合流制或分流制布设室内和室外排水收集管网,立足当前并兼顾长远考虑合理确定管径。

（6）采用资源化生物生态处理技术

应根据区域特点,借助乡村独特的自然条件,推荐采用资源化生态处理技术,将再生水用于冲厕、保洁、洗车、绿化、环境和生态用水等。

（7）强化运行管理

定时检查及更新管网,减少管网的漏损率;使用节水型水嘴、节水型便器设施、节水型淋浴器、节水型洗衣机等,降低水的使用量;合理调整服务产业区水价,以经济杠杆提高从业人员的节水意识,排放污水必须达标,从源头上减少污染物的排放。

3.10.5　乡村排水平面布置的一般原则

排水基础设施的平面布置根据地形、周围水体情况、污水种类、污染情况等来确定,主要分为以下3种布置形式:直排式、分散式、集中式。直排式布置多用于雨水排放设施;分散式布置多用于场地起伏不平或需要按用地功能进行不同的排水处理;集中式布置多适用于紧凑布局;乡村建设成连续性带状或环状布置时,通常将污水集中处理,这种布置便于发挥规模效益,占地少,节省基建费用和运行管理费用。

3.10.6　乡村旧排水基础设施的改造

1）乡村排水基础设施现状及问题

目前,我国乡镇乡村污水处理能力低,设备不配套或不完善,工艺选取不合理,建设水平低下,污水处理设施的建造与运行滞后于新增加的污水量,主要处理手段为修建标准化粪池。另外,乡村居民住宅居住分散,环保意识薄弱,建设资金和运行维护费用短缺,政策不健全和缺乏相应标准支持,无健全的管理体制。

2)乡村旧排水基础设施的改造途径

随着城镇化水平的逐步提高,村庄较为密集的地区,可能发展为未来集聚化发展的乡村社区。这样对排水基础设施的规划也要有适当高的标准,并且需要考虑未来的发展空间。雨污分流的排水体制是乡村排水体系未来发展的方向,即使不具备建设雨污分流体制的经济能力,也应立足于长远规划,先建设污水管网,并为未来雨水管网的建设留有余地,最后逐步实现雨污分流的排水体制。城市新区靠近乡镇,一般实行雨污分流的排水体制,周边的乡村应与城市新区的排水基础设施相协调,采取雨污分流制将污水排入市政管网。如果乡村地形坡度较好,雨水不是目前急需解决的主要矛盾,近期对天然降水可以沿地面自然排放或采用造价较低的明渠收集、输送与排放。

3)典型例题

【例1】 已知:$n = 0.001\,3$,$D = 250$ mm,$Q = 40$ L/s,求 i 和 u。

解:(1)找出代表 $Q = 40$ L/s 的横线。

(2)找出代表 $D = 250$ mm 的斜线。

(3)它们的交点落在 $i = 0.005$ 和 $u = 0.85$ m/s 处,即 $i = 0.005$,$u = 0.85$ m/s 如图3-30所示。

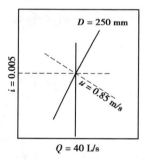

图3-30 水力计算图表示意义

【例2】 某合流制管段布置示意如图3-31所示,计算合流管段 b—c 的设计流量。已知溢流井 a 上游的旱流污水设计流量为 50 L/s;雨水设计流量为 500 L/s,雨水到达溢流井的集水时间为 600 s。单位面积径流量公式为

$$q_0 = \frac{400}{(5 + 1.2t)^{0.7}}$$

溢流井 a 的截流倍数 $n_0 = 3$,从溢流井 a 到设计断面 b 的集水时间 $t_{a-b} = 150$ s;管段 a—b 的集水面积为 1.5 公顷,管段 f—b 的雨水集水面积为 6.5 公顷;管段集水时间为 500 s;管段 f—b 的生活污水量和工业废水量为 60 L/s。

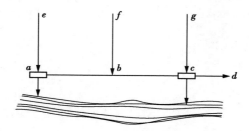

图 3-31 某合流制管渠布置示意图

解:按式(3-12),转换得 $Q_{b-c} = (n_0 + 1)Q_h + Q_y' + Q_h'$ 计算。

已知: $Q_h = 50\ \text{L/s}$, $Q_h' = 60\ \text{L/s}$,则

$$Q_y' = \frac{400 \times (6.5 + 1.5)}{\left(1.2 \times \dfrac{500}{60} + 5\right)^{0.7}} = 480\,(\text{L/s})$$

代入式(3-12),则

$$Q_{b-c} = (3 + 1) \times 50 + 480 + 60 = 740\ (\text{L/s})$$

【思考题】

1. 城市排水体制有哪几类? 各自有什么特点?

2. 旧城的合流制可以如何改造?

3. 简述水质性缺水和资源型缺水的城市在给排水设计时应该注意的问题。

4. 在水资源不足、水质有差异的情况下,在城市给排水和建设中应采取何种措施来保证城市活动的正常进行?

4

城乡电力基础设施规划

导入语：

电力又称强电，是以电能作为动力的能源。电力基础设施是由发电、输电、变电、配电和用电等环节组成的电力生产与消费设施，将自然界的一次能源通过发电动力装置转化成电力，再经输电、变电和配电等环节将电力供应到各用户。在这个电气研发的黄金时代，供电设施已经成为现代城市和乡村不可缺少的一项基础设施。

本章关键词：电力设施；电力负荷；供电电源；电力输配

电力的发现和应用掀起了第二次工业化高潮，成为人类历史上自 18 世纪以来，世界发生的三次科技革命之一。20 世纪出现的大规模电力设施是人类科学史上最重要的成就之一，由发电、输电、变电、配电和用电等环节组成了电力生产与消费设施，从此电能彻底改变了人们的生活。21 世纪，现代工业社会仍旧依赖电能，在这个电气研发的黄金时代，供电设施已经成为现代城市和乡村不可缺少的一项基础设施。

城乡电力基础设施规划是国土空间总体规划的重要组成部分，同时也是能源规划的一部分，主要内容包括确定用电负荷、布置电源、确定供电网络等。城乡电力基础设施规划的目的是长远、科学地安排与指导电力工业的具体实施计划，保证电力工业高速、高效发展，以满足国民经济各个部门及人民生活对电力的需求。

电力工业是国民经济发展中最重要的基础能源产业，是国民经济的第一基础产业，是关系国计民生的基础产业，是世界各国经济发展战略中的优先发展重点。作为一种先进的生产力和基础产业，电力行业对促进国民经济发展和社会进步起重要作用，与社会经济和社会发展有着十分密切的关系，而且与人们的日常生活、社会稳定密切相关。随着中国经济的发展，电的需求量不断扩大,电力销售市场的扩大又刺激了整个电力生产的发展。电力工业的健康发展是国民经济健康发展的重要前提,而合理进行城乡电力基础设施规划是电力工业健康发展的前提。电力工业将煤炭、石油、天然气、核燃料、水能、海洋能、风能、太阳能、生物质能等一次能源经发电设施转换成电能,再通过输电、变电与配电设施供给用户作为能源,是生产、输送和分配电能的工业部门。电能的生产过程和消费过程是同时进行的,既不能中断,也不能储存,需统一调度和分配。

电能是由其他形式的能量(如化学能、水位能、风能、原子能、太阳能等)转换而来的二次能源,具有清洁、经济、容易转换和输送方便等特点。人们的生产、生活活动中所需的各种形式的能量(如机械能、光能、热能、化学能、磁能等),大都由电能转换而来,电能已成为国民经济和人们现代生活的基础。因此,电力设施是现代城市和乡村不可缺少的一项重要的基础设施。

4.1　城市电力基础设施规划的原则与内容

4.1.1　城市电力基础设施规划的原则

①城市电力基础设施规划是国土空间总体规划的重要组成部分,也是城市电力规划的重要组成部分。因此,电力基础设施规划应结合国土空间总体规划和城市电力规划进行,并符合其总体要求。

②城市电力基础设施规划编制期限应当与国土空间规划相一致。规划期限一般分为近期 3 ~ 5 年,远期 10 ~ 20 年。

③城市电力基础设施规划编制阶段可分为供电总体规划和供电详细规划两个阶段。大中城市可在供电总体规划的基础上编制供电分区规划。

④城市电力基础设施规划应注重新建与改造相结合,远期与近期相结合,正确处理近期建设和远期发展的关系。供电设施的供电能力能适应远期负荷增长的需要,结构合理,且便于实施和过渡。同时,应当与城市交通等其他基础设施规划相互结合,统筹安排;应从城市全局出发,充分考虑社会、经济、环境的综合效益。

⑤发电厂、变电所等城市供电设施用地和高压线路走廊宽度应按国土空间规划的要求确定,节约用地,实行综合开发,统一建设。

⑥城市电力基础设施规划必须符合环保要求,减少对城市的污染和其他公害。应充分考虑规划新建的电力基础设施运行噪声、电磁干扰及废水、废气、废渣排放对周围环境的干扰和影响;应按国家环境保护方面的法律、法规有关规定,提出切实可行的防治措施。

⑦规划新建的电力基础设施应切实贯彻"安全第一、预防为主、防消结合"的方针,满足防火、防爆、防洪、抗震等安全设防要求。

4.1.2　城市电力基础设施规划的内容

对于每一座城市而言,电力基础设施规划包括的内容是不完全相同的。由于它们的具体条件和要求不尽相同,所以必须根据每个城市的特点及国土空间总体规划深度的要求来规划。对于国土空间规划的不同规划阶段,其供电设施规划内容与深度也有不同要求。

1)城市电力基础设施规划的编制

城市电力基础设施规划一般由规划文本、说明书和图纸 3 部分组成,应在调查研究、收集分析有关基础资料的基础上进行。规划编制的阶段不同,调研、收集的基础资料也不同,但应符合下列要求。

①国土空间总体规划阶段中的电力规划(以下简称"城市电力总体规划阶段")需调研、收集以下资料:地区动力资源分布、储量、开采程度等资料;城市综合资料,包括区域经济、城市人口、土地面积、国内生产总值、产业结构,以及近 5 年或 10 年国民经济各产业或各行业产值、产量及大型工业企业产值、产量的历史及规划综合资料;城市电源、电网资料,包括地区电力设施地理接线图、城市供电电源种类、装机容量及发电厂位置,城网供电电压等级、电网结构,各级电压变电所容量、数量、位置及用地,高压架空线路路径、走廊宽度等现状资料及城市电力部门制订的城市电力网行业规划资料;城市用电负荷资料,包括近 5 年或 10 年的全域及中心区最大供电负荷、年总用电量、用电构成、电力弹性系数、城市年最大综合利用小时数、按行业用电分类或产业用电分类的各类负荷年用电量、城市居民生活用电量等历史资料;其他资料,包括城市水文、地质、气象、自然地理资料和城市地形图、总体规划图及城市分区土地利用图等。

②国土空间详细规划阶段中的电力规划(以下简称"城市电力详细规划阶段")需调研、收集以下资料:城市各类建筑单位建筑面积负荷指标(归算至 10 kV 电源侧处)的现状资料或地方现行采用的标准(或经验)数据;详细规划范围内的人口、土地面积、各类建筑用地面积、容积率(或建筑面积)及大型工业企业或公共建筑群的用地面积、容积率(或建筑面积)现状及规划资料;工业企业生产规模及主要产品产量、产值等现状及规划资料;详细规划区道路网及各类设施分布的现状及规划资料;详细规划图等。

2)城市电力基础设施总体规划内容

(1)城市电力基础设施总体规划的主要内容

①确定城市供电电源的种类和布局。

②分期用电负荷预测及电力平衡。

③城市电网电压等级和层次确定。

④城市电网中的主网布局及其变电所的所址选择、容量及数量确定。

⑤35 kV 及以上高压线路走向及其防护范围确定。

⑥绘制市域和市区电力总体规划图。

⑦提出近期电力建设项目及进度安排。

(2)城市电力基础设施总体规划图纸

①城市电网设施现状图:电网设施较复杂的城市需绘制 35 kV 及以上城市电网现状图。电网设施比较简单的城市,有在规划中反映现状,或在城市建设现状图中清楚地反映现状城市电网和供电设施的城市可以不绘制城市电网设施现状图。

②负荷预测分布图:分区多的城市需编制负荷预测分布图。负荷点少,负荷又均匀分布的城市可以不绘制负荷分布图。

③城市电网设施规划图:运用图表示电源、高压变电站位置和容量、高压网络布局和线路

走向、敷设方式、电压等级、高压走廊用地范围。

3）城市电力基础设施分区规划内容

（1）城市电力基础设施分区规划的主要内容

①分区用电负荷预测。

②供电电源选择，位置、用地面积及容量、数量确定。

③高压配电网或高中压配电网结构布置，变电所、开闭所位置选择，用地面积、容量及数量确定。

④确定高中压电力线路走廊（架空线路或地埋电缆）宽度及线路走向。

⑤确定分区内变电所、开闭所进出线回数和 10 kV 配电主干线走向及线路敷设方式。

⑥绘制电力分区图。

（2）城市电力基础设施分区规划图纸

分区规划高压配电网平面布置图，表示变压配电站分布、电源进出线回数、线路走向、电压等级、敷设方式。

4）城市电力基础设施详细规划内容

①按不同性质的地块和建筑物，分别确定其用电指标，并进行相应的负荷计算。

②确定小区内供电电源点位置、用地面积（或建筑面积）及容量、数量的配置。

③拟订规划区内中低压配电网接线方式，进行低压配电网规划设计（含路灯网）。

④确定中低压配电网（含路灯网）线路回数、导线截面及敷设方式。

⑤进行投资估算。

⑥绘制小区电力详细规划图。

⑦城市电力基础设施详细规划图纸。

5）城市电力基础设施专业规划内容

城市大型项目专业规划内容较多，深度要求不尽相同，规划设计时可视其情况和条件，并根据建设单位具体要求进行电力设施专业规划设计。一般主要包括：

①采用用电指标法进行负荷计算，如进行城市电网改造规划，应按负荷密度法预测各片区负荷分布，并绘出电力负荷分布图。

②选择供电电源。

③确定供电变电站容量、数量、占地面积、建筑面积、平面布置形式。

④进行中低压配电网设计（含路灯网）。

⑤绘制中低压配电网（含路灯网）平面布置图。

⑥进行投资概算。

4.2 电力基础设施的组成及其电压等级与质量指标

4.2.1 电力基础设施的组成

由发电、输电、变电、配电和用电等环节组成的电能生产传输、分配、用电的设施称为电力基础设施(图4-1)。它的功能是将自然界的一次能源通过发电动力装置转化成电能,再经输电、变电和配电将电能供应到各用户,是现代社会中最重要、最庞杂的基础设施之一。

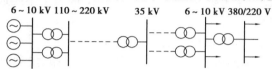

6~10 kV 110~220 kV　　35 kV　　6~10 kV 380/220 V

发电机　升压变电　高压输电　降压变电　中压配电　低压配电

图4-1　电力基础设施

电力基础设施一般由发电厂、变电所、电能用户和电力网等构成,各组成部分的作用如下所述。

(1)发电厂

生产电能的工厂称为发电厂,又称发电站。发电厂的作用是将自然界蕴藏的各种形式的一次能源转换为电能(二次能源)的工厂。现在的发电厂有多种发电途径,如火力发电、水力发电、原子能发电、风力发电、潮汐发电等。除靠燃煤或石油驱动涡轮机发电的热电厂和靠水力发电的水电站外,还有些靠太阳能、风能和潮汐能发电的小型电站,而以核燃料为能源的核电站已在世界许多国家发挥了越来越大的作用。

(2)变电所

变电所就是电力设施中对电能的电压和电流进行变换、集中和分配的场所。其作用是改变供电的输配电压,以满足电力输送和用户用电的要求。为保证电能的质量及设备安全,在变电所中还需进行电压调整、潮流(电力设施中各节点和支路中的电压、电流和功率的流向及分布)控制及输配电线路和主要电工设备的保护。按用途可分为电力变电所和牵引变电所(电气铁路和电车用)。

由于制造成本和所需线材绝缘性能限制,发电机的发电电压一般为6 kV、10 kV或15 kV;在电力输送过程中,为了降低线路的电能损耗,节省有色金属,往往采用高压输送,这样必须建立升压变电所,将发电厂生产的电压为6 kV、10 kV、15 kV的电能用变压器升高为110 kV、220 kV、500 kV或以上的高压电能输送至用户区。在用户区,为了满足电力分配和用户低压用电的要求,又建立了降压变电站,将高压电能转换为10 kV、6 kV,并再降为380/220 V,以供用电设备使用。

(3)电能用户

将电能转换成人们需要能量的用电设备,如电动机将电能转换为机械能,电灯将电能转换为光能,电炉将电能转换为热能等。

（4）电力网

连接发电厂至变电所之间、变电所与用电设备之间的电力线称为电力网。电力网是电力基础设施的一部分，由变电所和各种电压的线路组成。电力网以变换电压(变电)输送和分配电能为主要功能，是协调电力生产、分配、输送和消费的重要基础设施，由连接各发电厂、变电站及电力用户的输变配电线路组成。

将若干个发电厂、变电所、用电设备用电力线连接起来就构成电力基础设施。我国东北、华北、华东地区均建立大区的电力基础设施，一般大中城市的电力供应都与电力基础设施发生关系。

4.2.2 电压等级

电压等级是电力设施及电力设备的额定电压级别系列。额定电压是电力设施及电力设备规定的正常电压，即与电力设施及电力设备某些运行特性有关的标称电压。在我国电力设施中，把标称电压 1 kV 及以下的交流电压等级定义为低压，标称电压 1 kV 以上、330 kV 以下的交流电压等级定义为高压，标称电压 330 kV 及以上、1 000 kV 以下的交流电压等级定义为超高压，标称电压 1 000 kV 及以上的交流电压等级定义为特高压。目前，我国常用的电压等级有 220 V、380 V、6 kV、10 kV、35 kV、110 kV、220 kV、330 kV、500 kV。通常将 35 kV 及以上的电压线路称为送电线路。10 kV 及以下的电压线路称为配电线路。将额定 1 kV 以上的电压称为高电压，额定 1 kV 以下的电压称为低电压。我国规定安全电压为 36 V、24 V、12 V 3 种。

在额定电压下，发电机、变压器和电气设备等在正常运行时具有最大经济效益。因此，国家规定标准电压等级系列，有利于电器制造业的生产标准化和系列化，有利于设计的标准化和选型，有利于电器的互相连接和更换，有利于备件的生产和维修等。在设计时，应选择最合适的额定电压等级。供电电压等级是国家根据工业水平、电机、电器制造能力，进行技术经济综合分析后确定的。我国公布的电压标准见表 4-1—表 4-3。

表 4-1 所列电压为第一类额定电压，其安全电压值为 100 V 以下，主要用于安全照明、蓄电池、断路器等开关设备的操作电源。

表 4-1 第一类额定电压

直流/V	交流/V	
	三相(线电压)	单相
6	—	—
12	—	12
24	—	—
—	36	36
48	—	—

注：三相 36 V 电压只作为潮湿工地和房屋的局部照明及电力负荷之用。

表 4-2 所列电压为第二类额定电压，其安全电压值为：100 V ≤ 工作电压 < 1 000 V，主要用于低压照明和电力电源。

表4-2　第二类额定电压

受电设备			发电机		变压器				
直流/V	交流三相/V		直流/V	交流三相/V	交流/V				
	线电压	相电压		线电压	三相		单相		
					一次线圈	二次线圈	一次线圈	二次线圈	
110	—		115	—	—	—	—	—	
—	(127)			(133)	(127)	(133)	(127)	(133)	
220	230	127	230	230	220	230	220	230	
—	380	220		440	380	400	380	—	
440	—		480	—	—	—	—	—	

注:本表列入括号内的电压,只用于矿井下或其他保安条件要求较高之处。

表4-3所列电压为第三类额定电压,其安全电压值为1 000 V以上,主要用于高压用电设备、发电和输电的额定电压值。

表4-3　第三类额定电压

受电设备电压/kV	交流发电机线电压/kV	变压器线电压/kV	
		一次线圈	二次线圈
3	3.15	3 及 3.5	3.15 及 3.5
6	6.3	6 及 6.5	6.3 及 6.6
10	10.5	10 及 10.5	10.5 及 11
—	16.75	15.75	—
35	—	35	33.5
60	—	60	66
110	—	110	121
154	—	154	169
220	—	220	212
330	—	330	365
500	—	500	550

电力输送时,电网的标称电压应符合国家电压标准,即送电电压为220 kV(或110 kV)及以上,高压配电电压为110 kV、63 kV、35 kV,中压配电电压为10 kV,低压配电电压为380/220 V。电压标准根据当地电力设施的电压等级、负荷容量大小、用电点距电源的距离等因素进行综合的技术经济分析比较后确定。根据我国经验,不同的电压等级,输送容量和输送距离之间的关系见表4-4,可供规划设计时参考。

在进行电力基础设施规划时,对现有非标准电压应限制发展,合理利用,根据设备使用寿命与发展需分期、分批进行改造。

表4-4 线路额定电压与电力输送距离的关系

额定线电压/kV	线路结构	输送功率/kW	输送距离/km
0.22	架空	50 以下	0.15 以下
0.22	电缆	100 以下	0.20 以下
0.38	架空	100 以下	0.25 以下
0.38	电缆	175 以下	0.35 以下
6	架空	2 000 以下	10 ~ 5
6	电缆	3 000 以下	8
10	架空	3 000 以下	15 ~ 8
10	电缆	5 000 以下	10
35	架空	2 000 ~ 10 000	50 ~ 20
110	架空	10 000 ~ 50 000	150 ~ 50
220	架空	100 000 ~ 300 000	300 ~ 100

4.2.3　电压质量指标

电压是电力设施供电的主要参数,电压质量的好坏直接影响电能质量。衡量电压质量的指标有电压偏移、电压波动、电压频率、谐波电流及三相设施中电压不平衡等。

(1)电压偏移

电压偏移是指长时间内电压有效值偏离额定值的幅度,是电压的静态质量指标。

(2)电压波动

电压波动是指 1 s 时间内电压幅值的变化,是电压的动态质量指标。根据《全国供用电规则》规定,用户受端的电压变动幅度分别是:35 kV 及以上供电和对电压质量有特殊要求的用户为额定电压的 ±5% ;10 kV 及以上高压供电和低压电力用户为额定电压的 ±7% ;低压照明用户为额定电压的 +5% 和 −10% 。

(3)电压频率

我国交流供电的标准频率(简称工频)规定为 50 Hz。美国、日本等国的标准频率为 60 Hz。

(4)谐波电流

谐波电流是将非正弦周期电流函数按傅里叶级数展开时,其频率为原周期电流频率整数倍的各正弦分量统称。

一般来说,理想的交流电源应是纯正弦波形,但因现实世界中的输出阻抗及非线性负载导致电源波形失真,若电压频率为 60 Hz,将失真的电压经转换分析后,可将其电压组成分解为基频(60 Hz)、倍频(120 Hz,180 Hz,…)成分的组合,其倍频的成分称为谐波。近年来,整流负载大量使用,造成大量的谐波电流,也间接污染市电,产生电压的谐波成分。另外,在供电设施中,由于电气设备三相绕组不完全对称,大型整流设备和电弧炉等的影响,交流电除具有 50 Hz 基波外,还形成整倍于基波频率的高次谐波。由于频率增高,电气设备呈现阻抗增大,致使功率损耗增大,各种电机、电气设备过热,工作寿命缩短,严重干扰甚至破坏自动化、运动、通信等设备的工作,目前关于这方面问题,尚待进一步研究。

(5)三相设施中电压不平衡

三相设施中电压不平衡是指在电力设施中三相电流(或电压)幅值不一致,且幅值差超过规定范围。接在低压设施的三相四线制三相电源的单相负载不平衡时,引起三相电压不平衡,从而使得电动机中的负序电流增加,增加转子的热损失。当电压不平衡超过2%时,即产生上述问题,也影响某些电子设备,如计算机的正常工作。

4.3 城市供电电源规划

城市供电电源的确定是电力基础设施规划的基础问题之一。城市供电电源可分为城市发电厂和接受市域外电力基础设施电能的电源变电所两类,城市供电电源不仅应满足城市本身的用电要求,还应涉及整个区域动力设施规划,同时应满足动力资源、供水、交通运输、环境保护等方面的条件。总之,应根据资源情况,因地制宜,在保障供电的可靠和经济的原则下,确定城市供电电源。

4.3.1 城市供电电源规划原则

①对以水电供电为主的大中城市,应建设一定比例的火电厂作为保障、补充电源,以保证城市不同季节用电需要。

②对以变电所作为城市电源的大中城市,应有接受电力基础设施电力的两个或多个不同电源点,以保证变电所供电安全可靠。

③城市电源点应根据城市性质、规模和用电特点,合理布局。大中城市一般应组成具有两个以上电源点的多电源供电设施。

④对经济基础较好,但能源比较缺乏,交通运输负荷过重,且具有建核电厂条件的大中城市,可考虑建设核电厂。

⑤根据国土空间总体规划和地区电力设施中长期规划,在负荷预测的基础上,考虑合理的备用容量,进行电力平衡,以确定不同规划期所需的城市发电厂设备总容量及设施受电总容量。

⑥大城市应建设一定容量的主力发电厂。

⑦对有足够稳定热负荷的城市,电源建设应与热源建设相结合,以热定电,建设适当规模的热电厂。

4.3.2 城市供电电源种类

可以转换成电能的一次能源有多种,如化石能源燃烧时放出的热能、水的位能、太阳能、地热能、风能、原子能等。就目前情况而言,城市供电能源主要来自发电量较大的水力发电、火力发电、原子能发电、风力发电和太阳能发电5种电力。

1)水力发电

水力发电是将蕴藏于水体中的位能转换为电能。水力发电的基本原理是利用水位落差,配合水轮发电机产生电力,也就是利用水的位能转为水轮的机械能,再以机械能推动发电机,得到电力。科学家们以此水位落差的天然条件,有效利用流力设施及机械物理等,精心搭配以达到最高的发电量,供人们使用廉价又无污染的电力。

水电厂按集中落差的方式分为堤坝式水电厂、引水式水电厂、混合式水电厂、潮汐式水电厂和抽水蓄能式水电厂。三峡大坝属于堤坝式水电厂。

我国河流众多,径流丰沛、落差巨大,蕴藏非常丰富的水能资源,理论蕴藏量 6.94 亿千瓦,技术可开发量 5.42 亿千瓦,均居世界第一位。截至 2018 年年底,全国水电装机 3.52 亿千瓦,占全国电力总装机规模的 18.5%,全国水力发电量达到 12 329 亿 kW·h,相当于每年可替代 1.51 亿吨标准煤。我国水能资源利用率目前仅为 37%,远低于欧美日等发达国家。

虽然水库淹没农田时需迁移居民,且水力资源开发往往受到资源分布限制,发电量也会受到季节变化的影响,但水力仍是比较理想的发电能源。因此,世界各国都大力开发水力发电,表4-5 为世界一些国家的水电开发情况。

表4-5　世界一些国家的水电开发情况统计表

国别	技术开发	经济可开发	国别	技术开发	经济可开发
中国	19 233	12 600	委内瑞拉	2 607	1 035
巴西	13 000	7 635	瑞典	1 300	900
俄罗斯	16 700	6 000	墨西哥	1 600	800
加拿大	9 810	5 360	法国	720	715
刚果	7 740	4 192	意大利	690	540
印度	6 600	4 436	奥地利	7 537	537
美国	5 285	3 760	西班牙	700	410
挪威	2 000	1 796	印度尼西亚	4 016	400
哥伦比亚	2 000	1 400	瑞士	410	355
阿根廷	1 720	1 300	罗马尼亚	400	300
土耳其	2 150	1 230	德国	250	200
日本	1 356	1 143			

注:①本表根据经济可开发水能资源由大到小排列。有些国家技术可开发水能资源与经济可开发水能资源差距很小,如法国、意大利、瑞士和德国,这是由于这些国家的开发条件好;有些国家技术可开发水能资源与经济可开发水能资源差距很大,如奥地利和印度尼西亚相差 10 倍以上。

②资料来源:英国《国际水力发电与坝工建设》季刊的《2000 年水电地图集》。

2)火力发电

火力发电是将煤、石油、天然气等燃烧时所产生的热能通过发电动力装置转换成电能的一种发电方式。以煤、石油或天然气作为燃料的发电厂统称为火电厂。在所有发电方式中,火力发电是历史最久的,也是最重要的一种。

火力发电设施主要设备设施由燃烧设施(以锅炉为核心)、汽水设施(主要由各类泵、给水加热器、凝汽器、管道、水冷壁等组成)、电气设施(以汽轮发电机、主变压器等为主)、控制设施等组成。前两者产生高温高压蒸汽,电气设施实现由热能、机械能到电能转变,控制设施保证各设施安全、合理、经济运行。

我国油气资源非常丰富,截至 2017 年年底,全国石油地质资源量 1 085 亿 t,可采资源量 268 亿 t;全国石油产量 19 200 万 t。我国天然气年产量由 2002 年的 229 亿 m^3 增加到 2018 年的 1 610.2 亿 m^3,由世界第 17 位上升到第 6 位。由于油气理论创新和勘查开发技术进步,以及投入大幅增加,预计 2030 年中国油气产量超过 6 亿 t 油量,油气的自我保障能力大大增强。

火力发电的优点在于,相对于水力发电投资少,建设时期短、灵活;便于靠近用户建厂,即接近负荷中心;年利用小时高,便于扩建。其缺点是燃料消耗多,发电成本高,本身用电量也大(占全部发电量的 7% ~8%);设备多,较易发生事故,尤其是燃料的烟尘和灰渣给城市环境带来污染。当城市供电不能利用水力发电或者由于开发水力资源受到投资和建设周期,以及区域问题等限制,在短期内无法解决时,火力发电作为城市供电电源仍然是一种现实常采用的方式。

3)原子能发电

原子能发电又称为核能发电,是利用核反应堆中核裂变所释放出的热能进行发电的方式,即利用铀、钚、钍等核燃料在核反应堆中核裂变所释放出的热能,将水加热成高温高压蒸汽,以驱动汽轮发电机组发电的一种发电方式。原子能发电是实现低碳发电的一种重要方式,与火力发电极其相似,是以核反应堆及蒸汽发生器来代替火力发电的锅炉,以核裂变能代替矿物燃料的化学能。除沸水堆(轻水堆)外,其他类型的动力堆都是一回路的冷却剂通过堆心加热,在蒸汽发生器中将热量传给二回路或三回路的水,然后形成蒸汽,推动汽轮发电机。沸水堆则是一回路的冷却剂通过堆心加热,变成 70 个大气压左右的饱和蒸汽,经汽水分离并干燥后直接推动汽轮发电机。这种发电对环境污染很小,95% 的原料可以再利用。

核能发电的优点在于核燃料能量密集,燃料运输量小,核电站地区适应能力强,运输费用低、发电功率大,其综合危害远小于火力发电;缺点在于核电站建设投资大,建设周期长,设备多,技术难度大,防护要求高,而且存在核废料处理问题。

截至 2017 年年底,全世界正在运行的核电站共有 452 座,总发电容量为 399.094 GW,全年发电量为 2 519 TW·h,占全世界发电量的 10.3%,累计运行时间已超过 1.65 万堆年(1 个堆年相当于核电站中的 1 个反应堆运行 1 年)。拥有核电机组最多的前五位国家依次为美国、法国、中国、日本和俄罗斯。核电在一些国家的总发电量中已占较大的比重:如法国 71.6%、乌克兰 55.1%、斯洛伐克 54%、匈牙利 50%、比利时 49.9%、瑞典 39.6%。我国截至 2017 年年底,已建成并投入使用的核电机组共 46 台,年发电量为 62 758.2 亿 kW·h。

4)风力发电

风力发电是把风的动能转变成机械能,再将机械能转化为电力动能。风力发电的原理是利用风力带动风车叶片旋转,再通过增速机将旋转的速度提升,促使发电机发电。依据目前的风车技术,大约是 3 m/s 的微风速度(微风的程度),便可以开始发电。由于风力发电不需要燃料,也不产生辐射或空气污染,风力发电正在世界上形成一股热潮。

5)太阳能发电

太阳能发电被誉为理想的发电方式,这是因为太阳能是一种绝对干净、可再生,且真正取之不尽、用之不竭的新能源。照射在地球上的太阳能非常充足,大约 40 min 照射在地球上的太阳能便足以供全球人类消费一年。

（1）发电原理

太阳能电池是一个对光有响应并能将光能转换成电力的器件。能产生光伏效应的材料有许多种，如单晶硅、多晶硅、非晶硅、砷化镓、硒铟铜等。它们的发电原理基本相同，现以晶体硅为例描述光发电过程。

当光线照射太阳能电池表面时，一部分光子被硅材料吸收，光子的能量传递给硅原子，使电子跃迁，成为自由电子，在 P-N 结两侧集聚形成电位差。外部接通电路，在该电压的作用下，有电流流过外部电路，产生一定的输出功率。这个过程的实质是光能转换成电能的过程。

（2）发电类型

太阳能发电有两大类型：一类是太阳光发电（也称太阳能光发电），另一类是太阳热发电（也称太阳能热发电）。

太阳能光发电是将太阳能直接转变成电能的一种发电方式，包括光伏发电、光化学发电、光感应发电和光生物发电 4 种形式，在光化学发电中有电化学光伏电池、光电解电池和光催化电池。

太阳能热发电是先将太阳能转化为热能，再将热能转化成电能，有两种转化方式：一种方式是将太阳热能直接转化成电能，如半导体或金属材料的温差发电、真空器件中的热电子和热电离子发电、碱金属热电转换，以及磁流体发电等。另一种方式是将太阳热能通过热机（如汽轮机）带动发电机发电，与常规热力发电类似，只不过是其热能不是来自燃料，而是来自太阳能。

太阳能发电设施是利用电池组件将太阳能直接转变为电能的装置。太阳能发电设施主要由太阳能电池组件（阵列）、控制器、蓄电池、逆变器、用户照明负载等组成。其中，太阳能电池组件和蓄电池为电源设施，控制器和逆变器为控制保护设施，负载为设施终端。太阳能电池与蓄电池组成设施的电源单元，因此蓄电池性能直接影响设施工作特性。

（3）太阳能发电应用

①户用太阳能电源：

a. 小型电源 10～100 W 不等，用于高原、海岛、牧区、边防哨所等军民生活用电，如照明、电视、收录机等。

b. 3～5 kW 家庭屋顶并网发电设施。

c. 光伏水泵：解决无电地区的深水井饮用、灌溉问题。

②交通领域：航标灯、交通/铁路信号灯、交通警示/标志灯、路灯、高空障碍灯、高速公路/铁路无线电话亭、无人值守道班供电等。

③通信领域：太阳能无人值守微波中继站、光缆维护站、广播/通信/寻呼电源设施、农村载波电话光伏设施、小型通信机、士兵 GPS 供电等。

④石油、海洋、气象领域：石油管道和水库闸门阴极保护太阳能电源设施、石油钻井平台生活及应急电源、海洋检测设备、气象/水文观测设备等。

⑤家庭灯具电源：庭院灯、路灯、手提灯、野营灯、登山灯、垂钓灯、黑光灯、割胶灯、节能灯等。

⑥光伏电站：10 kW～50 MW 独立光伏电站、风光（柴）互补电站、各种大型停车场充电站等。

⑦太阳能建筑:将太阳能发电与建筑材料相结合,使得未来的大型建筑实现电力自给,这是未来的一大发展方向。

⑧其他领域:

a. 与汽车配套,即太阳能汽车/电动车、电池充电设备,以及汽车空调、换气扇、冷饮箱等。

b. 太阳能制氢加燃料电池的可再生发电设施。

c. 海水淡化设备供电。

d. 卫星、航天器、空间太阳能电站等。

常州天合铝板幕墙制造有限公司成功研制一种太阳房,把发电、节能、环保、增值融于一体,成功地把光电技术与建筑技术结合起来,称为太阳能建筑设施(SPBS),SPBS已于2000年9月20日通过专家论证。上海浦东建成国内首座太阳能-照明一体化的公厕,所有用电由屋顶太阳能电池提供。这将有力地推动太阳能建筑节能产业化与市场化的进程。

显然,利用太阳能发电的光伏发电技术前景广阔。太阳能资源近乎无限,光伏发电也不产生任何环境污染,是满足未来社会需求的理想能源。随着光伏发电技术的深入发展,转换效率逐步提高,设施成本日趋合理,以及相关的分布式发电技术、智能电网等不断完善,光伏发电将成为未来社会的重要能源。

4.3.3 城市供电电源的布置

1)城市供电电源布置规划的原则

①应根据国土空间总体规划和地区电力设施中长期规划,在负荷预测的基础上,考虑合理的备用容量进行电力平衡,以确定不同规划期限内的城市电力余缺额度,确定在市域范围内需规划新建、扩建城市发电厂的规模及装机进度;同时应提出地区电力设施需提供该城市的电能总容量。

②应根据所在城市的性质、人口规模和用地布局,合理确定城市电源点的数量和布局,大中城市应组成多电源供电设施。

③应根据负荷分布和城网与地区电力设施的连接方式,合理配置城市电源点,协调电源布点与城市港口、国防设施和其他设施之间的关系。

电力基础设施规划属于区域规划的范畴,布置城市电源应根据动力设施规划、城市电力负荷的情况,并结合电源对厂址的要求而定,即应根据整个区域动力规划来确定城市采用电源的类型及容量,以及对外关系等问题。当一个城市的供电容量来自区域电力设施,即电力设施通过枢纽变电站向城市供给电力时,城市本身不存在建立发电厂的问题,而电力设施供给城市电力的枢纽变电站即可看作城市供电电源。当城市需建设电厂时,电厂的建设也是纳入动力设施规划的。确定城市电源的类型和容量后,应结合城市的具体条件来确定电厂在城市中的位置。

2)城市发电厂规划设计的原则

由于条件限制,水电厂和核电厂往往建在离城市有一定距离的地方,实际上不存在城市中的布置问题。小型火电站厂址选择,主要取决于负荷分布。对于在城市范围内建设大中型火电厂,在布置时应考虑以下9个方面。

（1）发电厂应靠近负荷中心

新建发电厂主要是针对城市供电而建设的，则发电厂应尽可能地靠近负荷中心（对于区域的大型电站，为了减少燃料运输，有时建为坑口电站），以便减少输电线路的投资和输电时的电能损耗。输电距离较长时，为了保证供电电压，有时需增大输电导线的截面和供电的回路数，甚至提高输电电压的级别，这些措施将导致线路投资增加。根据技术、经济比较所确定的输送功率与输送距离的关系见表4-4。

区域发电厂除需向城市供电外，还需向区域供电；由于其电压等级较高，同时为了便于出线，一般布置在城市外围。

在城市建设热电站时，由于热能的输送距离不能太长，厂址宜靠近热力用户。一般蒸汽的输送距离宜在2~3 km内，不宜超过4~5 km；热水的输送距离宜在4~5 km内，不宜超过10~12 km。

（2）保证电站的供水条件

火电站用水量较大，主要是冷却用水，其次是锅炉补给水，以及除灰、吸尘、热力用户损失的补给水等。

江、河、湖、海及地下水均可作为发电厂用水的水源。由于用水量比例较大的冷却用水对水质无特殊要求，一般不加处理即可使用。对于用水量较少而要求水质很严的锅炉补给水，常在电厂设置专门的处理装置进行处理。

（3）保证电厂的燃料供应

火电厂将燃料燃烧产生的热能转换为电能，如果是热电站，同时还会输出部分热能，因此燃料的消耗量较大。

在电厂选址，尤其是大型火力发电厂选址时，必须了解燃料工业的规划及运输条件，尽量避免燃料来源品种过多，质量不一，从而影响发电效率。

虽然由于石油、天然气工业的发展，我国能源结构中煤炭所占比例下降，但煤炭仍然是我国的主要能源。

煤炭在燃烧时热效率不高。为了提高经济效益，除积极发展热电站外，应考虑煤的综合利用，如回收煤气、煤焦油等。例如，一个30万kW的火电厂每年可回收煤气2亿 m^3，煤焦油6万t，燃煤灰渣可以用来制作水泥、灰渣砖，以及修筑道路。

（4）灰渣排除

火电厂排除的灰渣应考虑综合利用，及时予以处理；但在规划厂址时，仍要求考虑规划灰渣储存场和水灰管线。灰渣储存场宜利用荒地、滩地或山谷，应设在洼地或弯道的无用土地上，避免因地下水浸入，使工厂和住宅受到水浸。储灰场一般可按储存10年的灰渣量设计。

（5）保证运输条件

火电站的运输问题包括燃料、灰渣及大型设备和建筑材料的运送3个方面。因此，大中型火电站应充分考虑运输条件，尽量接近铁路、公路或港口等城市交通干线布置，有时甚至需修建专用铁路线。利用现有条件解决运输问题，可以大大减少建设费用。例如，南京下关电厂建在长江边，轮船载来燃煤，用抓斗直接从船上将煤放在皮带运输机上，皮带运输机将煤运入厂内。

（6）高压线进出

大中型电厂输出电力通过升压变压器升压后，有多回路的输出高压线路，因此需要一定的宽阔地带来敷设进出线，其宽度取决于导线回路数和电压等级，在进行城市用地规划时予以考虑。

（7）卫生防护

实践证明，火电厂电子跃迁的灰渣、二氧化碳气体和其他有害挥发物或气体是造成城市污染，尤其是大气污染的重要因素之一，常常在电站周围形成较严重的污染区。因此，电厂厂址应选择在常年风向的下风向地带，并应有一定的卫生防护距离，以尽量减少对城市居民健康的影响。

（8）对水文、地质、地形的要求

发电厂厂址应避免选在可能采矿或已采掘矿物的地区、有岩溶现象或塌陷的地区、滑坡及冲沟的地区。电厂厂址标高一般应高于百年一遇的洪水位，否则必须采取可靠的防洪措施，或是主厂房地坪不低于百年一遇的洪水位，防洪堤应高于百年一遇的洪水位，一般应高出 0.5 ~ 1.0 m；靠近山区时应有防洪措施。在可能的条件下，电厂厂址应选择在地下水位低于地面 4 ~ 5 m 的地方，这样有利于降低建设费用。

厂区地形应尽量平坦而又有微小坡度，这样既可减少建设费用，又利于厂区排水。

电厂设备质量较大，一般要求土壤承载力能达到 15 ~ 20 t/m²。

在 7 度以上地震区建厂时，应考虑有防震措施。

（9）扩建

一般情况下，随着城市的发展，人民生活水平的不断提高，工业生产的增长，电力的需求总是增长的，在规划上应考虑电厂扩建。多年来，我国作为经济社会高速发展的国家，虽然电能供应十分充足，但电力设施不足制约了城市发展。因此，电力的供给至少应与国民经济的增长相吻合，在个别地区甚至大大超过总的平均电力增产率。

4.3.4 火电厂的生产过程与用地指标

1）火电厂的生产过程

火电厂的生产过程如图 4-2 所示。煤运来后卸在储煤场，然后利用输煤设备将煤运入碎煤机磨成煤粉，以利提高煤的燃烧效率。煤粉用鼓风机送入锅炉中燃烧，煤燃烧产生的热能将锅炉中的水变成具有一定温度、压力的过热蒸汽，这种高温高压蒸汽经管道送往汽轮机，使汽轮机转子旋转，汽轮机转子带动发电机转子一同高速旋转，从而发电。所以火电厂的生产过程主要就是一个能量转换过程，即燃料化学能—热能—机械能—电能，最终将电发送出去。高温高压蒸汽在汽轮机内膨胀做功后，压力和温度降低，由排汽口排入凝汽器，并被冷却水冷却，凝结成水，凝结水集中在凝汽器下部由凝结水泵打至低压加热器和除氧器，经除氧后由给水泵将其升压，再经高压加热器加热后送入锅炉，如此循环发电。

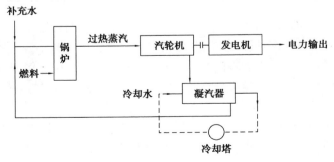

图 4-2　火电厂的生产过程示意图

热电站的生产过程与凝汽式电厂类似,不同的是同时还会往外输送热力。

2)火电厂的用地指标

表4-6为火电厂厂区占地参考指标,表4-7为一些火电厂实际设施设计厂区占地面积,可供规划设计时参考。

表4-6 火电厂厂区占地参考指标/hm²

单机容量/万 kW	华东地区(新建厂两台机组)	北方地区(新建厂 2~4 台机组)
1.2	2.4	5~8
2.5	5	8~10
5~10	8	12~16
12.5~20	15	18~25
30	18	25~40
60	—	40~60

表4-7 火电厂实际设施设计厂区占地面积

电厂名称	电厂容量/万 kW	(机组台数/台)×(容量/万 kW)	燃料	供水方式	占地面积/hm²
黑龙江某厂	10	4×2.5	煤	水塔	17
吉林某厂	25	2×2.5+2×10	煤	河道冷却	18
辽宁某厂	40	4×10	煤	机力通风塔	17
辽宁某厂	42	2×11+2×10	油	冷却塔	16
北京某厂	40	4×10	煤	直流	18
江苏某厂	80	2×2.5+2×30	油	直流	24
辽宁某厂	150	1×30+2×50	煤	水塔	50

4.4 电力输配规划布局

4.4.1 供电负荷的等级划分

供电负荷是指区域的高压负荷,或用电负荷加上同一时刻的线路损失负荷就是发电厂对电网供电所承担的全部负荷。电力用户总是希望电力供给有更高的可靠度,且要求电力供应不中断,这就需要相应的技术措施,因而会增大投资。根据负荷的重要性,即短时中断供电给经济上带来的损失和政治上带来的影响,将供电负荷分为不同等级,根据需要保证其供电的可靠性。

根据对用电可靠性要求的不同,供电负荷一般划分为以下3级。

1)一级供电负荷

在运行中如果中断供电,造成人身伤亡,政治与经济上有重大损失或公共场所秩序严重混乱的重要供电负荷为一级供电负荷。城市中的一级供电负荷的电力用户有中央政府机关、重要军事单位、重要交通枢纽、重要通信枢纽、大型医疗中心等。

为了保证一级供电负荷供电可靠,应设置两个独立的电源。一般情况下,两个电源应该是无联系的,如果两个电源之间有联系(如从一个变电所两股线上引来的两个电源),当一个电源发生故障而中断供电时,仍应有另一个电源继续供电。若在运行中因主保护装置失灵而使电源中断供电,应能由值班人员进行一般的操作,迅速恢复供电。

对于特别重要的一级供电负荷,如现代化的化工企业、卫星地面站的电源以及紧急疏散的照明电源等,是不允许中断供电的,应采用不停止供电电源。

2)二级供电负荷

在运行中中断供电,在政治上、经济上造成较大损失的供电负荷,如主要设备损坏、大量产品报废、连续生产过程打乱而需要长时间恢复,以及重点企业大量减产等供给电力用户的负荷属于二级供电负荷。

二级供电负荷应由双电源及双回线路供电,且采用两台主变压器,以保证在单条线路或单台主变压器发生故障时,能够及时切换故障设备并迅速恢复供电。为了满足上述要求,一般应由上一级变电所的两股母线上引来双回路进行供电;当负荷较小或地区供电困难时,也可以由一专用的架空线路来进行供电。

3)三级供电负荷

凡不属于一级和二级负荷者均属于三级供电负荷,城市中的三级供电负荷是一般的学校、机关、工厂、住宅等场所的负荷。三级供电负荷对供电电源无特殊要求,一般可采用单电源和单回路供电。

就具体供电负荷而言,一个街区、一个单位可能有不同级别的供电负荷,应根据实际情况,对各级供电负荷进行分类,制订经济合理的供电方案,以满足供电可靠的要求。

4.4.2 供配电方式

供配电方式应根据用户用电申请的容量、用电性质和用电地点,以保证安全、经济、合理的要求出发,以国家有关电力建设、合理用电等方面的政策、电网发展规划及当地可能的供电条件为依据来确定供电方式。

供电方式涉及电网发展、供电可靠、供配电设施费收取、用电分类和计量装置配置等。

1)供电电源及供电电压选择

城市供电可从电力基础设施获得,此时电力设施的枢纽变电站即为城市供电电源,也可自建电厂供电。大中城市的电厂往往纳入统一的电力设施。在一些大的化工、冶金、纺织等工业部门和地区,为了提高一次能源的利用率,往往建立自备热电站或小型热电站,既发电,又供热。

目前,我国规定 110 kV 及以下的电压等级是电力基础设施向一般电力用户供电的电压等级。规划城市供电时,可根据可能获得的电源数量、电压等级、供电距离、可能供给的容量及其发展规划容量进行综合的技术经济比较确定,根据需要可以选用一种或两种电压。

2)常用供配电方式

供配电方式是指电源与电力用户之间的接线方式。区域变电所对总变电所(或总配电所)来说,前者就是电源,总变(配)电所对电力用户的 10 kV 及以上降压变电所也是电源,即上一级变(配)电所就是下一级变(配)电所或用电设备的电源,而后者就是前者的电力用户。

电能与电力用户之间的接线有以下 3 种方式。

(1)放射式供配电接线

放射式供配电接线的特点是由供电电源的母线用一个回路向一个小区供电,因此线路切除、投入及故障不影响其他回路的正常工作,供电可靠程度高,一般用于可靠程度要求高的供电设施中。

图 4-3(a)变压器高压侧未设断路器和断电保护装置,适用于供电距离不太远的情况。图 4-3(b)适用于供电距离较远,但变压器容量不大,负荷也不太重要的情况。图 4-3(c)则用于供电距离远,变压器容量大,负荷又较为重要的情况。

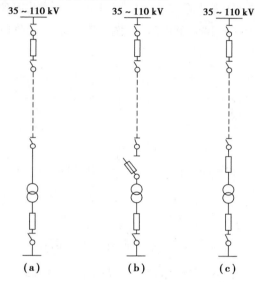

图 4-3　放射式供配电接线方式

(2)树干式供配电接线

树干式供配电接线的特点是由电源引出一个回路的干线,再在干线上的不同区段引出支线向用户供电。由于这种方式较放射接线供配电设备少,具有节省投资和建筑面积少等优点。但当干线发生故障时,尤其是靠电源端干线发生故障时,停电面积大,因此,供电可靠程度不高,一般适用于向三级负荷供电,如城市居民供电,图 4-4 为 6 ~ 10 kV 树干式供配电接线方式。

为了提高干线式配电设施的供电可靠程度,可以采用单侧电源双干线式供配电设施,双侧电源双干线式或单回路穿越干线式供配电设施。

图 4-5 为单侧电源双干线式供配电设施,它由一个变电所的两股母线上分别引出一条干线,由每条干线引出一条分支线,向具有两台变压器或一台变压器的变(配)电所供电。两条电源支线上应装有隔离开关,正常运行时由一个电源供电,另一个电源则断开,两只隔离开关有可靠的连锁装置,以防误操作。由于电路供电可靠程度大大提高,这种方式使用于各级负荷的供电。

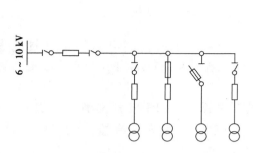

图4-4 树干式供配电接线方式

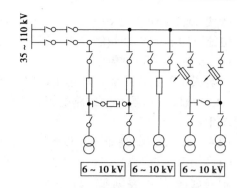

图4-5 单侧电源双干线式供配电接线方式

图4-6为双侧电源双干线式供配电设施图,图4-7为双侧电源单回路穿越干线式供配电设施图。

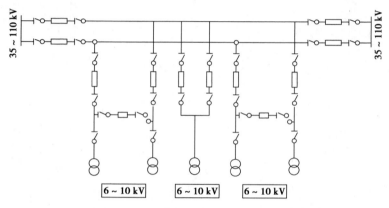

图4-6 双侧电源双干线式供配电接线方式

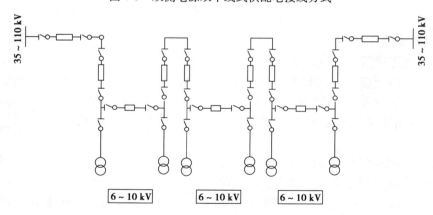

图4-7 双侧电源单回路穿越干线式供配电接线方式

由于采用双侧电源,避免因一侧变(配)电所发生故障时造成停电,从而可提高供电的可靠程度。

(3)环形式供配电接线

图4-8为环形式供配电方式。接线由一变电所引出两条干线,与环路断路器3共同构成一个环网。正常运行时断路器3断开,一旦任意一台变压器或线路发生故障,用开关将故障

部分断开,断路器闭合,即可继续供电。大中城市常由多个电源(包括电力设施的枢纽变电站)供电,在区域变电所之间和总变电所之间常用单回或双回联成环网,以提高供电的可靠程度。

目前,国外还采用一种网格式供配电方式,以提高供配电设施的可靠程度。现阶段我国电气设备分断能力不够高,应用网格式供配电设施还受到一定限制。

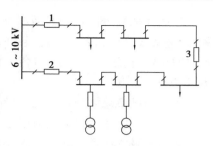

图4-8 环形状供配电接线方式

4.4.3 变(配)电所及其选址

电力变电所分为输电变电所、配电变电所和变频所。这些变电所按电压等级可分为中压变电所(60 kV 及以下)、高压变电所(110 ~ 220 kV)、超高压变电所(330 ~ 765 kV)和特高压变电所(1 000 kV 及以上)。按其在电力设施中的地位可分为枢纽变电所、中间变电所和终端变电所。

1) 变(配)电所及其结构形式

为了满足电力输送的需要,需提高发电机发电的电压,这样可以降低电力输送过程中的电能损耗,减少输电线的截面。既要满足用户的用电需要,又需将高压电的电压降至电气设备所需的额定工作电压,这个工作是通过变电所来完成的。通常,城区的变电所都是降压变电所。变电所由主接线、主变压器、高低压配电装置、继电保护和控制设备、所用电和自流设施、远动和通信设施、必要的无功功率补偿装置和主控制室等组成。

在变(配)电所内,主要是通过变压器来完成变压的。变压器的工作原理是依靠绕在铁芯上的两组线圈,通过交流电的互感作用来达到改变电压的目的。为了进行电力分配,在变(配)电所内应有配电设备和控制保护设备,以保证安全、可靠、经济地供电。

总变电所一般设计成独立式,与其他建筑物不发生任何关系。35 ~ 110 kV 的变(配)电所装置在正常环境下采用室外式布置,周围环境有腐蚀气体,或导电粉尘、可燃尘埃较多和沿海盐雾地区可以考虑采用屋内式布置;6 ~ 10 kV 变(配)电装置均采用室内式布置方式。

对于 6 ~ 10/0.4 kV 变(配)电所,可以采用独立式、内用式、外用式、室内式、室外式等方式。用电负荷不大,而且比较分散的企事业和易燃的化工企业采用独立式变(配)电所;对于一般企业的生产车间,视工艺流程和环境情况,可以采用内附式布置;对于大型生产车间、大型民用建筑,可以采用室内式变电所。用电量小而且分散的居住区,变电器容量在320 kV·A 及以下时,可以采用露天杆上变电方式;320 kV·A 及以下时,可以采用地上露天变电方式。

2) 变电所的选址

在城市电力基础设施规划中,变(配)电所的数量、要求、位置取决于整个的供电方案,即与总体规划有密切关系。总变(配)电所是大中型工业与民用电力用户从电力设施接受电能,并向各6 ~ 10 kV 用电部门供应和分配电能处,其一次电压(输入)一般为 35 ~ 110 kV,二次电压(输出)为 6 ~ 10 kV。6 ~ 10 kV 电压供应于各种高压用户或 6 ~ 10/0.4 kV 变(配)电所,由6 ~ 10/0.4 kV 变(配)电所(常称为降压变电所)供应各种低压电力和照明用电设备。

对于大中型设施,除设总变电所外,还应设立若干降压变电所;对于小型设施,可只设降压变电所。

在选择总变(配)电所位置时,应根据国土空间总体规划中电力用户的分布、负荷量、环境条件、进出线路径和方向、运输条件、水文地质条件、风向等方面的问题进行综合分析,以致达到初期投资省,运行费用低,有色金属消耗少,供电安全可靠等目标。具体选择时应考虑以下10个方面。

①符合城市总体规划用地布局要求。

②变电所应尽量接近负荷中心,以便减少电能损耗、降低有色金属的消耗。

③与各级电压进出线的出入,进出线走廊应与变电所位置同时决定。

④为了减少各种污染和腐蚀气体或灰尘对变(配)电设备的污染和腐蚀,变电所应位于污染源的上风侧。

⑤不占或少占农田,不妨碍企业事业单位的发展,并有扩建的条件。

⑥交通方便,但与道路应有一定间隔,避免建在剧烈震动的场所。

⑦变(配)电所的室外配电装置与其他建筑物、构建物之间的防火间距应大于表4-8和表4-9的规定。

表4-8 室外配电装置与建筑物、油罐之间的防火间距

变压器总油量/t 防火间距/m 建筑物、堆场、储罐名称		5~10	大于10~50	大于50
民用建筑	一、二级	15	20	25
	三级	20	25	30
	四级	25	30	35
丙、丁、戊类厂房及库房	耐火等级 一、二级	12	15	20
	三级	15	20	25
	四级	20	25	30
甲、乙类厂房		25		
甲乙类库房	储量不超过10 t的甲类1、2、5、6项物品和乙类物品	25		
	储量不超过5 t的甲类3、4项物品和储量超过10 t的甲类1、3、5、6项物品	30		
	储量超过5 t的甲类3、4项物品	40		
稻草、麦秸、芦苇等易燃材料堆场		50		

续表

变压器总油量/t 防火间距/m 建筑物、堆场、储罐名称			5~10	大于10~50	大于50
甲、乙类液体储罐		1~50	25		
		51~200	30		
		201~1 000	40		
		1 001~5 000	50		
丙类液体储罐		5~250	25		
		251~1 000	30		
		1 001~5 000	40		
		5 001~25 000	50		
液化石油气储罐	总储罐/m³	<10	35		
		10~30	40		
		31~200	50		
		201~1 000	60		
		1 001~2 500	70		
		2 501~5 000	80		
湿式可燃气体储罐		≤1 000	25		
		1 001~10 000	30		
		10 001~50 000	35		
		>50 000	40		
湿式氧气储罐		≤1 000	30		
		1 001~50 000			
		>50 000			

注:①防火间距应从距建筑物、堆场、储罐最近的变压器外壁算起;室外变配电构架距堆场、储罐和甲乙类厂房、库房不宜小于25 m,距其他建筑物不宜小于10 m。

②本条所称的室外变配电站是指电力设施电压为35~50 kV且每台变压器容量在10 000 kV·A以上的室外变配电站,以及工业企业的变压器总油量超过5 t的室外总降压变电站。

③发电厂内的主变压器,其油量可按单台确定。

④干式可燃烧气体储罐的防火间距应按本湿式可燃烧气体储罐增加25%。

⑤地下易燃、可燃液体储罐防火间距可按表中限定减少50%。

表 4-9　汽车加油站的加油机、地下油罐与建筑物、铁路、道路之间的防火间距

名　称			防火间距/m
民用建筑、明火或散发火花的地点			25
独立的加油机管理室距地下油罐			5
靠地下油罐一面墙上无门窗的独立加油机管理室距地下油罐			不限
独立的加油机管理室距加油机			不限
其他建筑(本规范另规定较大间距者除外)	耐火等级	一、二级	10
		三级	12
		四级	14
厂外铁路线(中心线)			30
厂内铁路线(中心线)			20

注：①汽车加油站的油罐应采用地下卧式油罐,并宜直接埋设。甲类液体总储量不应超过 60 m³,单罐容量不应超过 20
　　m³。当总储量超过时,其与建筑物的防火间距应按本规范第 4.4.2 条的规定执行。
　②储罐上应设有直径不小于 38 mm 并带有阻火器的放散管,其高度距地面不应小于 4 m,且高出管理室屋面不小于
　　50 cm。
　③汽车加油机、地下油罐与民用建筑之间如设有高度不低于 2.2 m 的非燃烧体实体围墙,其防火间距可适当减少。

⑧变电所建筑物、变压器及室外配电装置与附近冷却塔或水池之间的距离不应小于表 4-10 的规定。

⑨变(配)电所应设在水文地质条件较好的地点,避免建在受积水浸淹和滑坡地区。枢纽变电所标高应设在百年一遇的洪水位之上。

⑩区域变电所站不宜建在城市内。应考虑对周围环境和邻近设施的影响和协调,如军事设施、通信电台、电信局、飞机场、领(导)航台、国家重点风景旅游区等,必要时应取得有关协议或书面文件。

表 4-10　变电所建筑物、变压器及配电装置与冷却塔、喷水池的最小间距

建筑物、构筑物名称	冷却塔/m	喷水池/m
变电所建筑物	23	30
变压器及屋外配电装置设在上风侧时	40	80
主变压器及屋外配电装置设在下风侧时	60	120

3)变电所的供电半径和占地面积

供电半径如果过大,则会因电压不够使线损过大,需增大导线截面来解决,使投资增加;半径过小,则会由于配电变压器分布密集,使投资加大。所以,需要选择一个合理的供电半径,使前者的投资和后者的投资加起来总和最小。从经济上来分析计算,得出一个合理的供电半径,变配电所的合理供电半径可参考表 4-11 的数值。

表 4-11　变电所的合理供电半径

变电所等级/kV	变电所二次侧电压/kV	合理供电半径/km
35	6、10	5~10
110	35、6、10	15~20
220	110、6、10	50~200

户内型 35～110 kV 变电所用地面积可参考表 4-12 的数值。

表 4-12 变电所用地面积

电压/kV	110/35/10	110/10	63/10	35/10
用地/m²	4 000	2 500	1 000	800

注:220 kV 变电器用地面积应根据具体情况确定。

由于变电所用地面积与变压器台数、容量、出线回路数、电气主接线形式及布置的具体条件有关,因此规划设计时也可参考表 4-12 所列的数值。

4.4.4 城市供电网络及布置

城市供电网络规划设计是指从电网负荷供电和电网建设整体出发,按照国民经济发展和电网规划要求,提出具体的网架设计方案。

1)供电网络的组成

将电力输送给用户,需建设输电线路。前面介绍的供电网的放射式、枝干式、环联式结构及变电站的单电源与双电源结构是供电设施的基本网络结构。高压输电可以减少电能损耗,节省输电线耗用的有色金属,输送功率越大,输送距离越长。但用户所需电压是较低的,由于经济合理性原因不可能给每个用户建立一个变电装置。因此,城市供电分别采用以下 3 种不同电压的供电网络来完成。

（1）高压网络

高压网络包括电压等级为 220 kV 及以上电压的送电网和标准的高压级别为 35 kV、63 kV 和 110 kV 的高压配电网。随着城市的发展及负荷的增长,在大城市高压网络深入城市已显得更为经济,其电压级别应根据城市大小、负荷密度、电源电压及城市平面布置的具体情况进行技术和经济比较来确定。一般输送功率大,输送距离长,其线路投资比例大,应采用较高的电压级别;反之,可选择较低的电压级别。当两种电压级别的网络在经济上相差不大时,应从考虑适应今后发展的需要,采用较高一种的电压级别。作为高压向中压网络供电的中转站,高压变中压的变电所便成为高压网络的负载和中压网络的电源。

（2）中压网络

标准的中压级别有 3 kV、6 kV、10 kV 3 种,一般以 10 kV 最为经济。中压网络由高压变中压变电所供电,并经中压变低压变电所向低压电力用户供电(使用 6 kV 电压的工业用户则直接由中压变电所网络供电),此时中压变低压变电所(一般称为小区降压配电站)就作为低压网络的电源。中压网络电压级别应根据具体情况而定,新建和扩建供电线路规模较大者宜采用 10 kV 的标准电压。对于改建的城市,现有中压网络电压为 6 kV,或者使用 6 kV 电压的工业用户较多,是否将中压网络改为 10 kV,应根据具体情况,经技术经济比较后再行确定。对于旧城市的供电网,还应考虑如何过渡到新电压级别而涉及对生产的影响问题。

（3）低压网络

低压网络的电压与电力用户电压的用电设备电压相同,一般低压网络电压为 380/220 V。工业生产的电气设备较多使用 380 V 三相电源,而大多数民用照明及电器使用 220 V 单相电源。

2）城市供电网络的布置

在确定城市供电网络电压后，需根据电源情况，以及电力用户的位置和负荷，绘制供电网络平面布置图。

（1）供电网络平面布置的原则

①贯彻节约用电的原则，保证用户的用电量。

②保证用户对供电可靠的要求，也就是根据保证不间断供电的原则，按负荷的级别需要，采用相应的配电结线，满足其用电要求。例如，对属于一级负荷的重要用户，应由两个电源供电，并且设有备用线路的自动切换装置。

③保证供电的电压质量，即保证供给用户所需的电压。电压过高，将影响电气设备的工作寿命，甚至损坏电气设备；电压过低，将会产生照明照度达不到要求、电机转速低等问题，不仅影响产品质量，降低生产效率，还会导致电机损坏。

④接线简单，运行、管理方便。

⑤投资小，年运行费用低，有色金属耗用少。

⑥兼顾未来改造升级。随着负荷的增加，可以不改或少改原有网络，将原有供电网络有步骤、分阶段地进行建设。

⑦不妨碍城市美观，必要时可采用地下电缆。

⑧考虑备战的要求。

根据以上要求，配电电网可以根据城市具体情况采取树枝干式接线、放射式接线、环形式接线等方式布置，一般应做出几个方案进行技术经济比较，以确定最经济合理的方案。电源的位置、电压的高低与电网的接线方式三者是互相影响的，在编制城市电力基础设施规划时，应对三者进行反复研究才能得出最合理的供电方案。

（2）城市供电网络平面布置图

城市供电网络是一个整体，虽然高、中、低压网络分别编制，但互相牵制。由于电源是网络的基础，一般按高、中、低压的顺序编制。由于每级之间都互为电源盒负荷，因此应在确定负荷的基础上遵循电源位置的选择原则，即遵循电源应靠近负荷中心及进出线方便的原则，进行供电网络的平面布置。在各级网络初步编制后再互相进行校核修正调整，最后确定经济合理的网络平面布置。

编制城市供电网络平面图应在城市供电负荷分布图的基础上进行。在城市供电负荷图上标出电源盒用户的位置及负荷的大小。

目前，在城市电力基础设施规划中，一般不作城市中压配电网络、低压网络和路灯网络等规划，只在说明书中对这些问题的处理原则应加以说明。

4.4.5　输电线路导线截面的选择

电网的导线是输送电能的主要元件，在线路造价中占比可达30%以上。正确选择导线截面，对于经济合理地运行网络具有重要意义。

架空输电导线的截面一般按经济电流密度来选择，并用电压损失、电晕、机械强度及发热等技术条件加以校验。对于高原地区 110 kV 以上高压输电线路，电晕条件也是选择导线截面的重要条件之一。规划设计时，可只按经济电流密度来进行输送导线截面的选择。

经济电流密度是涉及材料、施工技术、输电线路工作情况等因素的。具体指数见表 4-13。

表 4-13 输电导线经济电流密度   单位：A/mm²

| 导线材料 | 最大负荷利用小时数（h/年） | | 5 000 以上 |
	3 000 以下	3 000~5 000	
裸铜导线	3.0	2.25	1.75
裸铝导线	1.65	1.15	0.9
铜芯电缆	2.5	2.25	1.0
铝芯电缆	1.95	4.72	1.5

计算负荷应根据总体规划考虑 10~20 年的发展。输电线路现在多采用铝质导线。按经济电流密度计算，各级电压各种铝质导线截面的经济输送容量不同，可适用于各种电压级的架空输配电线路，特别是城市大容量电力传输。

4.4.6　城市高压线走廊

城市高压线走廊是指在计算导线最大风偏和安全距离的情况下，35 kV 及以上高压架空电力线路两边导线向外侧延伸一定距离所形成的两条平行线之间的专用通道。

若城市负荷较大，无论从技术上讲，还是从经济上讲，高压输电线路深入城市供电相当必要，这也会给城市用地规划带来矛盾。因此，城市高压线走廊问题是规划时应考虑的问题。

前面已经提及高压输电的经济性，功率 $P = UI$，即电压升高一倍，输送功率即可提高一倍，若输送功率不变，则可使输送电流降低一半。因此，大大减少导线截面，不仅可以降低有色金属的消耗量，还可减少线路的基建投资量（当然用于变压、控制、保护设备的投资增加）。从输电时电能损耗的角度来看，发热线路的功率损耗为 $P = 3I^2R$（3 根输电导线），电流减少时，由于线路电能损耗减少，供电质量得到大幅提升。

高压线深入市区，可以采用电力电缆或架空线，前者安全性能好，但造价高；后者造价相对较低，但由于架空线明露，与人接触的机会增多，安全性能有待提升。在我国，目前大多采用架空高压线的方式。

架设高压线的安全措施包括以下几种：

①架空线应与建筑物、地面、其他管线、铁路、河流等保持一定的安全距离，见表 4-14—表 4-16。

②确保电力线和电杆的强度，以避免断线和倒杆。

③确保线路运行安全、可靠。

表 4-14 架空线路导线与房屋建筑的间隔距离

| 最小间隔距离 | 线路额定电压/kV | | | | | |
	1 以下	1~10	35	60~110	154~220	330
在最大偏移时的水平距离/m	1.5	1.5	3.0	4.0	5.0	6.0
在最大弧垂时的垂直距离/m	2.5	3.0	4.0	5.0	7.0	7.0

表 4-15　送电线路与无线电设备的最小距离

送电线路电压	离架空送电线路距离/km	天线名称	离架空送电线路距离（不论电压大小）/m
35 kV 以下	1	中长波天线发射电力在 150 kW 以下时 中长波天线发射电力在 150 kW 以上时	500 1 000
35～110 kV	1～2	短波天线（在发射方向上） 短波天线（在其他方向上）	300 50
110 kV 以上	2	短波弱天线或无方向性天线	200

表 4-16　各类干扰源应离开机场通信台站的最小距离

干扰源名称	电气化铁路和电车道	工业企业拖拉机站及有 X 光设备的医院	高压输电线及高压变电站	振荡式电焊机及高频熔接机	大型发电站有电焊和高频炉设备的工厂	广播电台
距离/km	2	3	2	5	2	5 以上

1）城市高压线走廊的宽度

城市高压线走廊的宽度可根据以下两种不同情况来确定。

①在比较宽敞和没有建筑物的地段，出于对倒杆危险的考虑，走廊宽度应大于两倍最高杆塔高度，即

$$L \geqslant 2H \tag{4-1}$$

式中　L——走廊宽度，m；

　　　　H——最高杆塔高度，m。

②高压线途径狭窄或已有建筑物地区，为避免对拆除建筑物提出要求，不考虑倒杆情况，仅从安全距离考虑来确定高压线走廊宽度。对于单回线路，其走廊宽度（图 4-9）为

$$L = 2L_安 + 2L_福 + L_导 \tag{4-2}$$

式中　L——走廊宽度，m；

　　　　$L_安$——导线与建筑物的水平安全距离，m；

　　　　$L_福$——导线最大偏移（有风时，导线左右摇摆的距离，与杆距、气候条件及导线材料有关），m；

　　　　$L_导$——电杆上两外侧导线间的距离，m，与悬垂绝缘子串的长度、导线的最大弧垂、电压大小有关（可参阅《电力设计技术规范》）。

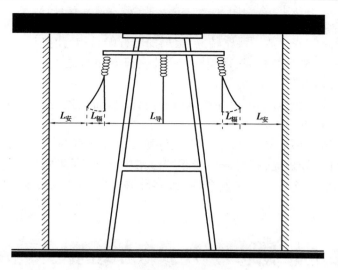

图4-9 高压线走廊宽度

2）确定高压走廊的一般原则

在城市规划中,确定高压线路的走向必须从整体出发,综合安排,既要节省线路投资,保障居民和建筑物的安全,又要与城市规划布局协调,和其他建设部门不发生冲突与干扰。确定高压线路走向的一般原则如下所述。

①线路的长度应短捷。线路的长短直接影响输电线路的投资,尤其是高压线路的造价很高,线路就更应力求短捷。路线短捷,既可节约投资,又可节约铜、铝等有色金属,这是在规划中应考虑的一个问题。但是,这也不是绝对的,有的城市建设项目很多,过于迁就高压线路短捷的走向,不仅会妨碍其他项目的建设,还会增加建设的费用。所以,高压线路长短必需根据城市具体情况进行分析研究才能决定。

②应当保证线路与居民、建筑物和各种设施构筑物之间有安全距离,应按照国家规定的有关规范,留出一定的走廊地带。

对于接近电台及飞机场的线路,也应当按照国家规定的安全距离进行架设,以免发生通信干扰及飞机撞线等事故。

③当线路经过已有建筑物时,需要对建筑物的质量、历史价值、经济价值等进行综合评估,而后确定建筑物的拆留问题。对于要拆除的房屋应做好居民安置工作,对于文物古迹应该保留,当线路经过树林时,应尽量少砍伐树木,减少由于布置高压线路而造成的环境损失和经济损失。

④高压线不宜穿过城市的中心地区和人口密集的地区。因为这些地区人口比较集中、房屋质量较好,拆除会影响居民安全、增加设施造价,影响城市和乡村的美观;市中心有高压线路走廊,影响城市美观。此外,布置高压线路走向时,应考虑城市的远期规划,避免线路占用居住用地或工业备用地。

⑤高压线路穿过城市时,需考虑对其他管线设施的影响,应尽量减少与河流、铁路、公路及其他管线设施的交叉。因交叉可能需加高电杆,加强结构的强度,甚至采用铁塔,从而增加建设投资,故在城市电力基础设施规划中也应考虑减少交叉问题。

⑥线路走廊不应设在易被洪水淹没的地方。在河边敷设线路时,应考虑河水经常冲刷,

破坏电杆基础,发生倒杆等事故。

⑦尽量减少线路转变次数。线路转变,会增加电杆的负担,使电杆受力不平衡,必须加强电杆结构。此外,高压线路的经济档距(档距是指电杆与电杆之间的距离)一般都为几百米,转变数太多,会增加电杆数量。

⑧尽量远离空气污浊的地方,以免影响线路绝缘,从而发生短路事故。对于有爆炸危险的建筑物,更应避免接近。

以上是确定高压线路走向的一般原则,仅供城市规划工作参考。在应用时,它们之间也会发生矛盾,如为使路线短捷,有时需使线路穿过市中心,从而影响城市总体布置。因此,选择高压线路走向时,应当综合考虑各个问题,多作技术经济方案比较,从中采用最合理的方案。

4.5 城市电力基础设施规划与方案的技术经济比较

4.5.1 城市电力基础设施规划的意义

电是工农业生产的动力,也是人民物质文化生活不可缺少的能源。中华人民共和国成立后,随着电力工业的发展,我国的城市供电事业遵照统筹兼顾、适当安排的方针有计划地扩大了服务范围,对工业、农业,科学文化和城市设施各方面的建设和发展发挥了重要的作用。

为了满足城市用电日益增长的需求,除有计划地增产用电设备外,还必须大力发展城市各项电力建设,如建设发电站、变电所、配电所、输电及配电线路等,否则会影响城市各项建设事业的发展。

进行城市电力建设,必须编制好城市电力基础设施规划。城市电力基础设施规划是在城市总体规划(或初步规划)阶段进行编制的,属于设施规划中的一部分。

城市电力基础设施规划的任务是根据国家计划和城市电力用户的要求,遵照国家规定的方针政策,因地制宜地提出规划地区实现电气化的方案。规划时应合理地制订布置方案和选用设备,使规划技术先进、经济合理和安全适用。

编制城市电力基础设施规划时需要考虑和解决城市供电的一些主要问题,如确定负荷,布置电源,布置电力网结构等。在规划地区内各类负荷所需电力数值确定后,就可以根据地区动力资源、负荷特征及地区情况,拟出几种供电方案,进行技术经济比较,选择其中较合理的方案。

供电方案应能满足供电的主要技术要求:满足用户对供电的安全和可靠要求;电能质量应符合要求,特别是电压符合规定;运行管理便利,操作检修方便。

在满足以上供电技术要求的前提下,进行各种供电方案经济比较(总投资和年运行费用),最后选定最合理的方案,并在城市规划总图上定出发电厂、变电所、储灰厂和主要输电线路走向等的大概位置,并解决它们用地、用水、运输以及"三废"的处理等问题。如果在城市规划中不解决这些问题,在建设中容易产生很多矛盾、不合理现象,影响建设和生产。在编制城市总体规划的同时,编制电力基础设施规划,合理地解决这些问题,有利于生产发展,有利于加速城市建设,也为下一步供电设施单项设计提供条件。

4.5.2 城市电力基础设施规划所需的基本资料

在进行城市电力基础设施规划时,一般以区域规划为基础,并根据城市的具体情况和对规划深度的要求来搜索资料。

1)动力资料

(1)区域动力资源

①水力资源:本地区水力资源的蕴藏量、分布地点及有关经济指标。

②热能资源:包括煤、石油、煤气、沼气等的分布地点、储蓄、经济指标、能否供应到本市等情况。

(2)城市供电及有关电力设施现状及发展资料

这部分资料可向中央及地方电力部门搜索,其中包括以下3部分内容。

①电源资料:现有及计划修建的电厂和变电所的数目、容量和位置、电压、结构图;现有负荷和短路功率、附近地区电源情况,以及能否供电给本市、可供电给邻近地区的情况;地区间现有及计划修建的电力网回路数、容量、电压、线路走向等。此外,还必须搜索计划修建的电厂、线路等的计划建设年限,以及逐年投产供电量等方面的资料。

②城市电力网络现状资料:包括城市电力网络布置图、结线图、线路的结构(电缆或架空线)和地下布置图,以及导线的材料、截面和电压的等级,同时包括变电所和小区降压变电所的布置、容量、电压和现有负荷等。

③电力负荷情况:

a.工业交通方面:各企业原有及近期增长的用电量、用电性质、最大负荷、单位产品耗电定额、需要的电压、功率因数、对供电可靠及质量的要求及生产班次(若没有这些资料,应搜集企业的规模、产品种类、职工人数、机械化程度等)。这部分资料可向城市电力部门和企业单位搜集。

b.农业方面:原有及近期增长的用量、最大负荷、电力使用情况、对供电可靠的要求及质量要求、需要的电压等级(若没有这部分资料,可搜索农业的规模和使用的用电器具类型、容量和数量等方面资料)。这部分资料可向城市农村管理部门搜集。

c.市政生活方面:现有居住及辅助面积上的平均照度或每平方米的功率;各类公用建筑及机关照明情况(W/m^2);居民生活用电器具的使用情况;街道照明、给水排水、电气化运输、生活用小动力设备、标语和广告艺术照明、广场照明等的用电情况(W/m^2或$W/人$)及城市对供电的要求等。这部分资料比较多,必须发动群众协助进行。在搜集时应从每类资料中选择一些典型资料进行调查。

d.全市现有负荷类型:各类负荷的比重及逐年的增长情况。这部分资料可向城市电力部门搜集。

e.利用系数:收集最大负荷利用系数的统计资料,并从中选择一些典型系数进行测量调查。

2)自然资料

自然资料包括地形、气象、水文、地质、雷电日数等一般情况的资料。

3)有关城市规划的资料

①城市规划经济指标包括规划年限、城市性质、人口规模、工业项目及规模、居住建筑、道

路、绿化等的定额。

②城市总体规划草图包括工厂位置、道路网、小区人口数、铁路、站场、仓库及各种管线设施的位置。

4.5.3 城市电力基础设施规划方案的技术经济比较

1)方案技术经济比较的原则

在城市电力基础设施规划中,必须根据党的方针政策及国民经济发展计划,对电源布局及网络建设提出若干方案,进行分析比较。对各方案的优缺点进行详细比较时,应考虑以下6个方面:

①有利于贯彻党的方针政策(如战备、占地面积、燃用劣质煤等)。

②便于过渡和能适应远景的发展。

③技术条件好,运行上灵活可靠,管理方便。

④投资及年运行费用少,并具有分期投资的条件。

⑤原材料消耗及主要设备用量少。

⑥建设工期短。

经过全面比较后确定方案,但对涉及面较广的问题,如电源建设的总体布局、跨省电网的建设问题,往往取决于国民经济总方针,不能完全靠技术经济比较来确定方案。

在满足技术条件的基础上,经济主要指标包括投资及年运费;其他辅助指标,如原材料耗用、设施量、劳动力、占用农田量、主要设备等也应当比较。

2)经济比较的计算方法

当某一方案的投资和年运行费较其他方案均为小时,可以认为该方案在经济上是优越的。在多方案进行比较时,一般可以采用计算费用法,其计算公式为

$$J_i = F_i + \frac{Z_i}{N_b} \tag{4-3}$$

式中 J_i——方案的计算费用;

F_i——方案年运行费用;

Z_i——方案的投资;

N_b——标准折回年限,一般取 $6 \sim 7$ 年。

计算费用是衡量方案是否经济可行的指标。在若干方案比较中,计算费用最小的方案在经济上最有利。在进行经济比较时,有关投资指标可参考相关电力设计手册。

4.6 乡村电力基础设施规划

4.6.1 乡村电力基础设施规划的基本任务和内容要求

乡村电气化是对我国农业进行技术改造的重要物质基础和技术措施,也是发展我国乡村生产力,缩短农民劳动时间,减轻劳动强度,改善乡村物质文化生活的必要手段。乡村电力网

发展规划,是根据农业现代化的发展规划提出的用电多少,以及全面了解动力资源情况后制订的。

1) 乡村电力基础设施规划的基本任务

农电规划的基本任务是根据国家计划和乡村经济发展的要求,遵照国家制定的能源和技术方针政策,因地制宜地提出一个实现乡村电气化的原则方案。其具体任务有以下5个方面:

①有计划地发展乡村电气化事业,逐步满足农业生产和乡村生活的用电需要。

②根据国民经济发展的总方针,制订乡村电力发展指导方针。各个地区规划还必须从当地的实际情况出发,制订本地区的具体发展方针。

③根据规划地区的经济状况确定规划期内集资能力,进行投资平衡。

④确定乡村电气化的发展目标和实现目标的方法步骤。

⑤根据规划目标初步确定电源布局及骨干电网结构,对分期建设的方案进行必要的分析论证,确保规划在经济上的合理性和技术上的先进性。

2) 乡村电力基础设施规划的内容

农电规划有其独自的特点,从地区来看,是本地区农业生产总体发展规划的组成部分;从电力设施来看,又是整个电力设施发展规划的组成部分。因此,地区性农电规划,必须具有地方特点,同时又要与农业发展规划和电力基础设施规划密切配合。农电规划的内容,一般应当包括以下11个方面:

①明确规划任务,阐明规划中主要解决什么问题。

②阐明规划地区的自然条件、经济状况和社会基本状况;农业生产水平、农业经济情况和农业现代化的基础经济特征和农业生产的有利因素和不利因素。通过以上的论述,要达到以下目的:

a.使人们对规划地区产生初步概念。

b.对规划地区发展农业生产方面存在的问题,提出解决用电问题的办法,以及所能产生的经济效果。

c.根据规划地区的自然条件、经济状况和所占的地位,探讨工业、农副业和乡村生活、公共事业用电的必要性和可能性。

③实现在规划年度内本地区农业生产和农业现代化基本的奋斗目标。从以上要求出发,必须对以下4个方面进行必要的论述。

a.农业生产规划及主要指标设想。

b.农业生产和工业、农副业生产用电的发展水平。

c.农田水利建设中发展电力排灌的规模。

d.农民生活用电及公共事业用电的发展水平。

④阐明规划地区的电源容量和分布、电网结构现状,分析存在的主要问题。

⑤阐明规划地区逐年负荷的预测和分布情况,根据发展农业生产的远景规划及农业生产过程电气化的程度制订用电发展计划。然后将负荷的大小和负荷分布情况标注在规划区的行政区划图上,绘制成负荷分布图。可按一年、两年、五年、十年及远景年分别绘制,以便为乡村电力网的规划布局创造条件。

⑥查清动力资源,确定电源布点。动力资源是乡村电气化的基本条件。乡村动力资源主要包括水力、煤炭,以及风力、沼气和其他资源。查清各种动力资源的产地、储量,以及有无从大电网供电的可能,再经过技术经济比较后,确定合理的供电电源。

⑦在电源选择确定之后,通过电力电量的平衡,安排电站分期装机容量。一般应遵循以下原则:

a.首先考虑开发水力资源。水电站的建设要根据切实的水能计算和规划区负荷增长速度的要求,有计划地安排建站和装机。

b.由大电网向乡村供电,要进行合理性论证。实践证明,在一定的条件下,可以获得最好的技术经济指标。

c.在确定建站地点和装机容量时,既要考虑负荷需要,又要兼顾经济合理。火电厂应尽量靠近燃料产地。水电站应注意水力资源综合利用。分期装机和最终容量的确定,要处理好需要与可能、近期与远景、水电与火电的关系。

⑧确定乡村电力网的发展方案,包括输电和配电主干网络布局,电压等级选择以及变电所布点和容量的选择。

⑨编制有功与无功电力平衡。

⑩提出规划地区在规划年度内的发、送、变、配电设施逐年建设项目及相应的建设投资和主要设备器材的需要量。

⑪对农电规划的总体方案和取得的经济效益进行分析和论证。

上述内容,是互相关联的整体,在分项探讨时,必须注意互相配合。

4.6.2 乡村电力负荷的分类及构成

随着乡村电气化事业的发展,农业用电设备越来越多,乡村用电的种类不断增加,其负荷构成也在逐年变化。目前,我国乡村用电负荷构成分类有下述几类。

(1)电力排灌

我国北方多以提水灌溉为主,近年来北方各地地下水位较低,都致力于开发地下深层水源,深井提水站如雨后春笋,发展很快。南方各省水源丰富,水田较多,排涝和灌溉用电兼有,有些地区是排涝和灌溉合用一套电气设备;在丘陵山区或者在一些现代化农场已开始广泛采用喷灌技术,它节约用水,利于水土保持,不需花很大力气进行土地平整,很有发展前途。这类负荷的最大需求量出现时间比较集中。华北地区一般出现在五、六、七月份,而江南地区则一般出现在七八月份。

(2)农业生产

农业生产用电负荷非常广泛,例如田间作业(耕作、植保、收摘等)、场上作业(脱粒、扬净、烘干等)、运输贮藏、种子处理以及工厂化温室育苗等。目前,电力脱粒很普遍,它能比拖拉机脱粒效率提高20%,节约人力、燃料,减少谷物损失。如果脱粒的一切辅助过程都同时电力化(如输送、清扫、精选、过秤、干燥等),这个效率仍要提高。

(3)农副产品加工

目前我国许多乡村的农副产品加工(如磨粉、碾米、粉碎、切片、烘干、轧花、榨油)、饲料加工、果品加工、食品加工、家禽养殖等,都开始使用电力。这些机械设备大都由小型异步电动机带动,少数属于电热和照明设备。在禽舍中采用电照,冬春季节,使每天的白日时间延长到

14～15 h,费用不多,但家禽每年的产量可提高15%～20%。

（4）乡镇企业

乡镇企业为农业机械的维修和配件加工服务的各类农业机械修造厂,小型化肥厂、水泥厂、砖瓦厂、小煤矿以及小型木材加工、纺织、化工塑料、造纸、制糖、食品、粮食加工等工厂,这类用电的比重也在不断增加,特别在城镇郊区,所占比重更大。

（5）畜牧业

畜牧业用电首先是在一些机械化或半机械化饲养场,现在正逐步向广大农、牧区发展。机械化制造饲料比手工制造饲料减少了2/3～3/4的人工,并且能获得质量较高的产品。其次如供水、清除粪便、挤奶、乳制品加工、电剪毛、电孵化、牧场电围栏等。大型的饲养场,全面电气化可以使过去占用的全部人工腾出50%左右。

（6）乡村生活

乡村电气化的最初阶段往往是从电灯照明开始,逐步把乡村文化生活活跃起来。目前,我国许多乡村不但使用电灯照明,而且有广播、电影、电视,在城镇郊区和一些乡村家庭开始使用电力加热器(如电炉、电熨斗、电灶具)、电风扇和电冰箱等家用电器。现在全国已有37万多农户实现了用电做饭、炒菜、烧水。

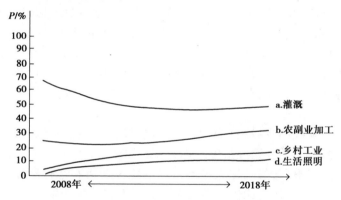

图4-10 某地区负荷构成动态曲线

图4-10是根据某地区近十年间负荷构成比重的变化情况绘制的。它说明乡村用电构成成分和各类负荷的比重,随着农副业生产的发展和人民生活的改善必将不断进行新的调整。

4.6.3 乡村供电电源规划

1）乡村供电电源的种类及特点

目前,我国乡村供电电源有区域电力设施供电和乡村水、火电站供电两种。不同的供电电源具有不同的特点,因地制宜地选择供电电源是农电规划设计中的重要环节。如能很好地解决供电电源问题,对保证乡村供电,节约建设资金,充分利用动力资源,降低成本具有很大的作用。现将不同电源的优缺点简述如下:

（1）区域电力设施供电

区域电力设施集中了最先进的科学技术成就,具有容量大、运行稳定、安全经济、供电可靠性高、供电质量好和能够适应多种负荷迅速增长的需要等特点。尤其是对农业的季节性负荷有较强的适应能力。

由于不同地区乡村负荷分布的情况差别很大,选择和确定区域电力设施向乡村供电的经济合理范围也非常重要,所以必须通过技术经济比较的方法确定。能否采用区域电力设施经济合理地供电,可从以下4个主要方面进行考虑:

①区域电力设施的现状和发展规划,与乡村电力负荷中心的距离、供电成本、发电成本、网损率等。

②规划区内建立乡村小型电站的条件与经济合理性。

③乡村电力负荷的增长情况与地理分布。

④发、送、变电设施的综合造价。

事实上,许多地区经过技术经济比较的结果,认为在靠近大电网的地方,发展大电网向乡村供电,比获得其他电源要优越得多。

(2)乡村发电站供电

乡村发电站依能源条件可建设水力发电站、火力发电厂以及风力、地热、潮汐等多种类型的电站。在短期内区域电力设施还发展不到的地区,应充分利用本地区的能源条件,因地制宜地建设小型乡村发电站,对发展我国乡村电气化事业有显著的作用。目前,我国乡村常见的供电电源有以下3种:

①水力发电站。目前,全国已建成乡村水力发电站8万多座,实践证明,在具有丰富水力资源的地区,充分利用水力这种廉价的能源,建设小型水电站,具有见效快、成本低的优点。一般以发电为主的小型水电站,发电成本只有2~3 min/(kW·h)。这种电站靠近乡村,不需要建设长距离的输电线路。因而,在许多地方小水电的作用是大电网代替不了的。因此,有计划地开发水力资源,建设星罗棋布的小型水电站,对改善山区人民的物质文化生活有极其重要的意义。

②火力发电厂。目前我国乡村火力发电厂一般建设在城镇和有煤炭的地区。乡村火力发电厂的发展,在地、县以下的乡镇经济中发挥着重要的作用,在乡村电气化中占有重要的地位。建设小型乡村火力发电厂,虽然比大电网供电的建设费用和运行费用都高,运行管理也比较复杂,但对于大电网未延伸到或供电不足而影响了工农业生产发展及人民生活水平提高的地区,如果煤炭资源丰富,输煤和输电的距离又不长,因地制宜地建设乡村火力发电厂仍然是可取的。对经济性要做具体的分析,不能只看到小机组煤耗高,还应看到有电以后,国民经济综合效益增加的前景。

③风力发电站。我国风能资源非常丰富。平均风速大于3 m/s,日数在200 d以上的有东南沿海、青藏高原、西北、华北、东北部分地区。平均风速大于3 m/s,日数在150 d以上的地区有内蒙古、甘肃、新疆、东北、山东、苏北、皖北等部分地区。

风力发电站的优点:容量小、运行人员少、管理简便,发电成本大体与柴油发电相同。缺点:电站出力很不稳定、造价高。

乡村电源要实行大电网供电与开发当地能源相结合的原则。目前规划区已在大电网供电区内的,今后用电的增长,主要还是要靠大电网供电;在有水力资源、煤炭资源和风力等其他资源的地方,应利用当地能源,发展小水电、小火电和风力发电,使乡村的各种能源都得到充分利用,互相补充。特别是有水力资源的地方,应首先开发小水电。

2)乡村供电电源的规划步骤

在现阶段可以作为乡村电源的类型是多种多样的,有以大、中型水、火电站为主的区域电力设施,也有以小型水、火电站为主的乡村电力设施等。在规划工作中,当负荷发展水平确定后,如何保证满足负荷的需要,就是在电力电量平衡的基础上进行电源规划。电源规划一般按以下步骤进行。

①根据负荷发展的需要和乡村电力设施中现有乡村变电所、发电厂的供电能力,进行电力电量平衡,框算出划期内电力电量余缺情况,以及规划年限内需要增加变电所和发电厂的装机总容量。

②根据国家有关能源开发、利用的技术经济政策和规划区内动力资源条件、负荷分布状况,选择几个供电电源方案,进行技术经济比较。通常乡村供电电源的方案,可以用以下4种方案进行比较:

a.孤立的乡村发电站供电。

b.区域电力设施供电(即由大电网供电)。

c.区域电力设施供电为主,乡村发电站供电为辅。

d.乡村发电站供电为主,区域电力设施供电为辅。

③根据确定的供电电源方案,再进行电力电量平衡,测算出规划期内各个年限乡村发电站所须新增装机容量和变电所建设容量。在进行乡村电源规划时,除应遵循上述原则外,必须瞻前顾后,统筹兼顾。既要全面考虑负荷发展的需要,又要考虑动力资源条件和投资能力;既要考虑近期建设的合理性,又要考虑长期适应性和发展的可能性。切不可只顾眼前的暂时需要或局部的利益而盲目建设。

【典型例题】

【例1】 在电力设施建设中,变电所总平面布置的基本要求包括( )。

A.布置紧凑合理、少占地

B.所区可不设排水,地面平坦

C.变电所的辅助生产及附属建筑应尽可能分散布置

D.地下管线一般应沿道路平行布置

E.变电所应有与外部公路相连接的道路

答案:ADE

【例2】 火力发电厂平面布置的总体要求是( )。

A.按设计容量和电厂建设规模,统一规划,集中建设

B.根据不同阶段的电厂建设规模,分期规划,分期建设

C.根据批准的规划容量和本期建设规模,统一规划,分期建设

D.根据批准的规划容量和不同阶段的建设规模,分期规划,分期建设

答案:C

【思考题】

1.一次送电网的电压等级,城市高压配电线路等级为多少,低压线路等级为多少? 城网的变压层次有什么要求?

2.通过哪些参数可由城市用电量预测结果推算出城市各层次变电所的数量?

3.火电厂规划的选址要点有哪些?

4.日常生活中可以观察到哪些电力设施？分别是什么等级？起什么作用？

5.太阳能发电和风力发电在世界上发展的历程如何？推广和应用的前景如何？可以在互联网上查阅有关资料。

6.同学们平常在居住区规划或其他规划设计中考虑了电力设施布局吗？如果有电力设施,应怎样考虑其布局？

5

城乡电信基础设施规划

导入语：

电信基础设施规划是保证电信网络通畅的基础工作，其涉及的问题随着技术发展而日趋复杂，为此应当本着科学、客观、发展的态度对待电信基础设施规划，以承载日趋完善的城乡网络通信设施建设，为城乡居民服务。

本章关键词：互联网；移动电信；有线电信；邮政网络

5.1　城乡电信基础设施规划的原则与内容

由于科技的迅猛发展和网络技术的不断升级更新，尤其是伴随着各式各样新型技术的发明，电信基础设施作为当代城乡基础设施规划工程中十分重要的组成部分，其新的设计思路与建设方式也在源源不断地应用到实际设计与施工中，以往的形式已远远不能满足当下城乡基础设施中电信基础设施规划设计的要求。所以，如何紧跟时代步调做出大胆创新的同时，又尽可能地做到预见性与可持续发展相协调，是亟待解决的问题。

目前，多数的电信基础设施建立在无线网络系统上，城乡建设和网络发展在城乡的网络化构建和电信服务企业的网络构建中存在着一定差异。同时，电信发展对电信基础设施规划产生如下影响：

①城乡通信的需求量的预测出现了较大的变化，在移动和网络用户增加的形势下，个人通信需求逐步增加，多渠道、多手段的趋势明显，因此在规划中对需求量的预测时应当重点考虑通信形式转移的情况，对新兴的通信手段进行重点评价和预测，同时对占有率逐步降低的

业务和网络进行整合和缩减,这样才能将资源有效地分配到逐步拓展的技术领域。

②城乡电信基础设施规划的布局正在发生质的变化,地面网络逐步被地下网络所取代,因此地下电信网络与地下管网、工程、景观等都将出现交汇和矛盾,因此在规划过程中应当充分考虑既有线路、新建线路与周边环境和居民需求的配合,当然对于新建的居民区来说,网络硬件已经可以满足基本需求,但是对于原有的居民区来说,线路规划就应当进行全面考量。

③电信基础设施规划的基本内容已经出现了较大的改变,电信基础设施规划已经包括了邮政、移动、固话、广播、数字媒体等内容,在规划中应综合考虑这些业务的分配和系统规划,同时也应当保留余地为今后可能增加的新业务规划出必要的空间。

④网络融合的趋势已经成为现实,三网融合在数字化电视系统和网络技术的持续下已经形成了发展的趋势,此种融合是建立在社会需求上的数字化信息传播体系发展而形成的,实际上就是将无线网络、电视网络、电信网络结合起来,形成一个共享的媒体终端,此终端将面对家庭或者个人用户,在不同需求下融合网络,将为客户提供相应的服务。

5.1.1 城市电信基础设施规划的原则

城市电信基础设施规划应遵循以下原则:

①城市电信基础设施规划应遵循统筹规划、合理布局、适当超前、优化配置、资源共享及可持续发展的原则。

②城市电信基础设施规划应依据国土空间总体规划,并与城乡综合防灾及用地、供电、给水、排水、燃气、热力等相关基础设施规划相协调。

③电信基础设施选址与建设应满足城市生命线工程、电信基础设施建设场地与结构防灾等方面的电信安全保障要求。

④城市电信基础设施规划应以社会信息化需求为主要依据,考虑社会各行业、各阶层对基本电信业务的需求,保证向社会提供普遍服务的能力;电信基础设施规划应符合国家和电信相关部门颁布的各种电信技术体制和技术标准。

⑤城市电信基础设施规划应充分考虑原有设施的情况,挖掘现有电信基础设施能力,合理协调新建电信基础设施的布局。

⑥城市电信基础设施规划应综合考虑,避免电信基础设施重复建设,促进电信业务开放经营和竞争趋势。

⑦城市电信基础设施规划应考虑电信基础设施的电磁保护及其他维护电信基础设施的安全措施,考虑无线电信基础设施对其他专用无线设备的干扰。

⑧城市电信基础设施规划应按近细远粗的原则进行。

5.1.2 城市电信基础设施规划的内容

1)城市电信基础设施总体规划的主要内容

①根据社会发展目标和城市经济、城市性质与规模及城市电信有关基础资料,宏观预测城市近期和远期电信需求量,预测与确定城市近期、远期电话普及率和装机容量,研究确定邮政、移动电信、广播、电视等发展目标和规模。

②根据国土空间格局、城市总体布局,提出城市电信基础设施规划的原则及主要技术措施。

③研究和确定长途电话网近远期规划,确定城市长途网结构方式、长途局规模及选址、长途局与市话局间的中继方式。

④研究和确定市内电话本地网近远期规划,拟定市话网的主干路规划和管道规划。

⑤研究和确定近远期邮政、电信局所的分区范围、局所规模、局所选址。

⑥研究和确定近远期广播及电视台站的规模和选址,拟定有线广播、有线电视网的主干路规划和管道规划。

⑦划分无线电收发信区,制订相应的主要保护措施。

⑧确定城市微波通道,制订相应的控制保护措施。

⑨绘制城市电信基础设施系统总体规划图纸。

2)城市电信基础设施详细规划的主要内容

①预测规划范围内的电信需求量。

②确定邮政、电信局(所)等设施的具体位置、规模。

③确定电信线路的路由、敷设方式、管道埋设深度等。

④划定规划范围内电台、微波站、卫星电信基础设施控制保护界线。

⑤估算规划范围内电信线路造价。

⑥绘制城市电信基础设施详细规划图纸。

5.2 网络线路规划和设计

随着当今社会的高速发展,信息技术的建设步伐日新月异,人们为了更加高效和快速地获取相关信息,必须借助计算机通信技术和相关的网络设备和工程建设,才能以最佳的方式进行信息的交换,这就是网络线路建设的意义及重要作用。随着信息技术的发展和逐步完善,特别是 Internet 技术的应用,给城乡规划信息系统的建设带来新的机遇和挑战,使系统朝信息集中管理、安全准确、智能分析、辅助决策和社会化的方向发展,系统广泛应用 Internet 技术、CAD 技术、OLAP 技术和人工智能、专家系统技术、虚拟现实技术等,从只进行简单数据处理的系统向智能处理的系统发展。城乡规划信息系统作为未来"电子政府"的核心组成部分,如何将城乡规划信息系统中大量的信息资源通过高科技手段加以利用,提高其信息价值,更好地为城乡建设乃至其他行业服务,是重点考虑的问题。

城乡规划信息系统是基于计算机网络的分布式处理系统,面向一个不断发展的社会,待处理的数据分布于一个三维的城乡空间,系统的网络连通是系统效率的重要保证。

网络线路主要是指计算机网络系统。为了使网络能够适应基于网络的多种多样服务,以及对带宽可扩缩和可靠等方面不断增长的需求,网络线路必须应对这些挑战,解决好网络的设计、实施和维护等一系列技术问题,包括以下 3 点:

①有非常明确的网络建设目标,这在工程开始之前就需确定,在工程进行中不轻易更改。

②工程应有详细的规划,规划一般分为不同的层次,有的比较抽象(如总体规划),有的非常具体(如实施方案)。

③工程有正式的依据,如国际标准、国家标准、军队标准、行业标准或地方标准。

5.2.1 网络规划的任务和工作

网络系统又称为国际互联网,它使当今社会成为信息化社会,我们的地球被虚拟成为数字化地球;它拉近了人与人之间的距离,其广阔的资源、开放的结构,使信息共享、信息的价值得到了更大的体现,为人们的工作和生活提供了很多方便,使人们的效率提高了数倍。

网络规划的任务和工作包括局域网建设、广域互联、移动无线等方面。

1)网络规划的原则

网络规划的原则主要有以下几种:

①实用为本原则。

②适度先进原则。

③开放性原则。

④可靠性原则。

⑤可扩展性原则。

⑥可维护管理原则。

⑦安全保密原则。

2)网络规划的任务

对以下指标给出尽可能准确的定量或定性分析和估计。

①用户对业务的需求。

②网络的规模。

③网络的结构。

④网络管理需求。

⑤网络增长预测。

⑥网络安全要求。

⑦与外部网络的互联方式等。

3)网络规划所需的主要工作

(1)网络环境分析

网络环境分析是指对企业信息环境基本情况的了解和掌握,如单位业务中信息化的程度、办公自动化应用情况、计算机和网络设备的数量配置和分布、技术人员掌握专业知识和工程经验的状况,以及地理环境(如建筑物的结构、数量和分布)等。通过环境分析,可以对建网环境有一个初步的认识,便于后续工作的开展。

(2)网络的规模认定

网络规模一般分为以下几种:

①工作组或小型办公室局域网。

②部门级局域网。

③骨干网络/楼宇间的网络。

④企业级网络。

确定网络的规模主要涉及以下几个方面的内容:

①哪些部门须联入网络。

②哪些资源须在网络中共享。

③有多少网络用户/信息座。

④采用什么档次的设备。

⑤网络及终端设备的数量等。

（3）业务需求规划

业务需求分析的目标是明确企业的业务类型、应用系统软件种类,确定其所产生的数据类型,以及它们对网络功能指标(如带宽、服务质量)的要求。业务需求是企业建网中首先考虑的环节,是进行网络规划与设计的基本依据。以设备堆砌来建设网络,缺乏企业业务需求分析的网络规划是盲目的,会为网络建设埋下各种隐患。通过业务需求分析,为以下方面提供决策依据:

①是否实现或改进的企业网络功能。

②需要相应技术支持的企业应用。

③是否需要电子邮件服务。

④是否需要 Web 服务器。

⑤是否联入网络。

⑥需要什么样的数据共享模式。

⑦需要的带宽范围。

⑧网络是否升级或扩展等。

（4）管理需求规划

网络的管理是企业建网不可或缺的方面,网络是否按照设计目标提供稳定的服务主要依靠有效的网络管理。

（5）安全管理规划

企业网络安全分析要明确以下安全需求:

①企业的敏感数据及其分布情况。

②网络用户的安全级别。

③可能存在的安全漏洞。

④网络设备的安全功能要求。

⑤网络系统软件的安全评估。

⑥应用系统的安全要求。

⑦防火墙技术方案。

⑧安全软件系统的评估。

⑨网络遵循的安全规范和达到的安全级别等。

网络安全达到的目标包括以下几种:

①网络访问控制。

②信息访问控制。

③信息传输保护。

④对攻击的检测和反应。

⑤偶然事故防备。

⑥制订事故恢复计划。

⑦物理安全保护。

⑧灾难防备计划等。

5.2.2 网络线路设计

1)设计目标与原则

根据目前计算机网络现状和需求分析及未来的发展趋势,在网络线路目标设计时主要考虑以下两个方面。

(1)确定目标

典型的局域网构建需求可归纳为:部门级局域网、企业级局域网、园区级局域网。

(2)设计原则

先进性、可靠性、灵活性、兼容性、扩充性、开放性和标准化、安全性、实用性、可维护性。

2)总体设计步骤

确立建网目标并按照设计原则对计算机网络进行全面规划后,进入设计阶段,可分5个步骤进行。

(1)确定用户需求

①网络使用单位的工作性质、业务范围和服务对象。

②网络使用单位目前的用户数量,目前准备入网的节点计算机数量,预计将来达到的规模等。

③分布范围是在一座建筑物内,还是在一个园区内跨越多座建筑物。如果分布在一座建筑物内,是否最终分布到各个楼层。在每层中是否所有的房间都有入网需求。计划每个房间最多容许多少台设备接入局域网,建筑物的公共使用空间(如走廊、门厅、地下室、会议室等)是否有设备临时接入局域网。

④网络使用单位是否有建立专门部门(如网络中心、信息中心或数据中心)进行信息业务处理的需求。

⑤是否有多媒体业务的需求,对多媒体业务的服务性能要求达到什么程度。

⑥是否考虑将本单位的电信业务与数据业务集成到计算机网络中统一处理。

⑦网络使用单位对网络安全有哪些需求,对网络与信息的保密有哪些需求及要求的程度。

⑧网络使用单位是否有距离较远的分公司、分园区,是否互联,以及互联的要求。只有在对网络使用单位和部门的需求进行充分的调研和分析之后,才能够了解用户建设网络的实现目标和将来的期望目标。计算机网络的总体设计必须以这些目标作为基本依据。

(2)确定计算机网络的类型、分布构架、带宽和主干设备类型

①确定类型。根据用户需要确定适合的局域网类型。目前,在局域网建设中,由于以太网性能优良、造价低,升级和维护方便,通常将其作为首选。

②确定网络分布架构。局域网的网络分布架构与入网计算机的节点数量和网络分布情况直接相关。如果所建设的局域网在规模上是一个由数百台至上千台入网节点计算机组成的网络,在空间上跨越一个园区的多个建筑物,通常在设计上将其分为核心层、分布层和接入层分别考虑。如果所建设的局域网在规模上是由几十台至几百台入网节点计算机组成的网

络,在空间上分布着一座建筑物的多个楼层或多个部门。在设计上常分为核心层和接入层两层来考虑,接入层节点直接连接到核心层节点。

③确定带宽和网络设备类型。计算机网络的带宽需求与网络上的应用密切相关。快速以太网足以满足网络数据流量不是很大的中小型局域网需要。如果入网节点计算机的数量在百台以上且传输的信息量很大,或者准备在局域网上运行实时多媒体业务,建议选择千兆位以太网。网络分布架构和网络带宽确定后,可以选择网络主干设备的类型。建议网络主干设备或核心层设备选择具备第3层交换功能的高性能主干交换机。如果要求局域网主干具备高可靠性和可用性,还应该考虑核心交换机的冗余与热备份方案设计。分布层或接入层的网络设备类型通常选择普通交换机即可,交换机的性能和数量由入网计算机的数量和网络拓扑结构决定。

(3)确定布线方案

局域网布线设计的依据是网络的分布架构。由于网络布线是一次完成、多年使用的工程,必须有较长远的考虑。

对于大型局域网,连接园区内各个建筑物的网络通常选择光纤,统一规划,冗余设计,将使用线缆保护管道埋入地下。

建筑物内又分为连接各个楼层的垂直布线子系统和连接同一楼层各个房间入网计算机的水平布线子系统。如果设有信息中心网络机房,还应该考虑机房的特殊布线需求。由于计算机网络迅速普及,在局域网布线时应该充分考虑将来网络扩展可能需要的最大接入节点数量、接入位置的分布和用户使用的方便。

若整座建筑物接入局域网的节点计算机不多,可以采用从一个接入层节点直接连接所有入网节点的设计。若建筑物的每个楼层都分布有大量接入节点,则须设计垂直布线子系统和水平布线子系统,并且在每层楼设置专门的配线间,安置该楼层的接入层节点网络设备和配线装置。水平布线子系统通常采用非屏蔽双绞线或屏蔽双绞线,如何选择线缆类型和带宽应根据应用需求决定。连接各个楼层交换机的垂直布线子系统通常采用光纤。

(4)确定操作系统和服务器

网络操作系统的选择与计算机网络的规模、所采用的应用软件、网络技术人员与管理的水平、网络使用单位的资金投入等多种因素有关。

各种服务器既是计算机局域网的控制管理中心,也是提供各种应用和信息服务的数据服务中心,其重要作用可想而知。服务器的类型和档次应该同局域网的规模、应用目的、数据流量和可靠要求相匹配。如果是服务于几十台计算机的小型局域网,数据流量不大,工作组级服务器基本上可以满足要求;如果是服务于数百台计算机的中型局域网,一般至少需要部门级服务器,甚至企业级服务器;对于大型局域网来说,用于网络主干的服务和应用必须选择企业级服务器,其下属的部门级应用则可以根据需求选择服务器。对于一个须通过计算机网络与外部世界进行通信并且有联网业务需求的机构来说,选择功能与档次合适的服务器用于电子邮件服务、网站服务、Internet访问服务及数据库服务非常重要。根据业务需要,可用一台物理服务器提供多种应用服务,也可用多台物理服务器共同完成一种应用服务。

（5）确定服务设施

一个计算机网络建成后能否正常运行,还须相应服务设施的支持。若需保障小型局域网服务器安全运行,至少需配备不间断电源设备。对于中大型局域网来说,通常需专门设计安置网络主干设备和服务器的信息中心机房或网络中心机房。机房本身的功能设计、供电照明设计、空调通风设计、网络布线设计和消防安全设计都必须一并考虑周全。

5.2.3 线路设施规划设计

1）线路设施建设标准

（1）建设要求

设施规划必须遵守相关法律法规,贯彻国家基本建设方针政策,合理利用资源,节约建设用地,重视历史文物、自然环境和景观保护。

设施规划必须保证网络整体传输质量,技术先进、经济合理、安全可靠。设计时应当进行多方案比较,努力提高经济效益,降低工程造价。

（2）适用范围

适用于县乡联网、城区内部网建设。

（3）标准文件

①《通信线路工程设计规范》（GB 51158—2015）。

②《有线电视网络工程施工与验收标准》（GB/T 51265—2018）。

③《架空光（电）缆通信杆路工程设计规范》（YD 5148—2007）。

2）光缆线路网的设计原则

①光缆线路网应安全可靠,向下逐步延伸至业务最终用户。

②在业务发展规划的基础上,综合考虑远期业务需求和网络技术发展趋势,确定建设规模。

③同一路由上的光缆容量应综合考虑,不宜分散设置多条小芯数光缆。

④干线光缆芯数按远期需求确定,本地网按中期需求配置,并留有足够冗余。

⑤新建光（电）缆线路时,应考虑共建共享。

3）光缆线路在下列情况下可采用架空敷设方式

①在只能穿越峡谷、深沟、陡峻山岭等地方,即使采用管道或直埋敷设方式也不能保证安全的地段。

②地下或地面存在其他设施,施工特别困难,原有设施业主不允许穿越或赔补费用过高的地段。

③因环境保护、文物保护等原因无法采用其他敷设方式的地段。

④受其他建设规划影响,无法进行长期建设的地段。

⑤地表下陷、地质环境不稳定的地段。

⑥管道或直埋方式的建设费用过高,且架空方式不影响当地景观和自然环境的地段。

4）线路路由的选择

①选择线路路由时,应以现有的地形地物、建筑设施和既定的建设规划为主要依据,并应充分考虑城乡和工矿建设、铁路、公路、航运、水利、长输管道、土地利用等有关部门发展规划

的影响。

②在符合大的路由走向的前提下,线路宜沿靠公路或街道选择,但应顺路取直,避开路边设施和计划扩改地段。

③选择线路路由时,沿靠公路,有利于施工、维护和抢修。一般情况下不宜紧贴公路敷设,这是因为可能受路旁设施及公路改扩建的影响。若相关部门对路由位置有具体要求,则应按规划位置敷设。

④线路路由选择应考虑建设地域内的文物保护、环境保护等方面,减少对原有水系及地面形态的影响和破坏,维护原有景观。

⑤线路路由选择应考虑强电影响,不宜选择易遭受雷击、化学腐蚀和机械损伤的地段,不宜与电气化铁路、高压输电线路和其他电磁干扰源长距离平行或过度接近。

5) 光缆路由的选择

①光缆路由应选择在地质稳固、地势较为平坦的地段,尽量减少翻山越岭,并避开可能因自然或人为因素造成危害的地段。

②光缆路由宜选择在地势变化不剧烈、土石方工程量较少的地方,避开滑坡、崩塌、泥石流、采空区及岩溶地表塌陷、地面沉降等有危害的地方。应避开湖泊、沼泽、排涝蓄洪地带,尽量少穿越水塘、沟渠,在障碍较多的地段应合理绕行,不宜强求长距离直线。

③在桥上敷设光缆过河,安全保障良好;架空跨越,投资较少且实施难度小;光缆在桥上架挂敷设时,宜选择在桥梁的下游侧,且不低于梁底高度。

④光缆线路在城镇地区应尽量利用管道进行敷设。在野外敷设时,不宜穿越和靠近城镇及开发区,以及穿越村庄。只能穿越或靠近时,应考虑当地建设规划的影响。

⑤长期经验和市场局势表明,光缆路由通过森林、果园及其他经济或防护林带,或迁移、干扰其他地面地下设施时导致高额赔补费用,同时办理相关批准手续增加建设工期。因此,光缆线路应尽量避开此类地带。

6) 光缆线路敷设安装

①光缆在敷设安装时,应根据敷设地段的环境条件,在保证光缆不受损伤的原则下,因地制宜地采用人工或机械敷设。

②施工时应保证光缆外护套完整。直埋光缆金属护套的对地绝缘电阻应符合标准规定。

③光缆敷设安装的最小曲率半径应符合表 5-1 的规定。

表 5-1 光缆敷设安装的最小曲率半径

光缆外护层形式	无外护层或 04 型	53 型、54 型、33 型、34 型	33 型、43 型
静态弯曲	10D	12.5D	15D
动态弯曲	20D	25D	30D

注:D 为光缆外径。

④光缆敷设安装的重叠、增长和预留长度标准可结合工程实际情况,参照表 5-2 确定。

表5-2 光缆敷设安装的长度标准

项 目	敷设方式			
	直埋	管道	架空	水底
接头每侧预留长度	5～10 m	5～10 m	5～10 m	
人手孔内自然弯曲增长		0.5～1 m		
光缆沟或管道内弯曲增长	7‰	10‰		按实际需要调整
架空光缆弯曲增长			7‰～10‰	
地下局站内每侧预留	5～10 m,可按实际需要调整			
地面局站内每侧预留	10～20 m,可按实际需要调整			
因水利、道路、桥梁等建设规划导致的预留	按实际需要调整			

⑤光缆在各类管材中穿放时,光缆的外径不宜大于管孔内径的90%。光缆敷设安装后,管口应封堵严密。

⑥直埋光缆线路应避免敷设在将来会建设道路、房屋和挖掘取土的地点,且不宜敷设在地下水位较高或长期积水的地点。

⑦光缆埋设深度标准应符合表5-3中的规定。

表5-3 光缆埋设深度标准

敷设地段及土质		埋设深度/m
普通土、硬土		≥1.2
砂砾土、半石质、风化石		≥1.0
全石质、流砂		≥0.8
市郊、村镇		≥1.2
市区人行道		≥1.0
公路边沟	石质(坚石、软石)	边沟设计深度以下0.4
	其他土质	边沟设计深度以下0.8
公路路肩		≥0.8
穿越铁路(距路基面)、公路(距路面基底)		≥1.2
沟渠、水塘		≥1.2
河流		按水底光缆要求

注:①边沟设计深度为公路或城建管理部门要求的深度。
②石质、半石质地段应在沟底和光缆上方各铺100 mm厚的细土或沙土。此时,光缆的埋设深度相应减小。
③表中不包括冻土地带的埋设深度要求,其埋设深度在工程设计中应另行分析取定。

⑧光缆的埋设深度直接影响光缆的安全和寿命,对光传输系统正常运行至关重要,在工程中应严格执行该条款。当在石质公路边沟减少埋设深度,造成排流线与光缆间无法达到300 mm隔距要求时,排流线与光缆之间的隔距可适当减小,但排流线不得与光缆直接接触。

⑨光缆可同其他通信光缆或电缆同沟敷设,但不得重叠或交叉,缆间的平行净距不应小于 100 mm。

5.3　城乡移动电信规划

移动电信网是指电信的一方或双方在移动中进行电信的方式。它突破了传统固定电话之间电信的局限性,用户可在移动中与另一个移动用户或固定用户进行电信通信,从而提高电信的效率。移动电信网络在不断更新优化,我国从第一代模拟移动电信网,发展到第二代的 GSM 数字移动电信网,第三代的数字移动电信网,4G 移动通信技术,如今已经进入了 5G 移动通信网络时代。

随着移动电信技术的不断发展,移动电信网的功能越来越强大和完善,由"双方电信"发展为"多方电信",由"语言电信"发展到"数据电信",并且逐步向语音、数据、视频图像三者综合的方向发展。

城乡移动电信规划主要内容由移动电信服务区划分和无线电电信的技术要求组成。

5.3.1　移动电信服务区规划

1)移动电话网络规划的结构

按覆盖范围可分为三区制,其分区技术指标如下所述。

①大区制移动电信基础设施。服务区内只设一个基站,承担几十户到几百户。覆盖半径达 30～60 km,使用频率为 450 MHz。

②中区制移动电信基础设施。把整个服务区划分为若干个中区,每个中区设一个基站,为中区内移动用户服务。覆盖半径达 15～30 km,可服务用户 1 000～10 000 户。

③小区制移动电信基础设施。把每个中区划分为几个小区,每个小区设一个基站,为该小区内移动用户服务。覆盖半径为 1.5～15 km,小区制的基站发射率一般不大于 20 W;最大容量为 100 万户,使用频率为 900 MHz。每个基站都与无线中心控制局或交换局相连。小区的大小和设置可根据用户密度确定。

小区制移动电信基础设施可采用频率复用技术,如图 5-1 所示,当小区相隔一定的距离时,彼此之间的干扰减少,则可以分配相同的信道,如 A1、A2、A3 三个小区可以使用相同的信道组 A,B1、B2、B4 可以使用相同的信道组 B;C1、C2、C4、C5 可以共同使用信道组 C。但是,这种移动电信网的体制也有很大的弊端,即网络结构复杂,投资巨大。

2)移动电信基础设施区划

在蜂窝移动电信基础设施中,小区的合理划分及频率的合理分配均可以提高系统资源的利用率和投资效益。蜂窝移动电信基础设施的区域划分有两种,即带状服务区和面状服务区。

(1)带状服务区

当移动电信系统覆盖的区域呈条带状时,称为带状服务区。小区沿服务区覆盖走向排列,称为带状网或链状网,如铁路上使用的移动电信系统。

（2）面状服务区

公用移动电信网在大多数情况下服务区为平面状，称为面状服务区，如图5-2所示。这时小区的划分较为复杂。容量大，其频率组的配置常采用多频制，所有采用不同频率组的小区构成一个区群。在图5-2中，由A1、B1、C1、D1 4个不同频率组构成的一个区群，该区群频率组重复使用3次。

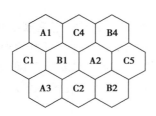

图5-1　频率复用区域图

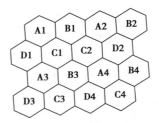

图5-2　面状服务区图

5.3.2　无线电电信及微波电信

1）无线电电信

无线电电信是利用无线电波在空间的传播达到传送声音、文字、图像或其他信号的各种电信的总称。利用无线电电信可以开设电报、电话、传真、广播、遥控、电视及数据传递等各种业务。

无线电短波电信机动灵活，适于备战，目前仍是重要的电信手段，每个有条件设置的城乡应分别划定收信区及发信区，并保证各区不要被电力线及主要道路穿越。特别是收信区要求则更加严格。否则严重影响电信效率和天线的维修工作。

2）微波电信

微波电信是20世纪50年代发展起来的一种高效能的新型电信手段。由于它能提供长距离、高质量的宽频带、大容量的信道，并具有投资少、见效快、节约有色金属、抗自然灾害能力强等优点，因此受到各方面的重视，发展迅速。

3）无线电电信的技术要求

①收信区边缘距居民集中区边缘不得小于2 km，信区与收信区之间的缓冲区不得小于4 km。

②设在居民集中区内的无线电发信设备输出功率不得超过0.1 kW，设在缓冲区内的无线电发信设备输出功率不得超过0.2 kW。

③短波发信台技术区边缘距离收信台技术区边缘的最小距离（不定向天线）见表5-4。

表5-4　发信台与收信台最小距离

发射电力/kW	最小距离/km	发射电力/kW	最小距离/km
0.2～5	4	120	20
10	8	>120	>20
25	14		

④收信台技术区边缘距干扰来源的最小距离见表5-5。

表5-5 收信台与干扰来源的最小距离

干扰来源名称	最小距离/km	干扰来源名称	最小距离/km
汽车行驶繁忙的公路	1.0	其他方向的架空电信线	0.2
电气化铁路和电车道	2.0	35 kV 以下的输电线	1.0
工业企业、大汽车场、汽车	3.0	35~110 kV 的输电线	1.0~2.0
修理厂、拖拉机站、有 X 光设备的医院	3	大于 110 kV 的输电线	<2.0
接收方向的架空电信线	1.0	有高频电炉设备的工厂	<5.0

在个别情况下应进行计算、测试,依据计算测试结果确定距离,如装有高频设备大型企业与收信台之间的距离应进行计算。

⑤凡可能对收信产生干扰的有关单位,如广播电台、发报台、高等理工院校、工厂、研究机构等(特别是规模较大的单位)在建设时,均应事先联系电信部门,根据应有的距离,具体确定位置。

⑥确定电台场地时,应规定该台的保护区,保护区中不得再建妨碍电台工作的建筑物和企业,保护区的面积按有关规定及申请单位的要求来确定。

⑦收信中心场地的技术要求:

a. 为了不妨碍收信中心的电波接收并防止其受到严重干扰,要求在天线设备边界以外1 km内不得兴建大片建筑(已有村落中少量民房扩建不在此限);天线设备与建筑物的距离不得小于特定的数值,具体见表5-6。

表5-6 天线设备与建筑物的最小距离

建筑物	最小距离/km	建筑物	最小距离/km
公路干线	1	有 X 光和电疗设备的医院	3
电气化铁路与电车路线	2	高频、高压的试验设备	10
工业企业	3	架空电信线	1
大汽车场、汽车修理厂	3	3.5~110 kV 以下的输电线	1
拖拉机站	3	110 kV 以上的输电线	2

b. 为了国防安全,在收信中心附近5~10 km不宜建立工业区。

⑧发射中心场地的技术要求。

a. 为了不妨碍发射中心的电波发射,要求在天线设备边界以外0.5 km内不得兴建大体量建筑(已有村落中少量民房扩建不在此限);架空电信线及供电线路距离天线设备不得小于1 km。

b. 为了防止对发射中心天线设备的影响,要求在距离发射中心3 km内不得兴建拥有较大量烟灰、侵蚀气体和污水的工厂。

c. 为了国防安全,在发射中心附近5~10 km内不宜建立工业区。

⑨特种试验发射台场地的技术要求。

a. 在距离场地 0.2 km 的地区内不得建设高于四层的楼房或与其同等高度的建筑物。

b. 在距离场地 0.5 km 的地区内尽可能不建设高于七层楼房或与其同等高度的建筑物。

⑩测向台对周围环境的技术要求。

a. 测向台半径 300 m 以内为绝对禁建区,不得有任何建筑物,但可以允许在 200 m 以外有不超过 1 m 深、2 m 宽、1 m 高的小水渠。

b. 300~500 m 以内允许建设 5 m 宽以下的水渠或非电气水库。

c. 500~1 000 m 内可以允许建设交通量不大的公路、5 m 宽以上的水渠、不超过 10 m 高的房屋、380 V 以下的输电线和电话线(线路选定应经过协商确定)。

d. 1 000~2 000 m 内可以允许建设仰角不超过 2° 的建筑(如果是建筑群,其距离应尽量远离)和不超过 10 kV 的高压线。

e. 2 km 以上可以允许架设 50 kV 以下的高压线、集中收信站、小型工厂、非电气铁路。

f. 工厂区应保持 5 km 以上,距离 3 km 以上,可以允许架设输出功率不大于 500 W 发报机(非发射集中台)、电疗设备。

g. 输出 1 km 以上发射集中台的建设按收信台标准执行。

h. 测向台半径 5 km 内为禁区控制范围,在此距离内任何不符合上述要求的建筑均应协商解决。

⑪微波中继电信使用的频率多为 2~20 GHz。由于它的传输频带宽、发射功率小(0.2~10 W),天线的增量高(30~40 dB)、信号传输在视距之内,因而两种缝钻之间电波传播途中不允许有高大建筑物、雷达站、调频广播电台和其他干扰源。

此外,微波站在土建时,结构上要具有屏蔽性能,以防止电视信号影响。微波机建筑与微波站电信方位上距微波站 10 m 以内的建筑物,应低于天线高度的 20~30 m,以防止建筑物对微波信号的阻挡,特别是当微波向城镇的传播方向上,不应有高大建筑阻挡微波信号的传输。

5.4　城乡有线电信基础设施规划

改革开放以来,我国城乡有线电信基础设施与整个电信事业一样也得到了迅猛发展。

5.4.1　城市有线电信线路种类与特征

城市有线电信线路按使用功能分为长话、市话、郊区电话、有线电视、有线广播、计算机信息网络等,可专用通道,也可兼容使用。

按传输信号的特征分为模拟电信系统、数字电信系统。模拟电信系统中传输的信号是模拟信号,如电话,就是将声波通过送话器变成随声音强弱变化的电信号,即电流电压的变化规律模拟声源声压的变化规律。

按电信线路材料来分主要有电缆、光缆、金属线 3 种。电信线路按敷设方式分为架空敷设和地面敷设两种。其中,管道敷设又有与本系统线路共管、与其他电信系统线路共管,以及与城市其他工程管线汇集的公共管沟敷设。架空敷设又有本系统同杆、多电信系统同杆,以及与其他工程线路同杆等方式。

5.4.2　城市电信网络组织结构及电话线路组网方案

城市电话网是本地电话网的主要组成部分,本地电话网按城市的行政地位、经济发展速度及人口的差别、交换设备容量和网络规模和组网方案也有较大的差别。

本地电话交换网的基本结构有网状网、分区汇接、全覆盖交换网等。按照本地电话网的城市结构、交换机总容量及分布组织对应的网路结构及组网方案。

1)网状网

网状网结构的特点是把整个城市电话网中所有端局逐个相连,各端局间均按电路标准设置电路,如图 5-3 所示。

以这种方式组织的交换网端局之间不转接,两个端局间的用户通话所经的路由只有一种,即用户—发话端局—受话端局—用户。

2)分区汇接

分区汇接的交换网结构把本地电话网划分成若干汇接区,在每个汇接区内选择话务密度较大的一个点或两个点作为汇接局。根据汇接区内设置汇接局数目,分区汇接有两种方式:一种是分区单汇接,另一种是分区双汇接。

分区单汇接如图 5-4 所示,是比较传统的分区汇接方式。它的基本结构是在每一汇接区设一个汇接局,汇接局与端局形成二级结构,网络的安全可靠度较差。当汇接局发生故障时,与汇接局相接的几个方向电路也将中断,即汇接区内所有端局的电路都将中断,使全网受到较大的影响,所以城市电话网构建大多采用双汇接方案。

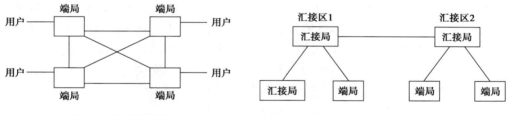

图 5-3　网状网结构　　　　　　　图 5-4　分区单汇接结构图

分区双汇接结构如图 5-5 所示,在每个汇接区内设置两个汇接局,所有的汇接局间形成一个点点相连的网状网结构。对于这种网络结构,汇接方式与分区单汇接不同的是每个端局到汇接局之间的汇接话务量一分为二,由两个汇接局共同承担。由于汇接局之间不允许同级迂回,故同区的两个汇接局之间无须连接。以这种方式组织的交换网,当汇接区内有一个汇接局发生故障时,汇接区仍能保证 50% 的汇接话务量正常疏通。分区双汇接局的交换网结构比较适用于网路规模大、居所数量多的本地电话网。

3)全覆盖交换网

全覆盖的交换网结构如图 5-6 所示,是在本地电话网中设立若干汇接局,汇接局间地位互相平等,均匀分担话务负荷,汇接局间不允许迂回。综合汇接局(带有用户)应以网状网相连。由于汇接局之间不允许同级迂回,故此汇接局之间不必各自相连。这种网络结构各端局至所有汇接局间均为基干电路,随机选择路由。全覆盖的交换网结构端局之间最多经一次汇接,其汇接方式只能选择一种,即来去话汇接。

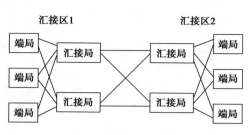

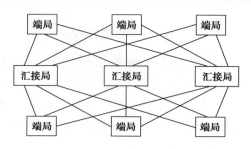

图 5-5　分区双汇接结构图　　　　　图 5-6　全覆盖结构图

全覆盖方式的交换网结构比较适用于中等规模、地理位置集中的本地电话网。汇接局的数目可根据网络整体规模来确定。在确定局所数目时,须同时考虑交换设备的处理能力和网络投资及全网安全可靠等多方面的因素。当网络规模比较大、局所数目比较多时,交换网结构采用全覆盖式,其直达电路数比分区汇接增加许多,造成全网费用大量增加。根据我国实际情况,较小的省会城市和中等城市管辖的县较少在构成中等规模的本地话网时,可采用全覆盖方式的交换网结构。

5.4.3　城市有线电信线路规划

1)电信线路规划的原则

(1)城市有线电信线路规划的原则

城市有线电信线路是城市各类电信基础设施网络联系的主体,也是各电信基础设施相互间联系不可缺少的联体。

合理确定线路路由和线路容量是电话线路规划的两个重要因素。汇接局之间、汇接局至端局之间线路路由应直达,或距离最短为佳,端局至用户的线路,也应便捷而且架设方便,干扰小,安全度高,线路应留有足够的容量。城市有线电信线路规划的基本原则是:

①电缆路由应符合城市规划的要求,能够使电缆路由长期安全稳定地使用。

②电缆路由应尽量短直,并应选择在比较永久的道路上敷设。

③主干电缆与配线电缆走向一致,互相衔接。

④环境条件好,安全好。

⑤光缆、电缆集中。

⑥重要的主干电缆和中继电缆宜采用迂回路由,构成环形回路。

⑦充分利用原有线路设备,尽量不拆移,不使线路设备受损。

(2)城市有线电视、有线广播路由规划的原则

①有线电视、有线广播线路应短直,少穿越道路,便于施工和维护。

②线路应避开易使线路受损的场所,减少与其他管线等障碍物交叉跨越。

③线路应避开与有线电视、有线广播系统无关的地区,以及规划未定的区域。

2)电信线路敷设方式的选择及要求

(1)电缆敷设方式的选择

电缆敷设方式一般有管道电缆、直埋电缆、架空电缆和墙壁电缆 4 种。电信管道是结合电信网的远期发展规划要求而建设的,具有电信效率高、安全可靠,以及维护管理方便的特点。

①管道电缆线路。管道电缆线路可用于以下情况：

a. 管道隐蔽。

b. 线路安全。

c. 近期出现的电话机容量在 600 对及其以上。

d. 与市内电话电信管道有接口要求。

②直埋电缆线路。直埋电缆线路可用于以下情况：

a. 用户较固定,电缆容量和条数不多,且今后较长时间内不增加电缆。

b. 要求线路安全的电缆条数不多。

c. 不允许采用架空或墙壁电缆,又不能使用管道。

d. 跨越一般铁路、公路或城市街道且不宜采用架空电缆。

③架空电缆线路。架空电缆线路可用于以下情况：

a. 总体规划中无隐蔽要求。

b. 远期电缆总容量在 200 对以下。

c. 地下情况复杂。

④墙壁电缆线路。墙壁电缆线路可用于以下情况：

a. 电缆总容量在 100 对以下,且没有相邻的房屋建筑敷设的配线电缆。

b. 建筑物较坚固、整齐。

c. 旧市区街道两侧有紧密相连的骑楼。

d. 住宅小区室外配线。

（2）线路的位置及其特殊要求

电缆管道是预埋在地下作穿放电信电缆之用。一般在街道定型、主干电缆多的情况下普遍采用,其特点是维修方便,不易受外界损伤。我国一般仍使用水泥管块,特殊地点如公路、铁路、过水沟等使用钢管或塑料管。电缆管道每隔 100 m 左右设一个检查井——人孔。人孔位置应选择在管道分歧点、引上电缆汇接点和屋内用户引入点等处,在街道拐弯地形起伏大,穿过道路、铁路、桥梁时均需设置人孔。各种人孔的内部尺寸大致宽为 0.8 ~ 1.8 m、长 1.8 ~ 2.5 m、深 1.1 ~ 1.8 m,由于其占地面积大,应与其他地下管线的检查井相互错开。其他地下管线不得在人孔内穿过。人孔是维护检修电缆的地方,通常应避开重要建筑物,以及交通繁忙的路口。

电缆管道的技术要求较高：

①所有管孔必须在一直线上,不能上下左右错口,只有这样才能穿放电缆。因此,电缆管道的埋设深度及施工方法都有严格要求。

②电缆管道与地下其他管线和建筑物的间距应符合有关技术要求。所以,规划时不仅考虑地上的建筑,还对地下的建筑进行管线综合考虑,使其最合理、最节省。

（3）架空电缆线路

①架空电话线路不应与电力线路、广播明线线路合杆架设,即弱电（电信线）与强电（电力线）原则上应分杆架设,各走街道一侧。特别是电信线路严禁与二线一地式电力线同杆架设,因为二线一地式电力线对同杆架设的电信线感应电压可高达数百伏,造成电报、电话无法接通,甚至烧毁电信设备,危及人身安全。

②电信架空线路与其他电力线路交叉时,其间隔距离应符合有关技术要求。

③架空杆线与自来水龙头水平间距不小于 1 m,与房屋建筑的水平间距不小于 3.5 m,与人行道边的水平间距不小于 0.5 m。

5.4.4 城市电信局(所)布局规划

城市电信局(所)按功能分长途电信局和本地电信局。长途电信局包括国际长途电信枢纽局和省市长途电信枢纽局;本地电信局主要包括电信汇接局和电信端局。

城市电信局的规划应从全社会需求考虑,统筹规划,并在满足多家经营商经营要求的同时,实现资源共享。

1)城市电信局(所)规划的主要内容

城市电信局(所)规划是城市电话线路网设计中的一个重要部分,对城市电话线路网的构成和发展有直接的影响。城市电信局(所)规划的主要内容有以下几个方面:

①研究规划期内局(所)的分区范围、局(所)位置和数目、装设交换机械设备的容量及大致建设年限。

②研究整个市话网络近期至规划期末的中继方式和发展。

③确定市话线路网在各个时期中的用户线路、局间中继线等线路,应该分配的线路传输衰减限值。

④确定新设局(所)和原有局(所)的互相配合关系及交换区域的划分界线,规定新建局(所)的具体位置,决定近期工程中机线设备的建设规模。

2)城市电信局(所)分区原则与方法

在研究城市电信局(所)分区的方案时,应遵循以下原则:

①在规划期内,按照规划方案能够适应各个时期城乡建设的发展计划,且能满足不断发展的用户需要。

②交换区域界线的划分应结合自然地形,使线路避免绕道,以达到技术和经济合理的目的。

③分析各分区用户间的话务量情况,用以减少局间中继线和中继设备的数量。

④充分利用原有设备,发挥其最大的服务效能,防止大拆大移。

⑤新设置的局(所),应能适应整个局(所)规划中各个时期的用户发展需要。

3)电信局(所)规划建设及容量分配

电信局(所)的规划建设除应结合电信技术发展、遵循大容量少局(所)的原则外,同时应符合以下基本要求:

①在多业务节点基础上,综合考虑现有局(所)的机房、传输位置、电话网、数据网、移动网统一和三网融合与信息电信综合规划。

②应有利于新网结构演变和网络技术进步及电信设备与技术发展。

③符合国家有关技术规范的要求。

④考虑接入网技术发展对交换局所布局的影响。

⑤确保全网网络安全可靠。

5.5　邮政设施规划

城乡邮政局的分类应按国家邮政总局的业务设置要求分为邮件处理中心、邮政支局与邮政所3类。因此城市规划的邮政电信规划,应包括邮政电信枢纽局规划和邮件储存转运中心等单功能邮件处理中心和邮政支局规划。

5.5.1　邮电设施概述

1)城市邮电设施建设的意义

城市邮电设施是城乡基础设施不可缺少的组成部分,邮电设施直接或间接与各部门的经营管理、生产调度、工作效率和经济效益相联系。它直接为城市的生产建设和人民生活服务,与城市的建设发展关系极为密切。在改革开放的今天,它已成为社会经济、社会发展的重要基础设施工程之一。在城市电信基础设施规划中,应合理安排好邮电设施的建设,以免影响发展或造成浪费。在拟订规划建设方案时,应该会同当地邮电部门或其主管部门,编制邮电设施专业规划,统一纳入城市的总体规划中。城市在规划发展新的工业用地、生活用地时,也须考虑相应的邮电设施的发展规划。

2)邮电设施的特点

①生产过程即为用户的使用(消费)过程。

②全程全网,联合作业。

③昼夜不停,分秒必争。

④保密性强。

3)邮电设施的组成

在我国,邮政业务主要是信函、包裹、汇兑、报刊发行等,按处理手续可分为收寄、分拣、封发、运输、投递等环节。

5.5.2　城市邮政局(所)布局规划

1)城市邮政局(所)规划的主要内容

①确定近远期城市邮政局(所)数量、规模。

②划分邮政局(所)等级和各级邮政局(所)的数量。

③确定各级邮政局(所)的面积标准。

④进行各级邮政局(所)的布局。

2)城市邮政局(所)布局规划的原则

①邮政局是面向社会和广大群众,直接为用户服务的网点。从整个城市的发展来看,邮政局、邮政支局建设与整个城市的发展建设密切相关,应与城市总体规划相符。

②邮政企业考虑社会经济效益,其建设体现广泛、群众和服务的特点,使其构成布局合理、技术先进、功能齐全、迅速方便的服务网络。

③邮政局(所)的设置应既立足现实、满足当前需要,又兼顾长远,满足远期城市发展的需

要。规划时在建设的数量和规模方面以邮政各类业务发展为前提,并向现代化、标准化、规范化的邮政局(所)发展。

④邮政局(所)按设置标准考虑,为提高服务质量,邮政局(所)应设在业务量较为集中及方便群众就近邮递的地方,如闹市区、商业区、车站、机场等。

3)城市邮政局(所)的等级划分及标准

城市邮政局(所)是设置在城市内的邮政企业分支机构,邮政支局是具有营业功能和投递功能的分支机构,根据服务人口、年邮政业务收入和电信总量,可分为一等支局、二等支局和三等支局。邮政所归属邮政支局管辖,只办理部分邮政业务,不设邮政投递。

城市邮政支局的等级划分及标准根据《城市邮电支局所工程设计暂行技术规定》(YDJ 61—1990)执行,见表5-7。

表5-7　城市邮政支局的等级划分及标准

项　目	单位	一等局	二等局	三等局
城市邮电支局邮政营业席位数	席	18～25	15	9
城市邮电支局邮政部分生产面积标准(建筑面积)	m²	1 041～1 181	936	739
城市邮电支局生产辅助用房面积标准(建筑面积)	m²	653	520	409
城市邮电支局生活辅助用房面积标准(建筑面积)	m²	319	243	183
城市邮电支局邮政电信部门的生产用房面积标准	m²	398	270	178
城市邮电支局建筑标准(合计)	m²	2 411～2 551	1 969	1 509
处理标准邮件的数量	万件	≥2 000	≥1 000	≥250

5.5.3　其他邮政设施布置

邮政局(所)是基本网点,其他邮政设施是邮政局(所)功能的补充和延伸,服务范围扩大是邮政电信网必不可少的物质基础。

1)报刊亭

报刊亭是邮政部门在城市合适的地点设置的专门出售报刊的简易设施,是报刊零售的重要组成部分。报刊亭的设置应符合《邮亭、报刊亭、报刊门市部工程设计规范》(YD/T 2013—2009)的规定。其等级与面积见表5-8。

表5-8　报刊亭设施等级面积

项　目	一类亭	二类亭	三类亭
报刊亭/m²	16	12	8

2)邮亭

邮亭是定点办理邮政业务的简易设施,主要设置在繁华地带,大多为过往用户提供便捷的服务。在尚不具备邮政局(所)服务网点,且有一定邮政业务市场的条件下,可采用邮亭这种设施。邮亭设施面积见表5-9。

表 5-9 邮亭设施面积

项　目	单人亭	双人亭
面积标准/m²	8	12

3）信报箱、信筒设置

信报箱、信筒是邮政部门设置在邮政局（所）门前或交通要道、较大单位、车站、机场等公共场所供用户就近投递平信的邮政专用设施。信报箱、信筒由邮政局（所）设专人开取，严格遵守开取频次和时间。

5.6　城乡广播电视设施与其他电信基础设施规划

5.6.1　城市有线电视、广播线路规划

1）广播系统

城市广播系统分为有线广播和无线广播两种广播方式。有线广播是指企事业单位内部或某一建筑物（群）自成体系的独立有线广播。无线广播主要是指国家、政府等机构对外传输信息的电台。广播规划主要用于有线广播系统的布置。

有线广播系统由播音室、线路、放音设备组成。

有线广播按播音方式分为集中播放系统、分路广播系统、利用共用电视天线系统传输的高频调制广播系统等。

①集中播放、分路广播系统，即为采用一台扩音机作信道，分多路同时广播相同的内容。

②利用共用电视天线系统传输的高频调制广播系统，用有线电视系统的前端，将音频信号调至发射频信号，经同轴电缆传输到用户后，经频道解调器后被收音机接收。

有线广播设施设置包括以下 6 个方面。

（1）有线广播控制室及其设置原则

①办公类建筑，广播控制室宜靠近主管业务部门。

②酒店类建筑，服务类广播宜与电视播放合并设置控制室。

③车站等建筑，宜靠近调度室。

（2）广播控制室技术用房

广播控制室技术用房一般符合以下规定：

①一般广播系统只设控制室。

②大型广播系统宜设置较大面积，即办公室、录播室、机房等用房。

③录播室与机房之间应设观察窗以方便联络。

④广播控制室技术用房的建设应符合有关规定。

（3）有线广播系统信号的接收与发送设备

①天线：主要是接收空间调频调幅广播的无线电波。

②话筒：是一种将声能转化为电能的器件，是最直接的信号发生设备。

③转播接收机：主要有调频、调幅接收功能，用来转播中央或地方广播电视台的广播节目。

④录放音机，兼有录、放、收音等多功能，是有线广播系统的重要设备之一。

（4）放大设备

放大设备又称为扩音机，是有线广播系统中的重要设备之一。

（5）扬声器

扬声器是终端设备，是向用户直接传播音响信息的基本设备。

（6）广播线路的敷设

①广播线路沿建筑物敷设时，不宜设于建筑物的正立面。

②室内配线宜采用铜芯、塑料绞合线，但旅馆内的服务类广播线路宜采用电缆。

2）有线电视设施系统规划

城市电视系统有无线电视和有线电视（含闭路电视）两种发播方式。有线电视系统均设有公用天线，所以也称为共用天线电视系统（简称"CATV"）。共用天线电视系统是许多用户电视机共用一组室外天线的设备，共享设备之间采用大量的同轴电缆作为信号传输线，因此CATV系统又称为电缆电视或有线电视。

（1）电视系统规划的基本原则

①城市广播电视无线覆盖设施规划应包括相应的发射台、监测台和地面站规划，并应遵循下列3项原则：

a. 符合《中华人民共和国城市规划法》和城市总体规划。

b. 符合全国总体的广播电视覆盖规划和全国无线电视频率规划。

c. 与城市现代化建设相适应。

②城市有线广播电视规划应包括信号源接收和播发、网络传输、网络分配及其基础设施规划。

③有线广播电视应考虑CATV网与电信网、计算机网的三网融合，管道规划应考虑综合规划。

（2）有线电视用户

①城市有线电视网络用户预测采用人口预测，可按2.8~3.5人一个用户计算；标准信号端口数应以户均两端测算，并以人均一端为上限。

②城市有线电视网络用户采用单位建筑面积指标预测时，可按表5-10，并结合当地实际情况及同类分析比较，选用不同用地性质的预测技术指标。

表5-10　建筑面积测算信号端口指标

用地性质	标准信号端口预测指标/（端·m^{-2}）
居住建筑	1/100
公共建筑	1/200

3）城市广播电视规划

广播电视系统规模分类及其专用的建筑规划设计标准见表5-11。

表 5-11 省辖市级广播、电视中心建设规模分类

	项 目	I 类	II 类
广播/(h·d⁻¹)	中波节目播出量	≥10	≥14
	调频节目播出量	≥5	≥8
	自制节目播出量	≥1	≥1.4
电视/(h·d⁻¹)	综合节目播出量	≥2.5	≥3.5
	教育节目播出量	≥2.5	≥3
	自制节目播出量	≥0.4	≥0.75
	自制教育节目量		≥0.75
建筑面积/m²		6 000	8 000
占地面积/hm²		1.2~1.5	1.6~2

5.6.2 城市其他电信基础设施规划

1) 城市其他电信基础设施种类

城市其他电信基础设施主要有电信综合局、长途电信局,以及无线电发射台、载波台、微波台、地球站等。

2) 城市其他电信基础设施选址原则

①各类电信基础设施位置应有安全的环境,应选在地形平坦、土质良好的地段,应避开断层、土坡边缘、故河道及容易产生沙土液化,以及有可能塌方、滑坡和有地下矿藏的地方。不应选择在易燃、易爆的建筑物和堆积物附近和易受洪水淹灌的地区。若无法避开时,所选基地高程应高于要求的设计标准洪水水位 0.5 m 以上的地方。

②各类局、台、站址应有卫生条件较好的环境,不宜选择在生产过程中散发有害气体和较多烟雾、粉尘、有害物质的工业企业附近。

③各类局、台、站址应有较安静的环境,不宜选在较大振动和较强噪声的位置。

④各类局、台、站址应考虑邻近的高压电站、电气化铁道、广播电视、雷达、无线电发射台等干扰源的影响。

⑤各类局、台、站址应满足安全、保密、人防、消防等要求。

⑥无线电台址中心距重要军事设施、机场、大型桥梁等的距离不得小于 5 km。

3) 微波电信规划

(1)微波站址规划

①微波站必须根据城市经济、政治、文化中心的分布,并由人口密集区域位置确定,以达到最大的有效人口覆盖率。

②应设在电视发射台(转播台)内,或人口密集的待建区域,以保障良好的信号源。

③选择地质条件良好、地势较高的稳固地区作为站址。

④站址电信方向近处应较开阔。

⑤站址应避免干扰。

⑥在山区应避开风口和背阳的阴冷地点设站。

⑦应考虑交通、生活等基本条件,条件不好的地段应设无人站。

(2)微波线路路由规划

①根据线路用途、技术性能和经济要求,作多方案分析比较,选出效益高、可靠程度高的2~3条路由,再作具体计算分析。

②微波路由走向应成折线形,各站路径夹角宜为钝角,以防同频越路干扰。

5.7　5G 移动通信工程发展

未来对 5G 技术的概念定义将会不同于以往的任何一项通信技术,也同时向世界在技术、管控和运营方面提出挑战,在接入技术、频谱管理及标准化等方面如何应对也需要进行探索。

5.7.1　全球 5G 发展状况概览

全球移动通信系统的演进见表 5-12。

表 5-12　全球移动通信系统的演进

系统	年份	典型特征	无线技术	核心网	典型标准			
					欧洲	日本	美国	中国
1G	1980	模拟信号	FDMA	PSTN	NMT,TACS C450,RTMS	NTT	AMPS	—
2G	1990	数字信号,个人通信系统	TDMA 为主,CDMA 为辅	PSTN	GSM DECT	PDC PHS	DAMPS CDMA ONE	—
3G	2000	全球标准	CDMA 为主,TDMA 为辅	广义的电路交换,分组交换	WCDMA	—	CDMA 2000	TD-SCDMA
4G	2010	高速率,移动性	OFDMA	IP 核心网,分组交换	FDD-LTE	—	WiMAX	TD-LTE
5G	2020	超高速率,超大容量,全网融合	待定	待定	—	—	—	—

中国的通信技术在 3G 时代以来才取得了突破性进展,建立了自主知识产权的标准体系TD-SCDMA,到目前的 4G 时代则是以 TD-LTE 主导的国内通信产业的发展,并积极拓展该标准在全球的范围。为了迎接新的竞争,中国开始全方位布局 5G 技术的研发工作。

5.7.2　5G 技术特点

5G 具有超高速率、超大容量、全网融合的典型特点,其应用包括增强移动宽带、海量连接机器通信以及高可靠、低时延的物联网应用等 3 个典型场景,并规定了包括频谱效率、时间延迟、连接密度和峰值速率等在内的 8 个维度关键技术指标需求。

5.7.3　进一步发展重点

5G 移动通信技术研究开发已进入关键时期。尽管 ITU 已经明确了 5G 的关键技术指标，并给出 5G 的商用化进程时间表，但 5G 发展仍面临较大的不确定性。首先，5G 未来发展将沿着几种完全不同的技术路线发展演进，其中高频段发展路线尚不清晰。其次，5G 移动通信系统需满足多个维度的关键技术指标，以适应高速移动互联网、大规模物与物互联以及高可靠、低时延的应用需求，目前尚不存在完全满足上述指标和应用需求且较为成熟的技术方案，5G 技术的发展与演进可能会进入一个"循序渐进、逐步到位"的发展进程。

5.8　乡村电信基础设施规划

乡村电信基础设施建设是推进农村信息化建设有序进行的前提条件，是乡村信息化服务和信息技术应用的物质支撑。乡村电信基础设施对支撑乡村电信资源的有效开发利用，提高乡村生产效益和农村居民生活质量，促进乡村经济社会发展，缩小城乡发展差距具有十分重要的意义。加强乡村电信基础设施系统建设，是当前和今后我国乡村电信基础设施的重要内容，是与乡村道路、电力、供水等基础设施同等重要的乡村基础设施建设要求。

5.8.1　乡村电信基础设施建设基本情况

乡村电信基础设施是支撑乡村电信基础设施的开发、利用及促进电信基础设施应用的各类设备和装备及其场所，是搜集、储存、加工及传递各类涉农信息的物质基础，是乡村电信基础设施建设的基本条件。乡村电信基础设施主要包括信息网络、信息技术基本装备和设施及场所等。当前乡村电信基础设施主要包括广电网、电信网和互联网 3 种基础网络体系及广播、电视、电话、手机、计算机等信息化终端设备与乡村基层信息化服务站等场所。多年来，我国实施了"金农工程""广播电视村村通工程""村村通电话工程"等一系列以乡村信息化基础设施建设为重要内容的工程，加大了光纤通信网络、移动通信基站、卫星接收设施等网络基础设施及基层信息服务站的建设力度，使乡村电信基础设施建设取得了良好的成效。

1）广播电视网络覆盖范围进一步扩大

广播电视是最贴近民众生活的现代传播媒介，是实现乡村信息传播最现实、最便捷的途径和手段，是乡村电信基础设施的重要载体。不断扩大广播电视网络覆盖范围是促进乡村电信基础设施发展的重要内容，为了满足广播电视信号覆盖"盲区"内农民群众收听广播、收看电视的基本需求，政府从 1998 年开始组织实施"广播电视村村通工程"。"十一五"至"十四五"期间，国家针对广播电视板块的政策循序渐进，使得广电系统业务不断拓展，根本目标为实现基础公共服务的均等化，广播电视基本公共服务建设方面，从 2006 年至 2015 年的《"十一五"全国广播电视村村通工程建设规划》《全国"十二五"广播电视村村通工程建设规划》《国务院办公厅关于加快推进广播电视村村通向户户通升级工作的通知》《关于促进智慧广电发展的指导意见》《关于推进智慧广电乡村工程建设的指导意见》。数据显示，"十三五"期间，我国建成全球规模最大的光纤和宽带网络。建制村通光纤和 4G 比例均超 99%，国家级互联网骨干直联点数增至 14 个,固定宽带和 4G 网络的互联网协议第六版(IPv6)改造全面完成。固定宽带和 4G 用户端到端平均下载速率提高 7 倍,平均资费下降超过 95% 。截至 2020 年年底,全国广播、电视综合人口覆盖率达 99.38% 和 99.59% ,全国直播卫星户户通用户 1.47 亿户,全国已有高清电视频道 852 个,4K 超高清频道 6 个,全国有线电视高清用户超 1 亿户。

2)乡村电话网络继续快速铺开覆盖面

数据显示,基础设施条件明显改善。截至 2020 年年底,全省贫困地区通电和通电话基本实现自然村全覆盖;所在自然村通有线电信信号、通宽带的农户比重分别达到 99.7% 和 98% ,其中通宽带的农户比重比 2016 年提高了 26.9 个百分点,贫困地区"四通"覆盖面不断扩大。

3)乡村信息化终端设施拥有量增长迅猛

乡村信息化终端设施是乡村电信工程服务"进村入户"的关键所在。我国乡村信息化终端设施主要有电视机、电话机及电脑等。随着经济社会的发展及农村信息化建设的逐步推进,近年来,我国农户拥有的信息终端数量大幅度提高。

(1)电视机拥有量

我国乡村地区每百户电视机拥有量由 2006 年年底的 106.9 台增长为 2012 年年底的 118.3 台,其中彩色电视机的拥有量由 2006 年年底的每百户 89.4 台增长为 2012 年年底 116.9台。

(2)电话拥有量

现如今,我国移动通信的用户 5 亿左右,农村移动用户的手机渗透率达到了 20% 。全中国移动用户在 2010 年将达到 6.4 亿,普及率达到 47% ;在 2020 年将达到 9.05 亿,移动电话普及率高达 62%(CCNIC,2009)。截至 2008 年年底,中国手机上网用户达到 1.2 亿,城镇手机上网用户共有 7 789 万人,占城镇网民总体的 36.5% :农村手机上网用户约为 4 010 万人,占农村网民总体的 47.4% 。

此外,农村网民使用台式机作为上网终端的比例下滑至 68% ,而使用手机上网的比例增长了近 20 个百分点,使用率达 67.3% ,与之相比,在 2.77 亿城镇网民中,城镇手机上网用户 1.6 亿,使用率为 57.5% 。手机正成为农村网民主流上网终端,同时也成为拉动农村互联网发展的重要力量。截至 2015 年 12 月底,中国农村网民规模已达 10.681 万。虽然网民规模保持增长,但从普及率、网民结构、网络应用 3 个方面来看,城乡互联网差距持续拉大。农村网民达到 10.681 万,年增长 2.220 万,年增长率 26.3% 。其中,农村手机上网用户约为 7.189 万,与 2008 年相比增长 3.000 多万,年增长率 79.3% ,远高于农村网民的整体增幅。中国农村互联网用户 2016 年在 1.37 亿左右,农民使用互联网的比例只有 1.4% 。

(3)互联网普及情况

从城乡互联网的普及率来看,互联网在城镇的普及率是 44.6% ,在农村仅为 15% 。对比 2007 年以来中国城乡互联网的发展差距:2007 年,城乡互联网普及率的差距仅为 20.2% ,2008 年,差距扩大为 23.5% ,2009 年,差距拉大为 29.6% ,农村互联网发展速度慢于城镇发展速度,互联网在城乡的发展差距在拉大。根据 CNNIC 2008 年 6 月公布的数据,我国网民数量达到 2.53 亿人,规模超过美国跃居世界第一位;2008 年底网民规模达到 2.98 亿人,互联网普及率达到 22.6%,赶上并超过了全球平均水平(21.9%)。对比其他国家和地区互联网普及率为 2008 年 6 月的数据。

据统计,2016 年中国城镇网民的年增长率为 35.6%,农村网民的年增长率高于城镇,达到 60.8%。在 2016 年 8 800 万新网民中,城镇新网民数量约 5 610 万人,占新网民总体的63.8%;农村新网民数量约 3 190 万人,占新网民总体的 36.2%。

4)乡村信息化基层服务场所逐步完善

截至 2010 年年底,文化共享工程中的县级中心达到 2 896 个,覆盖率 98%,乡镇基层服务点达到 21 230 个,覆盖率 61%,村基层服务点达到 55 万个,基本覆盖所有行政村;乡镇综合文化站建设全面推进,国家发展改革委会同文化部(今文化和旅游部)编制并印发了《全国"十一五"乡镇综合文化站建设规划》,重点解决没有乡镇综合文化站设施或文化站面积在50 m² 以下的文化站"空白点",各级财政积极配合乡镇综合文化站建设,已为每个建成的乡镇文化站配备了必要的文体设施,充实基层文化站力量,"乡乡有综合文化站"的目标基本实现;农家书屋建成 60 万家,覆盖了全国有基本条件的行政村;"十一五"期间共建成乡镇信息服务站 20 229 个、行政村信息服务点 117 281 个。

5.8.2　乡村电信基础设施的具体要求

（1）提升乡村公共服务水平

乡村电信基础设施建设既是信息时代乡村基本公共服务的基本内容,也是促进基本公共服务发展的基本手段。一方面,乡村电信基础设施是乡村的一项公益事业与公共服务。我国乡村电信基础设施建设是一项公益性、基础性的事业,在一定时期及一定程度上具有消费的非竞争性和受益的非排他性,乡村电信基础设施进程的推进涉及整个乡村系统,直接影响乡村经济、政治、文化和社会的方方面面,乡村电信基础设施水平的提高对乡村各方面的发展都具有促进作用,具有明显的正外部性,因此乡村电信工程具有明显的公共产品与公共服务的属性。电信基础设施已成为国民经济和社会发展的重要组成内容,在此背景下加强乡村电信基础设施建设和提供相关的电信基础设施服务应被纳入政府基本公共服务的范畴。近十年来的中央一号文件从不同角度都提出了加强乡村电信工程建设,各级政府机构遵循中央精神加强农村的电信基础设施建设、加强乡村电信基础设施业务应用,推出了大量乡村电信基础设施建设的措施,事实上乡村电信基础设施已被纳入政府公共服务的范畴。

另一方面,电信基础设施是乡村公共服务新的更加高效的技术实现方式,借助现代电信技术能够丰富传统的乡村基本公共服务的内容和表现形式,提高乡村基本公共服务水平,让广大的乡村居民能够更加便利地参与公共生活和享受更高质量的公共服务。因此,乡村电信基础设施是信息时代乡村公共服务的重要手段,推进乡村电信基础设施建设,对于实现乡村公共服务的决策科学化、管理现代化、服务人性化,促进"三农"问题的解决和乡村的全面发展具有十分重要的意义。因此,有必要加强乡村信息化建设,以信息化提升乡村公共服务水平。

（2）推进美丽乡村建设

将现代电信基础设施技术应用于乡村规划建设,积极开发乡村规划决策系统,根据各地乡村经济社会发展的实际情况,对乡村建设进行系统规划,制订符合本地人文社会生态环境的建设方案。充分利用现代信息化手段对乡村环境污染与保护的治理工程实施全面监控,为广大农民建设山清水秀的农村环境和美丽家园提供信息化的服务。

（3）促进乡村和谐发展

要建立惠农政策法规电信资源数据库，实现种粮补贴、良种补贴、农机补贴、农资综合补贴等各项支农惠农政策资源与移动、电信数据库同步联网，互通互享，便于广大农民群众的查询和监督，提高惠农政策的实施效率和监测能力。整合乡村信息服务资源，可为广大农民提供就业、社保、计生、医疗等民生信息服务。

（4）以电信基础设施促进农业产业结构转型升级

乡村电信基础设施建设将极大促进乡村产业渠道的多样化和信息资源的丰富化，农民获取信息的手段将不断提高、掌握的信息量也将不断增加，这就必将促进农民自觉根据市场需求自觉调整农业生产结构，农民将不再局限在传统农作物和动物的种植及养殖生产上，各种新的农业生产类型不断出现，各种名、特、优的高效益经济作物的种植比例将逐渐增加，而且农民的生产经营将不再局限于土地上，各种农副产品加工业比例也逐渐增多。通过特色产品信息平台、农业（农产品）网站等的信息载体建设和物联网等信息技术的应用及其功能的发挥，观光农业、休闲农业、生态农业等现代农业形态将不断增加。

（5）加快城乡统筹发展步伐

2018年，全国居民人均可支配收入28 228元，实际增长6.5%。其中，城镇居民人均可支配收入39 251元，增长7.8%，扣除价格因素，实际增长5.6%；农村居民人均可支配收入14 617元，实际增长6.6%。尽管近十年来乡村在中央一系列强农惠农政策作用下发展明显加快、农民收入增长明显提速，但是自2002年以来，我国城乡收入比一直在"3"以上，这说明了我国"三农"问题仅靠有限的政策调整并不能得到根本解决，城乡分割的"二元体制"已经成为乡村发展、农民收入增加的最大制约。党的十九大提出了实施乡村振兴战略，并将其写入党章。2018年1月发布了《中共中央 国务院关于实施乡村振兴战略的意见》，这是改革开放以来第20个、新世纪以来第15个指导"三农"工作的中央一号文件，指出了实施乡村振兴战略意义，并对实施乡村振兴战略进行了全面部署。城乡统筹发展是我们孜孜不倦的追求，当前制约城乡统筹发展的一个重要因素就是城乡之间的"信息鸿沟"。推进乡村电信基础设施建设，通过信息化促进城乡之间的快速沟通与融合，是一条低成本、快速度和高效率的城乡统筹发展路径。

（6）强化城市对乡村的辐射带动作用

城市是区域政治、经济、文化和科技中心，是区域人才流、技术流、信息流、资金流的交汇集散地，是区域电信网络的重要节点，也是区域信息化的增长点。加强乡村电信基础设施建设，建立起城乡一体化的电信服务体系，高速便捷的电信网络能切实突破地域限制，使城市不仅向乡村进行各种物质产品输送，还能向周边乡村提供贸易、金融、科技、人才等各类生产生活信息，增强城市对乡村的辐射、扩散和带动功能。加强乡村电信基础设施建设，提高乡村电信基础设施技术应用水平，为城乡之间的沟通、交流提供多样化、便利化、即时化的信息沟通交流载体，使城市现代价值观念、思想意识和生活方式等城市文明迅速向乡村扩散，加速乡村城镇化进程。

（7）加速城乡融合进程

加强乡村电信基础设施建设，可促进农业生产经营集约化，更多的劳动力、资金和土地等生产资料被分流出来用于发展乡村非农产业，助力乡村服务业的发展和乡镇工业的复兴，既调整和优化了乡村产业结构，发掘新的经济增长点，又使乡村本土消化了剩余劳动力，使"离土不离乡"成为现实,实现自下而上的城乡一体化。从城乡统筹发展的角度来看,加强乡村电信基础设施建设是统筹配置城乡生产要素和促进城乡公共服务环境一体化的需要。一方面,电信基础设施把乡村种养、产供销等千家万户的小生产经营活动纳入了千变万化的大市场中来,促进城乡经济统筹发展;另一方面,乡村公共服务和社会管理的信息化的发展能促进政府与农民群众之间的一体化沟通,实现医疗卫生、文化教育等公共服务的均等化,实现统筹城乡发展的目标。

【典型例题】

1.通信建设设施实行的保修期限为(   )。

A. 两年

B. 一年

C. 六个月

D. 三个月

参考答案:C

2.某光缆设施的光缆布放总长度为900 m,盘留总长度为30 m,成端预留总长度为20 m,不计算井内或杆上等小预留长度,没有光缆接头,请计算施工测量长度为(   )。

A. 900 m

B. 870 m

C. 850 m

D. 880 m

参考答案:C

3.加强通信设施建设市场的管理和监督目的是(   )。

A. 提高经济效益

B. 增加收入

C. 限制市场的发展

D. 加强市场的监管,提高工程质量

参考答案:D

4.《架空光(电)缆通信杆路工程设计规范》(YD 5148—2007)规定:杆路与35 kV以上电力线应垂直交越,不能垂直交越时,其最小交越角度不得小于(   )。

A. 30°

B. 45°

C. 60°

D. 90°

参考答案:B

5.判断题:两个交换系统之间的线路称为局间中继线。(   )

试题来源:程控交换题库

答案:对

背景:某沿海城乡电力隧道内径为3.5 m,全长4.9 km,管顶覆土厚度大于5 m,采用顶管法施工,合同工期1年。检查井兼作工作坑,采用现场制作沉井下沉的施工方案。管节长

2 m,自重 10 t,采用 20 t 龙门吊下管。

电力隧道沿着交通干道走向,距交通干道侧石边最近处仅 2 m 左右。离隧道轴线 8 m 左右,有即将入地的高压线,该高压线离地高度最低为 15 m。隧道穿越一个废弃多年的污水井。

上级公司对工地的安全监督检查中,有以下记录:

①项目部对本工程作了安全风险源分析,认为主要风险为正、负高空作业,地面交通安全和隧道内施工用电,并依此制订了相应的控制措施。

②项目部编制了安全专项施工方案,分别为施工临时用电组织设计,沉井下沉施工方案。

③项目部制订了安全生产验收制度。

a. 该工程还有以下安全风险源未被辨识:隧道内有毒有害气体,以及高压电线电力场。为此必须制订有毒有害气体的探测、防护和应急措施;必须制订防止高压电线电力场伤害人身及机械设备的措施。

b. 项目部还应补充的安全专项施工方案:沉井制作的模板方案和脚手架方案,补充龙门吊的安装方案。

理由:本案中管道内径为 3.5 m,管顶覆土大于 5 m,故沉井深度将达到 10 m 左右,现场预制即使采用分 3 次预制的方法,每次预制高度仍达 3 m 以上,必须搭设脚手架和模板支撑系统。因此,应制订沉井制作的模板方案和脚手架方案,并且注意模板支撑和脚手架之间不得有任何联系。本案中,隧道用混凝土管自重 10 t,采用龙门吊下管方案,按规定必须编制龙门吊安装方案,并由专业安装单位施工,安全监督站验收。

c. 本工程安全验收应包括以下内容:沉井模板支撑系统验收、脚手架验收、临时施工用电设施验收、龙门吊安装完毕验收、个人防护用品验收、沉井周边及内部防高空坠落系列措施验收。

【思考题】

1. 如何解决管道建设中线缆架空铺设和重复破地的情况?

2. 电信需求量用什么方法预测较为合适?

3. 由于技术发展,导致网络升级换代频率越来越快,如何解决网络生命周期越来越短、投资回收周期要求越来越快的网络升级换代矛盾的问题?

4. 电信基础设施规划的范围有哪些?

5. 邮政局所设置的服务半径合理的范围是什么?

6. 如何解决电信基础设施系统规范化的问题?

6

城乡燃气基础设施规划

导入语：

　　燃气作为一种清洁型能源,在人们的生产生活中使用广泛,同时,燃气管道在城乡建设中的需求量越来越大,燃气的质量、供应稳定性等方面的要求越来越高,因此需要科学规划,不断改进技术和方法。截至目前,我国基本建立了全国燃气输气干线,既大大加速了社会和经济发展,也促进了其他城乡基础设施规划的进一步完善。

　　本章关键词:燃气气源;燃气质量;燃气管网

6.1　城乡燃气基础设施规划与燃气的分类及其基本性质

6.1.1　城乡燃气基础设施规划概述

　　城乡燃气基础设施规划是供应城乡居民生活、公共设施和部分生产使用燃气的设施规划,是城乡建设的一项基础设施。发展城乡燃气基础设施是建设新型城乡不可缺少的一个方面。

　　燃气是一种清洁、优质、使用方便的能源。与其他燃料相比较,燃气有许多优点:

　　①着火容易,燃烧迅速、稳定,使用方便。

　　②燃烧比较安全,节约燃料,尤其是供居民使用时,节约燃料的效能更为显著。居民用煤烧水、煮饭,热能利用率一般只有 15% ~ 20%,而用燃气代替煤,其热效率就能达到 55% ~ 60%。在使用煤制气时,考虑制气效率,煤的综合热能利用率至少比直接烧煤高一倍。同时,

对保护距离地面 3 ~ 10 m 的人们呼吸带的低空大气环境有重要作用。

③容易调节,有利于自动控制。无论是家庭生活,还是工业生产使用燃气,都可以根据加热的要求进行调节。同时,燃气的燃烧过程易于控制,按照使用要求可以实行自动点火、自动灭火和自动控制加热温度等。

④燃气用于工业,能适应多种工艺需要,既能对物体进行大面积加热,也能进行局部高温加热。这是使用固体燃料所无法达到的。

⑤使用燃气有利于提高产品的质量和产量。例如,纺织业用燃气烧毛,容易使纺织品达到高质量标准;食品工业使用燃气加热,由于卫生条件的改善,也能显著提高产品的质量。不少工业,如电子、玻璃制品、精密锻造、少氧化和无氧化加热,以及对产品有色彩要求的高精密产品行业,更适于使用燃气。

⑥燃气代替煤,可使城乡垃圾中无机固体含量大大减少,有利于减少城乡垃圾总量,也为城市垃圾的处理减轻负担。

由此可见,积极发展城市燃气供应,既是节约能源、保护城乡环境的有效途径,又是改善劳动条件、节约劳动力、减少城乡运输量的有力措施。

中华人民共和国成立初期,我国的城市燃气事业处于低谷。经过 50 余年的恢复和改造,2000 年后我国城市燃气由天然气、液化石油气、人工煤气 3 种气源构成。2004 年,"西气东输"管道投入商业运营,天然气用气人口数量首次超过人工煤气用气人口数量。2009 年,天然气消费量占领 56.4% 的燃气市场,首次超过液化石油气,成为燃气领域的主导气源。天然气已成为城市燃气的主要气源,液化石油气将作为天然气的有效补充。有关研究机构数据显示,2020 年城市燃气行业天然气消费量为 1 004 亿 m^3,约占全国总用气量的 31%;城市燃气行业尚须建立并健全相关法规,加大整合力度,提高安全生产意识,重视应急调峰储备车等基础设施建设。

6.1.2　城乡燃气基础设施规划组成

城乡燃气基础设施规划由气源、输配设施和燃气用户 3 个部分组成,如图 6-1 所示。

图 6-1　城乡燃气基础设施规划组成示意图

在城市燃气基础设施规划中,气源即燃气的来源,一般是指各种人工煤气的制气厂或天然气门站。输配设施由气源到用户之间的一系列燃气输送和分配设施组成,包括燃气管网、储气库、储配站和调压室等。燃气的用户通常为居民、工业企业等。城市燃气规划主要研究气源和输配设施的方案选择和布局等一系列问题。

6.1.3　城乡燃气分类

城市民用和工业用燃气一般是由几种气体组成的混合气体,其中含有可燃气体和不可燃气体。可燃气体有碳氢化合物、氢气和一氧化碳等,不可燃气体有二氧化碳、氮气和氧气等。

燃气种类很多,主要有天然气、煤制气、油制气、液化石油气等。

1)天然气

天然气一般可分为4种:从气井中开采出来的气田气(也称纯天然气);伴随石油一起开采出来的石油气(也称石油伴生气);含石油轻质馏分的凝析气田气;从井下煤层抽出的矿井气。

纯天然气(简称"天然气")的成分以甲烷为主,同时含有少量的二氧化碳、硫化氢、氮气和微量的氦、氖、氩等气体。我国四川天然气中甲烷含量一般不少于90%,发热值为8 300~8 600 kcal/m³。我国大港地区的天然气为石油伴生气,甲烷含量约为15%,发热值约为10 000 kcal/m³。凝析气田气除含有大量甲烷外,还含有2%~5%戊烷以上的碳氢化合物。矿井气的主要成分是甲烷,含量随采气方式而变化。液化天然气的体积为气态时的1/600,有利于运输和储存。

2)煤制气

煤制气是指以煤为原料,通过加工制造而产生的燃气。根据不同的加工方法,可以分为干馏煤气、高炉煤气等。

(1)固体燃料干馏煤气

利用焦炉、连续式直立碳化炉(也称伍德炉)和立箱炉等对煤进行干馏,所获得的煤气称为干馏煤气。用干馏方式生产煤气,每吨煤可产煤气300~400 m³。这类煤气的甲烷和氢气含量最高,低发热值一般在4 000 kcal/m³左右。干馏煤气在所有煤制气中生产历史最长,是目前我国城乡燃气的重要气源。

(2)固体燃料气化煤气

压力气化煤气、发生炉煤气、水煤气等均属此类。压力气化煤气的热值一般在3 600 kcal/m³以上,可作为城乡燃气使用。

发生炉煤气和水煤气的热值较低,一氧化碳含量较高,不能单独作为城市燃气的气源。在城市燃气的气源中,这类煤气多用来加热焦炉和连续式直立碳化炉,以代替出热值较高的干馏煤气,增加城市气量的供应;使用时可以和干馏煤气、重油蓄热裂解气掺混,调节供气量和调整燃气热值,作为城市燃气的调度气源。

(3)高炉煤气

高炉煤气是高炉炼铁过程中产生的煤气。其主要成分是一氧化碳和氮气,发热值约为1 000 kcal/m³。

高炉煤气可用作炼焦炉的加热煤气,以取代焦炉煤气,供应城市燃气使用。高炉煤气也常用作锅炉的燃料或与焦炉煤气掺混,用于冶金工厂的加热工艺。

3)油制气

油制气是指由石油系原料经热裂化而制成的燃气。目前,我国一些城市利用重油制取城乡燃气。

按制取方法的不同,油制气可分为重油蓄热裂解气和重油蓄热催化裂解气两种。重油蓄热裂解气以甲烷、乙烯和丙烯为主要成分,发热值约为10 000 kcal/m³。重油蓄热催化裂解气中氢的含量最多,也含有甲烷和一氧化碳,发热值为4 200~5 000 kcal/m³。

生产油制气装置简单,投资省,占地少,建设速度快,管理人员少,启动、停炉灵活,既可作为城市燃气的基本气源,又可作为城市燃气的调度气源。

4）液化石油气

液化石油气是指在开采和炼制石油过程中作为副产品而获得的一部分碳氢化合物。

目前,我国供应的液化石油气主要来自炼油厂的催化裂化装置。

液化石油气的主要成分是丙烷(C_3H_8)、丙烯(C_3H_6)、丁烷(C_4H_{10})和丁烯(C_4H_8)。这些碳氢化合物在常温、常压下是气态,当压力升高或温度降低时,很容易转变为液态。从气态转变为液态,其体积缩小 1/250。气态液化石油气发热值为 22 000 ~ 29 000 $kcal/m^3$,液态液化石油气的发热值为 10 800 ~ 11 000 kcal/kg。

在城市燃气供应气中,由于发展液化石油气投资省、设备简单、供应方式灵活、建设速度快,所以液化石油气供应发展很快,已成为城市燃气供应的主要气源之一。一些燃气的成分及低发热值见表6-1。

表 6-1　燃气的成分及低发热值

燃气类别	成分（体积百分比）									低发热值 /($kcal \cdot m^{-3}$)
	CH_4	C_3H_8	C_4H_{10}	C_4H_8	CO	H_2	CO_2	O_2	N_2	
一、天然气										
1. 纯天然气	98	0.3	0.3	0.4					1	8 650
2. 石油伴生气	81.7	6.2	4.86	4.91				0.3	0.2	1.8	10 860
3. 凝析气田气	74.3	6.75	1.87	14.91			1.62		0.55	11 550
4. 矿井气	52.4						4.6	7	36	4 500
二、人工燃气										
（一）固体燃料干馏煤气										
1. 焦炉煤气	27			2	6	56	3	1	5	4 360
2. 连续式直立碳化矿煤气	18			1.7	17	56	5	0.3	2	3 860
3. 立箱炉煤气	25				9.5	55	6	0.5	4	3 850
（二）固体燃料气化煤气										
1. 压力气化煤气	18			0.7	18	56	3	0.3	4	3 680
2. 水煤气	1.2				34.4	52	8.2	0.2	4	2 480
3. 发生炉煤气	1.8			0.4	30.4	8.4	2.4	0.2	56.4	1410
（三）油制气										
1. 重油蓄热裂解气	28.5			32.17	2.68	31.51	2.13	0.62	2.39	10 070
2. 重油蓄热催化裂解气	16.6			5	17.2	46.5	7	1	6.7	4 190
（四）高炉煤气	0.3				28	2.7	10.5		58.5	940
三、液化石油气（概略值）		50	50							25 900
四、沼气（生化气）	60				少量	少量	35	少量		5 200

6.1.4　燃气的基本性质

1)燃气的容重和比重

燃气的容重是指单位容积的燃气所具有的质量。燃气的容重根据燃气中所含各组成气体的容重来确定。表6-2为几种常见燃气的容重和比重。

表6-2　几种常见燃气的容重和比重

燃气种类	容重/(N·Nm⁻³)	比重
天然气	0.75~0.8	0.58~0.6
焦炉煤气	0.4~0.5	0.3~0.4
气态液化石油气	1.9~2.5	1.5~2.0

2)燃气的发热值

气体燃料的热值是指单位数量的燃料(1 m³或1 kg)完全燃烧时所放出的热量。

热值有高发热值和低发热值之分,前者用于研究,后者用于设施技术计算。高发热值是指1 m³燃气完成燃烧后,其燃烧产物被冷却至原始温度,而其中的水蒸气凝成同温度的液态时所发出的热量。低发热值是指1 m³燃气完全燃烧后,其燃烧产物被冷却至原始温度,但燃烧产物中的水蒸气仍为蒸汽状态存在于其中时所放出的热量。

燃气的热值可按式(6-1)计算:

$$H = \sum_{}^{n} y_i H_i \tag{6-1}$$

式中　H——燃气的高发热值,kcal/Nm³;

H_i——燃气中各组成气体的高发热值或低发热值,kcal/Nm³;

y_i——燃气中各组成成分。

3)燃气的爆炸极限

可燃气体和空气的混合物遇明火而引起爆炸的可燃气体浓度范围称为爆炸极限。在这种混合物中,当可燃气体的含量减少到不能形成爆炸混合物时的含量称为可燃气体的爆炸下限,而当可燃气体含量一直增加到不能形成爆炸混合物时的含量称为爆炸上限。

爆炸极限的单位一般用可燃气体在混合物中的体积百分数表示。

$$L = \frac{100}{\sum\limits_{i=1}^{n} \dfrac{y_i}{L_i}} \tag{6-2}$$

式中　L——混合气体的爆炸下限(或上限),体积百分数;

L_i——混合气体各组分的爆炸下限(或上限);

i——混合气体中各组分的容积成分,%。

燃气组成中常见的低级烃和某些单一气体的基本性质见表6-3、表6-4。

表 6-3 常见的低级烃的基本性质

气体		甲烷	乙烷	乙烯	丙烷	丙烯	正丁烷	异丁烷	正戊烷
分子式		CH_4	C_2H_6	C_2H_4	C_3H_8	C_3H_6	C_4H_{10}	C_4H_{10}	C_5H_{12}
分子量 M		16.043 0	30.070 0	28.154 0	44.097 0	42.081 0	58.124 0	58.124 0	72.151 0
摩尔容积 V_M /($Nm^3 \cdot kmol^{-1}$)		22.362 1	22.187 2	22.256 7	21.936 2	21.990	21.503 6	21.597 7	20.891
密度 r/($kg \cdot Nm^{-3}$)		0.717 4	1.355 3	1.260 5	2.010 2	1.913 6	2.703 0	2.691 2	3.453 7
气体常数 R /[$kJ \cdot (mol \cdot k)^{-1}$]		517.1	273.7	284.3	184.5	193.8	137.2	137.8	107.3
临界参数	临界温度 T_e/K	191.05	305.45	282.95	368.85	364.75	425.95	407.15	470.35
	临界压力 P_e/MPa	4.640 7	4.883 9	5.339 8	4.397 5	4.762 3	3.617 3	3.657 8	3.343 7
	临界密度 P_c /($kg \cdot Nm^{-3}$)	162	210	220	226	232	225	221	232
发热值	高发热值 H_h /($MJ \cdot Nm^{-3}$)	39.842	70.351	63.438	101.266	93.667	133.886	133.048	169.377
	低发热值 H_1 /($MJ \cdot Nm^{-3}$)	35.902	64.397	59.477	93.240	87.667	123.649	122.853	156.733
爆炸极限	爆炸下限 L_h /体积百分数	5.0	2.9	2.7	2.1	2.0	1.5	1.8	1.4
	爆炸上限 L_1 /体积百分数	15.0	13.0	34.0	9.5	11.7	8.5	8.5	8.3
黏度	动力黏度 /[$\times 10^6 (Pa \cdot s)$]	10.395	8.600	9.316	7.502	7.649	6.835		6.355
	运动黏度 /[$\times 10^6 (m^2 \cdot s^{-1})$]	14.50	6.41	7.46	3.81	3.99	2.53		1.85
	无因次系数 C	164	252	225	278	321	377	368	383

注:在常温和 20 ℃条件下,可燃气体在空气中的百分数。

表 6-4 某些单一气体的基本性质

气体	一氧化碳	氢气	氮气	氧气	二氧化碳	硫化氢	空气	水蒸气
分子式	CO	H_2	N_2	O_2	CO_2	H_2S		H_2O
分子量 M	28.010 4	2.016 0	28.013 4	31.998 8	44.009 8	34.076	28.966	18.015 4
摩尔容积 V_M /($Nm^3 \cdot kmol^{-1}$)	22.398 4	22.427	22.403	22.392 3	22.260 1	22.180 2		21.629
密度 r /($kg \cdot Nm^{-3}$)	1.250 6	0.089 9	1.250 4	1.429 1	1.977 1	1.536 3	1.293 1	0.833
气体常数 R /[$kJ \cdot (mol \cdot k)^{-1}$]	296.63	412.664	296.66	259.585	188.74	241.45	286.867	445.357
临界参数 临界温度 T_e/K	133.0	33.30	126.2	154.8	304.2		132.5	647.3
临界参数 临界压力 P_e/MPa	3.495 7	1.297 0	3.394 4	5.076 4	7.386 6		3.766 3	22.119 3
临界参数 临界密度 P_e /($kg \cdot Nm^{-3}$)	300.86	31.015	310.91	430.09	468.19		320.07	321.70

6.1.5 城市燃气的质量要求

并非所有可燃气体都能用作城市燃气,城市燃气质量指标应符合下列要求。

(1)城市燃气成分变化应符合的要求

①燃气的华白指数波动范围一般不超过 ±5%。

②燃气燃烧性能的其他指标应与用气设备燃烧性能的要求相互适应。

(2)城市燃气的质量指标应符合的要求

①低发热值大于 3 500 kcal/Nm^3。

②杂质允许含量的指标:焦油与灰尘应小于 10 mg/Nm^3,硫化氢小于 20 mg/Nm^3,氨小于 50 mg/Nm^3,萘小于 50 mg/Nm^3(冬季)或小于 100 mg/Nm^3(夏季)。

③含氧量小于 1%(体积比)。

④一氧化碳的含量不宜超过 10%(体积比)。

(3)城市燃气应具有可以察觉的臭味

无臭的燃气应加臭,其加臭程度符合下列要求:

①有毒燃气在达到允许的有害浓度之前应能察觉。

②无毒燃气在相当于爆炸下限 20% 时应能察觉。

城市燃气用量包括居民生活用气量、公共建筑用气量、建筑物采暖用气量和工业企业用气量。

计算城市燃气用量的目的是确定城市燃气的总需求量,从而根据需求来确定城市燃气设施规划的规模。

6.1.6 燃气供应的原则

1）燃气用户

城市燃气是一种优质气体资源,用于城市居民生活和工农业生产。由于使用气体燃料比固体燃料有更大的优越性,因此城市的运行应广泛使用燃气。城市燃气一般应用于下列 4 个方面:

①居民生活用气。

②公共建筑用气。

③工业企业用气。

④建筑采暖用气。

居民生活用气主要用于餐饮等日常生活用热水;公共建筑用气主要用于包括医院、酒店与饮食业、职工餐厅、幼儿园与托儿所、学校与理发店的烹饪、热水、化验与消毒等;工业企业用气用于生产工艺过程的加热等;建筑采暖用气主要用于采暖锅炉的加热。

根据城市燃气的用途,其用户有 4 类:居民家庭用户、公共建筑用户、工业用户与建筑采暖用户。由于建筑采暖用户不仅用量大,而且季节用量不均匀,一般不发展建筑物采暖用气,只有当气源供气量比较充裕,并有解决季节不均匀的办法时才允许发展。

2）燃气供气原则

城市燃气应用于不同类型的用户,其热效率是各不相同的。各类用户应用城市燃气和直接烧煤、烧油的热效率对比见表 6-5。

表 6-5　各类用户应用城市燃气和直接燃煤、燃油的热效率对比/%

序号	燃料用途	燃料种类		
		煤	油	城市燃气
1	居民生活	15 ~ 20	30	55 ~ 60
2	公共建筑	25 ~ 30	40	55 ~ 60
3	一般锅炉	50 ~ 60	>70	60 ~ 80
4	电厂锅炉	80 ~ 90	85 ~ 90	90

由表 6-5 可知,城市燃气供应居民生活和公共建筑,节能效果比较好。城市燃气供应一般锅炉,特别是供应电厂锅炉,节能效果不太理想。

除了考虑节能效果外,在确定供气对象时必须考虑对燃料综合平衡的影响,是否有利于环境保护和节约投资,并进行必要的技术经济比较。

城市燃气供应居民使用,不仅能节约较多的燃料,还有减轻劳动、减轻城乡污染、减少运输量等方面的效益。因此,城市燃气应当优先满足城市居民生活用气的需要。

当然,城市燃气在气量分配上应当兼顾工业和民用,二者用气量应有一个合理的比例。发展一定数量的工业用户不仅能促进燃气事业的发展,也有利于燃气输配设施的自身调节。因为工业用户气量较稳定,可以减少调峰设施。

对于不同类型用户需采取不同的供气原则。

（1）供应居民用气的原则

①优先满足城镇居民饮水和日常生活热水用气。

②应尽量满足供气范围内的城镇托幼、学校、医院、酒店、餐厅和科研等公共建筑用气需要。当城市实现全面气化时，这些公共建筑用气应予保证。在城市还处于局部气化时，不宜单独设置专用管道远距离供应某些公共建筑用气。

③人工煤气一般不供锅炉用气，尤其不供按季节采暖的锅炉用气。

④天然气如气量充足，并经技术经济比较认为合理时，可发展工业燃气采煤，但要有调节季节不均衡用气的方法。

（2）供应工业用气的原则

①供应人工煤气。

a. 优先满足工艺上必须使用煤气，但用气量不大，自建煤气发生站又不经济的工业企业用气。

b. 对工艺上必须使用煤气，但用气量较大的工业企业，是供应城乡煤气，还是自建煤气发生站，须进行技术经济比较，并考虑"三废"处理和运输等具体条件来确定。

c. 对邻近管网、用气量不大的其他工业企业，如使用煤气可提高产品质量，改善劳动条件和生产条件，可考虑供应城乡煤气。

d. 根据我的能源政策，以城乡煤气代替烧油和用电，经过技术经济比较，节能效果确实比较显著，气源和配送设施又具备条件时，可以考虑供应这类工业用户。

e. 不宜供应远离城乡煤气管网的工业用户与将煤气大量用于加热的（如锻工、热处理等）工业用户。

f. 油煤气不宜供应可直接烧重油的工业企业。

②供应天然气。当天然气的气量充足时，供应范围可比人工煤气适当放宽。同时还可考虑供应下列用户：

a. 用气量较大，又位于重要地段，且改用气体燃料后能显著降低大气污染的工业企业。

b. 能代替电力、冶金和其他优质燃料的工业企业。

c. 作为缓冲用户的电厂。

6.2 城乡燃气气源

6.2.1 我国气源概况及其选择

我国有丰富的天然气资源。经过资源评价，我国天然气总资源量为38万亿m^3，探明储量为1.53万亿m^3，探明程度仅4.02%。全国陆上投产气井达1 889口，累计采出天然气3 500亿m^3。已建成的输气管道约为7 000 km。2013年我国天然气产量1 210亿m^3，其中常规天然气1 178亿m^3；非常规气中页岩气2亿m^3，煤层气30亿m^3。我国天然气进口量为534亿m^3。

我国城市燃气事业的发展必须贯彻多种气源、多种途径的方针。根据各地资源条件，因地制宜，合理利用能源，大力发展煤制气，优先使用天然气，合理利用液化石油气，适当发展油制气,积极回收工矿燃气。

气源选择在城市燃气规划中是一个重要问题。在选择气源时,一般应考虑以下原则:

①必须遵照国家的燃料政策,并根据本地区燃料资源的情况,通过技术经济比较来确定气源。

②城市燃气的气源应充分利用外部气源,在选择外部气源时,必须落实供气量的高低极限范围及质量情况。选择自建气源时,必须落实原料供应和产品销售情况。

③在确定气源的基本制气装置时,应结合城市燃气输配设施中储存设施的情况,考虑建设适当规模的机动制气装置作为调峰手段。

④对于大中城市而言,应根据城市燃气设施规划的规模、负荷分布、气源产量等情况,在可能条件下力争安排两个以上的气源。

⑤在一个城市中选择若干种气源联合运行时,应考虑各种燃气之间的互换,使燃气的华白指数波动范围超过 ±5%,以保持良好的燃烧效率。

6.2.2　燃气的净化

1)燃气净化的目的及意义

燃气无论作为燃料还是化工原料,为了符合用户的需求和管线输送的要求,必须对燃气进行净化处理,脱除其中的有害杂质。考虑到原料综合利用和环境污染的问题,还须将净化处理过程中除去的一些杂质进行回收,因为它们也是重要的化工原料。

焦炉煤气中所含的乙烯可以作为制造乙二醇和二氯乙烯等化工产品的原料。

焦炉煤气中所含的氨气可用以制取硫胺或氨水,其中所含的氢可用于制造合成氨,进一步制造尿素、硝酸铵和碳酸氢铵等化肥。

硫化氢是生产单体硫和硫酸的原料。同时,回收硫化氢和氰化氢能减轻大气和水质的污染。粗苯和粗焦油都是组成成分复杂的半成品,经过精制加工后,得到的产品有二硫化碳、苯、甲苯、二甲苯、三甲苯、古马隆、萘、酚、蒽、吡啶盐基等。这些纯产品具有极为广泛的用途,是塑料工业、合成纤维、燃料、合成橡胶、医药、农药、耐高温材料及国防工业极为宝贵的原料。

近年来,我国煤焦化学工业和天然气加工工业不断发展,已从焦炉煤气、煤焦油、粗苯及天然气中提炼出百余种产品,这对于我国经济发展具有重大的经济意义。

2)城市燃气净化要求

燃气的种类很多,如天然气、油制气、液化石油气、煤制气等。由于各种燃气的原料、制备方法及产地不同,因此其组成和所含的杂质也各不相同。但是,作为城市燃气,其中的杂质允许含量应遵守以下规定:

①硫化氢浓度小于 20 mg/Nm^3。

②氨小于 50 mg/Nm^3。

③焦油及灰尘浓度小于 10 mg/Nm^3。

④萘小于 50 mg/Nm^3(冬季)或小于 100 mg/Nm^3(夏季)。

注:①萘含量标准仅适用于低压输送的城乡燃气。

②对于在地下燃气干管埋设深度处的最低月平均温度大于 10 ℃的地区,含萘量指标可适当放宽。

3)城市燃气的净化处理

在燃气净化处理中应注意：

①燃气净化工艺必须与化工副产品回购工艺相结合，综合利用、经济合理。

②燃气净化工艺应根据燃气的种类、燃气处理量和含杂质浓度，结合当地条件与燃气掺混情况等因素综合确定。

③燃气净化设备的能力应按每小时最大燃气处理量及其相应的杂质含量确定。

a.焦炉煤气净化工艺过程。来自焦炉的煤气→煤气初步冷却→鼓风机→电捕焦油→脱氨→脱萘→脱苯→最终脱萘→脱硫→煤气罐。

对于其他类型的燃气，如直立炭化炉煤气、立箱炉煤气，均可以采用上述流程，其差别只是杂物含量不同、所用的操作指标不同。油制气亦可采用上述电捕焦油、脱萘、脱苯、脱硫等流程。经过水洗冷却后，其含氨量极少，一般不作单独脱氨处理。虽然芳香烃的含量高，但苯中不饱和化合物太多，苯往往难以达到其质量标准，所以须进行处理。另外，气化煤气（如水煤气、发生炉煤气等）因燃气中不存在或存在少量的苯、萘、氨等杂质，因此一般只进行冷凝、冷却、焦油的脱除和脱硫等工序。

b.天然气的净化处理。天然气脱水、脱油一般有两种方法：一是用溶剂吸收；二是冷冻。

天然气净化工艺过程：来自井场的天然气→脱凝析油→脱硫→脱水→经管道送至用户。

6.2.3 气源厂址选择

城市燃气气源厂的厂址选择十分关键。选择厂址一方面从城市的总体规划和气源的合理布局出发，另一方面从有利生产、方便运输、保护环境出发。因此，在厂址选择过程中，对气源厂的一些基本要求应该考虑周详，既能完成当前的生产任务，也要考虑将来的发展。

1)厂址选择的一般要求

①气源厂厂址的确定必须征得当地规划部门和有关主管部门的同意和批准。

②气源厂厂址应尽量不占良田，少占农田，使用荒地和废地。

③在满足环境保护和防火安全等要求的条件下，气源厂应尽量靠近煤气的负荷中心。

④使用铁路运输时应具有方便的接轨条件，避免修建巨型桥涵、隧道和大量土石方设施，专用线的长度不宜过长，尽可能与邻近企业共用一条铁路专用线。

⑤厂址应尽量靠近公路。在当地具备水运的条件时，厂址应尽可能选在江河附近，以便充分发挥水路运输的条件。

⑥厂址不应受洪水及大雨淹灌和山洪冲刷；厂址标高应高出历年最高洪水位0.5 m以上，并应保证水能顺畅排出。

⑦厂址应位于城市和乡村的下风方向，尽量避免烟尘、废水对居民、农业、渔业的污染，并留出必要的卫生防护地带。

⑧厂址应避免布置在滑坡、溶洞、坍方、断层、淤泥等不良地质的地区，厂址的土壤耐压力一般不低于15 t/m^2。

⑨厂址应避开油库、桥梁、铁路枢纽站、飞机场等重要战略目标。

⑩确定厂址时应同时落实供电、供水和燃气管道的出厂条件。厂址应尽量选在运输、动力、机修等方面有协作可能的地区；电源应能保证双路供电。

⑪在选择厂址时应同时考虑职工住宅的位置;有清洁、安静的环境,并便利职工上下班。

⑫结合城市燃气远景发展规划,厂址应留有发展余地。

⑬厂址应符合建筑防火规范的有关规定。

2)工业"三废"排放标准

在选择厂址的过程中,燃气厂的环境评价工作具有十分重要的作用。下面摘录工业"三废"排放试行标准中的部分数据,供选择时参考。13 类有害物质的排放标准见表6-6。

表 6-6　13 类有害物质的排放标准

序号	有害物质名称	排放有害物质企业	排放标准		
			排气筒高度/m	排放量/($kg \cdot h^{-1}$)	排放高度/($mg \cdot m^{-3}$)
1	二氧化碳	电站	30	82	
			45	170	
			60	310	
			80	650	
			100	1 200	
			120	1 700	
			150	2 400	
		冶金	30	52	
			45	91	
			60	140	
			80	230	
			100	450	
			120	670	
		化工	30	34	
			45	66	
			60	110	
			80	190	
			100	280	
2	二氧化硫	轻工	20	5.1	
			40	15	
			60	30	
			80	51	
			100	76	
			120	110	
3	硫化氢	化工、轻工	20	1.3	
			40	3.8	
			60	7.6	
			80	13	
			100	19	
			120	27	

续表

序号	有害物质名称	排放有害物质企业	排放标准		
			排气筒高度/m	排放量/(kg·h⁻¹)	排放高度/(mg·m⁻³)
4	氟化物（换算成F）	化工	30	1.8	
			50	4.1	
		冶金	120	24	
5	氮氧化物	化工	20	12	
			40	37	
			60	86	
			80	160	
			100	230	
6	氯	化工、冶金	20	2.8	
			30	5.1	
			50	12	
			80	27	
			100	41	
7	氯化氢	化工、冶金	20	1.4	
			30	2.5	
			50	5.9	
		冶金	80	14	
			100	20	
8	一氧化碳	化工、冶金	30	160	
			60	620	
			100	1700	
9	硫酸(雾)	化工	30~45		260
			60~80		600
10	铝	冶金	100		34
			120		47
11	汞	轻工	20		0.01
			30		0.02
12	铍化物（换算成Be）		45~80		0.015
13	烟尘及生产类粉尘	电站(煤粉)	30	82	
			45	170	
			60	310	
			80	650	
			100	1 200	
			120	1 700	
			150	2 400	
		工业级采暖锅炉生产类粉尘			200
		(第一类)			100
		(第二类)			150

①对于表6-6中未列入的企业,其有害物质的排放量可参照该表所列类似企业。

②表6-6中所列数据按平原地区、大气为中性状态、点源连续排放制订。对间断排放者,若每天多次排放,其排放量应按表6-6中之规定;若每天排放一次而又少于1 h,则二氧化硫、烟尘及生产类粉尘、二氧化硫、氟化物、氯、氯化氢、一氧化碳等7类物质的排放量可为表6-6中的3倍。

③局部通风除尘后所允许的排放浓度。

第一类指含10%以上游离二氧化硅或石棉的粉尘,以及玻璃棉和矿渣棉粉尘、铝化物粉尘等。

第二类指含10%以下游离二氧化硅的煤尘及其他粉尘。

6.3　城乡燃气输配设施

城乡燃气输配设施是气源厂(或天然气远程干线的门站)到用户间的一系列输送和分配设施的总称。

城乡燃气的输送和分配必须把城乡供应安全和可靠放在重要地位。

城乡燃气输配设施和燃气设施应根据事先建设的条件提出若干方案,经过全面的技术经济比较后确定。

6.3.1　城市燃气管网设施

城市燃气管网设施是指从气源厂(或天然气远程干线的门站)至用户引入管的室外燃气管道,由各种压力的燃气管道组成。我国城乡燃气管网设施如图6-2所示。

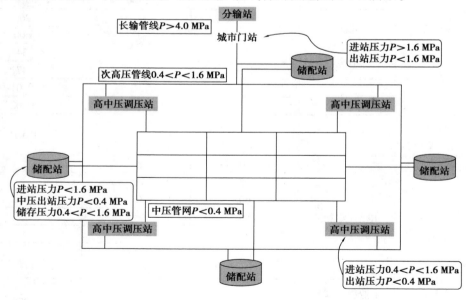

图6-2　我国城乡燃气管网设施

1)城市燃气管道的压力分级

我国城市燃气管道压力分级见表6-7。

表 6-7 我国城市燃气管道压力分级

序号	燃气管道压力分级	压力 $P/(kg \cdot cm^{-2})$
1	低压	≤0.05
2	中压	0.05 ~ 1.5
3	次高压	1.5 ~ 3.0
4	高压	3.0 ~ 8.0

这个压力分级对我国目前发展城市燃气一般是适应的。在进行规划时,考虑到将来的发展,当需要提高燃气管网压力时,可以采用高于表 6-8 中所列的压力。

目前,我国几个城市燃气管道的压力分级见表 6-8,几个城市天然气规划的压力分级见表 6-9。

表 6-8 我国几个城市燃气管道的压力分级

序号	城市	低压/mmH$_2$O	中压/$(kg \cdot m^{-2})$	次高力和高压/$(kg \cdot m^{-2})$	备注
1	北京	110 ~ 120	1	3	人工煤气,钢管,铸铁管
2	上海	150	1	—	人工煤气,铸铁管
3	大连	200 ~ 300	1.3 ~ 1.5	—	人工煤气,铸铁管
4	鞍山	300	0.35	—	人工煤气,铸铁管
5	沈阳	300	1.0 ~ 1.6	—	人工煤气,铸铁管
6	长春	200 ~ 400	1.0 ~ 1.5	—	人工煤气,铸铁管
7	哈尔滨	150 ~ 200	0.3	—	人工煤气,铸铁管
8	成都	400	1.0 ~ 2.0	7.0 ~ 8.0	天然气,钢管
9	重庆	300	1	3.0 和 6.0	天然气,钢管
10	自贡	—	0.5 ~ 1.0	10	天然气,钢管
11	泸州	270 ~ 400	0.2 ~ 0.25	—	天然气,钢管

表 6-9 我国几个城市天然气规划的压力分级

序号	城市	低压/mmH$_2$O	中压/$(kg \cdot m^{-2})$	市区高压/$(kg \cdot m^{-2})$	近郊高压/$(kg \cdot m^{-2})$	门站后高压/$(kg \cdot m^{-2})$	储罐压力/$(kg \cdot m^{-2})$
1	北京	<500	2			20	9
2	上海	300	1	3 ~ 5	10	25 ~ 30	—
3	成都	<1 000	0.1 ~ 3.0	3 ~ 8	6 ~ 9	8 ~ 12	—
4	重庆	200 ~ 250	0.05	3 ~ 6	>6	—	8
5	武汉	200 ~ 500	1.5	3 ~ 4	6 ~ 10	9 ~ 16.5	8

表 6-10 为世界部分大城市天然气管道的压力分级。

表 6-10　世界部分大城市天然气管道的压力分级

城市	长输管道	地区或外环高压管道	市区次高压管道	中压管道	低压管道
洛杉矶	5.93 ~ 7.17	3.17	1.38	0.138 ~ 0.41	0.002
温哥华	6.62	3.45	1.2	0.41	0.002 8 或 0.006 9 或 0.013 8
多伦多	9.65	1.90 ~ 4.48	1.2	0.41	0.001 7
中国香港	—	3.5	A.0.40 ~ 0.70 B.0.24 ~ 0.40	0.007 5 ~ 0.24	0.007 5 或 0.002 0
悉尼	4.50 ~ 6.35	3.45	1.05	0.21	0.007 5
纽约	5.50 ~ 7.00	2.8		0.10 ~ 0.40	0.002
巴黎	6.80(一环以外整个法兰西岛地区)	4.00(巴黎城区向外 10 ~ 15 km 的一环)	0.4 ~ 1.9	A. ≤0.40 B. ≤0.04(老区)	0.002
莫斯科	5.5	2	0.3 ~ 1.2	A.0.1 ~ 0.3	≤0.005 0
				B.0.005 ~ 0.1	
东京	7	4	1.0 ~ 2.0	A.0.3 ~ 1.0 B.0.01 ~ 0.3	<0.010 0

由上述 9 个大城市可知,门站后高压输气管道一般呈环状或支状分布在市区外围,其压力为 2.0 ~ 4.48 MPa,一般不敷设压力大于 4.0 MPa 的管道。由此可知,门站后城市高压输气管道的压力为 4.0 MPa,已能满足特大城市的供气要求,故本书将门站后燃气管道压力适用范围定为不大于 4.0 MPa。

但是,城镇中允许敷设压力大于 4.0 MPa 的管道。对于大城市而言,如经论证在工艺上确实需要且在技术、设备和管理上有保证,在门站后也可敷设压力大于 4.0 MPa 的管道,另外门站前肯定须敷设压力大于 4.0 MPa 的管道。城镇敷设压力大于 4.0 MPa 的管道设计宜按《输气管道工程设计规范》(GB 50251—2015)并参照此规范高压(4.0 MPa)管道的有关规定执行。

2)城市燃气管网设施的分类

城市燃气管网设施一般可分为单级设施、两级设施、三级设施和多级设施。

(1)单级设施

只采用一个压力等级(低压)来输送、分配和供应燃气的管网设施称为单级设施。

低压单级设施仅适用于较小的城市。当供应范围较大,采用低压单级设施时,单位投资较多,单位金属耗量较大,是不经济的。燃气管线单级设施示意图如图 6-3 所示。

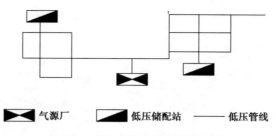

图 6-3　燃气管线单级设施示意图

（2）两级设施

一般为高（次高）低压或中低压设施，可以全部采用铸铁管，节约钢材。承压能力低，不能大幅度升高管网通过能力，发展的机动性较小。高（次高）低压设施由于高（次高）压部分采用钢管，供应规模扩大时可以提高管网运行压力，有较大的机动性，主要缺点是耗用钢材较多，安全距离要求大。中低压两级设施示意图如图 6-4 所示。

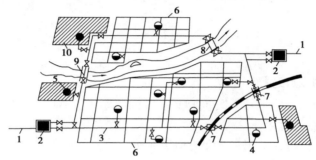

图 6-4　中低压两级设施示意图

1—长输管线；2—城乡燃气分配站；3—中压 A 管网；4—区域调压站；
5—工业企业专用调压站；6—低压管网；7—穿越铁路的套管敷设；
8—穿越河底的过河管道；9—沿桥敷设的过河管道；10—工业企业

（3）三级设施

一般指高、中、低压 3 种燃气管道组成的设施。这种设施通常难以在市内敷设高压管道，而中压管道又不能有效地保证长距离输运大量燃气，或者由于全部敷设中压管道，其金属耗量和投资过大时采用三级设施。这种设施一般在供气规模较大的城市中采用。高、中、低三级设施示意图如图 6-5 所示。

（4）多级设施

在以天然气为主要气源的大城市，城市燃气用量很大，为了充分利用天然气的输送压力，提高城市燃气管道的输气能力，保证供气的可靠程度，往往在城市边缘敷设高压管道环，形成四级、五级等多级设施。我国有些城市在天然气规划中采用多级设施。图 6-6 所示为国外多级设施示意图。

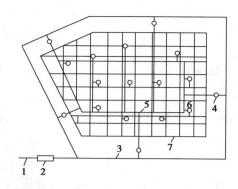

图6-5 高、中、低三级设施示意图

1—长输管线；2—门站；3—高压管网；

4—高中压调压站；5—中压管网；

6—中低压调压站；7—低压管网

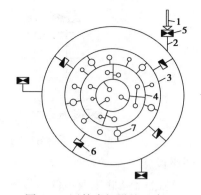

图6-6 国外多级设施示意图

1—高压煤气管道，55 kg/cm^2；

2—高压煤气管道，20 kg/cm^2；

3—高压煤气管道，3 kg/cm^2；

4—中压煤气管道，1 kg/cm^2；

5—天然气远程干线门站；

6—高压煤气储配站；7—高中压高压室

3）城市燃气管网设施选择

选择城市燃气管网设施是一个既重要又复杂的问题，应当通过全面的技术经济比较，选取经济合理、安全可靠的方案。

选择管网设施时需考虑的因素主要有以下8个。

①气源情况，诸如燃气的性质：人工燃气、天然气，还是几种可燃气体的混配煤气、供气量和供气压力、气源的布局和发展规划等。

②城市规模及其发展规划、人口密度，以及建筑特点及其分布、住宅分布情况。

③原有的城市燃气供应设施情况。

④大型燃气用户（包括工业和公共建筑用户）的数目和分布及对燃气压力的要求。

⑤储气设备的类型。

⑥城市地理、地形条件，敷设各种压力燃气管道时可能遇到的天然和人工障碍物情况。

⑦管材、管道附件和调压设备的生产和供应情况。

⑧对所留有的发展备用地的要求。

经过全面考虑上述诸多因素后，应对各个管网设施方案作出技术经济评价，从中选择经济合理的方案。

目前，我国大多数城市采用中低压两级设施。这是因为：

①城市燃气供应量目前还不大，中压管道可以满足要求。

②人工煤气作为城市燃气气源，输气距离不长，如采用过高压力，加压燃气耗电多，不经济。

③中压管道可以使用铸铁管，管材较易解决，耐腐蚀。

④一般城市中心区人口密度大，尤其是城市中未经改造的老区街路狭窄，敷设高压燃气管道时往往难以保证必要的安全距离。

⑤可以采用低压燃气储罐。

6.3.2 燃气管网的布置

燃气管网的作用是保证安全和可靠地供给各类用户正常压力、足够数量的燃气。布置燃气管道首先应满足使用上的要求，同时尽量缩短线路，以节省材料。

燃气管网的布置应根据"全面规划、远近结合、以近期为主"的原则进行分期建设。燃气管网的布置工作在管网设施的压力原则确定之后进行，并按压力高低的顺序，先布置高中压管网，后布置低压管网。对扩建或改建燃气管网的城乡，应从实际出发，充分发挥原有管道的作用。

1）市区管网布置

布置市区的燃气管网，除了服从城市管道综合规划的安排外，还应考虑下列因素：

①城市燃气干管的位置应靠近大型用户。为保证燃气供应安全可靠，主要干线应逐步连成环状。

②市区燃气管道一般采用直埋敷设，应尽量避开主要交通干道和繁华街道，以免给施工和运行管理带来困难。

③沿城市街道敷设燃气管道时，可单侧布置，也可双侧布置。双侧布置一般在街道限宽、有很多横穿马路的支管或输送燃气量较大，且一条街道不能满足要求的情况下采用。

④低压燃气干管最好在小区内部的道路下敷设，这样既可保证管道两侧均能供气，又可减少主要干道的管线位置占地面积。

⑤燃气管道不能敷设在建筑物的下面，不能与其他管线平行或上下重叠，并禁止在下列场所敷设燃气管道：

a. 各种机械设备和成品、半成品堆放场地。

b. 高压电线走廊。

c. 动力和照明电缆沟道。

d. 易燃、易爆材料和具有腐蚀性液体的堆放场所。

⑥燃气管道穿越河流或大型渠道时，可随桥（木桥除外）架设，也可采用倒虹管由河底（或渠底）通过，或设置管桥。具体采用何种方式，应由城乡规划、消防等部门根据安全、市容、经济等条件统一考虑确定。

⑦燃气管道应尽量少穿越公路、铁路、沟道和其他大型构筑物；必须穿越时，应有一定的防护措施。

2）郊区输气干线布置

郊区的输气干线布置一般考虑如下因素：

①结合城市的发展规划，避开未来的建筑物。

②线路应少占农田，不占良田，尽量靠近现有公路或规划公路的位置敷设。

③输气干线的位置除考虑城乡发展的需要外，还应兼顾大城市周围小城镇的用气需要。

④线路应尽量避免穿越大型河流和大面积湖泊、水库和水网区，以减少设施量。

⑤为确保安全，线路与城镇、工矿企业等建筑物、构筑物高压输电线应保持一定的安全距离。

3）管道的安全距离

①市区燃气管道与建筑物、构筑物基础及相邻管道之间的水平净距见表6-11。市区地下

燃气管道与相邻管道之间的垂直净距见表6-12。

表6-11 市区燃气管道与建筑物、构筑物基础及相邻管道之间的水平净距

序号	项　目		低压/m	中压/m		高压/m	
				B	A	B	A
1	建筑物的基础		0.7	1	1.5	4	6
2	给水管		0.5	0.5	0.5	1	1.5
3	排水管		1	1.2	1.2	1.5	2
4	电力电缆		0.5	0.5	0.5	1	1.5
5	通信电缆	直埋	0.5	0.5	0.5	1	1.5
		在导管内	1	1	1	1	1.5
6	其他燃气管道	$D_g \leq 300$ mm	0.4	0.4	0.4	0.4	0.4
		$D_g > 300$ mm	0.5	0.5	0.5	0.5	0.5
7	热力管	直埋	1	1	1	1.5	2
		在管沟内	1	1.5	1.5	2	4
8	电杆(塔)的基础	≤35 kV	1	1	1	1	1
		>35 kV	5	5	5	5	5
9	通信照明电杆(至电杆中心)		1	1	1	1	1
10	铁路钢轨		5	5	5	5	5
11	有轨电车的钢轨		2	2	2	2	2
12	街树(至树中心)		1.2	1.2	1.2	1.2	1.2

注:与人防设施的水平净距可参考燃气管道与建筑物、构筑物基础的水平距离。

表6-12 市区地下燃气管道与相邻管道之间的垂直净距

项　目		地下金属管道/m	地下聚乙烯管道	
			聚乙烯管在该设施上方	聚乙烯管在该设施下方
给水管、其他燃气管		0.15	0.15/m	0.15/m
排水管		0.15	0.15/m	0.20/m 加套管
电缆	直埋	0.5	0.5/m	0.5/m
	在导管内	0.15	0.2/m	0.2/m
供热管道	$t \leq 150$ ℃ 直埋供热管	0.15	0.50/m 加套管	1.30/m 加套管
	$t \leq 150$ ℃ 供热管沟	0.15	0.20/m 加套管或0.4/m	0.3/m 加套管
	$t \leq 280$ ℃ 蒸汽供热管沟	0.15	1.00/m 加套管	不允许
铁路轨底		1.2		1.20/m 加套管

②输气干线的安全距离。目前,我国对输气干线的安全距离尚未正式规定,为了应用方

便,从四川石油设计院拟定的《输气干线安全、防火距离的规定》(草案)摘录若干内容供参考。

a. 埋地输气干线中心至各类建筑物、构筑物的最小允许安全、防火距离见表6-13。

表6-13　埋地输气干线中心至各类建筑物、构筑物的最小允许安全、防火距离

安全防火类别	名　称	输气管公称压力 $PN/(\text{kg} \cdot \text{cm}^{-2})$								
		$P \leqslant 16$			$16 < P < 40$			$P \geqslant 40$		
		$D \leqslant 200$	$D = 225 \sim 450$	$D \geqslant 500$	$D = 200$	$D = 225 \sim 450$	$D = 2000$	$D \leqslant 200$	$D = 225 \sim 450$	$D = 500$
I	特殊的建筑物、构筑物特殊的防护地带(如大型地下构筑物及其防护区)、炸药及爆炸危险品仓库、军事设施	大于200 m并与有关单位协商确定								
II	城镇、公共建筑(学校、医院等)、重要工厂、火车站、汽车站、飞机场、港口、码头、重要水工建筑物、易燃及重要物资仓库(如大型粮仓、重要器材仓库等)、铁路干线和省市级战备公路的桥梁	25	50	75	50	100	150	50	150	200
III	与输气管平行的铁路干线、铁路专用线和县级企业公路的桥梁	10	25	50	25	75	100	25	100	150
IV	与输气管线平行的铁路专用线、与输气管线平行的省市县级战备公路,以及重要的企业专用公路	大于10 m或与有关单位协商确定								

注:①城镇:从规划建筑算起。

　　②铁路、公路:从路基底算起。

　　③桥梁:从桥墩底边算起。

　　④与输气管平行的铁路或公路:指相互连续平行500 m以上者。

　　⑤除上述以外,其他建筑物、构筑物从其外边缘线算起。

　　⑥表列钢管 $D \leqslant 200$ 指无缝钢管;$D > 200$ 指有缝钢管。钢管均由抗拉强度为 $36 \sim 52 \text{ kg/mm}^2$ 的钢材制成。

　　⑦本表所用桥梁指下述情况:铁路桥梁桥长80 m或单孔跨距23.8 m或桥高30~50 m以上者;公路桥梁桥长100 m或桥墩间距40 m以上者。如桥梁规格小于以上值,则按一般铁路或公路对待。

b. 输气干线压气站、配气站至各类建筑物、构筑物的最小安全、防火距离见表 6-14。

表 6-14　压气站、配气站至各类建筑物、构筑物的最小安全、防火距离

防火类别	建筑物、构筑物的名称	最小安全、防火距离/m
I	特殊的建筑物、构筑物、特殊的防护地带(如大型地下构筑物及其防护区)、炸药及爆炸危险品仓库、军事设施	与有关单位协定确定
II	城镇、公共建筑(如学校、医院等)、重要工厂、火车站、汽车站、飞机场、港口、码头、重要水工构筑物、易燃及重要物资器材仓库、快速干线和省市级战备公路桥梁	50/250
III	铁路干线、铁路专用线和县级企业公路的桥梁、35 kV 以上架空高压输电线及其相应电压等级的变电站	300/200
IV	铁路专用线、省市县级战备公路及重要的企业专用公路、10 kV 以上架空高压输电线,及其相应电压等级的变电站	100/50

c. 输气干线与埋地电力、电信电缆或其他管线平行敷设时,相互之间距离不得小于 10 m。输气干线与架空高压输电线(电信线)平行敷设时的安全防火距离见表 6-15。

表 6-15　输气干线与架空高压输电线(电信线)平行铺设时的安全防火距离

序号	架空高压输电线或电信线名称	与输气管最小间距/m
1	≥110 kV 电力线	100
2	≥35 kV 电力线	50
3	≥10 kV 电力线	15
4	I、II 级电信线	25

d. 输气管与埋地电力、电信电缆交叉时,其相互间的交叉垂直净距不应小于 0.5 m,与其他管线交叉垂直净距不应小于 0.2 m。

4)燃气管道技术经济指标

城市燃气管道的投资和材料消耗指标与管道敷设方式、结合特点、施工条件、管材价格、收费标准等因素有关,应根据各地的具体情况和有关规定制定出比较切合实际的综合指标。为了便于估算,下面列出北京地区燃气管道的综合指标供参考。

(1)北京地区城市燃气管道综合指标

北京地区城市燃气钢管每千米估算指标见表 6-16。北京地区城乡燃气钢管每千米估算指标见表 6-17。

表 6-16 北京地区城市燃气钢管每千米估算指标

序号	管径/mm	造价/万元	人工/工日	造价分配/%			主要材料		
				土建	管道	其他费用	水泥/t	木材/m	钢材/t
1	40	1.74	1 242	32	33	35		7.5	4.4
2	50	1.9	1 252	30	35	35	0.05	8.5	5.48
3	70	2.78	1 430	29	36	35	0.05	8.52	8.85
4	80	3.02	1 450	27	38	35	0.05	8.52	9.43
5	100	3.86	1 554	25	40	35	2.84	8.76	13.62
6	125	4.61	1 769	24	41	35	2.84	8.76	16.78
7	150	5.6	1 846	22	43	35	5.51	9.01	21.99
8	200	10.49	2 425	17	48	35	10.52	10.48	42.77
9	250	14.02	2 428	21	44	35	7.62	10.52	52.77
10	300	15.7	2 716	21	46	35	8.78	10.31	62.77
11	350	19.61	2 921	19	46	35	8.1	10.25	81.59
12	400	22.18	3 205	19	47	35	8.67	10.27	93.24
13	450	23.51	3 187	18	47	35	4.52	9.88	103.81
14	500	25.95	3 500	18	45	35	4.67	9.87	114.21
15	600	32.28	4 173	20	45	35	4.89	9.92	135.44
16	700	39.7	4 931	18	47	35	5.39	10.35	173.31

表 6-17 北京地区城乡燃气钢管每千米估算指标

序号	管径/mm	造价/万元	人工/工日	造价分配/%			主要材料		
				土建	管道	其他费用	水泥/t	木材/m	钢材/t
1	40	1.63	1 242	30	34	35		7.5	4.4
2	50	1.83	1 252	29	36	35	0.05	8.5	5.48
3	70	2.66	1 430	28	37	35	0.05	8.52	8.85
4	80	2.89	2 450	26	39	35	0.05	8.52	9.43
5	100	3.74	1 554	24	41	35	2.84	8.76	13.62
6	125	4.46	1 767	23	42	35	2.84	8.76	16.78
7	150	5.44	1 846	21	44	35	5.61	9.01	21.99
8	200	10.32	2 425	16	49	35	10.52	10.48	42.77
9	250	12.1	2 428	14	51	35	7.62	10.52	52.77
10	300	13.62	2 718	13	52	35	8.78	10.31	62.72
11	350	17	2 921	12	53	35	8.1	10.25	81.59
12	400	19.39	3 205	12	53	35	8.67	10.27	93.24
13	450	20.62	3 187	11	54	35	4.52	9.88	103.81
14	500	22.78	3 500	10	55	35	4.67	9.87	114.24
15	600	28.01	4 175	11	54	35	4.89	9.92	135.44
16	700	35.09	4 934	10	55	35	5.39	10.35	173.31

（2）长输管线穿(跨)越障碍估算指标

长输管线穿(跨)越河流、铁路估算指标见表 6-18。

表 6-18　长输管线穿(跨)越河流、铁路估算指标

序号	项目名称		价格/元	序号	项目名称		价格/元
1	水下穿越(以洪水位长度)			2	跨越长度 200 m 以下		1 200
	适用管径 φ219 以下				跨越长度 400 m 以下		2 000
	穿越长度 50 m 以下		180		单拱桥跨越		
	穿越长度 150 m 以下		210	3	适用管径 φ219 以下		240
	穿越长度 300 m 以下		240		适用管径 φ426 以下		330
	穿越长度 500 m 以下		280		双拱桥跨越		
	穿越长度 1 000 m 以下		310	4	适用管径 φ219 以下		400
	适用管径 φ325 以下				适用管径 φ426 以下		550
	穿越长度 50 m 以下		240		穿越铁路		
	穿越长度 150 m 以下		400		单股道适用管径		
	穿越长度 300 m 以下		600		φ57~114		260
	穿越长度 500 m 以下		650		φ159~219		390
	穿越长度 1 000 m 以下		835		φ273~377		560
	适用管径 φ529 以下				φ426~529		630
	穿越长度 50 m 以下		280	5	φ630~820		720
	穿越长度 150 m 以下		450		双股道适用管径		
	穿越长度 300 m 以下		700		φ57~114		340
	穿越长度 500 m 以下		1 000		φ159~219		600
	穿越长度 1 000 m 以下		1 350		φ273~377		720
2	悬索跨越(以支架跨越)				φ426~529		930
	适用管径 φ219 以下				φ630~820		1 200
	跨越长度 100 m 以下		1 000				

6.3.3　燃气的储存

在城市燃气的供应中,不同时间的用气量是变化的,而气源是均衡生产的。为了保证各类燃气用户有足够数量和正常压力的燃气,须储存燃气,这是依靠各种储气设施来实现的。

居民日常生活和公共建筑的用气量是不均衡的,其中最为显著的是居民生活用气量,而工业企业的用气量则比较均匀。城市燃气用量的不均衡性分为时不均匀性、日不均匀性和月不均匀性(或季节不均匀性)3 种。用气量的日不均匀性如图 6-7 所示。用气量的日不均匀性表现在一周之内,星期一至星期五燃气用量的变化较少,而在星期六和星期日的燃气用量则增加很多。一周内居民生活用户燃气用量变化曲线如图 6-8 所示。月不均匀性表现为冬季用量增多,夏季减少。另外,工业企业的用电量也会随着气温升高而减少。居民生活用户的燃气用量虽然有不均匀性,但仍然有一定的变化规律。这种规律主要决定于居民的生活方式和气候条件。由于用气是不均匀的,和气源厂均衡生产燃气之间会发生矛盾,解决的办法是有一定的储气设施和调峰手段。

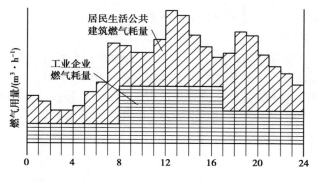

图 6-7　用气量的日不均匀性

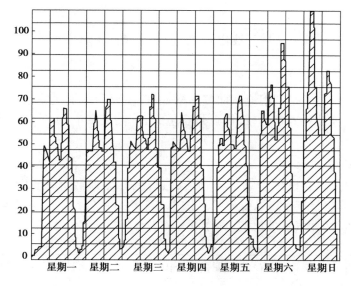

图 6-8　一周内居民生活用户燃气用量变化曲线

储气设施的主要作用有 4 个方面：

①解决燃气均衡生产（或供应）和不均衡使用之间的矛盾,保证燃气供应。

②在输气干管、制气或供应设备暂时发生故障时,保证一定程度的供气量。

③储气设施均匀布置,输配管网的供气点合理分布,可以提高管网的输气能力。

④可以混合不同成分的燃气,使燃气的性质（成分、热值、燃烧性能等）均匀,符合供气要求。

因此,燃气储存在城市燃气输配设施中具有重要地位。

1）燃气储存方式

燃气储存方式与气源种类、管网的压力级制、存储设备的材料质量和加工水平等因素有关。

一般常用的储存方式有储气罐储气、高压燃气管束储气、远程输气干管的末端储气、液态储气和地下储气。

（1）储气罐储气

储气罐储气的储存方式主要用来解决燃气供应的日和周不均衡问题。这种储存方式由于燃气储罐消耗金属多、投资大,不宜用来解决燃气供应的季节不均衡等问题。

（2）高压燃气管束储气

高压燃气管束储气的储存方式是将一组或几组钢管埋在地下,把燃气压入管内,利用燃气的可压缩特点及其在高压下和理想气体的偏差（在 160 kg/cm²、15.6 ℃条件下,燃气比理想气体的体积小 22%）进行储气。这种方法投资较少,维修量小,也便于隐蔽,但需要较高压力的压缩机,电能消耗大,运行费用高,适宜储气量不大时采用。

（3）远程输气干管的末端储气

远程输气干管的末端储气的储存方式是在城乡用气低峰时,把多余的气量储存在管道末端。随着压气站自动化和电子计算技术的发展,现在已能使整个管段（两座加气站之间）都可储气。

（4）液态储气

液态储气的储存方式一般用于液化天然气。由于使用天然气液化时需消耗大量电能,故不广泛采用。

（5）地下储气

地下储气的储存方式是利用地下储气库来储气,主要用来解决季节不均衡用气的问题。这种储存方式与其他储存方式比较,优点是容量大、单位投资小,可节省大量金属,运行管理费用也比较少。

2）储气量的确定

储气量通常以最大日燃气供需平衡要求确定,也可按月平均周的燃气供需平衡要求确定。如果没有实际燃气消耗曲线,储气量可按占月平均日供气量的百分比来确定。确定储气量时,考虑工业与民用用气量的比例,具体可参见表 6-19。

表 6-19　工业和民用不同用气比例时的参考用气量

工业占日供气量的百分比/%	民用占日供气量的百分比/%	储罐容积占计算月平均日供气量的百分比/%
50	50	40~50
>60	<40	30~40
<40	>60	50~60

在实际工作中,由于城市有机动气源,实际计划供气受建罐条件的限制,储气量往往低于表 6-19 所列的数值。几个城市储气量占日用气量的百分比见表 6-20。

表 6-20　几个城市储气量占日用气量的百分比

项　　目	城 市					
	北京	上海	沈阳	大连	长春	哈尔滨（道里区）
工业占日用气量的百分比/%	45	65	60	34	40	40
民用占日用气量的百分比/%	55	35	40	66	60	60
储气量占日用气量的百分比/%	24	25	43	45	43	33
备注	对工厂计划用气	有机动气源,对工厂计划用气		有机动气源	有机动气源	

3）储气罐

储气罐一般按压力、密封方式和构造分为几种类型，见表6-21。

表6-21　储气罐的分类

按储存气体压力分类	按密封方式分类	按结构形式分类
低压（150～400 mmH₂O）	湿式（有水式）	直立式、螺旋式
	干式（活塞式）	阿曼阿恩型、可隆型、威金斯型
中压（600～850 mmH₂O）	干式	阿曼阿恩型、可隆型
高压（0.7～30 atm）（1 atm = 1.01×10⁵ Pa）	干式	立式或卧式圆筒形
		球形

我国在城市燃气中常用的有低压水槽式（湿式）储罐和高压储罐。低压水槽式储罐是比较简单的一种储罐，主要由水槽、钟罩及塔节组成，可随燃气进出而升降。按升降方式不同，可分为直立式和螺旋式两种。低压水槽式储罐示意图如图6-9所示。

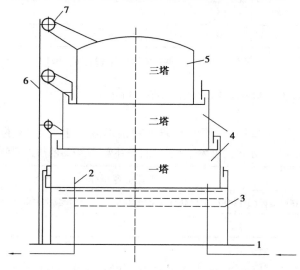

图6-9　低压水槽式储罐示意图
1—燃气进口；2—燃气出口；3—水槽；4—塔节；
5—钟罩；6—导向装置；7—导轮

高压储罐分球形和圆柱形两种。球形罐可以节省钢材，降低造价，但制造过程较复杂。

4）储配站

燃气储配站一般由燃气储罐、压送机室、辅助建筑和生活间（值班室、警卫室、更衣室和公寓等）组成。辅助建筑主要有变电室、配电室、控制室、水泵房、锅炉房、工具库和储藏室等。

（1）储配站选址原则

对于供气规模较小的城乡，燃气储配站一般设一座即可，并可与气源厂合设。储配站一般的选址原则和注意事项可参阅气源厂址选址部分。此外，考虑以下5个问题。

①储配站站址选择应符合防火规范的要求，并应远离居民稠密区、大型公共建筑、重要物

资仓库,以及通信和交通枢纽等重要设施。

②有较好的交通、煤电、供水和供热条件。

③少占农田,节约用地并应注意与城乡景观的协调。

④储配站的用地一般与罐容和储罐的类型有关,占地 $0.6 \sim 4.8 \ hm^2$。

⑤安全防火间距,根据《建筑设计防火规范(2018 年版)》(GB 50016—2014)的有关规定,水槽式(湿式)可燃气体储罐或灌区与建筑物、堆场的防火间距不应小于表 6-22 的规定值。

表 6-22　水槽式可燃气体储罐或罐区与建筑物、堆场的防火间距/m

名　称		储罐总容积/m³				
		$v \leqslant 1\ 000$	$1\ 000 \leqslant v < 10\ 000$	$10\ 000 \leqslant v < 50\ 000$	$50\ 000 \leqslant v < 100\ 000$	$100\ 000 \leqslant v < 300\ 000$
明火或散发火花的地点、民用建筑,以及易燃、可燃液体储罐和易燃材料堆场、甲类物品库房		20	25	30	35	40
其他建筑耐火等级	一级、二级	12	15	20	25	30
	三级	15	20	25	30	35
	四级	20	25	30	35	40

注:①固定容积的可燃气体储罐与建筑物、堆场的防火间距应按其水容量(m³)和工作压力(kg/cm³)的乘积、本表的规定执行。

②容积不超过 20 m³ 的可燃气体储量与所属厂房的防火间距不限。

水槽式可燃气体储罐与屋外变、配电站防火间距不应小于表 6-23 的规定。

表 6-23　水槽式可燃气体储罐与屋外变、配电站的防火间距

项　目	储罐总容积/m³				
	$v < 1\ 000$	$1\ 000 \leqslant v < 10\ 000$	$10\ 000 \leqslant v < 50\ 000$	$50\ 000 \leqslant v < 100\ 000$	$100\ 000 \leqslant v < 300\ 000$
防火间距/m	20	25	30	35	40

可燃、助燃气体储罐与铁路、道路的防火间距不应小于表 6-24 的规定。

表 6-24　可燃、助燃气体储罐与铁路、道路的防火间距

名　称	厂外铁路	场内铁路	场外道路	场内道路	
	(中心线)	(中心线)	(路边)	主要	次要
可燃、助燃气体储罐的防火间距/m	25	20	15	10	5

此外,储罐与架空电力线的防火间距不应小于电杆高度的 1.5 倍,储罐与烟囱的防火间距不应小于 30 m。

对于可燃气体储罐之间的防火间距应符合下列要求:

①固定容积储罐的防火间距不应小于相邻较大罐直径的 2/3。

②固定容积储罐与水槽式储罐的防火间距应按其中较大者确定。

③水槽式储罐之间的防火间距不应小于相邻较大的罐半径。

④一组固定容积卧式储罐的总容积不应超过 5 000 m³,组与组之间的防火间距不应小于相邻长罐长度的一半,且不应小于 10 m。

（2）储配站实例

①高压卧式罐储配站。高压卧式罐储配站的规模一般可以是两组,共52个卧室罐,可储存约 5×10^4 m³的燃气,占地约 4.5 hm²,建筑面积 3 975 m²。

②低压湿式罐储配站。规模为 3×10^5 m³的储配站平面布置图如图 6-10 所示。

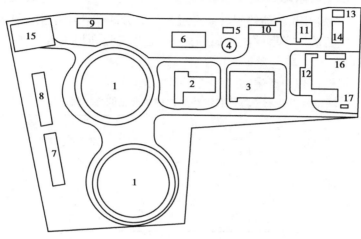

图 6-10　储配站平面布置图

1—15 万 m³ 低压温式储气罐;2—第一加压车间;3—第二加压车间;4—水池;5—水泵房;
6—变配电室;7—脱硫车间;8—脱硫料场;9—脱硫剂库;10—机修、车库;11—锅炉;
12—综合楼;13—化验室;14—煤场;15—灰场;16—传达室;17—警卫室

6.4　液化石油气

随着我国石油化学工业的迅速发展,利用液化石油气作为燃料的地区日益增多,液化石油气已成为我国城乡燃气的基本气源之一。

液化石油气的主要成分是丙烷、丙烯、丁烷、丁烯。它在常温、常压下呈气态,但当压力升高或温度降低时,很容易变为液态。

液化石油气从气态变为液态,体积缩小 1/300 ~ 1/250。因此,以液态运输、储存和分配液化石油气既经济又方便。经过减压或加热,液态又可变为气态,使用很方便。液化石油气热值高,低热值一般可达 21 000 ~ 26 000 kcal/m³(气态)(1 cal ≈ 4.2 J)或 10 800 ~ 11 000 kcal/kg(液态),比焦炉煤气的低热值高几倍。

液化石油气供气方式比较灵活,既可利用管道供应,也可瓶装供应,尤其在敷设煤气管道有困难的城市旧平房区,或者距煤气管网较远的城乡边缘和建筑密度小、建筑层数较低的地区,利用瓶装供应液化石油气更方便,也比较经济。

液化石油气基本不含有毒物质,可完全燃烧,使用较为安全。

但是,气态液化石油气比空气重 1.5~2 倍,在大气中扩散较慢,一旦漏气,容易再聚积,而它的爆炸下限又比较低(2% 左右),一遇火种极易发生爆炸事故。同时,液态液化石油气的体积膨胀系数较大,比水约大 16 倍,在剧烈受热的情况下,液态液化石油气的体积急剧膨胀,有可能将容器胀裂。因此,在液化石油气供应中须特别注意安全问题。

6.4.1 液化石油气的生产与质量指标

1)液化石油气的主要来源

在一定条件下,天然气和石油伴生气需经过适当的分离和处理才能得到液化石油气。

石油炼厂的液化石油气产率取决于原油性质、工艺流程和加工方式,一般为炼厂原油处理总量的 4%~5%。

石油炼厂各种炼油过程中产生的炼厂气产率见表 6-25。

表 6-25 石油炼厂各种炼油过程中产生的炼厂气产率

炼油装置名称	炼厂气产率/%	备 注
常减压蒸馏	0.8	占本装置原料油的百分数
催化裂化	10~15	
热裂化	10	
铂重整	5~10	

我国目前作为城市燃气供应的液化石油气主要是由石油炼厂的催化炼油装置生产的,催化裂化炼油程序为干气→合成氨原料或作为厂用燃料→汽油→轻柴油→芳烃抽提→脱烷基原料→柴油(催化)→焦炭→裂化→液化石油气→装置→碳三、碳四馏分→丁烯→馏分→顺丁橡胶→正丁烯馏分→脱异丁烯→聚丙烯→丙烯馏分→丙烯→苯酚丙酮。

2)液化石油气的组分及质量指标

液化石油气一般并不完全是由纯丙烷和纯丁烷两种组分组成的。除了丙烷、丙烯、丁烷、丁烯以外,还有丁烷、丁烯的同分异构体,以及少量的硫化氢和戊烷、戊烯等成分。

我国某些石油炼厂的液化石油气组分见表 6-26,液化石油气的组分随着原油产地、炼制工艺、产品方案和操作条件的不同而变化。

表 6-26 我国某些石油炼厂的液化石油气组分/%

地 区	C_3H_8	C_3H_6	C_4H_{10}	C_4H_8	$C_2H_6+C_2H_4$	其他
南京石油化工厂	18.17	23.06	29.04	26.45	1.28	2.0
大庆炼油厂	13.6	50.9	—	31.8	0.20	3.5
锦州石油六厂	8.5	24.5	23.9	33.4	1.3	8.4

当液化石油气中的某些组分含量过高时,将给使用和管理带来一些问题。例如,由于乙烷、乙烯的饱和蒸汽压总是高于丙烷的蒸汽压,而液化石油气的容器一般都是按纯丙烷的特性设计的,若乙烷、乙烯的含量过高,容易超过容器的允许承压能力而发生事故。

含硫量较多时,会加速液化石油气容器腐蚀,缩短使用年限。因此,为了满足使用要求,液化石油气的质量应有一个统一的要求,一般应达到下列 3 项标准:

①在标准状态下,残液量不大于 2%(液相取样)。

②含硫量不大于 0.02%(质量比)。

③不含水分和沉淀物。

6.4.2　液化石油气的输送

液化石油气主要有管道输送和容器输送两种方式。容器输送又有铁路槽车、汽车槽车及水路运输等形式。

管道输送一般适用于运量大和运距不太远的情况,具有安全、可靠、运行费用较少等优点。缺点是不能分期建设、一次投资和材料消耗较高。

铁路槽车输送适用于运量不大、运距较远、接铁路支线方便的情况,目前使用较普遍。在运距远、铁路车辆编组次数较多时,往往有调度不及时的现象。

汽车槽车输送机动性大,调度灵活,但其运量较少,运行费用较高。因此,一般只适用于运距较短、运量不大的情况。

在选择输送方式时,应根据运输距离、运量、交通和材料设备供应等具体条件,通过不同方案的技术经济比较来确定。

供应量较大时,为了保证供应安全可靠,往往几种输送方式同时采用、互为备用。例如,以管道为主,用铁路槽车或汽车槽车运输作备用。

1)管道输送

利用管道将液化石油气由石油炼厂输送至储配站,一般应设首站。首站除设置加压用的烃泵外,也可设置适当容量的储罐。

输送液化石油气管道一般采用地下直埋敷设,埋设深度应低于冰冻线。管线走向要便于将来运行管理,尽量避免穿越城镇、村庄等人口密集的地方。

液化石油气管道与建筑物及相邻管道的水平、垂直净距见表 6-27。

表 6-27　液化石油气管道与建筑物及相邻管道的水平、垂直净距

项　目	一般建筑物	铁道	公路	烃类以外管道	高压线	电缆	电杆
水平净距/m	8	6	6	2.5	5	2	1.5
垂直净距/m	不允许	1.5	1.3	0.15	—	0.15	—

液化石油气管道穿越河流和渠道时,宜在河底敷设。

管道采用架空敷设时,液化石油气管道可以与其他管道共架,但严禁随铁路桥架设。

2)铁路槽车输送

铁路槽车一般由底架、罐体、装卸设备、紧急切断装置、安全阀、遮阳罩、支座、操作台等组成。圆筒形卧式储罐通常是安放在火车底盘上。

铁路槽车配置数量主要取决于供应规模、列车编组次数和石油炼厂至储配站的距离,一般按式(6-3)计算。

$$N = \frac{GT}{Vk\gamma} + n \qquad\qquad (6\text{-}3)$$

式中　N——铁路槽车配置数,辆;

　　　G——平均日销售量,t/日;

　　　T——槽车往返一次的天数,天;

　　　V——铁路槽车的容积,m³/辆;

　　　K——充满系数,一般取 $k = 0.85$;

　　　γ——液化石油气的液态容重,t/m³;

　　　n——考虑检修的附加车数,一般取 $1 \sim 2$ 辆。

采用铁路槽车输送时,在储配站内应根据每次到站的槽车数量确定卸车车位和装卸设备。

3)汽车槽车输送

我国现在使用的气槽大部分是利用汽车底盘加装罐体改装的,一般载重 4 t 的汽车改装气槽后可装 2 t 液化石油气,载重 8 t 的汽车改装气槽后可装 4 t 液化石油气。改装一台可装 2 t 液化石油气的气槽汽车的投资,包括汽车费用在内,一般为 3.5 万 ~4.0 万元/辆。

4)水路输送

液化石油气的水路输送是用专门的设备槽船来实现的。

这种槽船是在船体上安装一组储罐设备,有的槽船上还安装泵和压缩机,供装卸液化石油气使用。

6.4.3　液化石油气的供应

从罐瓶站将液化石油气供应用户的方式有管道直接供应、气瓶供应和储罐集中管道供应 3 种。

(1)管道直接供应

管道直接供应方式有两种,管道直接供应方式示意图如图 6-11 所示。

图 6-11　管道直接供应方式示意图

(2)气瓶供应

气瓶供应方式也有两种,气瓶供应方式示意图如图 6-12 所示。

图 6-12　气瓶供应方式示意图

（3）储罐集中管道供应

储罐集中管道供应是以气化站为中心，用管道向用户输送气态液化石油气的一种供应方式。储罐集中管道供应方式示意图如图6-13所示。

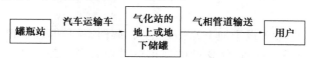

图6-13 储罐集中管道供应方式示意图

1）供气对象与居民用气定额

（1）液化石油气的供气对象

液化石油气供气对象应考虑方便群众、节约燃料、改善环境等因素，主要供应居民炊事、烧热水用气。适当供应部分公共建筑和用气量不大、工艺上要求使用优质燃料的工业用户。不宜供应用气量大的工业企业。目前，国内已供应液化石油气的城乡均以供应居民为主，居民用气量一般占总供应量的80%以上。

（2）居民用气定额

居民的用气定额与气候条件、生活习惯、生活水平、液化石油气售价等因素有关。城乡居民的液化石油气耗气定额一般可取13～15 kg/（户·月）。

在采暖区，一些无集中采暖的用户，在采暖期利用火炉采暖兼炊事，少用或停用液化石油气。在计算居民年用气量时，应考虑这一因素的影响。

2）气瓶供应

供给城市居民炊事、烧水和小型公共建筑使用的液化石油气目前用单瓶供应。这类用户的小时用气量一般为0.5～0.7 kg。机关和餐厅等用户一般采用瓶组供应。对用气量过大的单位，应考虑采用其他供应方式。

3）储罐集中管道供应

成片楼房住宅或用气量较大的公共建筑，采用这种供应方式需要建立气化站，液化石油气的气化宜采用强制蒸发方式。

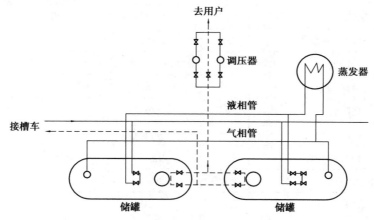

图6-14 储罐集中管道供应工艺流程图

储罐集中管道供应工艺流程图如图6-14所示，液态液化石油气由汽车槽车运入气化站储罐中,通过自然蒸发或强制蒸发,将气态液化石油气经调压后用管道送往用户处。采用强制蒸发的气化站供应半径较大时,注意气态液化石油气的输送温度不得低于其露点温度。避免气态液化石油气在管道中凝结。

(1)气化站

气化站包括储罐(一般多设于地下)、蒸发期间、调压室间、值班室和办公室等。

由储配站供应液化石油气时,气化站的储罐设计总容量一般按年平均日用量的 3~5 天耗用量计算。

气化站多采用卧式储罐,其单罐容积不宜大于 10 m³。储罐容积大于 10 m³ 时,应考虑设置中间罐。气化站的储罐数不应少于 2 台。

设于居民区内的气化站周围应设非燃烧体的实体围墙;带有明火的气化装置应设在室内,并与储罐区、其他操作车间用防火墙隔离;站内应设消防栓及其他必要的消防措施。

气化站储罐与民用建筑、重要的公共建筑或道路之间的防火间距见表6-28。

表6-28 气化站储罐与民用建筑、重要的公共建筑或道路之间的防火间距/m

项 目	储罐容积/m³	
	<10	10~30
民用建筑	12	18
道路	10	18
重要的公共建筑	25	25

(2)储罐集中管道供应设施实例

北京市在虎坊路、花园村和紫竹院 3 个小区采用储罐集中管道供应方式,其供应指标见表6-29。

表6-29 北京市 3 个小区储罐集中管道供应若干指标

序号	项 目	单位	虎坊路小区	花园村小区	柴竹院小区
1	供应居民户数	户	1 400	1 044	450
2	气化站建筑面积	m²	99.22	40	12.8
3	气化站占地面积	m²	1 457		
4	投资	元	129 131.54	123 309.66	35 848.14
	其中:罐区	元	54 948.54		17 570.97
	庭院管道	元	30 776.21		5 521.69
	户内管理	元	43 406.79		12 755.48
5	平均每户投资	元/户	92.2	118.0	79.8
	其中:罐区	元/户	39.2		39.0
	庭院管理	元/户	22.0		12.3
	户内管理	元/户	31.0		28.5

序号	项 目	单位	虎坊路小区	花园村小区	柴竹院小区
6	包括煤气表的每户投资	元/户	124.2	150	111.8
7	罐区主要设备：				
	5 m³ 罐	个	2	2	4
	8 m³ 罐	个	6	3	
	蒸发器	个	2	3	1
	YJ-25 减压器	个	3	6	2
	YJ-50 减压器	个	1		
8	庭院管道长度	m	2 243.18	2 243.0	1 019.65
9	户内管道长度	m	7 317	5 494	1 522.9
10	罐容总量	m³	58	34	20
11	储存天数	天	48.4	39.5	50
备注：户内投资中包括灶具。					

6.4.4 液化石油气储罐站

液化石油气储罐站是接收、储存和灌装液化石油气的基地。其主要任务是将接收到的液化石油气存入储罐，将液化石油气灌入气瓶或槽车，发送至各供应站或大型用户，回收空瓶，倒空残液，并对气瓶定期进行维修、试压等。

由于储配站大量的工作是灌装气瓶，所以习惯上将其称为灌瓶站。

1）储配站的工艺流程

储配站的工艺流程因液化石油气接收、储存、罐瓶、残液回收、分配方式的不同而有所差异。压缩机能满足液化石油气装卸、残液回收和提高罐瓶压力等方面的需要，而烃泵在液化石油气罐瓶方面又具有设施简单、工作灵活、电能消耗少等优点。所以，储配站一般采用烃泵和压缩机组合的设施。储配站的工艺流程如图6-15所示。下面简述储配站的主要工艺流程。

（1）液化石油气的接收和储存

采用管道输送时，可利用管道末端的余压直接将液化石油气压入储罐。

采用槽车输送时，可借助压缩机来完成卸车任务（图6-15）。例如，将槽车中的液化石油气送入储罐Ⅰ中储存，开启压缩机，将储罐Ⅰ中的气态液化石油气经气相管道的阀4、8、10、1压入槽车，使槽车增压，槽车内的液态液化石油气在压力作用下经液相管道和阀2、13进入储罐。

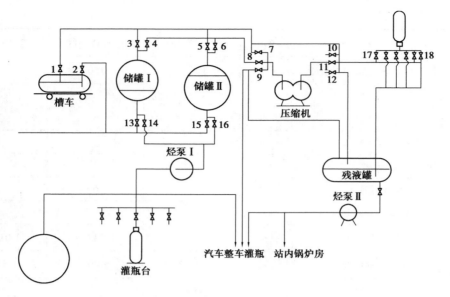

图 6-15　储配站的工艺流程

（2）液化石油气的灌装

为了提高灌装速度，目前多采用烃泵和压缩机联合工作的方法进行灌装。

在以储罐Ⅱ作为灌装时，用压缩机将储罐Ⅰ的气态液化石油气经气相管道的阀4、8、10、5压入储罐Ⅱ，使压力升高。这样，既可保证烃泵Ⅰ的吸入管不致气化，也可提高烃泵的出口压力（即灌装压力），从而加快灌装速度。储罐Ⅱ中的液态液化石油气经烃泵Ⅰ升压后送往气瓶手工灌装台或自动化灌瓶转盘进行灌瓶。在用烃泵Ⅰ灌装汽车槽车的过程中，用压缩机把槽车中的气态液化石油气经气相管道的阀9、10、3抽到储罐Ⅱ中，以加快灌装速度。

（3）液化石油气的残液回收

用户用过的气瓶里一般都有一定数量的残液（C_5 以上组分和少量 C_4 组分）。在灌装液化石油气之前，应将气瓶里的残液回收。目前，多采用气瓶加压的方法进行残液倒空。这种方法是利用气态液化石油气对气瓶加压，使残液在压力作用下由气瓶流入残液罐。倒残液时，气态液化石油通过压缩机由阀17进入气瓶，当气瓶内压力升至 $2 \sim 4 \ kg/cm^2$ 时，关闭阀17，打开阀18并翻转气瓶（加压时瓶口朝上），使残液流入残液罐。与此同时，将残液罐上部空间的气体由压缩机经阀9抽回储罐。

回收的残液，除站内自用外，也可装入槽车送往用户，用作燃料。

2）储配站的站址选择

储配站一般由生产区、辅助区和生活区3部分组成。

生产区主要包括液化石油气储罐、储罐间、烃泵、压缩机间、仪表配电间等。采用铁路槽车输送液化石油气时，还应包括铁路专用线和卸车栈桥。

辅助区主要设置锅炉房、检修间、化验室、空气压缩机间、水泵房与消防水池、车库等。

生活区包括办公室、公寓、餐厅、传达室等。储配站平面示意图如图6-16所示。

储配站站址一般应位于市区边缘。但是，为了减少市内运输距离，在满足防火安全要求的条件下，也应尽量使储配站靠近市区。储配站到供应站的运距一般不宜超过 10 km。

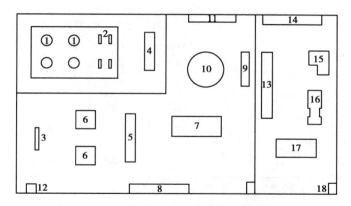

图 6-16　储配站平面示意图

1—球罐;2—卧罐;3—残液罐;4—压缩机间;5—气槽装卸台;
6—50 kg 瓶灌装间;7—15 kg 瓶灌装间;8—瓶棚;9—空压机间;
10—消防水池;11—泵房、仪表间、配电间;12—门卫室;13—车库;14—机修间;
15—锅炉房、浴室;16—食堂;17—办公室、单身宿舍;18—变电室

选择站址一方面应从城乡的总体规划和合理布局出发,另一方面也应从有利于生产、方便运输、环境保护等方面进行考虑。因此,在站址选择过程中,既考虑能完成当前的生产任务,又考虑将来的发展。

3)储配站的防火安全距离

在布置液化石油气储罐时,应注意下列 4 点内容:

①液化石油气储罐宜布置在储配站和附近居民区年主导风向下风侧,并应选择通风较好的地段单独设置储罐区。

②液化石油气储罐之间的防火间距一般不小于相邻较大储罐的半径;单罐容积超过 2 500 m³ 时,应分组布置;组与组的间距一般不小于 50 m;组内储罐的布置不应超过两行。

③液化石油气储罐或储罐区与建筑、堆场的防火间距见表 6-30。

④液化石油气储罐与铁路、公路的防火间距见表 6-31。

4)储配站占地面积

储配站的占地面积与其供应规模、液化石油气的输送方式、储存量等因素有关。

各种规模储配站的占地面积参见表 6-32。

表 6-30　液化石油气储罐或罐区与建筑物、堆场的防火间距

建筑物或堆场名称	储罐或罐区的总容积/m³						
	30≤v<50	50≤v<200	200≤v<500	500≤v<1 000	1 000≤v<2 500	2 500≤v<5 000	5 000≤v<10 000
	防火间距/m						
明火或散发火花的地点、民用建筑	45	50	55	60	70	80	120
易燃液体储罐	40	45	50	55	65	75	100
可燃液体储罐	32	35	40	45	55	65	80
易燃材料堆场	27	30	35	40	50	60	75

续表

建筑物或堆场名称		储罐或罐区的总容积/m³						
		30≤v<50	50≤v<200	200≤v<500	500≤v<1 000	1 000≤v<2 500	2 500≤v<5 000	5 000≤v<10 000
		防火间距/m						
其他耐火等级的建筑	一、二级	18	20	22	25	30	40	50
	三级	22	25	27	30	40	50	60
	四级	27	30	35 40	50	60	75	

表 6-31   液化石油气储罐与铁路、公路的防火间距/m

项　目	场外铁路(中心线)	场内铁路(中心线)	场外道路(路边)	场内道路(路边)	
				主要	次要
液化石油气储罐	45	35	25	15	10

表 6-32   各种规模储配站的占地面积

项目	单位	供应规模/(t·年⁻¹)			
		1 000	5 000	10 000	20 000
供应居民户	万户	0.5	2.5	5.0	10
适用范围	—	小城镇或工厂生活区	中小城乡或大工厂生活区	中小城乡	大中城乡
运输方式	—	气槽	铁槽为主,气槽为辅	铁槽为主,气槽为辅	管道或铁槽
储存天数	天	19	17	16	22
储存容积	m³	100	480	900	2 400
占地面积	hm²	0.45	1.5	1.8	3.0~3.5
建筑面积	m²	500	2 000	2 600	4 000~5 500

6.5   城乡燃气供应规划及其方案的技术经济比较

6.5.1   编制城乡燃气规划的原则和任务

编制城乡燃气规划应遵循的原则:

①必须按照国土空间规划的要求,结合本地区能源平衡的特点进行。

②贯彻"远近期结合,以近期为主"的方针,并应长远考虑发展;城乡燃气的发展规模和速度应与国民经济发展和人民生活水平相适应。

③根据国家的能源资源政策,城乡燃气规划应符合"统筹兼顾、因地制宜、保护环境"的

要求。

④必须对各种可能成立的方案进行技术经济比较,经过科学论证从中选择技术上可靠、经济上合理、切实可行的方案。

⑤城乡燃气规划方案应有利于先进技术的应用和综合利用。

城乡燃气规划的主要任务:

①根据国家的有关方针、政策,上级主管部门的指标、能源资源的平衡情况,确定城乡燃气的气源。

②根据需要,确定城乡燃气供应规模和主要供气对象,计算各类用户的用气量及总用气量,选择经济合理的输配设施和调峰方式。

③提出分期实现城乡燃气规划的步骤。

④估算规划期内所需建设投资、主要原材料和设备的数量。

⑤提出采用新技术、新工艺的研究项目和新设备、新材料的试制任务。

⑥对规划中存在的最主要问题提出解决意见或研究课题。

6.5.2　编制城乡燃气规划需要的基础资料

编制城乡燃气规划时,基础资料是十分重要的。搜集哪些资料,需根据城乡的具体情况和对规划深度的要求来定。在一般情况下,为满足规划工作的需要,应搜集下列基本资料:

(1)关于城乡现状和近期、远景发展等方面的资料

关于城乡现状和近期、远景发展等方面的资料包括:

①城乡总体规划文件。

②城乡人口及其分布。

③工业规模、类别、数目及其分布。

④大型公共建筑的数量及其分布。

⑤居住区建筑的层数、质量、面积和公共建筑定额。

⑥城乡道路设施、道路等级、红线和宽度。

⑦地下管道、地铁、人防设施的分布情况。

⑧对外交通和市内运输条件。

(2)与燃料资源和城乡能源供应设施的有关的资料

与燃料资源和城乡能源供应设施的有关资料包括:

①与地区能源平衡的有关资料。

②各类燃气用户的燃料供应和利用的现状及其历年增长情况,尤其是工艺上必须使用燃气的工厂企业,应重点调查。

③位于城镇及乡村附近并有可能向居民点和集中建设区供气的现有气源(即外部气源,如炼油厂、钢铁联合企业等)的现状和发展资料。

④已有燃气供应的城乡必须掌握燃气供应设施的现状和有关图纸,以及城乡燃气供应设施的各种技术经济指标和主要设备的技术性能等。

(3)自然资料

自然资料包括:

①区域气象资料,如气温、地温、风向、最大冻土深度等。

②城乡水文地质资料,如水源、水质、地下水位和主要河流的流量、流速、水位等。

③城乡设施地质资料,如地震基本烈度、地质构造与特征、土壤的物理化学性质。

④有可能用作地下储气库的地质构造资料。

(4)有关环境保护方面的资料

有关环境保护方面的资料包括:

①环境保护的各种法规和标准。

②环境保护部门对本地区环境质量的测定资料。

③环境保护部门对本地治理环境污染的要求。

④新建气源厂进行"三废"治理。

(5)其他有关资料

其他有关资料包括:

①发展城乡燃气事业所需要的原材料和设备供应。

②城乡燃气基础设施的施工能力和设备加工水平。

③气源厂其他产品,如焦炭、化工产品等的产销平衡情况。

6.6　乡村燃气设施规划

6.6.1　中国乡村燃气的发展现状

目前,我国城镇燃气发展已经比较成熟,而乡村燃气的发展还比较滞后,在乡村,清洁能源是未来发展趋势,目前很多大型燃气公司主要面对的都是城市燃气。但是随着我国经济的持续稳步快速增长和城镇化进程的加快,以及人民生活水平的提高,乡村对于燃气的供应也有了新的需求,"十三五"规划期间,我国城镇燃气事业发展迅速,农村燃气市场迎来倍速发展期,"十四五"规划明确提出要推进燃气入乡。所以,我国乡村燃气事业的发展,可以说机遇与挑战并存。

长期以来,管道天然气主要在中心城区发挥其清洁能源特性,随着农村小城镇进程加快,管道天然气建设进展也在加快,近年来,国家颁布了一系列天然气发展的规章制度,国家发改委发布了《天然气基础设施建设与运营管理办法》,明确鼓励、支持各类资本参与投资建设。燃气行业除了传统的国家垄断企业可以参与建设,一些民间资本也可以参与进来。这就为乡村燃气发展提供了一些政策上的机遇和支持,如果有好的乡村燃气的运营管理新模式,就会吸引民间资本的进入,从而促进乡村燃气的利用和发展,以及实现乡村使用洁净能源天然气的目的,从而促进新农村建设,加速城镇化进程。

根据初步统计数据,目前只有京津冀全区、四川大部分地区、河南、湖北、山东、贵州少部分地区以及经济比较发达和工业比较集中的乡镇中心区域等开通了管道燃气,即全国超过50%的村镇并未安装管道天然气。因此,拓展乡村,发展城乡一体化居民燃气市场是近几年来各大燃气企业的主方向。

6.6.2　南北方乡村燃气发展差异

我国乡村普遍人口规模不大,特别是南方地区乡村,以 100~2 000 户规模居多,居民用气无采暖需求,仅考虑炊事用气,整体气量需求偏小。且受当地条件限制,燃气气源可选用长输管道气源的项目极少,普遍选择 LNG 和 LPG 气源,气源成本相对较高,乡村居民对气价的接受能力及户均配套设施投资及成本偏高,较难盈利的问题一直阻碍着燃气企业在农村市场的拓展,特别是近年来,LNG 价格波动较大,部分地区甚至已出现 LPG 气源价格低于 LNG 的情况。因此,在选择气源方案时,应综合考虑当地气源条件、居民接受程度、政府的主导意见、补贴政策等因素,确定最适合的气源方案,从而达到综合成本最低,经济性最高,项目效益最佳。

根据国家统计局 2010—2020 年发布的《中国能源统计年鉴》与中国能源平衡表(实物量)整理出终端消费量中城镇、乡村生活消费用煤总量与农村人口数随年份变化的统计图,如图 6-17 所示。

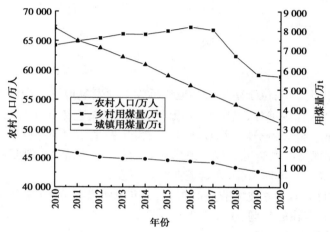

图 6-17　2010—2020 年终端消费量中城镇、乡村生活消费用煤总量与农村人口数随年份变化情况

对于乡村来说,生活消费用煤总量中用于供暖部分所占比重较大,故从乡村用煤量趋势大体上可以看出供暖用煤消耗量的趋势。从图 6-17 可以看出,乡村人口数逐年减少,2010 年乡村人口数 67 113 万人,2020 年 50 992 万人,其间减少 16 121 万人,同期用煤增加 1 585.68 万 t。乡村人口减少但用煤量却在增加的现象,一方面说明随着人民生活水平的提高,人民对供暖的需求也在提高;另一方面也说明了北方部分乡村地区冬季供暖对燃煤模式的依赖程度较高。对于城镇来说,2010—2020 年城镇人口数逐年升高,但城镇生活消费用煤量却在逐年减少,经过分析可知,随着城镇能源利用结构的转变,能源利用趋于多样化,对于供热来说,热电联产、天然气供暖、电供暖、燃煤集中供暖、太阳能辅助供暖等模式降低了用煤量,提高了能源利用效率。

【典型例题】

1. 城乡燃气基础设施规划的主要任务包括(　　　)。

A. 选择城乡燃气气源,合理确定规划期内各种燃气的用量,进行城乡燃气气源规划

B. 确定各种供气设施的规模、布局

C. 选择确定城乡燃气管网设施

D. 科学布置气源厂、气化站等产、供气设施和输配气管网

E. 预测城乡燃气负荷

参考答案:ABCD

解题思路:城乡燃气基础设施规划的主要任务:根据城乡和区域燃料资源状况,选择城乡燃气气源,合理确定规划期内各种燃气的用量,进行城乡燃气气源规划;确定各种供气设施的规模、布局;选择确定城乡燃气管网设施;科学布置气源厂、气化站等产、供气设施和输配气管网;制定燃气设施和管道的保护措施。

2.我国液化石油气主要来自炼油厂的催化裂化装置。液化石油气的产量占裂化装置处理量的(　　)。

A.5% ~6%

B.7% ~8%

C.9% ~10%

参考答案:B

【案例分析】

2010 年 7 月 28 日上午,位于南京市某地块拆除工地发生地下丙烯管道泄漏爆燃事故,共造成 22 人死亡,120 人住院治疗,其中 14 人重伤,爆燃点周边部分建筑物、构筑物受损,直接经济损失 4 784 万元。经调查分析,初步认定事故发生的主要原因是施工安全管理缺失、施工队伍盲目施工、挖穿地下丙烯管道造成管道内存有的液态丙烯泄漏,泄漏的丙烯蒸发扩散后,遇到明火引发大范围空间爆炸,同时在管道泄漏点引发大火。

这是一起典型的由第三方破坏造成的事故,近年来此类事故频频发生,暴露了我国在地下管线安全监管方面存在的问题,主要表现在 3 个方面:

(1)地面开挖施工安全管理不力。

(2)根据《城市道路管理条例》第三十三条,因工程建设需要挖掘城乡道路的,应当持城乡规划部门批准签发的文件和有关设计文件,到市政工程行政主管部门和公安交通管理部门办理审批手续,方可按照规定挖掘。然而目前作业时常出现施工方不严格向有关部门报批,不提前查看地下管线分布图,不预先勘查地下管线等现象;相关部门又缺乏对地面开挖施工作业的安全监管,从而导致相应的保护措施和安全责任得不到落实。

地下管网信息不清晰。

现阶段各类地下管线单独建设,分割管理,没有统一的牵头部门和完整的管理体制。就算知道施工地点有管道,但对于管径、埋深、走向等信息却不清晰,施工时稍有不慎便会造成误挖。

(3)安全距离未落实。

《城镇燃气设计规范》(GB 50028—2006)等法规标准对管道与建筑物、构筑物之间的安全距离都做了明确规定,但实际上有关部门对地下管线建设审核不严格,擅自批准在燃气管道上搭建门面房,甚至出现违章建筑,安全间距不合规范的情况相当普遍。同时这样的违章占压也容易造成管道破坏,尤其是埋深较浅的管道。

【知识归纳】

1.燃气的基本性质。

2.城乡燃气管网设施。

3.城乡燃气用量计算。

4.城乡燃气输配设施。

5.燃气管道的分级配置。

6.方案的技术经济比较。

【思考题】

1.雨水季节导致燃气管道运行中发生管道断裂最常见的原因是什么?

2.如何处理好城乡管道穿越道路与铁路的问题?

3.管道安装设计的过程中必须要遵循的基本原则有哪些?

4.如何能够在一定程度上降低城乡燃气管道出现错位性问题?

5.在含水量高以及土质疏松的地方,对管道进行及时的测试时应注意什么?

6.如何进行城乡燃气供应原则及方案的技术经济比较?

城乡供热基础设施规划

导入语：

　　城乡供热基础设施既是现代化城乡建设发展的重要组成部分，也是城乡能源供应体系中的主要基石。供热基础设施规划是将一个或多个热源通过热力网向城市或乡村的其中某些区域需热用户供热的设施布局。合理科学的城乡供热基础设施建设不仅可以为人们的生活带来方便，而且可以展现出城市和乡村的文明水平和程度。

　　本章关键词：集中供热；供热热源；供热管网

7.1　概述

　　我国城乡集中供热是中华人民共和国成立后发展起来的。从第一个五年计划开始，新建的大型工业企业多数都建立了热电厂，用来供给工业生产用的电能和热能，以及职工取暖。1959 年我国第一座城乡热电厂——北京东郊热电厂投入运行。从 20 世纪 60 年代开始，我国已经能够自己制造大、中、小型整套热电厂设备。表 7-1 为（1981—2019 年）全国集中供热的统计情况。

表7-1　全国集中供热面积、管道长度统计

年份	集中供热面积/m²	蒸汽管道长度/km	热水管道长度/km
1981	$1\ 167 \times 10^4$	79	280
1983	$1\ 841 \times 10^4$	67	586
1985	$2\ 742 \times 10^4$	76	954
1987	1.53×10^8	163	1 576
1989	1.94×10^8	401	2 678
1991	2.77×10^8	656	3 952
1993	4.42×10^8	532	5 161
1995	6.46×10^8	909	8 456
1997	8.08×10^8	7 054	2.54×10^4
1999	9.68×10^8	7 733	3.05×10^4
2001	14.63×10^8	9 183	4.39×10^4
2003	18.90×10^8	1.19×10^4	5.80×10^4
2005	25.21×10^8	1.48×10^4	7.13×10^4
2006	26.58×10^8	1.40×10^4	7.99×10^4
2007	30.06×10^8	1.41×10^4	8.89×10^4
2008	34.89×10^8	1.60×10^4	1.05×10^5
2009	37.96×10^8	1.43×10^4	1.10×10^5
2010	43.57×10^8	1.51×10^4	1.24×10^5
2011	47.38×10^8	1.34×10^4	1.34×10^5
2012	51.84×10^8	1.27×10^4	1.47×10^5
2013	57.18×10^8	1.23×10^4	1.66×10^5
2014	61.12×10^8	1.25×10^4	1.75×10^5
2015	67.22×10^8	1.17×10^4	1.93×10^5
2016	73.87×10^8	1.22×10^4	2.01×10^5
2017	83.09×10^8	2.76×10^5	
2018	87.81×10^8	3.71×10^5	
2019	92.51×10^8	3.93×10^5	

　　截至2020年,全国蒸汽供热总量为65 067万GJ,同比增长12.7%;中国热水供热总量为327 475万GJ,同比增长1.2%;2019年中国蒸汽供热能力为100 943 t/h,比2018年增加8 624 t/h;集中供热面积67.2亿 m²,比上年增长5.78%。

　　我国在大力发展热电厂供热的同时,广泛建立了区域锅炉房的集中供热设施,由于它选址灵活、投资小、建造快,适应了我国广大城市对集中供热的发展需求。

虽然我国集中供热有了较大发展,但是总的来讲,我国的集中供热事业与世界上发达国家热电生产相比仍然差距很大。因此,我们必须积极研究和解决城乡的供热问题,重视并做好城乡集中供热规划。

7.1.1 发展城市集中供热的意义

在《中华人民共和国环境保护法》的规定中提出了"城市要积极推广区域供热"。因此,在城市规划和城市建设中,特别是在新建的工业区、住宅区和城镇,要积极推广集中供热,不应再搞那种一个单位一个锅炉房的分散落后的供热方式。近年来,为了节约能源和减轻城市大气污染,不少城乡已经相继发展了一批集中供热设施,有的城乡则正在建设或计划建设不等的集中供热设施。

在城市中要坚持集中供热的方向,因为发展集中供热有以下优点。

(1)节约大量燃料

据有关部门估计,我国目前工业锅炉年用煤量约 2 亿 t,采暖用煤约 5 000 万 t。烧煤的采暖锅炉和中小型工业锅炉的热效率一般比较低,分别约为 50% 和 60%。实行集中供热后,由于锅炉容量增大,燃料燃烧比较充分,有条件设置省煤器和空气预热器,减少热量的损失,可使锅炉的效率提高约 20%。这样,按目前水平计算,工业锅炉的节煤潜力可达到 4 000 万 t,采暖锅炉约 1 000 万 t。在有条件的城市,如果实行热电厂集中供热,燃料的节约量还可增加。

(2)减轻大气污染

我国城市大气污染的主要污染源是煤炭直接燃烧所产生的二氧化硫气体和烟尘。分散采暖锅炉房采用的锅炉容量一般较小,它所排出的二氧化硫气体和烟尘又多集中于城市中心区和人口稠密区,因而危害特别严重。要解决这个问题,靠中小型锅炉本身采取措施是比较困难的。据测算,一般情况下燃烧 100 万 t 煤炭要产生二氧化硫 1.5 万 t 左右,粉尘 3.5 万 t 左右。实行集中供热以后,可降低煤炭散烧规模,相应地减少了污染物总的排放量。另外,由于采用了容量较大的锅炉,就有条件采用高空排放和高效率的除尘设备,这种做法可使大气污染状况在很大程度上得到改善。如北京实行集中供热的东郊工业区,冬季采暖期大气中的二氧化硫浓度只有 0.09 mg/m^3,而采用分散小锅炉和小火炉取暖的市中心区(非工业区),采暖期二氧化硫浓度则高达 0.27 mg/m^3,为东郊工业区的 3 倍。沈阳市铁西区实现集中供热后,大气中二氧化硫含量也由 0.154 mg/m^3 降为 0.045 mg/m^3,效果十分明显。

(3)减少城市运输量

实行集中供热后,可以大量减少城市煤炭和灰渣的运输量。据计算,发展一个供热能力为每小时 200 百万千卡的集中供热设施,相比之分散供热设施,每年可减少燃料和灰渣的汽车运输量 51.4 万 t/km,即每百万千卡/小时约可减少 2 500 t/km。同时,还可以减少燃料和灰渣在运输过程中的散落量,有利于改善城市环境卫生。

(4)节省建设用地

用一个集中热源代替多个分散小锅炉房,可以节约用地,减少燃料和灰渣的堆放场地,有利于改善市容市貌。

此外,与分散供热相比,集中供热采用的是大型设备,而且又比较集中,这就容易实现机械化和自动化,可以减少管理人员,降低日常运营费用,有利于供热管理的科学化,提高供热质量,改善群众生活条件。

总之,在城市实行集中供热,能实现环境效益、经济效益和社会效益多赢。

7.1.2 城市集中供热基础设施的组成

城市集中供热设施由热源、热力网和热用户三大部分组成。根据热源的不同,一般可分为热电厂集中供热设施(即热电合产的供热设施)和锅炉房集中供热设施,也可以是各种热源(如热电厂、锅炉房、工业余热和地热等)共同组成的混合供热设施。

图 7-1 为热电厂集中供热设施简图,其主要工艺流程如下:

蒸汽从热电厂的锅炉房进入汽轮机,在汽轮机中膨胀,借膨胀所做的功转动汽轮机的主轴,并带动发电机轴产生电流,部分蒸汽从汽轮机中抽出进行供热。

图 7-1(a)是带热体为蒸汽的供热系统。蒸汽从汽轮机抽出通过管道送往用户,在用户处蒸汽放出汽化热后转化为水,此凝结水又从管道返回热电厂,经过电厂内部回热设施的加热和除氧后又重复循环使用。

图 7-1(b)是带热体为热水的供热系统。从汽轮机抽出的蒸汽进入热电厂的水加热器,加热循环水。蒸汽在加热器中放出汽化热后变为凝结水,凝结水经过热电厂的回热设施加热和除氧,再进入锅炉,重复循环使用。

从热电厂加热器出来的热水,在泵的作用下沿着供水管道到达供热用户。在用户设施冷却后,沿回水管道返回到热电厂加热器中,重新加热。

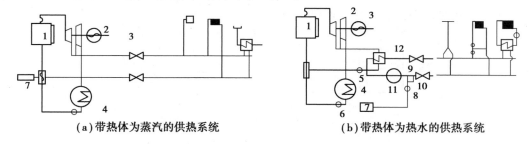

(a)带热体为蒸汽的供热系统　　　　(b)带热体为热水的供热系统

图 7-1　热电厂集中供热设施

1—锅炉;2—汽轮机;3—电机;4—凝汽机;5—回热循环设施装置;

6—凝结水泵;7—水化学处理设备;8—热网水泵;

9—除污器;10—压力调节器;11—补充水源;12—加热器;

Ⅰ—取用带热体(无带热体回收)的直接连接;

Ⅱ—带热体回收的直接连接;Ⅲ—间接连接

热电厂集中供热按照供热机组的形式不同,一般可分为 3 种类型:

①装有背压式汽轮机的供热设施,这种设施主要用于工业企业的自备热电站。

②装有低压或高压单抽汽式汽轮机的供热设施,低压单抽汽设施常用于城乡民用供热,高压单抽汽设施通常供工业企业用气。

③装有高、低压双抽汽式汽轮机的供热设施,这种设施可同时满足工业用汽和民用供热的需要。

锅炉房集中供热设施根据安装锅炉形式的不同,可以分为两种类型:

①蒸汽锅炉房的集中供热设施,常用于工业生产供热。

②热水锅炉房的集中供热设施,常用于城市民用供热。

蒸汽锅炉房的供热设施如图7-2所示。从锅炉中产生的蒸汽直接进入锅炉管网,送到热用户(主要是工业用户)。

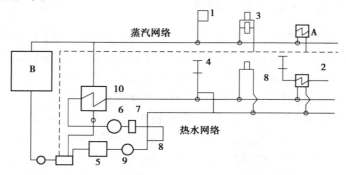

图7-2　蒸汽锅炉房供热设施简图
A—锅炉给水泵;B—锅炉水箱;1—锅炉;2—汽轮机;
3—凝汽机;4—凝结水泵;5—水化学处理设备;6—热网水泵;
7—除污器;8—压力调节器;9—补充水源;10—加热器

热水锅炉房集中供热设施如图7-3所示,以水作为带热体,水在锅炉内加热到需要的温度之后,进入热网供水管,借助于热网水泵进行循环。

另外,锅炉房集中供热还可根据供热规模的大小分为区域锅炉房供热和小区锅炉房供热两种类型。但这种区分没有严格的界限。

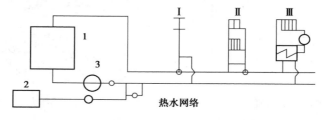

图7-3　热水锅炉房集中供热设施
1—锅炉;2—水化学处理设备;3—热网水泵;
Ⅰ—取用带热体(无带热体回收)的直接连接;
Ⅱ—带热体回收的直接连接;Ⅲ—间接连接

7.2　城乡集中供热热源

城乡集中供热的基本热源主要有热电厂、锅炉房、工业余热和地热等。在国外,有的国家还计划利用原子能电厂作为集中供热的基本热源,太阳能已经被广泛使用,并仍在不断地研发新型太阳能技术。

7.2.1　热电厂的供热设施

1)热电厂热电合产的工作原理

热电厂是联合生产电能和热能的火电厂,它是在只发电不供热的凝汽式电厂的基础上发展而来的。

　　凝汽式电厂的主要设备是锅炉、汽轮机和发电机。如图7-4所示为凝汽式电厂的生产过程示意图,如图7-5所示为凝汽式电厂的热力设施示意图。

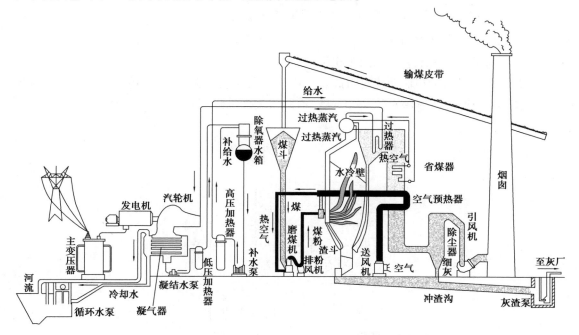

图7-4　凝汽式电厂的生产过程示意图

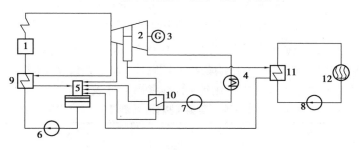

图7-5　凝汽式电厂的热力设施示意图

　　1—锅炉;2—汽轮机;3—发电机;4—凝汽机;5—除氧器;6—给水泵;7—凝结水泵;
　　8—热水循环泵;9—高压加热器;10—加热器;11—热网换热器;12—热用户

　　在凝汽式电厂中,燃料(煤、石油、天然气等)燃烧产生的热能可使锅炉内的水变成具有一定压力和温度的蒸汽,这种蒸汽进入汽轮机后不断膨胀做功,使汽轮机转子旋转,并带动发电机发出电能。做过功的蒸汽(也称乏汽)由汽轮机尾部进入冷凝器,在冷凝器中由大量的冷却水将乏汽放出的热量带走,使乏汽变为冷凝水后再回到锅炉。在这个过程中,能量变化分为两个阶段,第一阶段在锅炉中将燃料的化学能变成机械能,然后通过发电机将机械能转变为电能。

2)热电厂的供热能力

　　热电厂的供热能力主要是根据最大小时热负荷来确定的,而所需供热能力能决定供热机组类型、台数和电厂自用气的数量。

供热式汽轮机按构造不同可分为背压式和抽汽式两种类型,按蒸汽初参数不同可分为中温中压(35 绝对大气压,435 ℃);高温高压(90 绝对大气压,535 ℃);超高压(130 绝对大气压,535 ℃)和超临界参数(240 绝对大气压,540 ℃)等。

3)热电厂的平面布置与用地

热电厂的平面布置示意图如图 7-6 所示。

热电厂由生产建筑和辅助建筑组成。生产建筑主要包括主厂房、主控制房、配电室、升压变电站、化学水处理间、输煤设施和冷水塔,辅助建筑有机修、仓库、车库、食堂、宿舍等。

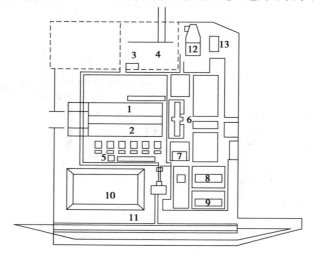

图 7-6　热电厂的平面布置示意图

1—汽机房;2—锅炉房;3—主控制楼;4—升压变电站;5—灰浆泵房;6—办公楼;

7—化学水处理;8—修配厂;9—材料库;10—煤场;11—卸煤设备;12—水泵房;13—油库

热电厂厂区占地面积(不包括施工用地)的参考指标见表 7-2。

表 7-2　热电厂厂区占地面积参考指标(按新建 2~4 台机组考虑)

单机容量/万 kW	1.2	2.5~5.0	10~20
单位容量占地/(hm² · 万 kW⁻¹)	1.5~2.0	0.8~1.2	0.4~0.6

4)热电厂的厂址选择

热电厂厂址选择应考虑以下问题:

①热电厂的厂址应符合国土空间规划的要求,并应征得规划部门和电力、环保、水利、消防等有关主管部门的同意。

②热电厂应尽量靠近热负荷中心。这是因为:第一,对于工业用户,由于蒸汽的输送距离一般为 3~4 km,如果热电厂远离热用户,压降和温降过大,就会降低供热质量;第二,对于民用用户,虽然热水的输送距离可以远一些,但由于目前供热管网的造价较高,如果输热距离过长,将使热网投资增加得更多,特别是对需要敷设几条供热干管的大型热电厂,远离热负荷中心必将显著降低集中供热的经济性。

③要有连接铁路专用线的方便条件。因为大中型燃煤热电厂每年要消耗几十万吨或更多的煤炭,为了保证原料供应,铁路专用线是必不可少的。由于铁路专用线的单位投资较高,占地较多,所以还应尽量缩短铁路专用线的长度。

④要有良好的供水条件。对于抽汽式热电厂来说,供水条件对厂址选择往往有决定性影响。

抽汽式热电厂的生产用水包括冷凝器、油冷却器、空气冷却器需要的冷却水,以及锅炉补充水、热网补充水等。其中,冷凝器的冷却水是主要的。在华北地区,冷凝器的冷却水一般为进入冷凝器蒸汽量的 40～60 倍。抽汽式热电厂的用水量是比较大的,粗略估算,每 10 万千瓦发电容量耗水 5 m³/s 左右,即使采用循环水设施,其 4%～5% 的补充水量数也不小。

对于背压式热电厂,虽然没有冷凝器,但由于工业用户的回水率一般较低,锅炉补充水等用水也需相当数量。

因此,热电厂厂址附近一定要有足够的水源,并具有可靠的供水条件。

⑤要有妥善解决排灰问题的条件。大型热电厂的年燃煤量在百万吨以上,而煤炭中的灰分含量随产地不同,在 10%～30% 变动,有时灰分含量甚至超过 30%。因此大型热电厂每年的灰渣量是很大的。如果大量灰渣不能得到妥善处理,就会影响热电厂的正常运行。

处理灰渣的办法一般有两种:一是在热电厂附近寻找可以堆放大量灰渣(一般为 10～15 年的排灰量)的场地,如深坑、低洼荒地等。由于热电厂一般都靠近市区,要找到理想的堆灰场地是困难的。二是将灰渣综合利用,就是利用热电厂的灰渣做砖、砌块等建筑材料。因此,条件允许时应在热电厂附近留出灰渣综合利用工厂的建设用地。此外,热电厂仍要有足够的场地作为周转和事故备用灰场。

⑥要有方便的出线条件。大型热电厂一般都有十几回输电线路和几条大口径供热干管引出。特别是供热干管所占的用地较宽,一般一条管线要占 3～5 m 的宽度。因此,需留出足够的出线走廊宽度。

⑦要有一定的防护条件。热电厂运行时,将排出飞灰、二氧化碳、氧化氮等有害物质。为了减轻热电厂对城乡人口稠密区环境的影响,厂址距人口稠密区的距离应符合环保部门的有关规定和要求。同时,为了减少热电厂对厂区附近居民区的影响。厂区附近应留出一定宽度的卫生防护带。

⑧热电厂的厂址应尽量占用荒地、次地和低产田,少占农田,不占良田。

⑨热电厂的厂址应避开滑坡、溶洞、塌方、断裂带、淤泥等不良地质的地段。

⑩选择厂址时,应同时参考职工住宅的位置。

7.2.2　锅炉房的供热设施

发展锅炉房集中供热设施是城乡集中供热的途径之一,特别是在目前国家财力、物力有限的情况下,发展热电合产的规模和速度受到一定限制,实际上锅炉房集中供热设施更有普遍意义。

1)锅炉房的分类

锅炉房供热设施按用途不同可分为工业锅炉房供热设施和民用锅炉房供热设施两类。

工业锅炉房供热设施常采用蒸汽锅炉。以蒸汽炉作为热源的集中供热设施,目前常采用以下两种形式:

①采用单一带热体(蒸汽)的蒸汽供热设施。

②采用蒸汽和热水并行的供热设施。生产工艺和热水供应等全年性热负荷由蒸汽设施供热,而供热、通风等季节性热负荷则由热水设施供热。

图7-7所示为蒸汽供热设施示意图。蒸汽锅炉生产的蒸汽,沿蒸汽网路输送至各用户,以满足生产工艺、热水供应、供暖通风等不同热用户的需要。凝结水沿凝结水管道输送回锅炉房。

另外,工业锅炉房根据用户和负荷的情况,可以分为工厂自备锅炉和工业区集中锅炉房两种。

民用锅炉房主要担负采暖热负荷,一般使用热水锅炉。直接制备热水的集中供热方式称为热水供热锅炉房系统,此设施近年来在国内发展很快。

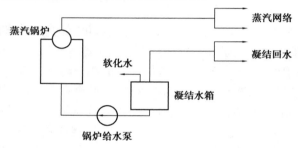

图7-7　蒸汽供热设施示意图

图7-8所示为热水锅炉房的设施示意图。

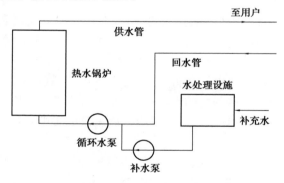

图7-8　热水锅炉房的设施示意图

2)蒸汽锅炉和热水锅炉

锅炉是锅炉房的主要设备,它有蒸汽锅炉和热水锅炉两种。

在工业企业中,生产工艺上用热大多以蒸汽为热媒。所以常选择蒸汽锅炉作为热源。蒸汽锅炉是指把水加热到一定温度并生产高温蒸汽的工业锅炉。火在炉膛中发出热量,水在锅炉中受热变成蒸汽,这就是蒸汽锅炉的工作原理。

热水锅炉不生产蒸汽,只提高进入锅炉的水的温度,这是热水锅炉区别于蒸汽锅炉的主要不同点。在热水锅炉中,较低温度的水进入锅炉,被加热后,以较高温度的热水供应用户,即进、出热水锅炉的都是水。

热水锅炉的特点如下:

①钢材耗量较少。热水锅炉不需要大直径的气包。同时,由于热水锅炉内水的温度比蒸汽锅炉要低,因此烟气与水的温差较大,受热面传热情况较好。它与同容量的蒸汽锅炉相比,钢耗量约少30%。

②安全性高。热水锅炉的工作压力一般都不高,而且变化都不大,所以运行时比较安全。

③锅炉结构简单,制造方便,不需要特殊钢材。

④对水处理的要求较低。

由于热水采暖具有节约能源、便于调节并能较好地满足卫生要求等优点,因此在国内已被广泛采用。随着供热事业的发展,不同类型用户对热水锅炉的规定品种提出了多方面的要求。有关单位经广泛调查研究后,对热水锅炉基本参数作了规定。

3)锅炉房的平面布置与用地

锅炉房可以包括锅炉间、辅助间、风机间及运煤廊等部分,一般要视锅炉房规模的大小、布置方案和实际需要而定。

辅助间一般包括办公室、休息室、更衣室、化验室、浴室、厨房、库房、水泵间、水处理间。辅助间布置在固定端。

风机间(包括除尘设施)可与锅炉间连在一起,也可单独形成一个建筑物。

运煤廊位于锅炉房的前面,以便将煤送入锅炉前的煤斗中。

锅炉房的剖面示意图如图7-9所示。

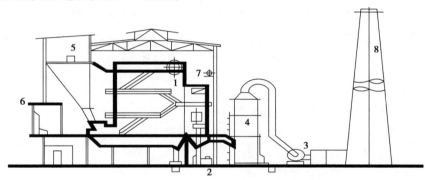

图7-9 锅炉房的剖面示意图
1—锅炉;2—鼓风机;3—引风机;4—除尘器;
5—上煤胶带机;6—控制室;7—煤气管道;8—烟囱

在锅炉房用地范围内,除安装锅炉设备的主厂房外,还有其他一些设施,如烟囱、煤场(或油罐)、灰场、运煤廊、水池等,这些设施都是直接为煤炉房服务的。

图7-10为中小型锅炉房的平面布置示意图。图7-11为区域锅炉房平面示意图。

锅炉房的用地大小与采用的锅炉类型、锅炉房容量、燃料种类、燃料储存量、卸煤设施的机械化程度等因素有关。

在确定锅炉台数时,应使选定的每台锅炉都能在经济效益和使用效率较高的条件下适应不同负荷的需要。一般锅炉的经济负荷是额定负荷的70%~80%。

锅炉房安排的锅炉台数,一般不应仅选用一台,因为可靠性差,稍有故障就会影响整个供热设施。人工加煤的锅炉房,锅炉数量不宜超过5台;机械加煤的锅炉房不宜超过7台。一般锅炉房的锅炉台数为2~4台。

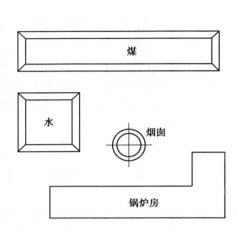

图 7-10　中小型锅炉房的平面布置示意图

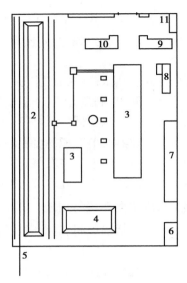

图 7-11　区域锅炉房平面示意图
1—主厂房;2—煤场;3—水处理;4—灰场;
5—铁路支线;6—变电;7—机修、仓库;
8—食堂;9—办公区;10—单身宿舍;11—车库

在锅炉房用地中,煤场的用地面积占有很大的比重。煤场的作用是储存一定数量的煤炭。一般煤场的占地面积可用下式进行估算

$$F = \frac{BTMN}{Hy\phi} \tag{7-1}$$

式中　F——煤场面积,m^2;

　　　B——锅炉房的平均小时最大耗煤量,t/h;

　　　T——锅炉每昼夜运行时间,h;

　　　M——煤的储存天数;

　　　N——考虑煤堆占用面积系数,一般为 1.5 ~ 1.6;

　　　H——煤堆高度;

　　　ϕ——堆角系数,一般取 0.6 ~ 0.8;

　　　y——煤的堆积比重,t/m^2;当为烟煤时 $y = 0.8 ~ 0.85$,当为无烟煤时 $y = 0.85 ~ 0.95$。

在确定锅炉房平均小时最大耗煤量时,如煤的低发热值不低于 5 500 kcal/kg,对于蒸汽锅炉,一吨煤一般可生产 6 ~ 7 t 蒸汽;对于热水锅炉,一吨煤一般可生产 3.5 ~ 4.0 百万千卡热量。例如,一台供热能力 600 万 kcal/h 的热水锅炉,每小时耗煤 1.5 ~ 1.7 t,每昼夜耗煤 36 ~ 41 t。

煤的储存天数与锅炉房的规模、煤源的远近、供煤的均匀性综合运输条件等有关。目前,工业和采暖的锅炉房的储煤量一般为 15 ~ 20 昼夜的最大耗煤量。

煤堆高度与煤场的设施有关:非机械化煤场的堆积高度一般为 2 ~ 3 m,移动式胶带运输机堆煤时一般不高于 5 m,推土机堆煤时一般不高于 7 m,履带抓煤机堆煤时不高于 7 m,桥式抓煤机堆煤时一般不高于 12 m。

锅炉房的煤场对宽度和长度的要求是:煤堆的宽度一般为 7 ~ 12 m,单面卸煤时一般不超过 12 m,堆间间距为 6～12 m。关于煤场的长度,在有条件时,铁路运煤的厂内,卸煤长度应满足不小于整列火车的 1/3 同时卸煤的需要,但也不宜超过 120 m。

堆煤的体积可利用下式计算

$$V = H(L - H)(A - H) \tag{7-2}$$

式中　V——煤堆体积,m³;

　　　H——煤堆高度,m;

　　　L——煤堆底面宽度,m;

　　　A——煤堆底面宽度,m。

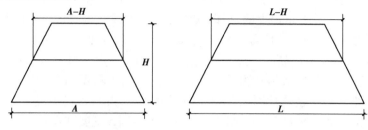

图 7-12　式(7-2)附图

式(7-2)中,煤的堆积角度为 45°,一般都按此计算。

灰渣的面积与灰渣的储存量有直接关系,而储存量应根据运输条件和综合利用的情况来确定。一般应能储存 7～15 昼夜锅炉房的最大灰渣量。

灰渣量与煤的含灰量及燃烧方式有关,一般为燃烧量的 25%～30%。在灰渣量中,灰与渣之间的比例大致如下:

链条炉　　　　　　渣占 70%　　　　灰占 30%

煤粉炉　　　　　　渣占 10%　　　　灰占 90%

液态排渣煤粉炉　　渣占 90%　　　　灰占 10%

在烟道和灰斗中的灰量为总灰渣的 5%～10%,一部分经除尘器收集起来,一部分经烟囱排入大气。

灰渣的堆积比重可取下列数值:

干渣　　　　　　0.85～1.0 t/m³;

干灰　　　　　　0.6～0.7 t/m³;

湿渣和湿灰　　　1.2～1.4 t/m³。

根据对实际设施的调查和设计资料的统计,不同规模热水锅炉房的用地面积见表 7-3。

表 7-3　不同规模热水锅炉房的用地面积

锅炉房总容积量/[×10⁶(kcal·h⁻¹)]	用地面积/hm²
5～10	0.3～0.5
10～30	0.6～1.0
30～50	1.1～1.5
50～100	1.6～2.5
100～200	2.6～3.5
200～300	4～5

7.2.3 工业余热与地热资源

1)工业余热资源

在工业生产中,常常有相当数量的热能被当作废热抛弃了。如果这些热能对某一种生产过程失去了利用价值,但可以作为另一个生产的热源,我们就不应把它称为废热,而应更准确地称为余热。

在冶金、化工、机械制造、轻工、建筑材料等工业部门都有大量的余热资源。据初步估算,我国工业企业一年余热量相当于5 000万t原煤发热量,但目前仅利用了8%左右,可见我国在工业余热利用方面的潜力是很大的,可以作为城乡集中供热的热源(或辅助热源)。

余热资源大致可分6类:一是高温余热,二是冷却水和冷却蒸汽的余热,三是废汽废水的余热,四是高温炉渣和高温产品的余热,五是化学反应余热,六是可燃废气的载热性余热。据20世纪70年代的调查统计,余热资源最多的是冶金行业,可利用的余热资源约占其燃料消耗量的1/3;化工行业可利用余热资源在各行业中居第二位,占其燃料消耗量的50%以上;其他行业为10% ~ 15%。如果把这部分余热资源充分利用起来,发展城乡集中供热将是一条投资省、效果好的重要途径。下面介绍几种作为城乡供热热源的余热利用方式。

(1)熄焦余热利用

从熄焦炉中推出的炽热焦炭温度在1 100 ~ 1 150 ℃,必须迅速使其冷却以防止在空气中氧化。最常采用的冷却方法是在灭火塔中浇水,使焦炭温度降至100 ℃,赤焦含有的热量约为结焦过程总耗量的50%(0.3 ~ 0.4百万千焦每吨焦炭)。当用水冷却熄灭时,这些热量就白白损失掉了。

如使用干法熄焦,则赤焦所含热量的80%左右被利用。图7-13所示为干法熄焦装置,干法熄焦是在惰性气体中进行的,在熄焦室内,惰性气体进入950 ~ 1 000 ℃的焦炭层,焦炭被加热到750 ~ 800 ℃,然后惰性气体被送入余热锅炉产生蒸汽。采用此法,每吨焦煤

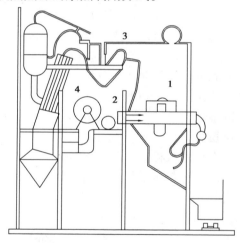

图7-13　焦炭的干法熄焦装置
1—焦炭室;2—通风机;3—过热器;4—锅炉管束

可能产0.4 ~ 0.45 t蒸汽(参数为40 kJ/cm² 440 ℃),还可用于发电。回收这部分热能可为城乡供热节约大量能源。

(2)高温熔渣余热利用

钢铁企业在炼铁过程中将产生高温熔渣,熔渣的冷却多采用泡渣法(即水淬)。熔渣在水淬过程中,可使水渣池内的水温升高,放出大量热能。其中有一部分是可利用的。如果把部分热量利用起来,将水渣池的热水过滤之后输送至用户,就能代替取暖锅炉,满足企业附近居民区取暖需要。

(3)焦炉煤气初冷器余热利用

在炼焦过程中产生的焦炉煤气,从煤气上升管出来时的温度为650 ~ 700 ℃。为了净化煤气和回收化工产品,煤气要进行冷却。高温煤气首先被喷成细雾状的氨气冷却到80 ~

85 ℃,然后进入初冷器使其降至40 ℃以下,在初冷器中煤气放出的热量使冷却水(即初冷水)的温度升高,从而产生大量余热。

现在用于采暖的冷水管内水温约为55 ℃,若供回水温差小,供热管网投资就要高些。如能采取一些措施,使采暖用的出冷水温度适当提高,效果会更好。

(4)内燃机的余热利用

内燃机的废气和冷却水共约带走内燃机所需热量的2/3,其中废气带走25%~35%,冷却水带走25%~40%,废气的热可用来供暖。如图7-14所示为内燃机余热利用设施。从内燃机出来的温度为60 ℃的冷却水部分流入热水蓄水箱4再送至加热器2,由废气加热至任何温度,然后送入供暖设施。供暖的回水流入同一蓄水池再送到低温水用户。

在这一设施中,热能利用程度可达70%。

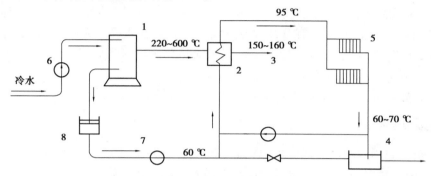

图7-14　内燃机余热利用设施

1—内燃机;2—加热器;3—排至大气;4—蓄水箱;
5—供暖设施;6—冷水泵;7—热水泵;8—蓄水箱

2)地热资源

地球是一个巨大的实心椭圆球体,地热能是地球中的天然热能。在某些异常的区域,可以确定为地热钻井区的地方,温度梯度大大超过25 ℃,这类异常区约占全球陆地总面积的10%。据估算在地壳表面3 km内可利用热能约为2×10^{20} cal(接近全世界煤储量的含热量),这是一个极大的热源。

开发地热能要在控制状况下获得足够数量的热能,首先需要通过钻井来获得热能,其次由传热流体携带到地面上来。根据目前的技术水平,最大经济钻井深度为3 000 m,地热开发温度由几十摄氏度至300~350 ℃。

根据地热资源有无伴随传热流体(水、盐或蒸汽),可以把地热资源分为下面5种基本类型:

①低温地热水设施。

②高温地热设施。

③干热岩石热能。

④低压区域地热能。

⑤岩浆地热能。

目前普遍开发利用的是地热水、地热蒸汽。不同温度的地热流体利用范围如下:

200~400 ℃,发电及综合利用。

150～200 ℃,工业热加工,工业干燥,制冷,发电(双循环)。

100～150 ℃,供热,工业干燥,脱水加工,双循环发电。

50～100 ℃,温室,供暖,家庭用热水。

20～50 ℃,淋浴,孵化鱼卵,加温土壤。

①低温地热水的应用。许多国家利用低温地热水采暖,以代替家庭用的燃料油、天然气或电能。法国有一地热装置用来供应 3 000 住户的热能和热水,投资约 380 万美元,如安装锅炉供热,则需要 120 万～250 万美元。冰岛供应地热水的价格只相当于用石油来加热的热水价格的 15%～19%。在意大利,人们从地热流体中回收氯化钾以及肥料(钾、钠硫酸盐),从而提高了地热利用的经济效益。

我国低温地热水的利用比较广泛,联合国报告中提到我国低温地热水利用的装置功率为 15.1×10^4 kcal,实际可能远大于此数。我国东部渤海湾地区,以及台湾、福建、广东、辽宁、山东都有低温地热资源。天津市有 3 个地热异常区,总面积近 700 km^2,目前已有深度大于 500 m 和温度在 30 ℃ 以上的热水井 356 口,北京地热较深,现在也有部分利用。两市低温地热资源主要供应工业加热、纺织、印染、造纸等行业。

②高温地热资源的应用。高温地热资源主要用于发电。

7.2.4 地源热泵

地源热泵是利用地球表面浅层水源(如地下水、河流和湖泊)和土壤源中吸收的太阳能和地热能,并采用热泵原理,既可供热又可制冷的高效节能空调设施。

1)概述

地源热泵是一种利用浅层地热能源(也称地能,包括地下水、土壤或地表水等的能量)的既可制冷又可供热的高效节能设施。地源热泵通过输入少量的高品位能源(如电能),实现由低品位热能(如工厂生产中产生的废热)向高品位热能转移。在空调设施中,在冬季和夏季地能可以分别作为热泵供热的热源和制冷的冷源,即在冬季,地源热泵把地能中的热量取出来,提高温度后,供给室内采暖;夏季,地源热泵把室内的热量取出来,释放到地能中去。通常地源热泵消耗 1 kW·h 的能量,用户可以得到 4 kW·h 以上的热量或冷量。

2)热源

地源热泵已成功利用地下水、江河湖水、水库水、海水、城乡中水、工业尾水、坑道水等各类水资源以及土壤源作为地源热泵的冷、热源。

3)组成部分

地源热泵供暖空调设施主要分为 3 部分:室外地能换热设施、地源热泵机组和室内采暖空调末端设施。其中地源热泵机主要有两种形式:水—水式或水—空气式。3 个设施之间靠水或空气换热介质进行热量的传递,地源热泵与地能之间的换热介质为水,建筑物采暖空调末端换热介质可以是水或空气。

4)主要特点

(1)地源热泵技术属可再生能源利用技术

地源热泵是利用了地球表面浅层的地热资源(通常小于 400 m 深)作为冷热源进行能量转换的供暖空调设施。地表浅层地热资源可以称为地能,即在地表土壤、地下水或河流、湖泊中吸收太阳能、地热能而蕴藏的低温位热能。地表浅层是一个巨大的太阳能集热器,收集了47%的太阳能量,比人类每年利用能量的500倍还多。它不受地域、资源等限制,真正是量大面广、无处不在。这种储存于地表浅层近乎无限的可再生能源,使得地能成为清洁的可再生能源的一种形式。

(2)地源热泵属经济有效的节能技术

当地源热泵的 COP 值为 4 时,即是说消耗 1 kW·h 的能量,用户可得到4 kW·h 以上的热量或能量。

(3)地源热泵环境效益显著

其装置的运行没有任何污染,可以建造在居民区内,没有燃烧,没有排烟,也没有废弃物,不需要堆放燃料废物的场地,且不用远距离输送热量。

(4)地源热泵一机多用,应用范围广

地源热泵设施可供暖、可供冷气,还可供生活热水,即一套设施可以替换原来的锅炉加空调的两套装置或设施。地源热泵既可应用于宾馆、商场、办公楼、学校等建筑,更适合于别墅住宅的采暖、空调。然而实现地源热泵主机设施的一机多用,则需要一整套设施解决方案,即动力输配设施采用节能空调机房,室内末端输送设备采用地暖分集水器、水力平衡分配器,生活热水采用多功能水箱。由此可体现出地源热泵主机的一机多用也代表着暖通设施的整个运行体系。

(5)地源热泵空调设施维护费用低

地源热泵的机械运动部件非常少,所有的部件不是埋在地下便是安装在室内,从而避免了室外的恶劣气候所带来的影响,并且其机组紧凑又能节省空间;此外,该设施自动控制程度高,可实现无人值守。

5)形式

水源/地源热泵有开式和闭式两种。

(1)开式设施

开式设施是直接利用水源进行热量传递的热泵设施。该设施需配备防砂堵、防结垢、水质净化等装置。

(2)闭式设施

闭式设施是在深埋于地下的封闭塑料管内注入防冻液,通过换热器与水或土壤交换能量的封闭设施。闭式设施不受地下水位、水质等因素影响。

6)工作原理

在自然界中,水总是由高处流向低处,热量也总是从高温传向低温。人们可以用水泵把水从低处抽到高处,实现水由低处向高处流动,热泵同样可以把热量从低温传递到高温,其工作原理如图7-15 所示。

所以热泵实质上是一种热量提升装置,工作时它本身消耗很少一部分电能,却能从环境介质(水、空气、土壤等)中提取4~7倍的电能,用于提升温度,这也是热泵节能的原因。地源热泵是热泵的一种,是以大地或水为冷热源对建筑物维持冬暖夏凉的空调技术,地源热泵只在大地和室内之间"转移"能量。

地源热泵则是利用水与地能(地下水、土壤或地表水)进行冷热交换形成热量"转移"的过程,冬季把地能中的热量"取"出来,供给室内采暖,此时地能为"热源";夏季把室内热量取出来,释放到地下水、土壤或地表水中,此时地能为"冷源"。

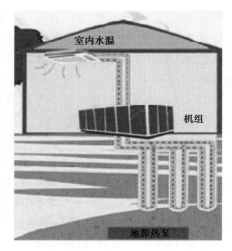

制冷原理:在制冷状态下,地源热泵机组内的压缩机对冷媒做功,使其进行汽—液转化的循环。通过冷媒—空气热交换器内冷媒的蒸发将室内空气循环所携带的热量吸收至冷媒中,在冷媒循环的同时再通过冷媒—水热交换器内冷媒的冷凝,由水路循环将冷媒所携带的热量吸收,最终由水路循环转移至地下水或土壤里。在室内热量不断转移至地下的过程中,通过冷媒—空气热交换器,以 13 ℃以下的冷风形式为房屋供冷。

图 7-15　热泵工作原理图

制热原理:在制热状态下,地源热泵机组内的压缩机对冷媒做功,并通过四通阀将冷媒流动方向换向。由地下的水路循环吸收地下水或土壤里的热量,通过冷媒—水热交换器内冷媒的蒸发,将水路循环中的热量吸收至冷媒中,在冷媒循环的同时再通过冷媒—空气热交换器内冷媒的冷凝,空气循环将冷媒所携带的热量吸收。地源热泵将地下的热量不断转移至室内的过程中,以 35 ℃以上热风的形式向室内供暖。

7)设施类型

(1)水平式地源热泵

水平式地源热泵(图 7-16)通过水平埋置于地表面 2~4 m 以下的闭合换热设施,使它与土壤进行冷热交换。此种设施适合于制冷或供暖面积较小的建筑物,如别墅和小型单体楼。该设施的初投资和施工难度相对较小,但占地面积较大。

(2)垂直式地源热泵

垂直式地源热泵(图 7-17)通过垂直钻孔将闭合换热设施埋置在 50~400 m 深的岩土体中与土壤进行冷热交换。此种设施适合于制冷或供暖面积较大的建筑物,其周围有一定的空地,如别墅和写字楼等。该设施初期投资较高,施工难度相对较大,但占地面积较小。

图 7-16　水平式地源热泵

图 7-17　垂直式地源热泵

（3）地表水式地源热泵

地源热泵机组通过布置在水底的闭合换热设施与江河、湖泊、海水等进行冷热交换（图7-18）。此种设施适合于中小制冷供暖面积，临近水边的建筑物。它利用的是池水或湖水下稳定的温度和显著的散热性，不需钻井挖沟，初投资较小。但需要建筑物周围有较深、较大的河流或水域。

（4）地下水式地源热泵

地源热泵机组通过机组内闭式循环设施经过换热器与由水泵抽取的深层地下水进行冷热交换（图7-19）。地下水排回或通过加压式泵注入地下水层中。此设施适用于建筑面积大，周围空地面积有限的大型单体建筑和小型建筑群落。

图7-18　地表水式地源热泵

图7-19　地下水式地源热泵

8）可再生性

地源热泵是一种利用土壤所储藏的太阳能资源作为冷热源，进行能量转换的供暖制冷空调设施，利用的是清洁的可再生能源技术。地表土壤和水体是一个巨大的太阳能集热器，收集了47%的太阳辐射能量，比人类每年利用能量的500倍还多（地下的水体是通过土壤间接地接受太阳辐射能量）；它又是一个巨大的动态能量平衡设施，地表的土壤和水体自然地保持能量接收和发散相对的平衡，地源热泵技术的成功使得利用储存于其中的近乎无限的太阳能或地能成为现实。

7.2.5　城市集中供热方式的选择

发展城市集中供热，应根据节能、环保、经济合理的要求，并结合当地的具体条件慎重选择集中供热方式。城市集中供热方式可以是多种多样的。就热源来说，可以建热电厂，也可以采用集中锅炉房，还可以利用某些工厂的余热和其他热源供热。究竟采取哪种集中供热方式，应在进行全面的技术经济比较后来确定。

1）影响热电厂经济性的主要因素

热电厂实行热电合产，可使能源有效利用程度提高，从而节约燃料。这是热电厂的突出优点。

一般来说，向工业用户供热的热电厂，只要热负荷比较集中又比较稳定，年利用小时数较高，经济效果就比较好。

对于城市民用热电厂来说，能否节约能源，节约多少，其影响因素很多，主要因素有以下

4 点:

(1)气象条件和生活热水比重

民用热电厂的主要供热对象是民用建筑采暖和生活热水。因此,地区的气象条件即采暖期的长短对热电厂的经济效益有很大影响。在气候冷、采暖期长的地方,由于热电合产方式运行的时间比较长,节煤就多;相反,在采暖期不长的地方,效益就差。生活热水是常年性的热负荷,在总热负荷中所占比例越大,节煤效果就越好,而生活热水的比例则取决于住宅卫生设备状况和城乡居民的生活水平。

(2)热化系数

热化系数是热电厂供热机组的最大供热能力和热电厂最大热负荷的比值。

民用热电厂的主要热负荷是采暖热负荷,而采暖热负荷是随采暖季的室外温度变化的,其尖峰热负荷的绝对值较大,而持续时间较短。如果热电厂按最大热负荷选择供热机组(即热化系数 $a=1$),就会使部分热机组的供热能力不能长期充分地发挥作用,势必降低热电厂的经济性。

若将热化系数 a 降低 0.5 ~ 0.6,尖峰热负荷则由尖峰锅炉承担,而由供热机组担负基本热负荷,供热机组的供热能力在整个采暖期就基本上都能充分发挥作用,从而获得热电合产的最大节煤效果。

即使以工业热负荷为主的热电厂,同样有选择最佳热化系数的问题。

(3)电力设施

热电厂节约的燃料是和替代凝汽式电厂相比较而得到的。因此,热电厂所在的电力设施状况,尤其是替代凝汽式电厂机组的容量和参数对热电厂的经济效益有直接影响。

一般来说,单机容量大、参数高的机组,单位容量的投资和煤耗比较低。目前,我国生产的供热机组最大单机容量为 5 万千瓦,而投入运行的凝汽机组最大单机容量已达 30 万千瓦。在大型电力设施中,新建蒸汽电厂主要是安装 20 万千瓦或更大的机组,蒸汽参数为 130 大气压或更高。因此在大型电力设施中,热电厂的经济性就比较低,特别是装抽汽式机组的热电厂的经济效益往往不够理想。

(4)热力网投资

热力网的造价越高,热电厂的经济性就越差。民用热负荷的分布密度与工业热负荷相比就要小得多,即单位长度热网每年节约的能源较少。此外,城市热力网的敷设条件一般比较差,往往有拆迁工厂,这必然会提高热网的造价,从而降低热电厂的经济效率。

另外,热电厂是一个供热能力较大的集中热源,其建设周期较长。而城市的建筑(特别是新建筑)相对来说是比较分散的,如果热电厂供热能力已经形成,而新建或尚未建成的热网建设跟不上都会影响热电厂供热能力的充分发挥,从而导致热电厂经济效益的降低。

由于热电厂的经济性受很多条件的影响,因此在选择这种集中供热方式时,一定要进行全面的技术经济比较,不能认为只有热电厂才是唯一合理的集中供热方式。因为能够节能的不一定都是经济的,只有投资少、节能多的方案才是经济合理、可取的。

2)发展民用集中锅炉房的条件

苏联是世界上集中供热最发达的国家之一,热电厂很多,规模也很大。在这种情况下也并没有排除区域锅炉房的建设,1980 年区域锅炉房(包括工业锅炉房)的供热量仍占 30% 左右。这说明,虽然集中锅炉房的节能效果一般来说不如热电厂好,但由于受到种种条件的制约,热电厂还不可能完全代替集中锅炉房。集中锅炉房和热电厂都有各自的优点和缺点,这两种集中供热方式将长期共存,并起到取长补短的作用。

集中锅炉房的规模和供热范围可大可小,适应不同规模的新建筑区,并且建设周期较短,容易实现,既可以较快地起到节约能源和改善环境的效果,也可以弥补热电厂供热的某些不足。

由于各地的气象条件、采用的锅炉形式、锅炉效率、锅炉和热网的单位投资各不相同,因此锅炉房集中供热的经济条件和供热范围也就不一样,应根据当地的具体情况经过技术经济比较后来确定。

7.3　供热管网

供热管网是热源至用户室外供热管道及其附件(分段阀、分支阀、补偿阀、放气阀、排水阀等)的总称,也称为热力网。必要时供热管网中还要设置加压泵站。

供热管网的作用是保证各类用户具有正常压力、温度和足够数量的供热介质(蒸汽或热水),以满足用热需要。

①根据工作原理,热力网可分为区域式和统一式两种。区域式网路仅与一个热源相连,并只服务于这个热源所及的一定区域。

统一式网路与所有的热源相连,可以从任一热源得到供应,网路也允许所有的热源并列工作。对于有好几个热源而且用户很多的地区,采用统一式网路是十分适当的。

②根据输送介质的不同,供热管网可分为蒸汽管网和热水管网两种。按平面布置类型划分,供热管网有枝状管网和环状管网两种形式,如图 7-20 所示。

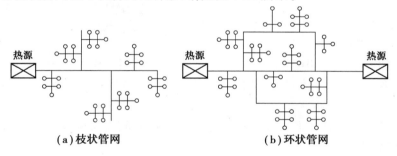

(a)枝状管网　　　　　　　　(b)环状管网

图 7-20　供热管网布置类型

枝状管网比较简单,运行管理也较方便。其干管管径随距离的增加而逐渐减小,故造价较低。这种布置方式的缺点是没有供热的后备性能,当管网某处发生事故时,某些用户的供热就会中断。

环状管网的主干管是环状布置,这使供热管网增加了供热的后备能力,但比枝状管网的投资和钢材耗量都大很多。

实际上,在合理设计、妥善安装和正确操作维修的条件下,热网能够无故障地运行,因此一般多采用枝状管网布置方式,很少采用环状管网布置方式。

7.3.1　供热管网的布置

在布置供热管网时,首先要满足使用上的要求,其次要尽量缩短管线长度,尽可能节省投资和钢材消耗。

供热管网的布置应根据热源布局、热负荷分布和管线敷设的条件等情况,按照全面规划、远近结合的原则,做出分期建设的安排。

1)供热管网的平面布置

在城市市区布置供热管网时,必须符合地下管网综合规划的安排。同时还应考虑下列问题:

①主要干管应该靠近大型用户和热负荷集中的地区,避免长距离穿越没有热负荷的地段。

②供热管道要尽量避开主要交通干道和繁华的街道,以免给施工和运行管理带来困难。

③供热管道通常敷设在道路的一边,或者是敷设在人行道下面,在敷设引入管时,则不可避免地要横穿干道,但要尽量少敷设横穿街道的引入管,应尽可能使相邻的建筑物的供热管道相互连接,如图 7-21 所示。对于有很厚的混凝土层的现代新式路面,采用在街坊内敷设管线的方法,如图 7-22 所示。

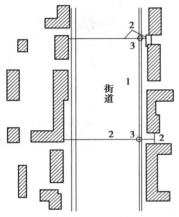 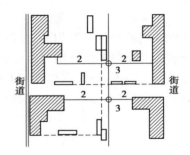

图 7-21　管线沿街敷设图　　　　　　　　图 7-22　管线在街坊内敷设图
1—主干线;2—引入管;3—检查井　　　　　1—主干线;2—引入管;3—检查井

④供热管道穿越河流或大型渠道时,可随桥架设或单独设置管桥,也可采用类似虹吸管由河底(或渠底)通过。具体采用何种方式应与城乡规划等部门协商并根据市容、经济等条件统一考虑后再确定。

⑤和其他管道并行敷设或交叉时,为了保证各种管道均能方便地敷设、运行和维修,热网和其他管道之间应有必要的距离。

热力管道与其他地下管线和地上物的最小水平距离见表 7-4。

表 7-4　热力管道与其他地下管线和地上物的最小水平距离

项目	电力电缆	电信电缆	煤气	自来水	自来水(600 mm 以上)	雨水	污水	乔木	灌木	铁路	建筑线
距离/m	2.0	1.5	2.0	1.5	2.0	2.0	2.0	2.0	1.0	4.0	1~3

2)供热管网的立面布置

热网的立面布置应考虑如下因素:

①从热网观点来看,一般的沟管线敷设深度最好浅一些,以减少土方设施量。为了避免

地沟盖承受汽车等动荷重的直接压力,地沟的埋深自地面到沟盖顶面不少于0.5~1.0 m。特殊情况下,如地下水位高或其他地下管线相交情况极其复杂时,允许采用较小的埋没深度,但不少于0.3 m。

②热力管道埋设在绿化地带时,埋深应大于0.3 m;热力管道土建结构顶面至铁路路轨基底间最小净距大于1.0 m;与电车路基底间最小净距大于0.75 m;与公路路面基础间的最小净距应大于0.7 m,跨越有永久路面的公路时,热力管道应敷设在通行或半通行的地沟中。

③热力管道与其他地下设备交叉时,应在不同的水平面上互相通过。

④在地上热力管道与街道或铁路交叉时,管道与地面之间应保留足够的距离,此距离根据不同运输类型所需高度尺寸来确定。

汽车运输:3.5 m

电车:4.5 m

火车:6.0 m

⑤地下敷设时必须注意地下水位,沟底的标高应高于近30年来最高地下水位0.2 m,在没有准确的地下水位资料时,应高于已知最高地下水位0.5 m以上,否则地沟要进行防水处理。

⑥热力管道和电缆之间的最小净距为0.5 m,若电缆地带土壤受热的附加温度在任何季节都不大于10 ℃,而且热力管道有专门的保温层,那么可减少此净距。

⑦横过河流时,通常采用悬吊式人行桥梁和河底管沟方式。

如图7-23所示,在钢索上的刚性桁架是由小型角钢构成,桁架有三弦,导管敷设在下弦的横梁上;在中弦上设有横梁,用以承托桥梁的人行板;上弦承受压力,同时当作栏杆扶手使用。

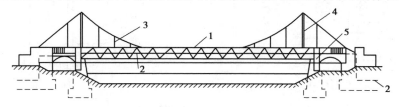

图7-23　供热干线沿桥梁敷设

1—刚性桁架;2—导管;3—钢索;4—钢架;5—钢筋混凝土梁

虹吸管全长175 m,其中水平部分长126 m,钢管壁厚为12 cm,在管子上每隔3 m装一铁圈。安全焊成的虹吸管由水面放到河底上预先准备的供热干线上。

虹吸管的两岸出口与钢筋混凝土井相连接,河中间置有混凝土块,将该管固定于河底。如图7-24所示为河底建设的虹吸管式敷设横过河流的供热干线。

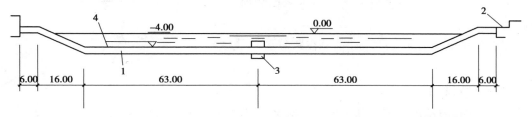

图7-24　虹吸管式敷设

1—虹吸管;2—钢筋混凝土;3—混凝土块;4—填土

7.3.2 供热管网的敷设方式

供热管网的敷设方式有架空敷设和地下敷设两类。

1)架空敷设

架空敷设是将供热管道敷设在地面上的独立支架或纵梁的桁架以及建筑物的墙壁上。

架空敷设不受地下水位的影响,运行时维修检查方便。同时,只有支撑结构基础的土方设施,施工土方量小。因此,它是一种比较经济的敷设方式。其缺点是占地面积较大、管道热损失大、在某些场合不够美观。

架空敷设方式一般适用于地下水位较高,年降雨量较大,地质上为湿陷性黄土或腐蚀性土壤,或地下敷设时需进行大量土石方设施的地区。在市区范围内,架空敷设多用于工厂区内部或对市容要求不高的地段;在工厂区内,架空管道应尽量利用建筑物的外墙或其他永久性的构筑物;在地震活动区,应采用独立支架或地沟敷设方式。

架空敷设所用的支架按其材料分为砖砌、毛石砌、钢筋混凝土预制或现浇、钢结构和木结构等类型。目前,国内常采用钢筋混凝土支架。

按照支架的高度不同,可把支架分为低支架、中支架和高支架3种形式,如图7-25所示。

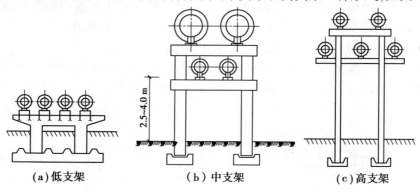

(a)低支架 (b)中支架 (c)高支架

图 7-25 支架示意图

低支架一般设于不妨碍交通和厂区、街区扩建的地段,并常常沿工厂的围墙或平行于公路、铁路敷设。为了避免地面水的侵袭,管道保温层外壳底部离地面的净高不宜小于0.3 m。当与公路、铁路等交叉时,可将管道局部升高并敷设在桁架跨越。

中支架一般设在人行频繁、需要通过车辆的地方,其净高为2.5~4 m。

高支架净空高为4.5~6 m,主要在跨越公路或铁路时采用。

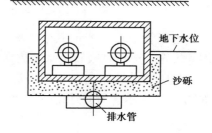

图 7-26 局部地下水位示意图

2)地下敷设

在城市中,因城市风貌或其他地面的要求而不能采用架空敷设时,或在厂区内架空敷设困难时,就需要采用地下敷设。

地下敷设分为有沟敷设和无沟敷设。有沟敷设又分为通行地沟、半通行地沟和不通行地沟3种。

地沟的主要作用是保护管道不受外力和水的侵袭,保护管道的保温结构,并使管道能自由地热胀冷缩。

地沟的构造,在国内一般是钢筋混凝土的沟底板(防止管道下沉)、砖砌和毛石砌的沟壁、钢筋混凝土的盖板。在采用预制的钢筋混凝土椭圆拱形地沟时,则可省去沟壁和盖板。在国外,多半采用钢筋混凝土地沟(矩形、椭圆拱形、圆形等)。

为了防止地面水、地下水侵入地沟后破坏管道的保温结构和腐蚀管道,地沟的结构均应尽量严密,不漏水。一般情况下,地沟的沟底将设于当地近30年来最高地下水位。如果地下水位高于沟底,则必须采取排水、防水,或局部降低水位的措施。地沟常用的防水措施是在地沟外壁敷以防水层。防水层由沥青粘贴数层油毛毡并外涂沥青,或利用防水布构成。由于地沟经常处于较高的温度下,时间一久,防水层容易产生裂缝。因此,沟底应有不小于0.002%的坡度,以便将渗入地沟中的水集中在检查井的集水坑内,用泵或自流排入附近的下水道。局部降低地下水位的方法是在地沟底部铺上一层粗糙的砂砾,在沟底下200～250 cm处敷设一根或两根直径为100～150 mm的排水管,管上应有许多小孔。为了清洗和检查排水管,每隔50～70 m需设置一个检查井。

(1)通行地沟

在通行地沟中,要保证运行人员对管道进行维护的条件。因此,地沟的净高不应低于1.8 m,通道宽度不应小于0.7 m,沟内应有照明设施;同时还要设置自然通风或机械通风,以保证其内温度不超过40 ℃。图7-27为通行地沟断面示意图。

由于通行地沟的造价比较高,一般不采用这种敷设方式。但在重要干线,与公路、铁路交叉、不宜断绝交通的繁华的路口,不允许开挖路面检修的地段,或管道数目较多时,才局部采用这种敷设方式。

(2)半通行地沟

半通行地沟的断面尺寸是依据运行工人能弯腰走路,能进行一般的维修工作的要求定出的。一般半通行地沟的净高为1.4 m,通道宽为0.5～0.7 m。图7-28为半通行地沟断面示意图。

半通行地沟由于运行工人的工作条件太差一般很少采用,只是在城市中穿越街道时根据具体情况使用。

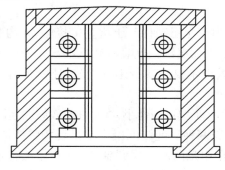

图7-27　通行地沟断面示意图

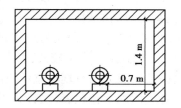

图7-28　半通行地沟断面示意图

(3)不通行地沟

不通行地沟是在有沟敷设中广泛采用的一种敷设方式。地沟断面尺寸只满足施工的需要即可。北京市煤气热力设计所设计的不通行地沟断面尺寸如图 7-29 所示,不通行地沟断面尺寸见表 7-5。

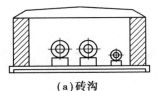 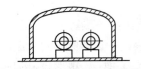

（a）砖沟　　　　　　　　（b）预制钢筋混凝土椭圆拱形沟

图 7-29　不通行地沟横断面示意图

表 7-5　不通行地沟断面尺寸

管段	A	C	D	E	F	B	G	H	I	J
50	800	225	175	175	225	450	269	181	150	90
65	900	250	200	200	250	500	277	223	150	90
80	1 000	265	215	215	285	500	285	215	150	90
100	1 000	265	235	235	265	500	294	206	150	90
125	1 100	300	250	250	300	550	307	243	150	90
150	1 200	315	285	285	315	600	320	280	150	90
200	1 300	335	315	315	335	650	350	300	150	90
250	1 400	350	350	350	350	700	377	323	150	90
300	1 600	400	400	400	400	800	453	347	200	90
350	1 800	465	435	435	465	850	479	371	200	90
400	1 900	475	475	475	475	900	503	397	200	90
450	2 100	530	520	520	530	950	529	421	200	90
500	2 200	545	555	555	545	1 050	585	465	200	120
600	2 400	590	610	610	590	1 250	735	515	300	120
700	2 700	685	665	665	685	1 350	780	570	300	120
800	3 000	750	750	750	750	1 500	850	650	300	140
900	3 400	890	810	810	890	1 600	900	700	300	140
1 000	3 700	940	910	910	940	1 700	950	750	300	140

（4）无沟敷设

无沟敷设是将供热管道直接埋设在地下。由于保温结构与土壤直接接触,无沟敷设可同时起到保温和承重两个作用。因此,无沟敷设要求保温结构既具有较低的导热系数和良好的防水性能,又具有较高的耐压强度。采用无沟敷设不仅能减少土方设施,还能节省建造地沟的材料和工时,所以它是一种较为经济的敷设方式。

无沟敷设一般在地下水位较低,土质不会下沉,土壤可蚀性小,渗水性质较好的地区采用。

无沟敷设的保温方法有现场整体浇灌与预制两种。泡沫混凝土多是现场整体浇灌的,其外层需涂沥青或用油毛毡包裹,这样做的主要作用是防水。实践证明,这种做法在地下水位较低,土壤不是很潮湿的地区效果很好。

沥青珍珠岩预制保温管线的敷设施工简便,防水和保温效果也比较好。

7.3.3 供热管道及附属设备

供热管网是由管道、支座、补偿器、阀门等机械设备组成。

为减少供热介质在输送过程中的热损失,管道、设备及附件应做保温处理。

1)管道与阀门

为了输送带热体(蒸汽和热气),就要求热力管道能承受一定的压力和温度,还要求管件间连接严密、简单和可靠。由于钢管具有机械强度高、管道连接简便等优点,所以热力管道常采用钢管。管道有无缝钢和有缝钢管两种。钢管的连接有焊接和法兰盘连接。由于焊接的主要优点是施工简便,连接可靠,被广泛采用。法兰盘仅适用于铸造的管配件(阀门)与管道间的连接。

阀门是用以连通、关断和调节蒸汽、气体或液体流量的设备。供热管道上常用的阀门有截止阀、闸阀、逆止阀、调节阀等。截止阀是使用最广泛的一种阀门,常用于管径 $D_g \leqslant$ 200 mm、有较好关闭性能的管道上。如要求公称直径更大则必须采用闸阀,闸阀的公称直径一般为 15 ~ 400 mm。

2)补偿器

热力管道在运行过程中,受带热体温度的影响会产生热变形。在受热膨胀时,热力管道要伸长。当这种伸长受到阻碍,在管道中就会产生很大的应力。在某些情况下,这些应力有可能达到管道所不允许的危险数值,而破坏热管道。为使管道不受因温度变化而引起的应力破坏,就必须在管道上安装承受管道热膨胀的补偿器。

热网中常用的补偿器有管道自然补偿器、Ⅱ形弯管补偿器和套筒补偿器 3 种。

(1)自然补偿器

利用补偿的自然弯曲(如 L 形或 Z 形)来补偿热伸长的方法称为自然补偿。自然补偿不需要设置专用补偿器,因此应尽量利用这种补偿能力。

(2)Ⅱ形补偿器

Ⅱ形补偿器是将管道弯曲成Ⅱ形,用它来补偿管道的热伸长,Ⅱ形补偿器受热变形示意图如图 7-30 所示。目前,Ⅱ形补偿器在热力管道上应用较普遍。

(3)套筒补偿器

套筒补偿器有单向和双向两种。单向套筒补偿器的芯管可在套筒中活动,以补偿管道的热伸长。补偿器靠填料圈和压盖密封。

套筒补偿器结构紧凑,占地较小,主要用于安装Ⅱ形补偿器比较困难的场合。

图 7-30　Ⅱ形补偿器受热变形示意图

3)支座

供热管道中承受供热管道的重量,并保证管道在发生热变形时能够自由移动的结构为支座。

（1）活动支座

活动支座分为滑动支座、滚动支座（图7-31）、滚柱支座和悬吊支架等。

在供热管道上，常用的是滑动支座。管道与支座是焊接在一起的，热伸长时管道与支座一起在支承垫板上滑动。

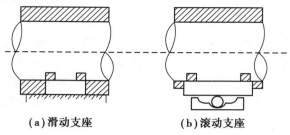

（a）滑动支座　　　　　（b）滚动支座

图7-31　活动支座示意图

滚动及滚柱支座是利用滚子的转动，使供热管道移动时的摩擦力大为减小，这样可以减小支承结构的尺寸。但滚动和滚柱支座的结构都较为复杂，一般只用于热媒温度较高和管径较大的、室内或架空敷设的管道上。如果供热管道敷设在地下不通行的地沟内，是禁止使用滚动支座或滚柱支座的，因为在这种情况下，滚子和滚柱容易因锈蚀而不能转动。

悬吊支架常用在室内供热管道上。悬吊支架的形式很多，应根据不同的支撑物来选用。

（2）固定支座

在供热管道上，为了分段控制管道的热伸长，保证补偿器在一定的补偿量内能正常工作，就需要在补偿范围内的管道两端设置固定支座，即管道只能在两个固定支座之间活动。

固定支座可做成钢筋混凝土板的形式，也可采用金属结构，固定支座示意图如图7-32所示。

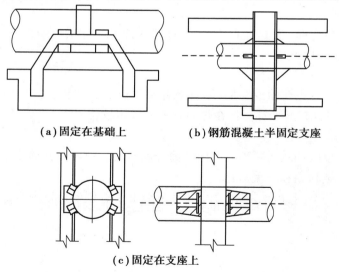

（a）固定在基础上　　　　　（b）钢筋混凝土半固定支座

（c）固定在支座上

图7-32　固定支座示意图

（3）管道保温

为了减少带热体输送过程中的热损失，使其维持一定的参数以满足用户的需要，热力管道及其附件均应包敷保温层。保温层还可使管道外表面温度不致过高，以保证维修人员能安全工作。

凡导热系数较低,且有相当耐热能力(在供热管道最高使用温度范围内)的材料都可作为保温材料。良好的保温材料应该质量轻、导热系数小、高温下不变形或变质,具有一定的机械强度、不腐蚀金属、可燃成分少、吸水性低、易于施工成型并且成本低廉。

供热管道中以往常用的保温材料有石棉、矿渣棉、泡沫混凝土、蛭石硅藻土、膨胀珍珠岩、玻璃棉等,经过几十年的科技发展,更多地采用了新材料合成纤维毡、硅酸钙材料、铝箔反射层等材料,如图 7-33 所示。

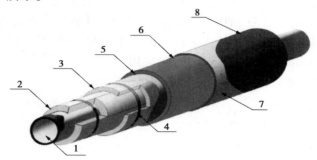

图 7-33　新型供热管道构成图

1—内钢管;2—耐高温纤维毡(减阻层);3—硅酸钙保温材料;4—打包带
5—铝箔反射层;6—聚氨酯保温层;7—外钢管;8—防腐外套

4)地下小室

当供热管道地下敷设时,为了便于管道及其附属设备(补偿器、阀门、排水设施等)的日常维护和定期检修,在设有这些附件的地方应设置专门的地下小室。

地下小室的高度一般不小于 1 800 mm,底部设有蓄水坑,入口处设置两个人孔。小室比管沟的断面尺寸大,应尽量避免将小室布置在交通要道或车辆行人较多的地方。

7.4　供热设施的用户连接方式

供热设施是由热源、管网和用户 3 部分组成的。

城乡集中供热设施是指在一个较大区域内,利用集中热源,通过热力管道网向该地区的工厂及民用建筑热用户供应热能的设施。由于用户较多,各类用户对热媒参数的要求各不相同,各种用热设备的安装位置,与热源的距离也各不相同,而集中热源(锅炉房、热电厂等)供给的热媒参数往往不能适合所有用户的要求。因此,必须选择能供给热力网的热媒与用户要求相适应的连接方式。

用户内部设施热力网的连接必须遵循下列 4 个条件:

①用户设施内的压力不应超过其许可的限度。

②用户设施内的压力不应低于该设施本身的静压力,以免出现倒空现象。

③进入用户设施的热媒流量应能满足用户的要求。

④用户设施的温度工况应符合其设计要求。

用户设施和热力网的连接方式可分为两类:一类为直接连接,另一类为间接连接。

在直接连接时,热力网和用户设施中循环(或通过)的是同一热媒。而在间接连接时,热力网和用户设施的热媒是相互隔绝的。

7.4.1 采暖设施和热力网的连接

当以热水为热媒时,用户的采暖设施和热力网主要有以下4种连接方式。

1)无混合装置直接连接

采用这种连接方式时,热力网的热水将从供水干管直接进入用户设施。因此,只有在用户采暖设施和热力网的水力工况和热力工况完全适应时,才能使用直接连接方式。这种连接方式的设施简单,造价较低,一般用于工业厂房的热水采暖设施;对于民用建筑,只有在热网的计算水温符合卫生标准时(低于100 ℃)才可采用。

无混合装置直接连接采暖设施示意图如图7-34 所示。

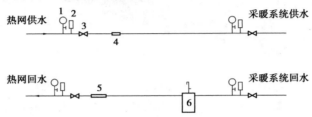

图7-34 无混合装置直接连接采暖设施示意图

1—压力表;2—温度计;3—阀门;4—除污短管;5—流量计;6—除污器

2)喷射泵混合直接连接

喷射泵混合直接连接采暖设施示意图如图7-35 所示,采用这种连接方式的用户设施水温通常低于热网中的水温。从热网供水干管送来的高温热水首先在喷射泵中与采暖设施的部分回水混合,把水温降低到采暖设施所需要的温度,然后进入用户的采暖设施。用户采暖设施的回水,一部分进入热网的回水干管,另一部分被吸入喷射泵中与高温热水混合。采用这种连接方式的供回水混合完全是依靠供水干管和回水干管之间的压差进行的。因此,只有在供、回水干管间具有足够压差的情况下才能使用。这种连接方式多用于热网的热媒为高温水,而采暖需要低温水的用户。

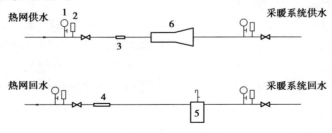

图7-35 喷射泵混合直接连接采暖设施示意图

1—压力表;2—温度计;3—除污短管;4—流量计;5—除污器;6—喷射泵

3)混合水泵直接连接

当用户入口处热网供、回水干管之间的压差较小,不能满足喷射泵正常工作所需要的压差时,可以采用这种连接方式。热网供水干管的热水在用户入口处利用水泵抽引和加压后的内部采暖设施回水混合,然后进入用户的内部设施。混合后的水温是通过水泵出口的阀门控制混入的回水量来调节的。

混合水泵直接连接采暖设施示意图，如图 7-36 所示。

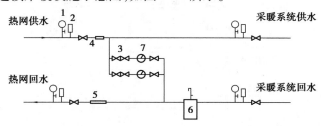

图 7-36　混合水泵直接连接采暖设施示意图
1—压力表；2—温度计；3—逆止阀；4—除污短管；
5—流量计；6—除污器；7—混合水泵

4）通过加热器间接连接

当热力网中的压力过高，超过了用户内部设施所能承受的压力范围，或者建筑内部采暖设施的静压过大（如用户为高层建筑），而又不能普遍提高热网的压力，即在用户内部采暖设施和热力网的水力工况不协调，而必须隔绝的情况下，一般采用间接连接方式。

此外，当热网在运行中水力工况波动很大时，为了保证用户内部设施的工况稳定，不受热网工况变化的影响，也常采用间接连接方式。

加热器间接连接采暖设施示意图如图 7-37 所示。

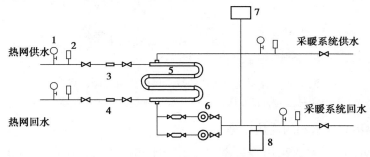

图 7-37　加热器间接连接采暖设施示意图
1—压力表；2—温度计；3—除污短管；4—流量计；
5—加热管；6—水泵；7—膨胀水箱；8—除污器

采用这种连接方式时，热网的热水不进入用户设施内部。在加热器中热网的高温水和用户内部设施的循环水是被加热器的管束隔开的，热网的高温水通过加热器内金属管壁的传热把用户内部设施的循环水加热到所需要的温度，然后再回到热网的回水干管中去。用户内部的循环水是依靠水泵在设施中进行循环的。

7.4.2　热水供应设施和热力网的连接

热水供应设施和热力网的连接一般都采用间接连接方式。

1）无储水箱的热水供应连接设施

当热水负荷在全天内比较均匀时，可以采用无储水箱的连接设施。这类连接设施一般采用快速式加热器，自来水被加热到需要的温度可以立即使用。无储水箱的热水供应连接设施示意图如图 7-38 所示。

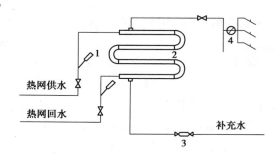

图 7-38 无储水箱的热水供应连接设施示意图
1—温度计;2—快速加热器;3—逆止阀;4—水表

2)容积式加热器的热水供应连接设施

当用户的热水负荷全天内不平衡时,可以采用容积式加热器的连接设施。容积式加热器内不仅有热排管可以将自来水加热,而且本身还是一个大水罐,能把热水储存起来,以备高峰时使用。被加热的水从加热器的上部取出,而自来水则由其下部补入。容积式加热器的热水供应连接设施示意图如图 7-39 所示。

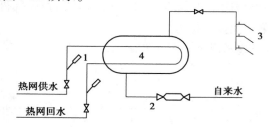

图 7-39 容积式加热器的热水供应连接设施示意图
1—温度表;2—逆止阀;3—水表;4—容积式加热器

3)装有低位和高位水箱的连接设施

用水量较大的用户,可以采用装有高位或低位水箱的连接设施(图 7-40、图 7-41),在用水量低峰时,可以利用水泵使水通过循环管在设施中循环。

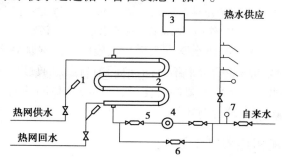

图 7-40 装有高位水箱的热水供应连接设施示意图
1—温度表;2—快速加热器;3—水箱;4—水泵;
5—水表;6—逆止阀;7—压力表

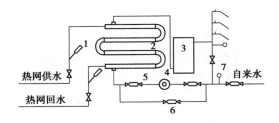

图 7-41　装有低位水箱的热水供应连接设施示意图
1—温度表;2—快速加热器;3—水箱;4—水泵;
5—水表;6—逆止阀;7—压力表

热水供应设施和热力网连接方式的选择,既要考虑运行时的便利与否,也要考虑技术经济方面的合理性。当设施中设置储水箱时,加热器的加热面积是按平均小时负荷进行计算,而不是按最大小时负荷计算的。因而加热器的加热面积可以减小,同时也减少了热网的循环水量,这样就能节约加热器和热网的投资。但是,设置储水箱本身也会使热水供应设施的投资增加。因此,究竟在什么情况下设置储水箱使总投资最少、运行费最省,只有通过技术经济比较后才能明确。

7.4.3　工业用户和热力网的连接

工业用户一般以蒸汽为热媒,蒸汽热网与用户的连接均为直接连接。一般工业用户内部的用热情况比较复杂,不仅有采暖、热水等负荷,而且工艺热负荷中往往有很多不同的用热要求。因此,工业用户与热力网的连接设施不仅要进行热媒的分配,而且要按照不同的需要,改变供给局部设施的热媒参数。例如,当用户内部设施需要较低压力时则要装减压阀。

工业用户与热网连接设施示意图如图 7-42 所示。

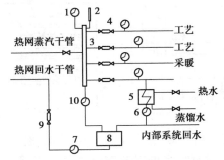

图 7-42　工业用户与热力网连接设施示意图
1—压力表;2—温度计;3—分汽缸;4—减力阀;5—加热器
6—疏水器;7—水泵;8—凝结水箱;9—水表;10—逆止阀

7.4.4　热用户引入口

热用户内部设施和热力网的连接点成为热用户引入口,也可称为热力点。集中供热热力网的用户支管在这里终结,用户的内部设施从这里开始。

热力点可分为只供一个用户的单独热力点和供应若干个用户的公共热力点两类。

热力点内一般应设置阀门、测量仪表、调压孔板、流量计、水泵、加热器等设备,其设备的种类、数量则视负荷的种类及其连接方式而定。

如图 7-43 所示为热水管网用户引入口简图,由图可见在与热网连接处两条管道上的闸阀是为了关断热网和用户设施的联系。供水管和水管之间的旁道管只在检修时打开,使水保持循环不冻结。压力调节器可以保证设施中有一定的压力。

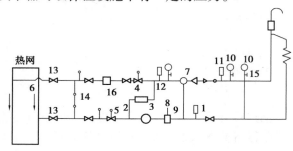

图 7-43　热水管网用户引入口简图

1—升水器;2—水管;3—热量表;4—流量调节器(保持流量不变);

5—压力调节阀;6—止回阀;7—截流阀;8,9—除污器;10—压力器;

11—温度计;12—量热表的管接头;13—闸阀;14—球阀;15—旋塞;16—放气减水阀

热力点一般应设在单独的建筑物内,也可设在建筑的底层或地下室内。对于新建住宅区,已设立专门的公共热力点。对于旧有建筑区,当由分散锅炉房供热改为集中供热时,应尽可能把原有锅炉房改为热力点。与热电厂或区域锅炉房等大型供热设施连接的工业企业用户,宜设置具有单独建筑的专用热力点。

在热力点平面布置中,一般应包括泵房、值班室、仪表间、厨房、厕所、加热器间等,其中加热器间与泵房的建筑面积主要取决于热负荷种类、连接方式、供热范围等因素。

热力点的平面布置示意图如图 7-44 所示。

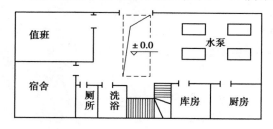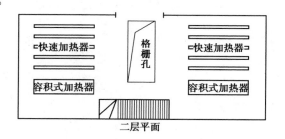

图 7-44　热力点的平面布置示意图

当采取直接连接方式,又没有热水供应时,不需要设加热器间,一般布置在单层建筑中。

当采用间接连接方式或有热水供应时,由于加热期间面积较大,一般可布置成双层建筑,以节约占地面积。

在供热面积为 10 万 m² 左右,其中有一半建筑采用间接连接的情况下,热力点的建筑面积应为约 300 m²。如果再有热水供应则还要增加 50 m² 左右。

7.5　城乡集中供热规划

城乡集中供热规划是城乡建设总体规划的一个组成部分,是编制城乡集中供热设施计划任务书和指导集中供热设施分期建设的重要依据。

制订城乡集中供热规划是根据城乡建设发展的需要和国民经济发展计划,按照远近结合、以近期为主的原则,确定近期和远期的发展规模和步骤。

集中供热规划应努力做到使集中供热设施技术先进,运行可靠,经济合理,能达到综合利用和环境保护的要求。

城乡集中供热规划的年限,要根据国民经济发展计划来确定,一般近期为 5 年,远期为 20 年。

7.5.1 城市集中供热规划的任务

①了解城市现状和规划的有关资料,包括各类建筑的面积、层数、质量及其分布,工业类别、规模、数目、发展状况及其分布等。

②收集当地近 20 年的气象统计资料,绘制热负荷延时曲线,计算采暖热负荷利用小时数。

③对城市各种负荷的现状和发展情况进行详细调查。在调查的基础上,确定热指标、计算各规划期的热负荷,并对各种热负荷的性质、用热参数、用热工作班制等加以仔细分析,绘制总热负荷曲线。

④根据热负荷的分布情况,绘制不同规划期的热区图。

⑤根据不同方案的技术经济比较,合理选择集中供热的热源、集中供热规划和热网参数等。同时,根据热负荷的分布现状和发展,确定哪些区域由热电厂集中供热,哪些区域由集中锅炉房供热,或者由热电厂和集中锅炉房联合供热等。当城市由几个热源联合供热时,还要确定各个热源正常的运行方式、合理的供热范围和它们在运行中互相配合的方式。

⑥在热源位置和供热范围基本确定的情况下,根据道路、地形和地下管线敷设位置等条件,确定城市供热管网的布局和主要供热干管的走向。根据技术经济比较确定与用户的连接方式、管网敷设方式等。同时,根据热负荷和供热介质的参数,通过水力计算确定供热管道的管径。

⑦对各种热源和热网方案的比较除进行技术经济论证外,还需要对节约能源、环境质量和其他社会效益进行计算和评价。

⑧估算规划期内发展城乡集中供热所需投资、主要原材料和重要设备的数量。

⑨提出分期实现城市集中供热规划的步骤和措施。

⑩提出采用新技术、新工艺的研究项目和新设备、新材料的试制任务。

⑪编写城市集中供热规划报告,应对规划的指导思想、原则和热源、管网方案选择问题进行阐述,并绘制出规划总图,在图中标出热源、管网分布和供热区域。在规划报告中已提及但不能详细论述的问题,可在附件中加以阐述,一些原始资料和计算资料,必要时也应在附件中列出。

7.5.2 城市集中供热规划所需的基础资料

为了编制城市集中供热规划,一般需要搜集下列基础资料:

①城市现状和近期、远景发展的有关资料,包括城市规划的总图,城市各类建筑的面积、层数、质量及其分布,工业规模、类别、数目、发展状况及其分布。

②城市气象资料,如气温、主导风向,一般需要连续 20 年的统计资料。

③城市水文地质资料,如水源、水质、地下水位,供热干管可能穿越的主要河流的流量、流速、水位等。

④城市设施地质资料,如地震基本烈度、地质构造与特征、土壤的物理化学性质(地耐力、腐蚀程度等)。

⑤城市道路设施,红线宽度,地下管线和设施分布情况等。

⑥城市或地区的电力设施资料,如城市现有电厂的类型、规模、机组容量等,城市电力设施与大电网的关系,城市各种电力负荷的现状与发展趋势,城市电力设施的远景发展设想等。

7.6 地热资源供热

7.6.1 地热资源的内涵

地球是一个庞大的热库,蕴藏着巨大的热能。通过火山爆发、岩层的热传导、温泉及载热地下水的运动等途径,热能源源不断地被送向地表。

地热资源是指能够经济地被人类所利用的地球内部的地热能、地热流体及其有用组分。目前可利用的地热资源主要包括天然出露的温泉、通过热泵技术开采利用的浅层型地热能、通过人工钻井直接开采利用的地热流体以及干热岩体中的地热资源。

地热资源中的热能量由两部分组成:一是储存于热储体内岩石介质中的热能量;二是储存在热储层地下热水中的热能量。这两部分能量之和即为地热田的地热资源量。地下地热资源量不可能全部被开采出来,只能采出一部分,这部分称为可采(可回收)地热资源量,它等于采收率(回收率)与地热资源量的乘积。被开采出来的地热能(即从井口得到的热量)只有一部分被利用,能够被利用的这部分称为有效利用地热资源量。

7.6.2 地热资源的分类

综合考虑热流体传输方式、温度范围以及开发利用方式等因素,地热资源可分为浅层型地热能、水热型地热能和干热岩型地热能(增强型地热设施)3 种类型(表 7-6)。

表 7-6 地热资源分类

分类	浅层地热能	水热型地热能			干热岩型地热能(增强型)
		低温地热能	中温地热能	高温地热能	
温度范围	深度<200 m 温度<25 ℃	温度<90 ℃	90 ℃≤温度 <150 ℃	温度>150 ℃	温度>200 ℃

7.6.3 地热资源分布特点

1)全球地热资源分布特点

地球内部蕴藏着难以想象的巨大能量。据估计,储存于地球内部的热量约为全球煤炭储量的 1.7 亿倍,其中,可利用量相当于 4 948×10^{12} t 标准煤。

表 7-7 全球著名的 4 个环球地热带特征

地热带名称		位置	类型	热储温度/℃	典型地热田及温度/℃
环太平洋地热带	东太平洋中脊地热压带	位于太平洋板块与南极洲和北美板块边界	洋中脊型	288~388	美国:盖塞斯(288)、索尔顿湖(360) 墨西哥:赛罗普列托(388) 中国台湾地区:大屯(293)
	西太平洋岛弧地热压带	位于太平洋板块与欧亚和印度洋板块边界	岛弧型	150~296	日本:松川(250)、大岳(206) 菲律宾:提维(154) 印度尼西亚:卡瓦莫将(150~200)
	东南太平洋缝合线地热压带	位于太平洋板块与南美洲板块边界	缝合线型	>200	新西兰:怀拉基(266)、卡韦劳(285)、布罗德兰兹(296) 智利:埃尔塔蒂奥(221)
地中海—喜马拉雅地热带		位于欧亚板块、非洲板块与印度板块碰撞的拼合地带	缝合线型	150~200	中国:羊八井(230)、羊易、腾冲、热海 意大利:拉德瑞罗(245) 土耳其:克孜勒代尔(200) 印度:普加
大西洋地热带		位于美洲与欧亚、非洲板块边界	洋中脊型	200~250	冰岛:亨伊尔(230)、雷克雅内斯(286)、纳马菲亚尔(280)
红海—亚丁湾—东非裂谷地热带		位于阿拉伯板块(次级板块)与非洲板块边界	洋中脊型	>200	埃塞俄比亚:达洛尔(>200) 肯尼亚:奥尔卡利亚(287)

2)中国地热资源分布特点

自 20 世纪 70 年代以来,中国有一些学者、研究机构和生产单位对国内一些重点地区和地热田开展了地热资源评价工作,评价成果对地热资源勘查开发和利用起到积极的指导作用。为了摸清资源"家底",优选勘探靶区,为国家制定中长期地热资源发展规划提供科学依据,中国地质调查局组织开展了全国地热资源评价工作。中国 12 个主要盆地(平原)地热资源量为 24 964.4×10^{18} J,折合标准煤 8 531.9×10^8 t,预计每年可采的地热资源量折合标准煤 6.4×10^8 t,每年可减排 CO_2 13×10^8 t;全国温泉年放热量为 1.32×10^{17} J,相当于燃烧 451.83×10^4 t 标准煤产生的热量,若取可采系数 5.0,则中国对流型地热资源的可采资源量为 6.6×10^{17} J/年,折合标准煤 2 259.1×10^4 t/年。

7.6.4 地热资源利用状况

我国幅员辽阔,地热资源丰富,环太平洋地热带、地中海—喜马拉雅地热带贯穿我国东南沿海和西南地区,据数据统计,我国地热资源潜力为 11×10^6 EJ/年,占全球的 7.9%。主要地热资源为中低温地热,高温地热资源仅2处(西藏羊八井、羊易地热田)。热储分为孔隙型热储和裂隙型热储,根据温度由低到高,热储可分为温水型、热水型、两相流液体型和两相流气体型热储;按照地热资源储热层的深部情况可将地热资源分为浅层地热资源和深层地热资源。

7.6.5 地热直接利用

地源热泵展现出有利的竞争趋势。地热供暖、地源热泵、地热干燥及洗浴等技术已经成熟,并且我国地热直接利用年产能长期位居世界第1位,这主要得益于我国地源热泵的推广。由于地源热泵自身的节能环保特性,建筑业主和开发商开始逐渐接受这项新技术,目前整个华北、东北地区,地源热泵设施已非常普及,并且设施大小也由过去单个建筑向小区规模过渡。有了北方地区成功的经验,地源热泵设施迅速南移,目前在长江流域地区,地源热泵已展现出强有力的竞争势头,正逐渐成为解决该地区夏热冬冷问题的重要节能途径。

天津静海某单位原有锅炉房燃煤供暖的建筑面积约 12×10^4 m²,1996年钻了一口2 777 m 深的地热井,井口水温92 ℃,流量 140~200 t/h。该单位要求将原 95~70 ℃供暖设施改为冬季地热供暖设施,并全年提供日常生活用的热水,以达到节约燃料和保护环境的目的,同时希望原供暖设施少改动或不改动。一期设施要求满足 12×10^4 m²住宅、1 250 m²地热游泳池和330 m²公共浴室生活用水的需求;二期用原有锅炉做调峰措施后,达到总供暖面积 20×10^4 m²。该地热供暖设施平均热负荷为6 449 kW,高峰负荷为7 774 kW,终端散热器平均温度为62.3 ℃。该设施从1996年冬开始使用,情况正常,目前地热供暖面积 14×10^4 m²,没有启用锅炉调峰,冬季供暖高峰地热抽水量 140 t/h;同时全年可供3 000户生活用热水。

目前,我国的地热资源梯级利用主要体现在供热和供冷两个方面。冬季,超过50 ℃的地热水采用梯级利用的方式进行供暖,取得了良好的供暖效果和环境效益。夏季热泵机组通过阀门切换作为冷机使用,设施成为常见的风机盘管+新风设施。然而这些所谓的梯级利用都过于简单化,利用过后仍有大量的能量浪费。综合利用可以使资源利用率更高,北方地区可以优先考虑地热采暖、地热洗浴、地热种植、地热养殖等技术,南方地区可以优先考虑地热制冷、地热干燥、地热洗浴、地热种植、地热养殖等技术,优化地热资源的梯级利用。因此,地热资源的综合利用也是一种发展趋势。

由中国科学院广州能源所承担的国家科技支撑项目"地热资源综合梯级利用集成技术研究",即是地热综合利用的典型代表(图7-45)。该项目以国家科技支撑计划为依托,联合多家行业内知名科研机构和企业,以广东丰顺地热电站为基点,建立了一整套的地热资源综合利用设施,有效解决了发电后地热尾水的再利用问题,避免了大量资源的浪费。

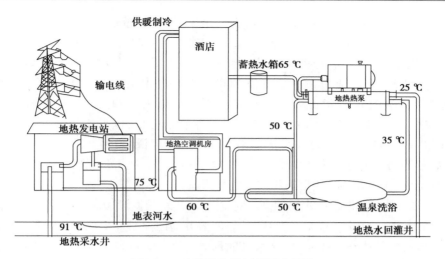

图 7-45　地热综合梯级利用流程图

7.6.6　我国水热型地热供暖的现状、问题和前景

1）我国水热型地热供暖现状

水热型地热供暖是指利用开采井抽取地下水,通过换热站将热量传递给供热管网循环水,输送至用户。我国开发利用水热型地热供暖已有上千年的历史,改革开放后尤其是近年来,水热型地热供暖的开发利用在规模、深度和广度上都有很大发展,目前我国水热型地热采暖的利用总量已位居世界首位。

天津和咸阳是利用水热型地热进行供暖的典型城市。目前,天津是我国利用地热供暖规模最大的城市,全市有 140 个地热站,天津每年地热水开采量为 2 600 万 t,地热供暖面积达到 1 200 万 m^2,约占全市集中供暖总面积的 10%。咸阳市孔隙热储处于陕西关中断陷型沉积盆地北部,开采 1 600 ~ 4 000 m 深度新近系蓝田灞河组地下热水,曾获得全国首家"中国地热城"及"国家级地热资源开发利用示范区"等荣誉。截至目前,已开凿深层孔隙型地热井 45 眼,地热水年开采量 400 万 m^3,地热供暖面积达到 260 万 m^2。在技术层面上,以前设备陈旧,腐蚀严重,操作为简单地直接利用;如今梯级利用配套专用设备、完善的回灌设施、先进的测试手段、网络化自动管理信息设施,以及资源保证和评价体系的建立,使我国地热资源开发利用水平不断地与世界水平靠近。

2）水热型地热供暖的优势

①水热型地热供暖供热量稳定,供热面积大,单井供暖面积在 20 万 m^2 左右。

②初始费用与运营费用要远低于集中供暖和燃气锅炉供暖。其初始投资成本为 100 元/m^2,运营成本为 12 元/m^2。

③环境效益巨大,尤其是在污染严重的今天,利用地热供暖可以有效减少 CO_2 的排放,降低雾霾污染。以咸阳为例,每年减少煤燃烧 30 万 t,可减少废气排放 18 000 t。

3）我国水热型地热供暖的问题及解决方法

由于地热水的过量开采,造成地下热水水位、水温、水压下降,甚至部分开采井变成干井。地热水利用不充分,例如咸阳部分地热井的尾水排放温度在 60 ℃以上,不仅造成了资源的巨大浪费,同时也会造成环境污染。地热水开发利用规范较少,部分地区盲目打井,破坏了地下热水赋存环境,严重干扰地下热水的自然更新。解决这些问题的关键措施就是进行地热尾水回灌,地热尾水回灌不仅能够避免地热尾水排放的污染问题,还能够提高地下热水水位,实现地下热水可持续开采,形成地下热水开发的良性循环。中国目前的地热尾水回灌可分为两种:一种为基岩裂隙型热储回灌,主要为灰岩和白云岩;另一种为孔隙型砂岩热储,为新近纪和古近纪时。基岩裂隙型热储地热尾水回灌效果普遍较好,以天津为例,其主要开采层雾迷山组热回灌率为 33.4%,而奥陶系热储层由于有异层采灌,致使年度回灌量大于开采量,2006—2008 年的回灌率分别为 122.5%、147.9%、138.8%,在回灌井附近热储层水位埋深明显高于其他区域,且水位年降幅呈逐年减小之势。

较之基岩裂隙型地热尾水回灌,孔隙型砂岩地下热水的回灌面临地压增大、堵塞严重、回灌率低的重重困难。2014 年咸阳在 WH2 砂岩回灌井的回灌研究中取得了重大突破。回灌历时 127 d,自然回灌量达到 100 m^3/h,最大瞬时回灌量为 148 m^3/h,回灌率达 100%,总回灌量达到 10 万 m^3。咸阳在应对物理、化学、微生物堵塞方面取得了丰硕的成果,为以后大面积推广积累了成功的经验。

7.7 乡村供热基础设施规划

2018 年 1 月,《中共中央 国务院关于实施乡村振兴战略的意见》的发布,标志着我国农村现代化建设开始提速。农村地区能源变革与农村的发展息息相关,在开展乡村振兴战略的新时代,农村能源革命是重要的着力点,在乡村振兴的宏伟蓝图中将占据重要位置。

2017 年 12 月国家 10 个部委联合制定了《北方地区冬季清洁取暖规划(2017—2021年)》,明确推进农村清洁供暖等问题。

我国以煤为主的资源特点以及农村居民分散居住的生活习性,使得长期以来我国农村地区冬季取暖以散煤、薪柴直接燃烧取暖为主。截至 2016 年年底,我国北方地区取暖用煤年消耗约 4 亿 t 标煤,其中农村地区散烧煤(含低效小锅炉用煤)接近 2 亿 t 标煤,散烧煤取暖已成为我国北方地区冬季雾霾的重要原因之一。因此,治理农村散煤取暖势在必行,但是农村清洁供暖这条路也任重道远。

7.7.1 农村现有取暖方式中存在的问题

①我国农村地区存在建筑用能总量大、能源利用效率低等问题。近年来,我国农村地区生活用能总量已经超过 3 亿 t 标准煤,农村用能主要以燃料直接燃烧为主,燃烧效率低。以北方农村散煤燃烧供暖为例,每年供暖能源消耗量约 1.13 亿 t 标准煤,热效率仅 30% ~ 40%,不及区域大型锅炉热效率的一半,相当于每年有 5 600 万 t 标准煤的能量被浪费。

②我国农村地区存在资源未得到充分利用的问题。农村传统生物质利用以直接燃烧为主,转化利用效率极低,不足 20%。太阳能热水器等太阳能利用技术普及程度虽然较高,但仍面临冬季无法使用等问题,经济性和易用性问题是制约其发展的主要原因。

③部分农村地区未考虑当地资源禀赋,大力推行"煤改电""煤改气",导致农民取暖负担大,也存在居民拥有气电采暖设备却不敢用等问题。

从表面上看,农村清洁取暖,是为了改善空气质量而采取的能源转化措施,而实际上更是一种帮助广大农民摆脱烧煤、烧柴的历史,直接提升农民的生活品质,助力美丽乡村建设的民生设施。

因此,该民生设施应坚持因地制宜的原则,不能简单地理解为"煤改电""煤改气",要根据农村实际,多元发展,结合农村地区当地资源条件与经济状况稳步推进。

7.7.2 实现农村清洁供暖的措施

清洁供暖是指以降低供暖能源消耗和污染物排放为目标的供暖过程,包含清洁热源、高效输配管网、高性能建筑物3个环节。实现农村清洁供暖可从如下几个方向开展相关工作。

①开发经济可行的清洁热源。热电联产及余热回收热电联产供热方式在供热成本(均低于20元/GJ)上具有明显的经济优势,但是考虑到农村居民分散居住的特点,农村地区推行此类方式具有较大的阻力。尽管热泵供热方式的初投资较高(约90元/GJ),但该供热方式运行稳定,操作简单,适合农村居民采暖的应用习性,因此结合一定的投资或运行补贴,具备推广条件。

②加强农村住宅围护结构保温,降低冬季供暖用能需求,住宅围护结构保温包括外墙、门窗、屋顶的节能改造。据测算,农村地区住宅按65%的节能标准考虑改造,改造成本分别为外墙120~140元/m²,屋顶106~108元/m²,门窗420~460元/m²。以100 m²房间计算,实现65%节能标准的房屋节能改造,节能改造费用为5.9万~7.2万元/户。

考虑到农村地区经济条件薄弱和建筑体量大等因素,农村建筑节能改造要实现现有城市75%的节能水平非常困难,但兼顾建筑可持续发展,农村住宅节能改造标准总体目标是满足50%节能的基本要求,经济条件较好的地区,宜实现65%的节能目标。

③建立新型农村能源供应方式,降低农村供暖煤炭使用比例,以生物质固体压缩燃料及清洁炉具提供主要供暖用能。对于生物质燃料供应充足地区,可替代小型燃煤供暖炉(北方地区农户每个采暖季生物质压缩燃料需求量为3~4 t),对于生物质燃料供应不足区域,宜采用煤炭清洁燃烧锅炉。

④利用太阳能解决生活热水及部分生活供热问题。太阳能热水器提供生活热水,已经在农村地区大量应用,由于太阳能具有不稳定、不连续等特点,因此无法满足室内全部供暖,需其他能源进行补充。

⑤利用电、液化石油气等清洁能源提供部分生活用能。采用电、液化石油气等清洁能源满足炊事用能,对于部分地区生物质、天然气及太阳能等资源匮乏地区,可以通过电驱动空气源热泵进行采暖。

充分发挥不同地区的资源优势,对于生物质、太阳能、小水电资源丰富地区,除了满足本村居民的各种用能需求,也可以向邻近镇或小城市输出能源。

【案例分析】

案例一:

2016年9月13日,涉县集中供热将军大道(龙山大街至开元街)支线设施项目开工建设,10月20日完成了龙井大街地埋顶管设施。10月25日7时左右,按照诚明建筑公司涉县集中供热将军大道项目部执行经理、现场实际负责人张三的安排,作业班长江四带领李五、江六、李七和李八4名作业人员进入龙井大街西侧埋管端部挖土施工,清理管沟北部及拐弯部分废土。管沟沟宽为2.2 m,沟深为4.8 m。11时左右,北半部清理完毕。休息片刻后,作业班长江四看时间还早,就又带领李五、江六等4名作业人员到管沟南半部沟底清土,找寻提前安装在开元街地下路西侧的供热钢管管头。管沟西侧沟壁状况是上部3 m为回填土,下部2.05 m为粉质黏土,管沟西侧地面为绿化区。由于10月22—24日涉县城区连续降雨,现场施工过程中没有采取有效的防雨及防渗措施,沟底出水,施工队虽采取了抽水措施,也采取了临时支护,但此时沟底土水已饱和。江四和李五、江六三人为了施工方便,擅自将临时支护拆除。11时30分左右,现场兼职安全员张九检查该工地时,发现江四、李五、江六、李七和李八5人正在管沟底部清理废土,且临时支撑已拆除,就赶紧让江四等5人离开现场,话音未落,西侧土方突然发生坍塌,将江四、李五、江六等三人被掩埋。李七和李八由于距坍塌处较远(6 m左右),事故发生后及时撤离。

事故原因和性质

(1)直接原因

现场作业人员违反《建筑基坑支护技术规程》8.1.4之规定(采用锚杆或支撑的支护结构,在未达到设计规定的拆除条件时,严禁拆除锚杆或支撑),为施工方便,在不具备拆除管沟支撑结构的条件下,擅自拆除了支撑结构,导致管沟一侧上部土方坍塌。

(2)间接原因

①施工沟槽未设置挡水墙,底部排水设施不完善,连续降雨导致沟槽被水浸泡,且沟槽上部3 m为回填土。

②施工方案和安全专项方案针对性不强,不能有效指导施工,未制订相应的应急处置措施。

③安全教育培训和现场安全检查不到位,作业人员安全意识淡薄,对施工现场可能存在的危险因素认识不足,冒险作业;现场管理人员对作业人员擅自拆除支撑结构未及时发现和制止。

④项目监理方在未对施工方案认真审核、项目未办理规划许可证和施工许可证情况下违规下达开工令,对未按照图纸及规范施工作业的行为未能有效制止。

⑤涉县住建局违反《建筑工程施工许可管理办法》(住建部令2014年第18号),以"市政设施建设设施规划申请书"代替"建设设施规划许可证"和"建筑设施施工许可证",相关人员监管不力,履职不到位。

案例二:

新型清洁能源供热技术在陕西西安市率先进行推广使用,是值得骄傲的一件事。"关中地区是一个地热梯度相对比较高的地区,热源供给较好,开发利用地热能是低碳绿色能源很重要的一部分,对于大西安绿色发展有着重要意义。"中国科学院院士、西北大学造山带地质研究所所长、西北大学大陆动力学国家重点实验室学术委员会主任张国伟高度评价打造清洁供热对大西安发展的重要意义。

西咸新区自2015年起在沣西新城开始中深层地热能无干扰清洁供热技术试点,积极探索新型供热模式,破解城乡清洁供热难题。以同德佳苑为实验区域,创新实现了全国首个中深层地热能无干扰清洁供热PPP项目,供热面积5.6万 m²。以沣西新城一个采暖季为例,与传统供热相比,干热岩技术应用可代替标准煤3.2万 t,减少排放二氧化碳约8.6万 t,减少排放二氧化硫约 272 t,减少排放氮氧化物约 500 t,减少排放粉尘约 310 t。

截至 2017 年底,西咸新区已建成中深层地热能无干扰清洁供热面积约 200 万 m²;2018 年将新开工的供热面积约 650 万 m²;计划到 2020 年,覆盖供热面积约为 2 000 万 m²。西咸新区用实际行动努力打造地热能开发利用的全国样板,着力推动清洁能源技术进步,为全国提供可复制、可参考、可推广的经验。

坚守环境空气质量"只能更好、不能变坏"的责任底线,按照"无煤城乡"建设要求,西咸新区取缔区域内全部 91 家散煤销售点,五个新城各建成一个清洁煤配送中心,为群众低价统配优质煤。2017 年新区散煤消减量达 66.99 万 t,分别完成省上下达任务的 117.7% 和 112.4%;累计拆除 14MW 以下燃煤锅炉和小设施 443 台,除驻军锅炉外全部清零,减煤 13.8 万 t;今年要全力实现年底前散煤清零目标。此外,大力推进煤改气、煤改电等节能设施,加快构建清洁低碳、安全高效的能源体系。

【知识归纳】

1. 城乡集中供热基础设施的组成。
2. 城乡集中供热负荷的计算。
3. 热电厂的厂址选择。
4. 供热管网的布置方式。
5. 城乡集中供热方案的技术经济比较。

【思考题】

1. 关于供热基础设施规划近期和远期的结合,主要考虑到的问题有哪些?
2. 热电厂厂址选择应考虑哪些问题?
3. 供热基础设施从建设到长远的利用,都能够节约能源的方式有哪些?
4. 供热管网敷设有哪些方式?
5. 如何在供热的过程中减少损耗?
6. 供热基础设施规划与环境保护应与哪些方式相协调?

城乡环境卫生基础设施规划

导入语:

  城乡环境卫生设施是城乡基础设施的重要组成部分。主要包括城乡生活垃圾的清运和处置、公共厕所管理和道路清扫等。在城乡发展建设中,城乡环境卫生设施规划是建设环境友好型与资源节约型社会的必要手段,是城乡发展的"后勤系统",具有深远意义。

  本章关键词:垃圾;公共厕所;保洁

8.1 城乡生活垃圾及其处置

8.1.1 我国城乡固体废物概况

  固体废物是指在人们生产、生活和其他活动中产生的丧失原有利用价值,或者虽未丧失利用价值但被抛弃或者放弃的固态、半固态和置于容器中的气态物品、物质,以及法律、行政法规中规定纳入固体废物管理的物品、物质。

  中国是世界上固体废物包袱最沉重的国家之一。据统计,目前全国城市固体废物历年堆放总量高达 70 亿 t,而且产生量每年以约 8.98% 的速度递增。垃圾堆放量占土地总面积已达 5 亿 m²,折合约 75 万亩耕地。其中,全国工业固体废物历年贮存量达 6.49 亿 t,占地面积约 5 亿 m²。全国城市垃圾产生量 20 世纪 80 年代为 1.15 亿 t/年,2022 年生活垃圾清运2.71 亿 t,按一辆卡车载质量 4 t 计算,共需要 6 775 辆次卡车运输,每辆卡车长度为 5 m,这些卡车连起来可达 33.88 万 km。

　　近年来,随着中国城乡建设进程加快及乡村经济条件改善,乡村也面临着多重问题,其中最严重的便是乡村垃圾污染问题。乡村垃圾污染问题已成为影响农民生活生产、乡村城镇化建设和可持续发展的重要因素。

　　目前,乡村垃圾成分复杂、产量大,对乡村生态环境的影响日趋严重,阻碍了我国乡村振兴建设的进程。近年来的中央一号文件都强调农村环境处理问题,《中华人民共和国国民经济和社会发展第十四个五年规划和2035年远景目标纲要》指出:坚持生态优先、绿色发展,推进资源总量管理、科学配置、全面节约、循环利用,协同推进经济高质量发展和生态环境高水平保护。

8.1.2　城乡固体废物的危害及其处置的意义

　　概括起来,固体废物存在着以下4个方面的危害。

　　(1)占用土地

　　无论是工业废渣还是城乡生活垃圾,堆弃处置均要占用大量土地,难免会占用部分农田。据统计,目前为堆存灰渣,每年新增占地约4万亩,其中1/4为农田,全国历年堆渣已占地59万亩,污染农田25万亩。"十一五"期间生活垃圾处理设施建设情况,西安市现有生活垃圾无害代处理设施12座(其中生活垃圾填埋场7座,生活垃圾无害化焚烧厂4座,餐厨垃圾处理厂1座)。

　　(2)污染环境

　　城乡固体废物,无论是堆弃处置还是倾倒入江、河、湖、海,均会对环境带来巨大危害,其危害程度并不亚于污水。在固体废物中的工业废渣,可能含有各种重金属和有毒物质;而生活垃圾,不仅含有大量有机物质、寄生虫和病原菌,还含有铅、汞、铬、镉、砷等有毒物质。固体废物对空气、水源、土壤均会产生污染,对环境会构成长期的潜在危害。

　　由于垃圾处理水平和技术的限制,乡村垃圾处理主要采取就地堆放、填埋、焚烧等方式,会占用大面积土地,影响工农业生产,破坏地表植被,同时严重影响农作物生长,进而导致粮食减产,严重影响乡村经济的可持续发展。

　　(3)浪费资源

　　固体废物实际包含着大量资源,如无机的工业废渣可用作建筑材料的原料,金属尾砂还可能含有某些贵重的稀有金属,居民垃圾中则含有有机质以及金属、玻璃、塑料等可重复利用的固体废物。如果能变废为宝,则可为国家增加大量原材料,创造可观的经济价值,节约大量天然资源和能源。

　　(4)危害人体健康

　　固体废弃物中含有的大量有毒物质和病原体会造成蚊蝇滋生,并为细菌病虫的滋生提供条件,通过各种渠道传播疾病,进而威胁城乡居民的健康。

8.1.3　城乡生活垃圾的构成

1)城市生活垃圾的构成

　　城市生活垃圾的构成和排放标准与城市民用燃料的种类、生活水平、生活方式、废物回收管理、废物排放法律条文等有关。各国城市生活垃圾的构成与排放量均有差别,对于我国城市生活垃圾的构成和排放量,一些城市的有关单位已进行了初步调查和研究,虽然这项基础工作还应进一步展开,但是从一些城市的调查结果可看出当前我国城市垃圾构成的基本特点和排放标准。概括起来我国城市垃圾的构成有以下几点：

①城市居民生活所使用的燃料中煤占比正逐渐减小，大、中城市的燃气化建设已经较为普及。随着民用燃料结构的变化，垃圾的构成也将发生变化，当采用燃气为民用燃料时，生活垃圾中无机煤渣灰的含量将会大大减少。

②由于我国有较为完善的废品回收系统，城市垃圾废物中的纸张（书刊、报纸、废纸）、贵重金属、玻璃、塑料、纤维制品等大部分已由回收系统回收，因此在垃圾中这类可回收废品较少，一般仅占垃圾总质量的1%～3%。

③除了煤灰渣，我国城市垃圾的构成主要为厨余垃圾。由于我国尚未在厨房中普遍使用垃圾粉碎设备，厨余垃圾均成为生活垃圾。在部分燃气化城市的混合垃圾中，厨余约占垃圾总量的40%，在民用燃料使用燃气地区的生活垃圾中，厨余约占垃圾总量的80%；而在燃煤地区，厨余只占垃圾总量的20%。

④随着生活水平的提高，生活方式的变化，生活垃圾的构成和排放量也将发生变化，如近年来由于食品工业和包装工业的发展，在垃圾中纸质和塑料等包装废弃物大量增加，导致总的垃圾产生量逐年上升。

2）乡村生活垃圾的构成

乡村垃圾是指农村居民在生产、生活过程中产生的综合废弃物，它不仅包括家畜粪便、厨余等有机物，卫生纸、玻璃、塑料、橡胶、金属等废品，还包括农药容器、灯泡、电池等有毒有害物。

乡村垃圾按其来源可分为农业生产型垃圾、乡村生活垃圾和城乡转嫁型/乡镇企业垃圾3种。农业生产型垃圾具有成分复杂、类型多样、布局分散的特性，主要包括畜禽粪便垃圾和农作物秸秆废弃物等。乡村生活垃圾通常指在日常生活或为日常生活提供服务中活动产生的固体废物。城乡转嫁型/乡镇企业垃圾是指城市污染物流向农村/乡镇企业产生的固体废物污染。

我国乡村生活垃圾产量及成分受经济发展水平、人口数量、生活习惯、能源结构、季节、环境等因素影响。总体特点表现为：垃圾产生量和堆积量逐年增多，垃圾成分日趋复杂。与城市垃圾相比：乡村垃圾面积广、产生源分散；人均生活垃圾产量偏低，清理过程简单，但垃圾收运难度大；虽村户内外都有较高的消纳能力，但垃圾随意堆放现象非常严重。

目前，厨余、粪便、纸类、橡塑类等是乡村垃圾的主要成分。首先，以瓜果、菜头、菜叶等餐厨类垃圾为主的乡村垃圾约占垃圾总量的37.83%；其次，橡塑、玻璃、纸类、纺织和金属类等可回收垃圾约占垃圾总量的30.66%；最后，以混凝土渣、燃料灰分、家禽粪便等灰土含量为主的乡村垃圾约占垃圾总量的26.90%。此外，电池、家用电灯等废品也不可忽视。

居民生活水平的提高和消费观念的改变，促使乡村垃圾成分变化加快，其变化趋势主要表现为：厨余垃圾相对减少，废旧家具及工业消费品、产品包装与应用材料（如纸、金属、玻璃）等可回收垃圾成分增多。

8.1.4 城乡生活垃圾治理的基本方针

根据我国具体情况，城乡生活垃圾治理的基本方针有以下几点：

（1）垃圾减量化是治理的首要途径

应力求减少垃圾产生量，如：加强和奖励废品的回收工作；采取净菜进城，减少菜场垃圾；改变民用燃料结构，逐步提高城市燃气气化率。

（2）垃圾无害化处理是城市生活垃圾处理的最终途径

对生活垃圾进行分类收集和处理，对有害物品集中回收，统一处理，处理后的垃圾、粪便不但要达到国家标准，而且要避免二次污染。

（3）垃圾资源化是无害化和经济化的基础

力求做到化害为利，物尽其用，把残渣废物减少到最低限度。

（4）垃圾能源化是实现资源化的基本途径

采用焚烧、生物分解转化、压制等方式，将生活垃圾及粪便转化为热能、电能或制成固体、液体燃料。

（5）垃圾处理工厂化是垃圾治理的发展方向

国外的经验表明，城市垃圾的综合处理，不但能做到经济上收支平衡，甚至可能实现略有盈余，而其社会效益和环境效益则远远超过其经济效益。

8.1.5 生活垃圾分类标准及处理方法

垃圾分类应根据城市环境卫生专业规划要求，结合本地区垃圾的特性和处理方式选择垃圾分类方法。

采用焚烧处理垃圾的区域，宜按可回收物、可燃垃圾、有害垃圾、大件垃圾和其他垃圾进行分类。

采用卫生填埋处理垃圾的区域，宜按可回收物、有害垃圾、大件垃圾和其他垃圾进行分类。

采用堆肥处理垃圾的区域，宜按可回收物、可堆肥垃圾、有害垃圾、大件垃圾和其他垃圾进行分类。

为了进一步促进城乡生活垃圾的分类收集和资源化利用，使城市生活垃圾分类规范、收集有序、有利处理，可参考表8-1的标准。

表8-1　城市生活垃圾分类及其评价标准（CJJ/T 102—2004）

分类	分类类别	内　　容
1	可回收物	包括下列适宜回收循环使用和资源利用的废物： ①纸类，未受严重玷污的文字用纸、包装用纸和其他纸制品等 ②塑料，废容器塑料、包装塑料等塑料制品 ③金属，各种类别的废金属物品 ④玻璃，有色和无色废玻璃制品 ⑤织物，旧纺织衣物和纺织制品
2	大件垃圾	体积较大、整体性强，需要拆分再处理的废弃物品。包括废家用电器和家具等
3	可堆肥垃圾	垃圾中适宜于利用微生物发酵处理并制成肥料的物质。包括剩余饭菜等易腐食物类厨余垃圾，树枝花草等可堆沤植物类垃圾等
4	可燃垃圾	可以燃烧的垃圾。包括植物类垃圾，不适宜回收的废纸类、废塑料橡胶、旧织物用品、废木料等
5	有害垃圾	垃圾中对人体健康或自然环境造成直接或潜在危害的物质。包括废日用小电子产品、废油漆、废灯管、废日用化学品和过期药品等
6	其他垃圾	在垃圾分类中，除按要求进行分类以外的所有垃圾

我国对生活垃圾的处理方法有:卫生填埋、焚烧、堆肥。此外,垃圾的热解处理法也在试验研究之中,我国还发展了垃圾的蚯蚓分解法。

1)土地填埋法

土地填埋是固体废物的主要处理方式之一,也是固体废物的最终处置方式。土地填埋包括简易填埋和卫生填埋(危险废物则称安全填埋)。简易填埋是最原始的垃圾处理方法,但没有考虑垃圾填埋后产生渗滤液的水环境污染以及填埋场废气排放对大气环境带来的污染问题。卫生填埋则是经过科学选址、严格的场地防护设计的垃圾处理设施,其做法是一层垃圾一层土交错填埋,并用推土机压实,总深度可为 0.6 ~ 5 m,最底部做成不透水层,表面盖土0.6 m。堆中预埋管道导出垃圾分解时产生的有害气体,在底部导出浸出液并进行集中处理。因此,卫生填埋法是对垃圾、废气、废水全部进行了无害化处理的科学处理方式。目前我国城市生活垃圾的卫生填埋处理技术在世界各国被广泛采用。

由于填埋场在其填埋后的生物学特点和结构上的原因,填埋场至少要两年后方可派作其他用场。

卫生填埋法具有工艺简单、耗费较低的优点,并能达到垃圾无害化的目的,但垃圾填埋仍需占用场地。城市建设在进行用地规划时,应对垃圾填埋场地的选定予以考虑。

垃圾填埋场的选点应注意以下几点:

①便于垃圾的收集输送。场址距城区距离应适中,以减少垃圾的运输费用。

②尽可能不占用农田。尽量选用城郊无用空地,也可与城市用地规划结合,利用无机垃圾填高低地和洼地。

③应避免垃圾因渗漏可能给地面与地下水源带来的污染。

④应避免因洪水给垃圾场带来威胁。

2)堆肥处理法

堆肥处理法是将垃圾堆放,使其发酵分解,将有机物转化为无机物,达到垃圾处理的目的。堆肥有厌氧和好氧两种,前者堆肥时间长、堆温低并有恶臭,后者堆肥时间短而无恶臭,堆温较高。现代堆肥处理主要是指高速好氧堆肥处理,在保持好氧条件下(自然通风或机械通风),用尽可能短的时间完成垃圾的发酵分解,并利用分解过程产生的热量使堆温升至60 ℃左右,以杀灭病菌、寄生虫卵和苍蝇卵蛹等,从而达到垃圾无害化处理的目的。

堆肥技术的工艺比较简单,还可以实现对垃圾中部分成分的资源优化,投资额度适中。但是总的来说,堆肥发展比较缓慢,主要原因如下:

①在城市郊区或居民区建立垃圾堆肥厂往往会对环境产生不良影响。

②堆肥产品的市场预期难以与化肥相比。

③堆肥中重金属元素及其他有害物质对土壤的污染有潜在性风险。

④堆肥处理的资源化率不高,部分专家认为仅有15% ~ 20%。

3)焚烧法

当垃圾中可燃物质较多、燃烧热值较高和含病菌污染的医院垃圾可以采用焚烧法处理。焚烧处置是实现固体废物无害化与资源化的重要手段和方法之一。与其他固体废物处置方法相比较,焚烧法的优点是垃圾减容效果大(一般焚烧后可减容80% ~ 90%)。焚烧垃圾产生的热量可以发电和供热,焚烧作业受气候和天气的影响小,同时,垃圾中的病原体在高温下杀灭彻底。但是,提供能源的燃料也会带来空气污染的问题。

4)蚯蚓分解法

利用城市有机垃圾作为蚯蚓床培殖蚯蚓,不仅可将城市有机废物转变为肥效高、无臭味的蚓体粪土,而且能获得大量蚯蚓作医药原料。此外,蚯蚓体内蛋白质含量与鱼肉相当,是畜禽和水产养殖的优良饲料。

5)热解法

近年来,在国外垃圾热解处理正从小型试验走向生产应用。热解法就是利用垃圾中有机物的热不稳定性,在缺氧条件下加温蒸馏垃圾时,有机物产生裂解,然后经过冷凝,产生各种新的气体、液体和固体化合物。与焚烧法氧化放热相反,热解法是吸热过程。垃圾热解法获得的产品有氢、甲烷、一氧化碳、二氧化碳及其他气体,在室温条件下产生液态焦油和碳化合物。

随着经济的迅猛发展,工农业生产加快,城市建设日新月异,人民生活水平迅速提高,如今,城市垃圾问题已成为不可忽视、亟待解决的问题。在进行城乡规划时,应根据我国具体情况,加强城乡垃圾处理的规划,为城乡建设、环境保护创造有利的条件。

8.2　城乡公共厕所规划

8.2.1　我国城乡公共厕所概况

1)城市公共厕所概况

城市公共厕所是城市基础设施的必要组成部分,可方便人们生活、满足生理功能需要,是收集、储存和初步处理城市粪便的主要场所和设施。作为城市建筑的公共厕所设施本身也是城市人文景观的构成要素之一,是社会的一种文化符号,无论是厕所的选址、建筑设计,还是使用方式方面,都体现了不同国家和民族的风俗习惯、伦理常识。

21世纪以来,中国城市化进程加快,城市的迅速扩张以及外来流动人口的增长使我国城市公共厕所总体呈现出如下不足之处:

①公厕数量少,布局不合理。从总体上看,尽管很多城市新建了大量的公共厕所,但公厕的数量依然不能满足城市发展的需求。另外,许多城市的公厕布局也不合理,缺少统一的规划布局,间距和位置也不合理,呈现出混乱的状况。许多街道的公厕很难找到,一是由于数量少,二是由于位置隐蔽,标识不醒目。

②城市公厕卫生状况虽有所改善,但公厕内的环境还是令人不太满意。由于管理人员和使用者的不当行为,导致厕所墙面出现污染和便池损坏现象;同时也存在舒适程度不足,配套设施不完善,如厕所未采取防滑、防臭措施等。

③设计建设问题。一些公厕建设中没有配置洗面台、梳妆镜、厕内钩等设施,给人们的使用带来诸多不便。同时,缺乏对特殊人群(如老年人、盲人、残疾人)的专用空间的设置,缺乏专用便器、安全抓杆、盲道、轮椅坡道及扶手,缺乏儿童专用的便器和洗手盆等设施,难以体现出以人为本的设计理念。

2）乡村公共厕所概况

数千年来,我国乡村普遍采用旱厕来统一收集人类排泄物,并将其终产物作为肥料用于促进农作物生长,这是一种比较自然与环保的卫生系统。时至今日,我国乡村地区依然在大范围使用旱厕,在使用过程中带来了一系列环境卫生问题。2015年7月,习近平总书记在了解到一些村民还在使用传统的旱厕时,专门提出要开展"厕所革命"整治行动,让农村群众用上卫生的厕所。

虽然乡村人居环境整治工程及"厕所革命"工作正稳步推进,但是目前我国的乡村厕所仍存在着以下问题:

（1）卫生意识差

至少80%的村民认为厕所本来就是脏乱的,没有必要把钱投入厕所的改建。在村级便民服务中心的公厕和农户厕所中均存在地面和便槽脏的情况。建制村便民服务中心日常办公已逐步规范,办公环境得到了有效改善,厕所却往往被村干部所忽略。有些厕所地面和便槽污垢严重;便槽冲水设施不能正常使用,只能在洗手龙头接水冲洗;门锁损坏情况严重,导致如厕环境差。

（2）旱厕仍少量存在

早些年,少数经济收入差的农户在进行农村沼气池建设时没有修建沼气池,也没有对自用厕所进行改造,至今仍然沿用旱厕。

（3）原改厕模式效果不佳

近年实施的三瓮式化粪池卫生改厕项目在当地群众使用过程中满意率不高,如2017年重庆市铜梁区大庙镇共完成400户的改厕任务,经走访发现群众满意率仅50%左右,主要存在以下问题:一是容积小,三瓮式化粪池只适合处理人的粪便,若生活污水排入池中,池子灌满时间短,需要频繁向外运排泄物。二是使用年限短,因三瓮式化粪池材质为塑胶,在运输和安装过程中容易损坏,还要求全部埋入土中,若安装不当,裸露在外部分过多,将缩短化粪池使用寿命。三是安装位置选定有局限性,安装三瓮式化粪池一个洞口的尺寸为深1.5 m、宽1.1 m,3个瓮总长度2.6 m。有些农户具备安装基本条件,但是在房屋周围找不到合适的地方安装填埋设备。四是群众支持度不高,因多数农户已建好了沼气池,虽然现在用沼气作燃气的并不多,但群众普遍反映沼气池实用,容量大,可收集人畜粪便,出粪口大,便于施肥操作。部分经济条件好的农户在房屋改建后,已经修建了单格式化粪池或三格式化粪池。

8.2.2 城乡公共厕所的分类

1）城市公共厕所分类

城市公厕的类型,特别是公厕的建筑形式,与城市公厕规划有着非常密切的关系。如公厕建筑形式的发展方向,是以建设独立式为主还是以建设附建式为主,与规划中公厕的合理布局直接相关。如果一味追求建设独立式公厕,则由于建设公厕用地难以落实而导致公厕规划难以实施。因此有必要先对公厕的分类进行阐述。

城市公厕分类,就是根据其建筑特征、管理特征等不同,进行适当归类,以便于公厕规划的准确编制,根据不同类别要求进行公厕设计,使公厕保洁管理具有不同的侧重点,拓宽公厕建设融资渠道等,促使公厕管理工作具有层次性和针对性。

城市公厕可按建筑形式、建筑结构、建筑等级、空间特征、冲洗方式、管理方式、投资渠道等进行分类，以下列举3种。

（1）按建筑形式分类

城市公厕按建筑形式可分为独立式、附建式、移动式3种类型。

①独立式公厕。独立式公厕是指公厕建筑结构与其他建筑物结构无关联，独立建筑于城市道路、广场、绿地、文体设施、车站、码头、住宅小区等附近，为在这些场所活动或途经这些场所的公众提供如厕服务。由于历史原因，人们对公厕形象、卫生状况存在片面认识，公厕都是远离其他建筑，而独立地建在不起眼的地方。因此，我国公厕大部分都是独立式公厕，其比例占到80%～90%。

独立式公厕由于与其他建筑无直接的关联，因此常常可以结合其周边的建筑环境和设置地点的文化环境，设计成具有鲜明个性的建筑小品，丰富公厕设置地点的建筑环境和文化内涵，成为与城市形象相协调的一个建筑音符。独立式公厕在管理作业方面（如抽吸化粪池粪便等）相对比较方便，对周边环境影响较小，适合建设于城市广场、城市绿地、城市主要干道、城市旅游景点附近等地点。

②附建式公厕。附建式公厕是指公厕的建筑结构与其他主建筑物结构同属于一个整体，公厕建筑只是附属于主体建筑。公厕可以与主体建筑分门出入，与主体建筑使用人员的出入互不相干，如公厕附属于居民住宅楼底层，公厕入口与居民楼入口相分离。公厕也可以与主体建筑同一门进出，如公厕附建于商场、酒店建筑等，则可通过主体建筑的门厅、通道等进入公厕。

附建式公厕适合建设于繁华商业街等用地比较紧张、人流量较大的地点，在大型商场、酒店、餐饮场所、娱乐场所等公共建筑内，都可以附建供服务对象和途经者使用的公厕，公厕在规划布点上具有较大的灵活性。由于附建式公厕在技术上已经成熟，因此在城市公厕建设工作中，越来越受到重视。一些建筑业主（如商场经营者）为了完善商场服务设施，吸引更多顾客，也乐于增设公厕设施，因此附建式公厕正成为我国城市公厕建设发展的方向。

③移动式公厕。移动式公厕是指可以重复且较为方便地移动到需要设置的地点，为公众提供如厕服务的设施。由于一些地点受地形条件等限制，又没有商场等建筑可以附建公厕，公众如厕问题一直得不到很好解决，迫切需要占地面积较小、机动性较强的公厕为公众提供服务。一些大型的室外文娱活动、体育赛事呈明显增加趋势，这些活动短时间内人流大量集中，过后又恢复如常，急需能满足时段性需求的公厕设施，因此移动式公厕应运而生。移动式公厕具有占地面积小，一般为5～10 m²，机动性较强，可以重复使用，减少了因拆迁而造成浪费的现象，非常适合受地形条件限制和时段性服务需求场所使用。

按建设基准面分类，又可分为地面和地下两类。

城市公厕大部分建设于地面，但建设于地下的公厕也发挥着重要作用，如北京市天安门广场东侧的地下公厕，在建筑规模和建筑标准、服务水平上毫不逊色于地面公厕，为参观天安门广场的广大游客提供了良好的如厕服务。随着我国城市地下空间开发日益受到重视，如何解决地下公共设施（如地铁、地下商场）的公众如厕问题，已经提到各级政府的议事日程上来，建设地下公厕成为需要突破的城市公厕空白点之一，有待人们不断研究和实践。

（2）按建筑等级分类

按照原城乡建设环境保护部制定的《城市公共厕所规划和设计标准》规定,城市公厕建筑标准按其设置地点的重要程度分为3类:一类公厕设置在对外开放游览点和繁华街道,需配备独立式大小便器、保暖设施、手纸架、先进节水器以及设置1.8 m高的独立单间等,地面、墙裙装饰用材标准较高;二类公厕适合建设于主要街道,可以设置独立式便器的单间,也可建设通槽式便器,采用瓷砖面小便池;三类公厕则设置于一般街道,采用通槽式大小便器,装修用材标准也相应降低。近年来,公厕建筑标准在原来基础上有了较大幅度的提高,特别是建在繁华商业街、旅游景点附近的公厕,达到了"星级"标准,无论是建筑用材、服务设施和服务水平,还是公厕的文化氛围、卫生水平,都有很大程度提高,满足了公众如厕需求。

（3）按冲洗方式分类

公厕按冲洗方式可分为水冲式公厕和旱厕两类。

水冲式公厕是指在公厕设施内,接入上水设备,通过水箱、冲水阀等专用设备以水冲洗使用者的排泄物,并以水封堵排泄物臭味。其特点是易于保持公厕清洁,便于粪便排泄物的集中处理。在我国城市,水冲式公厕是重点推广的一种公厕形式。

旱厕是指使用者的排泄物直接进入储存设施,而不用水来冲洗。其又可以分为两种:一种是传统的旱厕,粪便等排泄物直接排入储粪池,待排泄物存储到一定数量后以机械或人工清除,运往集中处理厂进行处置;另一种是现代旱厕,可用自动打包的方法将排泄物集中收集于专用塑料袋内,再集中运到指定地点处置,或将排泄物直接排入生化处理装置,就地处理粪便等排泄物。这种现代旱厕目前还处于探索研究阶段,因其可以节约大量水资源,具有较为广阔的应用前景。

2）乡村厕所分类

（1）卫生厕所

厕屋(有墙、有顶)清洁、无蝇蛆、无臭,贮粪池不渗不漏、密闭有盖,适时清出粪便并进行无害化处理。

（2）无害化卫生厕所

按规范要求使用时,具备有效降低粪便中生物性致病因子和传染性的卫生厕所。包括三格化粪池厕所、双瓮漏斗式厕所、三联通式沼气池厕所、粪尿分集式厕所、双坑交替式厕所和具有完整上下水道系统及污水处理设施的水冲式厕所等。

8.2.3 城乡公共厕所的规划设计要求

1）城市公共厕所的规划设计要求

公共厕所是城市公共建筑的一部分,是为居民和行人提供服务不可缺少的环境卫生设施,在制订新建、改建城市住宅街道的详细规划时,城市规划部门应将公厕建设列入规划之内。

2）乡村厕所的规划设计要求

乡村厕所的建造应结合村镇规划与住宅建设,合理布局,因地制宜地选择无害化卫生厕所类型,应与村庄集中生活污水建设同步规划和实施。

室外户厕选址的一般原则:

①尽可能离居室较近,做到厕所进庭院,这样既方便使用,又便于管理。

②尽量远离水井或其他地下取水建筑物。

③根据常年主导风向,户厕宜建在居室、厨房的下风向。

④厕屋可利用房屋、围墙等原有墙体,以降低造价。

⑤储粪池应建在房屋或围墙外,既有利于维护,又便于出粪和清渣。

8.3 城乡保洁规划

8.3.1 城乡道路保洁规划

为了确保城乡各级道路的清洁和畅通,需要市政相关人员进行清扫整理和环境保持工作。城市道路保洁的规划范围包括城市各级道路的人行道、车行道,车行地下隧道、人行地下通道、地铁站、高架桥、人行过街天桥、附属设施等;道路保洁方式主要包括人工清扫、机械清扫,并应逐渐向电控自动化的机械清扫过渡。

表 8-2 城市道路保洁等级划分、路面废弃物控制指标和保洁质量要求

道路保洁等级划分条件		路面废物控制指标						道路保洁质量要求
		果皮/(片/1 000 m²)	纸屑、塑膜/(片/1 000 m²)	烟蒂/(个/1 000 m²)	痰迹/(处/1 000 m²)	污水/(m²/1 000 m²)	其他/(处/1 000 m²)	
一级	商业网点集中,道路旁商业店铺占道路长度不小于70%的繁华闹市地段;主要旅游点和进出机场、车站、港口的主干路及其所在地路段;大型文化娱乐、展览等主要公共场所所在路段;平均人流量为100 人/min 的道路和公共交通线路较多的路段;主要领导机关、外事机构所在地	≤4	≤4	≤4	≤4	无	无	对人流量大的繁华路段,应全天巡回保洁,路面应见本色;大城市、特大城市的路面冲洗每日不应少于1次,其他城市每周可冲洗3~5次;气温30 ℃以上时,大城市、特大城市平均每天洒水不应少于3次,其他城市可按实际情况决定

续表

道路保洁等级划分条件		路面废物控制指标						道路保洁质量要求
		果皮/（片/1 000 m²）	纸屑、塑膜/（片/1 000 m²）	烟蒂/（个/1 000 m²）	痰迹/（处/1 000 m²）	污水/（m²/1 000 m²）	其他/（处/1 000 m²）	
二级	城市主次干路及其附近路段；商业网点较集中，占道路长度60%~70%的路段；公共文化娱乐活动场所所在路段；平均人流量为50~100人/min的路段；有固定公共交通线路的路段	≤6	≤6	≤8	≤8	≤0.5	≤2	主要路段应巡回保洁，路面基本见本色；大城市、特大城市的路面冲洗每日不应少于3次，其他城市每周不应少于1次；气温30 ℃以上时，大城市、特大城市平均每天洒水不应少于2次，其他城市可按实际情况决定
三级	商业网点较少的路段；居民区和单位相间的路段；城郊接合部的主要交通路段；人流量、车流量一般的路段	≤8	≤10	≤10	≤10	≤1.5	≤6	应定时保洁，各地可按实际情况决定路面是否需要冲洗以及冲洗次数；气温30 ℃以上时，大城市、特大城市平均每天洒水不应少于1次，其他城市可按实际情况决定
四级	城郊接合部的支路；居住区街巷道路；人流车流量较少的路段	≤10	≤12	≤15	≤15	≤2.0	≤8	每天清扫1~2次；部分路段应实行定时保洁

8.3.2　城乡水面保洁规划

城乡水面主要是指城市内部及郊区自然形成或人工建造的江河、湖泊、泉池、湿地等水体,通常具有多层次的生态景观价值,并具有较强的观赏娱乐性。城市水面保洁的重要职能就是保证城市水面的清洁与低污染,它主要依据水面的重要程度进行针对性的水面漂浮物打捞和水面淤泥清理工作。在城市中占据主要地位的水面一天中往往需打捞多次,次要的水面多天打捞一次(如济南市中心区大明湖—护城河水域每天早、中、晚 3 次循环作业清理)。工作方式一般分为人工操作与机械操作。较宽水面(净宽大于 10 m)可采用机械清扫,否则采用人工打捞船清扫。水面水域面积较大、河网密集或位于城市景观节点,应常设水上环卫工作站。

在乡村地区,水面主要包括天然的湖泊、河流、溪水以及生产性的鱼塘,这类水面受自然环境的自调节影响较大,通常可通过自净作用保持水面的洁净,因此其保洁与清理工作与城市地区相比可降低标准要求。

8.3.3　城乡建筑物保洁规划

民用及工业建筑作为城市的基本构成单元广泛地分布在城市各处,必须保持外形完好、整洁。城市建筑物保洁主要指建筑物外立面保洁(外墙玻璃幕墙清洗、外墙玻璃窗清洗、外墙石材墙面清洗、外墙涂料墙面清洗、外墙瓷砖墙面清洗、阳光棚外墙清洗、铝塑板墙面清洗)。凡建筑物表面残留有污迹、浮土,受风雨侵蚀等都会影响到市区环境卫生和市容观瞻,必须对其进行清洗。工作方式主要采用:

(1)高处吊板(绳方式)

工人运用吊板(绳)下滑到指定位置进行施工操作。此施工方式具有方便、灵活、安全系数较高等特点。同时,占用资源较少,能最大限度地减少对业主日常工作、生活的影响。

(2)吊篮方式

在楼顶架设吊篮将工人运送到指定位置进行施工操作。此施工方式清洗效率较低,成本较高。

(3)高空蜘蛛车

运用蜘蛛车、升降车等平台设备将工人运送到指定位置进行施工操作。此施工方式局限性较大,一般适用于 36 m 以下高难度工程。因成本较高,故很少采用。

(4)轨道擦窗机

部分高楼修建时预留轨道擦窗机,此施工方式同吊篮方式,便于移动。

(5)室内双面擦方式

部分玻璃外窗清洗采用双面磁性玻璃刮,此方式可于室内操作,但效率较低,可靠性差,南方使用较多。

建筑清洗强度与周期根据建筑等级、用途及使用频率来确定。

8.4 乡村区域环境卫生设施规划

8.4.1 乡村环境卫生设施规划设计原则

（1）以人为本，尊重民意

乡村建设的出发点是改善乡村地区居民的生产、生活环境，缩小城乡差距，因此村庄建设规划设计应符合乡村居民的诉求。要虚心接受乡村居民的意见和建议，坚持以人为本、尊重民意的原则。此外，乡村建设在规划方法、实施手段上与城市规划不同，它不仅是一种政府行为，更是一种公众参与活动，应坚持政府引导与乡村居民自力更生相结合，激发作为乡村建设利益主体的乡村居民的生产积极性，以改善乡村的生产、生活条件和人居环境。

（2）集约土地，优化利用

土地是基本的生产要素，是乡村建设的重要物质建设基础。面对我国人多地少、人口不断增加、耕地面积逐渐减少、人地矛盾日益突出的现实情况，村庄规划应以集约利用土地为宗旨，从村庄整体高度来分析土地利用价值，合理利用土地资源，提高村庄土地的综合利用效益。

（3）因地制宜，分类引导

我国乡村分布广、数量多，不同村庄实际情况不同。因此村庄建设规划设计不应采用统一的模式，而应根据村庄的产业特点、经济发展水平、社会条件以及人口规模等，因地制宜地制定建设模式，做到科学规划、分类指导。

8.4.2 乡村垃圾站规划布局措施

（1）垃圾收集站收集措施

在进行村庄规划建设时，应加强对垃圾的收集。乡村地区垃圾以生活垃圾为主，且总量一般较小，因此，乡村垃圾处理可采用"分类收集—村集中—镇转运"模式，即村镇垃圾站布局应与乡村居民点建设一致，每村集中收集，远期达到分类收集标准；然后每镇集中进行运输转运，集中送到区域垃圾处理厂进行无害化处理。

（2）垃圾处理设施空间规划布局

村庄的卫生填埋场一般位于村口，可根据具体情况将建筑垃圾填埋场、特种垃圾填埋场、大件垃圾处理中心、餐余垃圾处理中心等进行一体化处理，用于各类垃圾的分类处理。彻底改变农村环卫设施过去"分散布局、被动按需供地"的局面，适应未来"集中布局，主动预先控地"的发展趋势。这样既解决了环卫设施选址难的现行问题，又让村镇规划管理工作有了一定的灵活性，还可以帮助实现村镇垃圾的综合处理。

8.4.3 乡村公共厕所布局

（1）公厕规划布局目标

乡村公共厕所建设应该按照布局合理、美化环境、方便使用以及有利于环境卫生作业的要求进行。

（2）公厕规划布局原则

与乡村用地布局之间相互协调，依据用地性质、服务人口来确定公厕设置密度、设置间距以及建筑面积；公厕的规划应该与村民对公厕的需求相一致。

（3）乡村公厕布局措施

在进行新农村建设时，可以利用沼气池处理一些有机肥料，如粪便、农产品废弃物及生活有机垃圾。为方便进料和出料，沼气池应与畜圈和厕所就近设置，选择土质较好的场地建造基础，避开地下水和软弱基础。在山地丘陵地区受地形影响，可采用分散家用式沼气池；在平原地区，村庄可建设集中式大型化沼气池。此外，随着卫生厕所逐渐进入村民家庭，村庄内应设置公共厕所，数量应根据村庄规模确定，服务半径不应大于 300 m，每处公厕的面积不宜小于 10 m²。公共厕所可结合公共建筑、公共活动场所布置。

【典型例题】

1. 城市环境卫生设施规划的主要任务是（　　　　）。

A. 确定城市固体废弃物的收运方案

B. 制订环境卫生设施的隔离与防护措施

C. 选择城市固体废物处理和处置方法

D. 测算城市固体废弃物产量，分析其组成和发展趋势，提出污染控制目标

答案：B

2. 建筑垃圾处理时一般采取的方式是（　　　　）。

A. 分类处理

B. 综合利用

C. 填埋法

D. 集中堆放

答案：C

3. 生活垃圾转运站应当如何选址？

答案：生活垃圾转运站的选址应尽量靠近服务区域中心或垃圾产生量最多且交通运输方便的地方，不宜设置在公共设施集中区域和靠近人流、车流集中地区。生活垃圾转运站服务半径与收运方式有关：采用非机动车方式收运，服务半径宜为 0.4~1.0 km；采用小型机动车收运，服务半径宜为 2~4 km；采用大、中型机动车收运，可根据实际情况确定服务范围。

4. 试分析城市环境卫生设施建设中的困难及解决对策。

答案：城市环境卫生设施建设、运营和监管过程中存在着征地受限、融资困难、小规模重复建设、布局分散、设施运转不正常、技术水平参差不齐，以及法律法规不完整、执法监督不到位等多种问题。因此，需要各地方政府部门在宏观上对城市垃圾管理、处置的基础设施现状有更清晰的把握，并通过借鉴国内外先进城市的设施建设、运营、技术和管理经验寻找并弥补当地的不足。从技术、经济环境等方面进行综合比较、分析与评价，制定适合我国国情并符合当地实际情况的城市垃圾管理体制与策略（如强化政府监管职能、引入市场竞争机制、提高公众参与意识等），是实现现代城市环境卫生基础设施建设与管理的必由之路。

【案例分析】

泰安市垃圾焚烧发电项目运营典礼在岱岳区道朗镇蛤蟆山的垃圾焚烧发电厂举行。据

了解,这个垃圾发电厂不仅能处理泰城和肥城市每日产生的700余t生活垃圾,每年还能产生1.2亿kW·h的电量。垃圾焚烧发电厂正式运营后,能把岱岳区粥店街道办事处小堰堤村以南存在16年、约150万t的生活垃圾,用5年左右的时间处理掉。

该垃圾站长63 m、宽18 m、深15 m,可以承载约1.7万 m³的垃圾。根据规划,整个垃圾处理流程全部实现机械操作,垃圾转运过程中使用了垃圾抓吊。泰城和肥城市的生活垃圾被运到这个垃圾站后,机械操作人员将使用垃圾抓吊简单把垃圾粉碎,然后再抓起垃圾并送往传送带。在抓垃圾过程中,通过电子感应系统,每次抓起的质量都在电子屏幕上显示出来,这样操作人员可以根据集控室了解焚烧锅炉需要多少垃圾,然后再调整抓起垃圾的质量。数据显示,垃圾抓吊抓起垃圾的质量最大为6 t,送往垃圾传送带的频率为5抓/h。

据了解,泰安城区人口约74万人,以人均产生可收集垃圾量为0.8 kg/天计,城区日均垃圾量为592 t;肥城城区人口18万人,以人均产生可收集垃圾量为0.8 kg/天计,城区日均垃圾量为144 t;加上泰山旅游区垃圾量日均约30 t,泰安城区、肥城城区及泰山旅游区垃圾现况量为766 t/天。垃圾焚烧发电厂焚烧锅炉和发电机组全部运营后,这些垃圾都会被处理掉。

生活垃圾在存储厂采用"负压"装置存储,即空气只能进入存储厂,屯集垃圾产生的臭气无法外漏,只能被抽气机抽到焚烧炉进行处理,而垃圾渗出的污水也将被抽进燃烧炉进行燃烧或引进污水处理厂进行无害化处理。

为防止燃烧垃圾产生的灰渣和烟尘二次污染环境,设备中采取了分离措施。装置中的石灰粉、活性炭等物质可以为烟气脱硫脱酸,通过吸收塔将其吸收,避免了空气污染。垃圾焚烧后产生的灰渣送往环保部门检测合格后,可以作建筑材料使用。

案例解析:

垃圾焚烧发电厂采用市场化运作的BOO(建设—运营—拥有)模式,不仅减轻了政府的经济负担,还能让管理更加完善。泰安市垃圾焚烧发电厂采用中国科学院具有自主知识产权的循环流化床垃圾焚烧发电技术,废气排放达到欧盟标准,同时发电量比同等发电设备多发电20%~30%,真正实现了垃圾处理的"无害化、减量化、资源化"。

【知识归纳】

1.城乡生活垃圾的基本概况及其处置方法。

2.城乡公共厕所规划的基本原则及指标。

3.城市保洁规划的主要组成。

【思考题】

1.城乡生活垃圾由哪几部分构成?

2.城乡生活垃圾的处理方法有哪些?

3.城乡公共厕所的规划选址依据有哪些?

4.城乡公共厕所如何确定厕所蹲位数量及化粪池容积?

5.城乡道路保洁规划包括哪些内容?

6.城市建筑物保洁规划包括哪些内容?

9

城乡防灾基础设施规划

导入语：

我国城乡防灾基础设施规划主要包括防洪、地震和消防基础设施规划 3 部分，其根本目的是减少由自然灾害、人为灾害对城乡建设和人们的生命安全造成的破坏，在城乡发展过程中防灾减灾将作为建设活动的重要环节。

本章关键词：灾害；防洪；防震；消防

9.1 城乡灾害的种类与特点

9.1.1 灾害的种类

1)概况

自然界的灾害有许多种，例如火灾、风灾、水灾、地震等灾害。有些灾害往往还会互相影响、互相并存。如台风季节时常伴有暴雨，造成水灾、风灾并存；又如在较大的地震灾害中，大片建筑物、构筑物倒塌，会引起爆炸和火灾。

①根据不同的标准可以对城乡灾害进行不同的分类，如根据其发生原因，城乡灾害可分为自然灾害与人为灾害两大类。

自然灾害指自然界中所发生的异常现象，自然灾害对人类社会所造成的危害往往是触目惊心的。其包括地震、火山爆发、泥石流、海啸、台风、洪水等突发性灾害，以及地面沉降、土地沙漠化、干旱、海岸线变化等在较长时间中才能逐渐显现的渐变性灾害，还包括臭氧层变化、水体污染、水土流失、酸雨等人类活动导致的环境灾害。这些自然灾害和环境破坏之间又有着复杂的相互联系。

人为灾害指主要由人为因素引发的灾害。其种类很多,主要包括自然资源衰竭灾害、环境污染灾害、火灾、交通灾害、人口过剩灾害、战争及核灾害等。

②根据发生时序,灾害又可分为主灾和次生灾害。造成直接危害的灾害称为主灾(原发性灾害),如人在林区活动时因不慎而引起的森林大火会毁灭大片的树林及其范围内的建筑物和构筑物,迅猛的洪水能冲毁大片的庄稼和居民点的人工设施等。非直接造成的灾害称为次生灾害,如地震引起的大火、山崩,造成的泥石流等。有时次生灾害要比主灾造成的危害更大。2018年,全球各地发生的自然灾害夺去了上千人的生命。其中,地震、洪水以及季风带来的暴雨导致大规模泥石流等自然灾害造成了大量的人员伤亡。此外,近百人因特大暴风、林火及火山爆发等灾难而遇难。2018年9月28日,印度尼西亚苏拉威西岛发生的地震和海啸导致2 000余人死亡;2018年6月,印度季风带来的暴雨引发大规模泥石流导致超过800余人遇难;同年7月,日本西部地区大范围暴雨造成大规模灾害,这场严重的气候灾害造成了200余人死亡。

2)城乡灾害

城乡灾害是指由自然、人为因素或两者共同引发的对城乡居民生活或城市社会发展造成暂时或长期不良影响的灾害。城乡灾害既包含自然灾害,也包含遭受到人为因素影响而形成的灾害。其主要包含洪灾、泥石流、城市倒灌、大面积停电、停水、火灾、燃气罐等易爆物爆炸、传染病、交通拥堵、空气 $PM_{2.5}$ 污染、战争、核污染等。与城市需要投入大规模财力物力应对人为灾害不同,乡村地区主要面临自然灾害的威胁。乡村地区建筑抗灾能力低,基础设施匮乏,相关的防灾基础设施规划建设标准低,一旦受到灾害,损失较为严重,灾后恢复时间也较长。

(1)根据灾害发生的原因进行分类

①自然性灾害。因自然界物质的内部运动而造成的灾害,通常被称为自然性灾害,具体可以分为下列几类:

a.由地壳的剧烈运动产生的灾害,如地震、滑坡、火山爆发等;

b.由水体的剧烈运动产生的灾害,如海啸、暴雨、洪水等;

c.由空气的剧烈运动产生的灾害,如台风、龙卷风等;

d.由地壳、水体和空气的综合运动产生的灾害,如泥石流、雪崩等。

②条件性灾害。物质必须具备某种条件才能发生质的变化,并且由这种变化而造成的灾害称为条件性灾害。如某些可燃气体在正常条件下不会燃烧,只有遇到高压高温或明火时,才有可能发生爆炸或燃烧。当人们认识了某种灾害产生的条件时,就可以设法消除这些条件的存在,以避免该种灾害的发生。

③行为性灾害。凡是人为造成的灾害,不管什么原因,统称为行为性灾害。因人为造成的灾害,国家有关部门将根据灾害损失的严重程度追究法律责任。

(2)在防灾规划中对自然灾害进行分类

①受人为影响诱发或加剧的自然灾害。如森林植被大量破坏的地区易发生水灾、沙化,因修建大坝、水库以及地下注水等原因改变了低压力荷载的分布而诱发地震等。就大气降水而言,是一种自然现象。暴雨引起地面径流是形成洪水最重要、最活跃的因素。此外,在寒冷的地方,冰雪的迅速融化也会形成洪水,而水库及湖泊的堤坝溃决,以及强烈的地震则会引起暴发性的洪水。

②人力可以控制的自然灾害,如江河泛滥、火灾等。通过修建一定的工程设施,可以预防

灾害的发生,或减少灾害的损失程度。

③目前尚无法通过人力减弱强度的自然灾害,如自然地震、风暴、泥石流等。

9.1.2 城乡防灾基础设施规划的主要任务

根据城乡自然环境、灾害区划和城市地位,确定城乡各项防灾标准,合理确定各项防灾设施的等级、规模;科学布局各项防灾措施;充分考虑防灾设施与城市常用设施的有机结合,进行统筹建设、综合利用,制定防灾设施的防护管理对策与措施。

9.2 城乡防灾基础设施规划主要措施与城乡防灾设施组成体系

9.2.1 城乡防灾基础设施规划主要措施

城乡防灾基础设施规划主要措施可分为两种,分别为政策性措施和工程性措施,二者是相互依赖、相辅相成的。政策性措施可称为"软措施",工程性措施可称为"硬措施",必须从政策制定和工程设施建设两方面入手,"软硬兼施,双管齐下",搞好城乡防灾工作。

1)城乡政策性防灾措施

城乡政策性防灾措施建立在国家和区域防灾政策基础上,主要包括两方面的内容。一方面,政府管理的各部门发展计划是政策性防灾措施的主要内容。城乡总体规划通过对用地适建性的分析评价,确定城乡发展方向,实现防灾的目的。国土空间总体规划中有关消防、人防、防震、防洪等各项防灾专项规划,对城乡防灾工作进行直接指导,是防灾建设的主要依据。除城乡规划外,各部门的发展计划也直接或间接与城乡防灾工作相关,尤其是各项基础设施规划,与城乡防灾有非常紧密的联系。

政策性防灾的另一个方面就是法律、法规、标准和规范的建立与完善。近年来,我国立法机关相继制定并完善了《中华人民共和国城乡规划法》《中华人民共和国人民防空法》《中华人民共和国消防法》《中华人民共和国防洪法》等一系列法规,各地各部门也根据各自情况编制出台了一系列关于防洪、防震、消防、人防、交通管理、基础设施建设等各方面的法规、标准和规范,为指导城乡防灾工作起到了重要作用。

2)城乡工程性防灾措施

城乡的工程性防灾措施是在城乡防灾政策指导下,建设一系列防灾设施与机构的工作,也包括对各项与防灾工作有关的设施采取的防护工程措施。城乡的防洪堤、排涝泵站、消防站、防空洞、医疗急救中心、物资储备库,或气象站、地震局、海洋局等有测报功能的机构的建设,以及建筑的各种抗震加固处理、管道的柔性接口处理方法等,都属于工程性防灾措施的范畴。政策性防灾措施必须通过工程性防灾措施,才能真正起到作用。但在我国许多城市和乡村,都存在着有法不依、有规不循的情况,导致城市与乡村防灾能力薄弱。

9.2.2 城乡防灾设施的组成

城乡防灾设施主要由城乡消防工程、防洪(潮、汛)工程、防震工程、防袭工程及救灾生命线系统等组成。

（1）城乡防洪（潮、汛）设施

城乡防洪设施有防洪堤、截洪沟、泄洪沟、分洪闸、防洪闸、排涝泵站等设施。城乡防洪设施的功能是采用避、拦、堵、截、导等各种方法，抗御洪水和潮汛的侵袭，排除城区涝渍，保护城乡的安全。

（2）城乡消防设施

城乡消防设施有消防站（队）、消防给水管网、消火栓等设施。消防设施的功能是日常防范火灾、及时发现与迅速扑灭各种火灾，避免或减少火灾损失。

（3）城乡防震设施

城乡防震设施主要在于加强建筑物、构筑物等的防震强度，合理布置避灾疏散场地和道路。

（4）城乡人民防空袭设施

城乡人民防空袭设施由防空袭指挥中心、专业防空设施、防空掩体工事、地下建筑、地下通道以及战时所需的地下仓库、水厂、变电站、医院等设施组成。平战结合，合理利用地下空间。地下商场、娱乐设施、地铁等均可属人民防空袭基础设施范畴。有关人民防空袭基础设施在确保其安全要求的前提下，尽可能为城乡日常活动所使用。城乡人民防空袭设施的功能是提供战时人民防御空袭、核战争的安全空间和物资供应。

（5）城乡救灾生命线系统

城乡救灾生命线系统由城乡急救中心、疏运通道以及给水、供电、通信等设施组成。城乡救灾生命线系统的功能是在发生各种城乡灾害时，提供医疗救护、运输以及供水、电、通信调度等物质条件。例如，图9-1所示为西安市人防场地分布图。

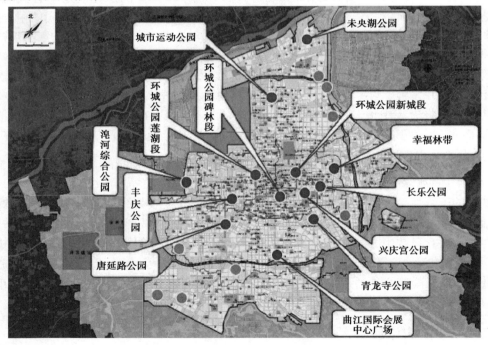

图9-1　西安市人防场地分布图

9.3 城乡防洪基础设施规划

　　城市是人类活动的政治、经济、文化和交通中心,乡村以农业生产为主要经济基础,人们生活基本相似。城市和乡村的形成与发展和多种因素有关,其中地理条件是主要因素之一。大多数城市和乡村出于对水源、航运交通环境变化以及排水的需要,常常是傍水(河流或湖海)而建。这就造成了河流汛潮和海潮时易给城乡带来的洪水危害。但同时,无论是平原还是山区,都存在着由于区域沥水所造成的沥涝和山洪暴发,对城市与乡村产生危害;而沿海的城市、乡村则常受到台风引起的暴雨以及海潮、海啸的危害。因此,城乡防洪对于保障城乡人民生命安全有着重要意义。

　　洪水是一种自然灾害。我国地处东亚季风气候区,季风进退频繁,气候复杂多变,使我国成为世界上水旱灾害较多的国家之一。随着社会经济的不断发展,今后如再发生同样的淹没范围,其洪灾损失将越来越大。例如,日本在 1960 年洪泛区的财富密度为每平方千米 200 万美元,1965 年为 360 万美元,1970 年为 660 万美元,在 1945 年以前,年均损失为 0.92 亿美元,1945 年以后,则增到 3.39 亿美元,为 1945 年前的 9 倍多。美国水资源理事会估计,近 10 年来年平均洪灾损失为 10 亿美元,到 2020 年洪灾年平均损失增加到 50 亿美元。因此,为减少洪灾损失,今后对防洪必将更为重视。中华人民共和国成立后,我国对洪水防治做了许多工作,已建防洪堤 16.8 万 km,在整治河道的同时兴建了数以万计的大中小型各类水库,蓄水总库容量达到 4 000 多亿 m^3,为防洪和兴利创造了许多有利条件。但是,就全国来讲,城乡防洪的任务仍很艰巨。尤其是随着城市建设的发展,我国城市地域面积扩大,不少新课题也随之出现。因此,在洪水防治问题上,不仅要搞好江河流域的治理规划,也要将城乡防洪纳入城乡建设总体规划,并与其他工程配合,综合考虑,做好城乡的防洪工作,以保证城乡的安全,消除或减轻洪水对城市与乡村的危害。

9.3.1 概述

1)洪水的成因

　　大气降水是一种自然现象。暴雨引起地面径流是形成洪水最重要、最活跃的因素;此外,在寒冷的地方,冰雪的迅速融化也会形成洪水;而水库及湖泊的堤坝溃决,以及强烈的地震则会引起暴发性洪水。概括起来,形成洪水有以下几方面的原因:

　　(1)气候影响

　　洪水的形成除了与雨量有关,还与降水的季节分配有关,由于夏季降水较多,洪水大多发生在夏季。在我国北方地区,虽然雨量较少,但有时一次集中降雨可占年降雨量的 80%,再加上地表植被较差,极易引起较大的径流而形成洪水。在我国西南地区,雨量分配较均匀,土壤多处于含水饱和状态,若连续降雨,由于土壤入渗率较小,易形成径流而引起洪水。在华东、中南沿海地带,台风引起的强大暴雨也常会造成洪水的泛滥。

　　降雨按成因可分为锋面雨、台风雨、雷雨及地形雨 4 类。在短时间内强度很大的降雨常称为暴雨。暴雨分为 3 个等级,具体分类见表 9-1。

表9-1　暴雨分级

暴雨类型	12 h 内降雨量/mm	24 h 内降雨量/mm
暴雨	30～70	50～99.9
大暴雨	70～140	100～249.9
特大暴雨	140 以上	250 以上

（2）地形与覆盖条件

雨水降至地面，一部分渗入土壤，其余部分则在重力作用下沿地面运动，地面坡度越大水流越快。因此，在山区，地表径流会较快地形成山洪和河道洪水，反之，在平原地带，因排水不畅易积水成涝。地面覆盖有利于减弱和防止洪水形成，因为地面植被不仅可以吸取土壤中水分，更能起到增大水流阻力的作用，从而延缓降雨在地面的径流，减少河道的洪水。

（3）汇水面积与流域形状

洪水是由地表径流汇集而成，一方面，汇水面积越大，可能形成的洪水就越大，另一方面，汇水面积的形状对洪水形成也有重要影响。例如，流域为狭长形或圆形、河道弯曲、各支流是扇形分布等，均易形成洪水。

2）我国水灾的特点和概况

我国地域辽阔，气候情况复杂。受东亚季风影响，我国成为世界上水旱灾害较多的国家之一。据不完全统计，从公元前206—公元1949年的2 155年，全国共发生了可查的水灾1 092次，即平均每两年就发生一次较大的水灾。在我国约960万 km² 的国土面积中，有约100万 km² 属于大江大河的冲积平原，居住着全国半数以上的人口，大部分分布在长江、黄河、淮河、海河、辽河、珠江和松花江七大江河的中下游，地面高程一般都在汛潮洪水位以下，因此，汛期一到，往往形成对沿江城市和乡村的洪水威胁。表9-2为我国主要江河几次大洪水灾情概况，表9-3为统计的几个城市近年来因洪水而造成的经济损失情况。

表9-2　我国主要江河几次大洪水灾情概况

流域	水灾统计	水灾年份	灾情概况
长江	在1 300多年间水灾发生200多次	1931	自沙市以下沿江城市全部被淹，武汉市受淹百日，205 个县，2 855万人受灾，损失银元13.5亿
		1935	汉江大水，沿江城市被淹，2 264 万亩耕地被淹、1 003 万人受灾，死亡14.2 万人
		1954	淹地 4 755 万亩，受灾人口 1 800 万人
		1981	53 个县以上城市，580 个城镇，2 600 多个工厂企业，1 250 万亩耕地受淹，倒房160 万间
黄河	在2 000 年间决口成灾1 500多次，重要改道26 次，水灾波及范围25 万 km²	1117	决口淹死百万余人
		1642	水淹开封城，全城居民 37 万人中有 34 万人被淹死
		1933	决口 54 处，受灾面积 1.1 万 km²，波及中下游城镇，受灾人口360 万人

续表

流域	水灾统计	水灾年份	灾情概况
淮河	黄河夺淮500年间水灾350次	1931	水淹蚌埠,淹地7 700万亩,死亡7.5万人
		1975	上游暴雨,洪水受灾,冲毁城镇及铁路干线和农田,损失严重
海河	580年间发生水灾387次	1917	淹天津及大片农田,635万人受灾
		1939	淹天津,全市3/4面积水深1~2 m,5 000万亩耕地,800万人受灾,冲毁铁路160 km
		1963	淹地5 700万亩,倒屋1 450万间,冲毁铁路75 km,损失近60亿元
珠江	—	1916	淹广州市450万亩耕地,300万人受灾
松花江	—	1932	淹哈尔滨市,市民38万人中有24万人受灾,12万人流离失所,淹农田1 000多万亩

表9-3 一些城市因洪水而造成的经济损失

城市	受灾年月	经济损失/万元	城市	受灾年月	经济损失/万元	城市	受灾年月	经济损失/万元
本溪	1981.7	1 500	合肥	1980.7	1 300	武汉	1972.6	24 000
安阳	1982.8	4 900		1984.6	4 000		1983.7	25 542
上海	1981.7	600	十堰	1982.7	3 400以上	安康	1983.7	40 100以上
余姚	2013.10	699 100						

近年来,我国在防御洪水上做了许多工作,如整治河道、修筑堤防、兴建水库、修建分洪工程等,大大地提高了大江、大河、乡村和大中城市的抗洪防洪能力,并相继战胜了数次特大洪水,保障了武汉、天津、哈尔滨等城市的安全。但就全国范围来讲,防洪设施的建设任务依旧艰巨,例如盲目与江河争地,挤占河道,往河道倾倒工业废渣和垃圾,乱建房屋,任意设障等使河道变窄,致使河道泄洪能力降低,再加上某些水利设施维护不当或遭到破坏,严重威胁城市和乡村的安全。随着城镇化的迅猛推进,城市内涝防治成了汛期防灾减灾的"新课题"。相关统计数据显示,2010年以来,我国平均每年有185座城市受到城市内涝的威胁。然而,自2010年以来,5年中有4年洪涝灾害造成的损失超过了发生流域性大洪水的1998年(2 551亿元),面对损失与受淹城市数成正比的趋势,人们开始对城市内涝问题给予更多关注。为确保城市建设的顺利进行,加强防洪建设,做好城市防洪基础设施规划建设是至关重要的。

3)防洪措施

防洪措施有工程性措施和非工程性措施,前者是指防洪的工程性建设,后者是指防洪区划分与管理。

在我国,防治洪水分别采用以蓄为主和以排为主的两种措施。

（1）以蓄为主的防洪措施

①水土保持。修筑谷坊、塘、埝,植树造林以及改造坡地为梯田,在流域面积上控制径流和泥沙,使其不流失并进入河槽,这是一种在大面积上、大范围内保持水土的有效措施,既有利于防洪又有利于农业。

②水库蓄洪和滞洪。在城乡防洪区上游河道适当位置处,利用湖泊、洼地修建水库拦蓄或滞蓄洪水,削减下游的洪峰流量,以减轻或消除洪水对城乡的灾害。这种办法还可以起到兴修水利的作用,既可以调节枯水期径流,增加枯水期水流量,又能保证洪水期航运及水产养殖的正常进行等。

（2）以排为主的防洪措施

①修筑堤防。筑堤可增加河道两岸高程,提高河槽安全泄洪能力,有时也可起到输水攻沙的作用,在平原地区的河流上多采用这种防洪措施。

②整治河道。"逢弯去角,逢正抽心"是我国人民早在2 000多年前就总结出的河道整治经验,加深河道及河床,目的在于加大河道的通水能力,使水流畅通、水位较低,从而减小洪水的威胁。

在防洪基础设施规划措施中,可充分利用湖泊、山区堰塘、洼地实现分洪、导洪或蓄洪,先分后蓄,避免洪峰集中,减轻主河道的负担,避免形成大的洪峰威胁。

一般情况下,处于河道上游、中游的城市和乡村多采用以蓄为主的防洪措施,而处于河道下游的城市和乡村,河道坡度较平缓,泥沙淤积,多采用以排为主的防洪措施。对于山区的城市和乡村,除了采取以蓄为主的防洪措施,还应该考虑根据具体情况在城乡区域外围修建排洪沟。而在平原地区,城乡应有可靠的雨水排水系统。

从以上可以看出城乡防洪措施与城乡总体规划密切相关,因此在进行总体规划的同时就应予以考虑。

4)防洪基础设施规划的基本组成及其平面布置形式

（1）防洪基础设施的基本组成

防洪基础设施主要由谷坊、小型拦洪坝、分洪渠或导流渠（导流洞）、截洪沟、滞洪区、排水渠陡坡（急流槽）或跌水、涵洞、涵闸、堤防、出水口、护岸、岸壁及丁坝等构筑物组成,如图9-2所示。

①分洪。分洪是指在河（沟）的适当地点,修建分洪渠道,把正河（沟）在高峰期间容纳不下的洪峰流量,通过分洪闸或滚水堰直接分流至其他河（沟）,或绕过被保护堤段后引到下游宣泄,这样可减轻正河（沟）的负担。

②滞洪区（调洪池）。有时在冲积平原上,利用两岸的低洼地带,将分洪后的水流暂时泄入此处蓄存起来,或暂时排入容量比较大的天然洼地。这种方法实际上起到延缓洪水下泄时间和削减洪峰的作用,所以此洼地称为滞洪区,也称调洪池。利用河道两岸做滞洪区时,则要求在洼地两旁修筑堤防,以免洪水泛滥成灾。

③导流渠。山洪暴发后在河床（沟）内可能产生破坏性或偶然性流向,为了避免这种现象,应采用导流渠将水引向邻近的荒地和洼地,改变水流方向,如图9-3所示。

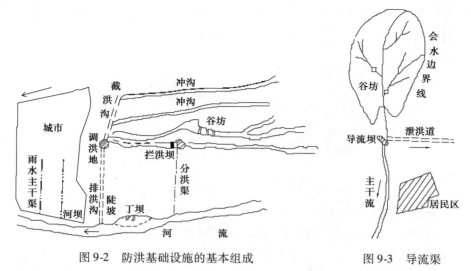

图 9-2 防洪基础设施的基本组成 　　图 9-3 导流渠

（2）平面布置形式

①城市防洪基础设施规划。城市防洪基础设施规划平面布置形式一般采取减小下泄洪峰流量、分散排走洪水以及在边缘设置排洪渠等方式。

在规划设计时防洪基础设施总平面布置图应具有以下特点：

a. 采取分洪、截洪和排洪相结合的布置方式，以减少下泄洪峰流量。

b. 凡通过市区排出的洪水，均先经过滞洪后，再引入城市雨水管（渠），以减小管（渠）断面。

c. 洪水分散排至水体，较集中排放更为安全。

图 9-4 为我国山西省长治市防洪基础设施的部分平面布置，其特点是：在市区边缘设置一条由南到北的排洪渠，不仅能排洪，而且能截洪，避免洪水需穿越市区而排至水体的现象；厂区和市区的部分雨水排出也可利用这条渠道；工厂经过处理后的污水，暴雨期间通过该排洪渠进入水体。

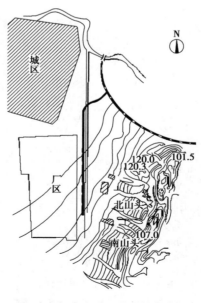

图 9-4 长治市部分防洪基础设施规划总平面图

图9-5为某区的防洪基础设施规划平面布置,其主要目的是用来解决东面一条山洪冲沟中洪水的退路问题,通过设置一条山洪退水渠将洪水和市区的部分雨水引入河道。

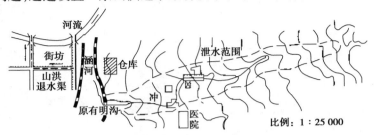

图9-5 某区防洪基础设施规划平面布置

②工业企业防洪基础设施规划。在进行工业企业防洪基础设施规划平面布置时,应尽量避免防洪构筑物穿越厂区,不得已时,应尽量减小其断面尺寸,以免妨碍主要建筑物的使用。对某些位于城乡范围内,并沿河(江)设置的工业企业,除城市统一规划外,还要求与邻近有关部门共同协商制定;对位于山脚下或受高处洪水威胁的厂区,应单独布置厂区防洪系统。

图9-6为一个出口的排洪渠布置形式,这种形式适用于汇水面积较小、山坡较缓的厂区。图9-7为两个排洪出口的平面布置,这种布置适用于山坡较陡,且汇水面积较大,并处于凹地的厂区。图9-8为某尾矿区防洪基础设施规划平面布置。

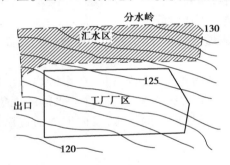

图9-6 一个出口的排洪渠布置

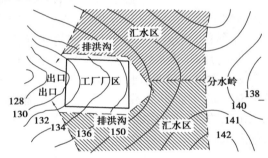

图9-7 布置两个排洪出口的厂区

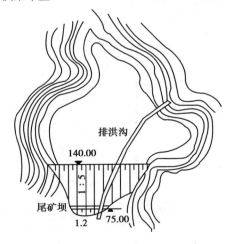

图9-8 某尾矿区防洪基础设施规划平面布置

5)防洪基础设施规划标准

防洪基础设施规划标准,简称防洪标准,分为设计标准和校核标准。

(1)设计标准

防洪基础设施设计是以洪峰流量和水位为依据的,而洪水的大小通常是以某一频率的洪水量来表示。防洪基础设施规划的设计是以工程性质、防范范围及其重要性的要求,选定某一频率作为计算洪峰流量的设计标准。通常洪水的频率用重现期的倒数来表示,如重现期为50年的洪水,其频率为2%,重现期为100年的洪水,其频率为1%。显然,重现期越大,则设计标准就越高。

(2)校核标准

对于重要工程的规划设计,除采用设计标准外,还应考虑校核标准。核算标准可按《防洪标准》(GB 50201—2014),见表9-4。

表9-4 防洪校核标准

等级	重要性	非农业人口/万人	当量经济规模/万人	重现期/年
I	特别重要的城市	≥150	≥300	≥200
II	重要的城市	150~50	100~300	200~100
III	中等城市	50~20	40~100	100~50
IV	一般城镇	≤20	<40	50~20

注:当量经济规模为城市防护区人均GDP指数与人口的乘积。

城乡上游近距离内,如有大型水库,重要的中型水库以及特别重要的小型水库,在设计水库大坝时,应考虑垮坝后对城市的影响。当水库采用土石坝时,应以最大洪水量作为防洪标准;当采用混凝土坝时,根据工程特性、结构形式、地质条件等,其防洪设计标准较土石坝可适当降低。

在规划设计中,由于资料不全或不准确,有时难以根据设计标准确定洪水的有关数据,此时应以曾经发生过的最大洪水位作为防洪标准。

防洪规划设计标准的确定很重要,标准高了,工程规模大,利用率低,不仅投资大,而且增加了维护费用。防洪规划设计标准关系到城乡的安危,一旦失事,会造成人民生命财产的巨大损失。因此,标准的确定应从城市的重要性、规模、历次灾情状况、政治经济影响等多方面考虑并予以确定。

9.3.2 山洪及其特点

山洪是山坡雨水迅速集中汇集形成的洪流,是山区普遍存在的一种自然危害。我国有不少城乡与工业企业位于山区河谷。面对山洪的威胁,除采取防洪措施外,更重要的是在进行规划和建设时,对山洪应有足够的重视,即在城乡和工厂选址问题上就应充分考虑到山洪暴发可能带来的危害。

山洪的形成与大小取决于暴雨的强度,地形特点以及地面覆盖和表面的地质情况。山洪具有暴发快、历时短、流速大、冲刷力大、含沙量大和破坏力大的特点。

山洪有普通山洪和泥石流之分。当山洪挟带的沉积物容重小于 $1.3\ t/m^3$ 时,属于普通山洪；当山洪挟带的沉积物容重大于 $1.3\ t/m^3$ 时，属于泥石流。

泥石流挟带大量固体物质短时顺流而下，破坏力巨大。泥石流在短期内可能挟带数万甚至数十万立方米的固体物质，数十、数百吨的巨石也可能被冲带下来，这样的冲击显然是无法抵御的。例如，陕西某地一工厂，由于选址不当，在特大暴雨时，遭到 7 条泥石流的袭击，使 3 km 长的厂区和福利区遭到严重破坏。又如四川某电厂生活区选在泥石流可能发生的流出口附近，在建厂后不得不修建较大的泥石流引流工程，致使工厂建设总投资增加。

在进行山洪调查的野外勘测时，可根据以下特征来判断泥石流沟：

①在沟的上游应有大量枯散固体物资储备。

②山高坡陡，沟槽纵坡大。

③地形地貌有利于形成足够的汇水，以形成冲击固体物质的动力。

典型的泥石流沟一般可明显地分为上游瓢状形成区，中游带状流通区，如图 9-9 所示。沉积区一般呈扇形展开，称为洪积扇。从洪积扇的大小和固体物质积成情况，可估量出泥石流的规模和破坏程度。

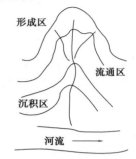

图 9-9　泥石流沟形态示意图

山洪暴发时，由于流速大，洪流湍急会形成较高的洪痕（如当流速大于 $3.4\ m/s$ 时，洪痕大约会增高 $0.28\ m$），因此计算流速时，应对洪痕标高作适当修正，以免计算的流量偏大。

9.3.3　潮汐及其特点

潮汐现象是海洋水流运动的一种自然现象。由于月球和太阳相对于地球位置产生了变化，从而使引力产生变化，继而引起海洋水位周期性的涨落，这种涨落早潮称为潮，晚潮称为汐。由潮汐而引起的水位变化称为潮位。在一个潮汐周期内，高潮位和低潮位之差称为潮差或潮幅。

涨潮与退潮有一定的规律，中间相隔的时间约为 12 h，即等于月球经地球某地子午线一周后，至第二周再与该子午线相遇所需时间的一半。

当太阳、月亮和地球成一条直线时，引力较大，此时涨潮幅度较大，称为大潮；当太阳与地球的连线和月球与地球的连线成 90° 时，引力较小，此时涨潮幅度最小，称为小潮。大潮的潮差大于小潮的潮差，并随地形、时间和地点而变化。

根据引力理论计算，太阳的成潮比月球弱 2.17 倍，即太阳造成的潮差为 $0.25\ m$，月球造成的潮差为 $0.55\ m$，大潮潮差为二者之和即 $0.80\ m$。

我国海岸线长，沿海有众多的城市与村镇，这些城镇必然会受到潮汐的影响。

海堤是防潮的工程设施，一般按最高暴潮水位来确定海堤的设计水位。当缺乏资料时，可实地考察历史最高暴潮水位。对于大中型或主要海堤工程的规划设计，则应通过潮期水位资料的频率分析来确定设计潮水位。

9.3.4　防洪的对策

前面已介绍了城市防洪的一般措施，而城市的具体防洪对策则应根据城市的具体情况确定。

河流与城市的位置关系,概括起来有以下几种情况:

①河流穿越市区(图 9-10)。

②三面环水的城市(图 9-11)。

③河流从市侧穿过(图 9-12)。

④背山面水的城市(图 9-13)。

图 9-10　河流穿越市区

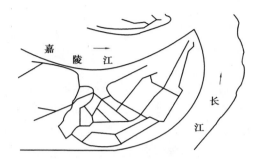

图 9-11　三面环水的城市

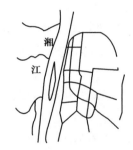

图 9-12　河流从市侧穿过

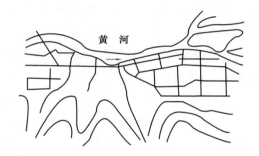

图 9-13　背山面水的城市

由于洪水的形式与地域有关,无论哪种城市,都应首先从整体出发,结合河流全流域的治理规划统筹研究。实践证明,植树造林、水土保持、整治河道、兴修水利是防洪的根本,在这个基础上兴建有关的城市防洪构筑物,并加强防洪工作的行政管理,就能有效地应对洪水对城市造成的危害。

根据城市的特点,城市防洪的对策可归纳为以下几种不同情况:

①在平原地区,当大、中河流贯穿城市,或从市区一侧通过,市区地面高程低于河道洪水位时,一般采用修建防洪堤来防止洪水侵入城市,如武汉长江防洪堤就属于这种情况(图 9-14)。

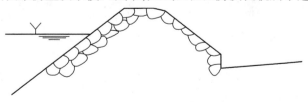

图 9-14　防洪堤工程示意图

②当河流贯穿城市,其河床较深,但由于洪水的冲刷易造成对河岸的侵蚀并引起塌方,或在沿岸需设置码头时,一般采用挡土墙护岸工程,这种护岸工程常与修建滨海大道相结合,如上海市外滩沿岸、广州市长堤路沿岸挡土墙护岸即属这种情况。图 9-15 为挡土墙护岸工程示意图。

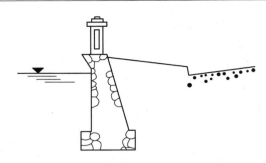

图 9-15　挡土墙护岸工程示意图

③城市位于山前区,地面坡度较大,山洪出山的沟口较多。对于这类城市一般采用排(截)洪沟。而当城市背靠山、面临水时,则可采用防洪堤(或挡土墙护岸)和截洪沟相结合的综合防洪措施。

④当城市上游近距离内有大、中型水库,面对水库对城市形成的潜在威胁,应根据城市范围和重要性质提高水库的设计标准,提高拦洪蓄洪的能力。对已建成的水库,应加高加固大坝,有条件时可开辟滞洪区,而对城区河段可同时修建防洪堤。

⑤城市地处盆地,市区地势低洼,暴雨时,所处地域的降雨易汇流而造成市区被淹没。一般可在城区外围修建围堰或抗洪堤,而在市内则应采取排涝的措施(修建排水站),后者应与城市雨水排除统一考虑。

⑥对于三面环水的城市,由于两河水互相影响,会引起壅水。因此在修建防洪堤,确定堤防高度时,应考虑由于壅水而形成的超高。

⑦位于海边的城市,当城区地势较低、易受海潮或台风袭击威胁时,除修建海岸堤外,还可修建防浪堤,对于停泊码头,则可采用直立式挡土墙。

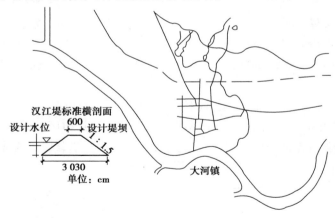

图 9-16　城市防洪规划示意图

图 9-16 介绍了一个防洪规划实例,该市地处平川,一条大河从市区一侧通过,每逢汛期,河水猛涨,有时堤防决口,洪水直接进入市区;市区另一侧有农用水库,其库容较小,设备简陋,不能有效地控制洪水。暴雨季节,水库下泄洪水连同地面积水顺势而下,原有排洪沟容纳不下了,洪水侵流入市区形成局部淹没。防洪规划的工程措施是以 50 年一遇洪水为设计标准,加高加固原有河堤,在堤的基脚修筑一些短丁坝,加固基础,防止水流淘刷河岸。为解除

另一侧的洪水威胁,利用水库下游的原有排水沟,加宽挖深,适当截弯取直;为使水流通畅,需要改建过水断面较小的2号桥涵。大河的公路桥,过水断面不足,汛期在桥前壅水比较严重,建议交通部门扩建两孔,以加大过水能力。

9.3.5　防洪构筑物

为了保护城镇、乡村、工矿区不受洪水侵袭,必须根据保护区特点,因地制宜地制订防洪基础设施规划,采取切实可行的保护措施。主要的防洪基础设施规划措施有排(截)洪沟、防洪堤、护岸、调洪水库、分洪滞洪及水土保持等。在实际应用中,可根据需要选择其中的一种或几种。

1)排洪沟

山洪主要是由暴雨造成的。山洪的特点是:发生在坡陡的峡谷、山沟及沟岔中,流域面积小、洪水暴涨暴落、来势迅猛,水流中夹带泥沙,冲刷力大。山区的山谷线通常是一条自然形成的冲沟,平时干涸或流水很少,暴雨时沟内水位猛烈上升,甚至溢出沟槽,冲刷两侧地面上的建筑物和农作物,造成严重损失。

一般解决山区的洪水问题有两种途径:一是配合农业发展的需要,大搞山区治山治水基础设施,如修筑谷坊、梯田、植树绿化、封山育林等水土保持工程。这样,既发展了农业,又限制了洪水的暴发,减少了洪水的流量。二是对原有冲沟进行整治和设置排洪沟,减少洪水的袭击。

排洪沟是应用较为广泛的防洪基础设施,特别是在山区小城镇中应用最多。其沟渠大都修成明沟,便于将地面水或天然沟槽的集水汇引入沟,排入附近的河流或较大沟道中。

排洪沟的布置原则如下所述。

①排洪沟的布置,应充分考虑周围的地形、地貌及地质情况;为了减少工程量,尽量利用天然沟道,但应避免穿越城区,以保证周围建筑的安全。

②排洪沟的出口宜设在地形、地质及水文条件良好的地段。出口处可设置渐变段,以便于下游沟道平顺衔接,并应采取适当的加固措施。排洪沟出口与河道的交角宜大于90°,沟底标准高应在河道常水位以上。

③排洪沟的纵坡应根据天然沟道的纵坡、地势条件、冲淤情况及护砌类型等因素确定。当地面坡度大时,应设置跌水或陡坡,以调整纵坡。

④排洪沟的宽度改变时应设渐变段,平面上尽量减少弯道,使水流通畅。弯道半径根据计算确定,一般不得小于5~10倍的设计水面宽度。

⑤在一般情况下,排洪沟应做成明沟。如需做成暗沟,其纵坡可适当加大,防止淤积,且断面不宜太小,以便检修。

⑥排洪沟的安全超高宜采用0.5 m左右。弯道凹岸还需考虑水流受离心力作用产生的超高。

⑦在排洪沟内不得设置影响水流的障碍物,当排洪沟需要穿越道路时,宜采用桥涵。桥涵的过水断面不应小于排洪沟的过水断面,且高度和宽度也应适宜,以免产生壅水现象。

2)截洪沟

截洪沟是排洪沟的一种特殊形式,如图9-17、图9-18所示。位居山麓或土塬坡底的城镇、厂矿区,可在山坡上选择地形平缓、地质条件较好的地带,也可在坡脚下修建截洪沟,拦截地面水,使其在沟内积蓄或将其送入附近排洪沟中,以防危及城镇安全。

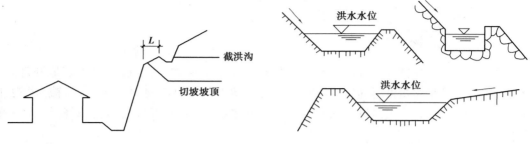

图 9-17　截洪沟布置示意图　　　　　图 9-18　截洪沟断面形式示意图

截洪沟的布置原则:

①根据城镇规划总平面的要求,结合地形及城市排水沟、道路边沟等统筹设置。

②为了多拦截地面水,截洪沟应均匀布设。沟的间距不宜过大,沟底应保持一定坡度,使水畅通,避免发生淤积。

③山丘城镇,因建筑用地需要改缓坡为陡坡(切坡)的地段,为防止坍塌和滑坡,在用地的坡顶应修截洪沟。坡顶与截洪沟必须保持一定距离,水平净距 L(图 9-18)不小于 3~5 m,当山坡地质良好或沟内进行铺砌时,距离可小些,但不宜小于 2 m;湿陷性黄土区,沟边至坡顶的距离应不小于 10 m。

④有些城乡的用地坡度较小,遇暴雨很快形成漫流,在建筑群外围应修截洪沟,将水迅速排走。

⑤比较长的截洪沟,各段水量不同,其断面大小应能满足排洪量的要求,不得溢流出槽。

⑥截洪沟的主要沟段及坡度较陡的沟段,不宜采用土明沟,应以块石、混凝土铺砌或采用其他加固措施。

⑦选线时要尽量与原有沟埂结合,一般应沿等高线开挖。

截洪沟的横断面多采用梯形或矩形(图 9-19)。其他设计原则及方法与排洪沟相同。

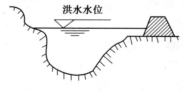

图 9-19　河谷城镇一侧筑堤

3)防洪堤

许多城市或乡村傍水而建,对于位置较低或地处平原地区的城乡区域,为了抵御历时较长、水量较大的河道洪水,修建防洪堤是一种常用而有效的方法。例如,武汉、株洲等城市已将修筑防洪堤作为主要的工程措施。

防洪堤的修建,应根据城市的具体情况而定,可能在河道一侧修建,也可能在河道两侧修建。例如,某些城市,地处河道一侧,而对岸地势较高,则可在城市所在的河道一侧修建防洪堤,如图 9-19 所示。

在平原甬道地区,河床较宽阔,两岸地势相对较低,则河道两岸都需设置堤防,如图9-20所示。

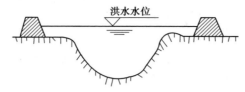

图9-20 平原甬道两侧筑堤

修建堤防后,由于筑堤段水流缩窄,流速加大,易在下游形成壅水,从而使上游水位增高,坡降和流速减小。因此进行堤防设计时应将上、下游和左右两岸结合考虑,统筹兼顾。

堤线选择就是确定堤防的修筑位置,它与城乡总体规划有关,也与河道的情况有关。对某些城市而言,应按城乡被保护的范围确定堤防总走向;对某些河道而言,堤线就是河道的指导线。因此,堤线的选择应和城乡的总体规划和河流的治理规划协调进行。

堤线选择应注意以下几点:

①堤线应与洪水主流向大致平行,并与中水位的水边线保持一定距离,这样可避免洪水对堤防的冲击,并保证平时堤防不浸入水中。

②堤的起点应设在水流较平顺的地段,以避免产生严重的冲刷,同时堤端需嵌入河岸3~5 m。

③设于河滩的防洪堤,为将水引入河道,堤防首段可布置成"八"字形,这样还可避免水流从堤外漫流或产生淘刷现象。

④堤的转弯半径应尽可能大一些,力求避免急弯和折弯,一般为设计水面宽的5~8倍。

⑤堤线宜选择在较高的地带上,不仅基础结实,而且可增加堤身的稳定,节省土方,减少工程量。

4)护岸

为了抵御水流冲刷河岸或堤防,抑制崩岸,使城乡整洁美观,需要修建护岸工程。对于平原河道,护岸工程可以稳定河势,控制河道的横向摆动。在山洪防治中,沟道的护岸工程可抑制水流横向侵蚀和沟岸崩塌,起到稳定坡脚的作用。

护岸工程的种类,根据采用的材料可分为干砌片石、浆砌片石、混凝土板、石笼、木桩、抛石、柴排、木框架等。

护岸工程可根据是否改变原河床的边界条件,对水流产生反作用,分为平顺护岸和导流堤护岸两种。

平顺护岸是把防护材料直接铺设在岸坡上,也可修筑成挡土墙形式,以避免河岸因受洪水淘刷而发生崩塌。这类护岸对水流的反作用不太明显。

导流堤护岸的作用是根据治河要求,改变和控制流速的方向,使主流远离岸脚。这种护岸对水流的反作用力较大。

选择护岸形式,要因"河"制宜。从对工程的稳定性影响来看,平顺护岸较为有利。在两岸的工厂、码头较多及江河宽度不大的河段,宜采用平顺护岸。在水浅流缓、河面较宽的河段及崩岸较为严重的河流弯道处,宜采用保滩效果较好的丁坝导流。

（1）挡土墙式护岸

河流从城市中间通过，或从城乡一侧通过，而在河流沿岸布置有建筑物或修筑滨河道路、码头等。在这种情况下，护岸工程常采用挡土形式。

挡土墙的布置原则：

①墙的走向应与水流方向大致平行，以保证有较好的水流条件。

②墙的起点应设在水流比较平顺的地段，避免冲刷。

③墙的起点和终点都应该嵌进坡内3～5m，若两端地形物较高，应以缓坡形式与其相接。

（2）丁坝护岸

丁坝是一端与河岸相连接，而另一端伸向河槽的坝形构筑物，在平面上与河岸相连，形状上如丁字形，故称丁坝。

采用丁坝护岸工程，是为了将水流主流挑离河岸，使泥沙在丁坝之间淤积，形成新的河岸线，以达到保护河岸基础、稳定河势的目的。在需要防护的地段，可以单独布设丁坝，也可以和顺坝结合布设（图9-21）。

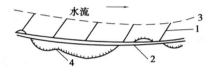

图9-21　丁坝和顺坝示意图

1—丁坝；2—顺坝；3—导治线；4—原河岸线

（3）顺坝

顺坝的作用是控制河势、约束水流及缩窄河道，是防护河岸常用的导治措施之一。

①修建顺坝的条件。在下列情况下，可考虑修建顺坝：地质条件不宜修建丁坝；河道断面窄小，不允许修建丁坝；单修建丁坝，不能起到有效的护岸作用；若修建丁坝对通航不利。

②顺坝的布置原则。顺坝应沿河道导治线布置，且多布置在河道凹岸（图9-22）。

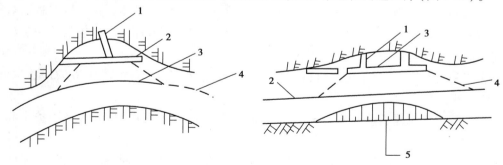

图9-22　顺坝布置示意图

1—格坝；2—顺坝；3—导治后水流轴线；4—原河轴线；5—挖去部分

为防止坝身、坝头和坝根基础被冲刷，坝址应选在水流匀顺的过渡地段；坝根要牢固地嵌入河岸3～5m。

沿岸布置顺坝时，终点可以稍离水岸，形成开口式，以利于顺坝内侧的洪水回流而加速淤积，增强坝身稳定。

较长的顺坝,在地质条件好的情况下,也可在坝的中间段开口,加速坝后淤积。

5) 修建排水泵站与填高地面

当城市、乡村或工矿区所处地势较低,在汛期排水困难易引起涝灾,可以采取修建排水泵站排水,或者将低洼地填高并高于地面,使水流自由流出。

修建排水泵站排水可以有以下几种情况:

①在市区干流和支流两侧均筑有堤防,支流的水可以顺利排入河道,而当堤内地面水在洪峰期间排泄不畅时,可设置排水泵站排水,如图 9-23 所示。

②干流筑有堤防,在支流上游修建有水库,并可根据干流水位的高低控制水库的蓄泄量。市区内邻近干流地段内的地面积水可设排水泵站排水,如图 9-24 所示。

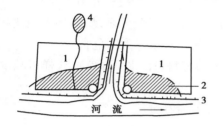

图 9-23 沿干、支流设泵站示意图
1—城市;2—洪水淹没线;
3—堤防;4—泵站

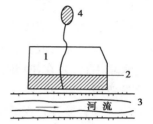

图 9-24 沿干流设泵站示意图
1—城市;2—洪水淹没线;
3—堤防;4—泵站

③干流筑有堤防,支流的洪水由截洪沟排入下游,其余地区的地面水可设排水泵站排除,如图 9-25 所示。

④干流筑有堤防,支流的水在汛期由于受倒灌的影响难以排入干流,但其流量很小,堤内有适当的蓄水坑或洼地时,可以在其附近设排水泵排水,如图 9-26 所示。

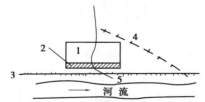

图 9-25 沿干流设泵站示意图
1—城市;2—淹没线;3—堤防;
4—截洪沟;5—泵站

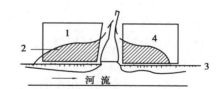

图 9-26 泵站设置示意图
1—城市;2—淹没线;3—堤防;4—蓄洪区

不便修建堤防,当附近有充足土源时,可在低洼地区填土,以提高地面高程。

填高地面高程应与城镇建设相配合,有计划地将某些高地进行修正,其开挖的土石方则为填平低洼的土源。根据建设用地需要,可分期填土,也可以一次完成,填土的高度应高于设计洪水位。

6) 修建调洪水库

利用水库库容,可在汛期储存大量洪水,从而减少洪峰流量,是城乡防洪的有效措施之一。此外,修建水库还可以有利于城乡供水、灌溉、发电、水产养殖、美化环境、改善气候、发展旅游等。

一般大型水库的修建,涉及区域水利规划,由国家水利部门负责;而为了城乡建设的需要,可修建小型水库,开挖水塘等,应纳入城乡规划范围之内。

调洪水库主要由挡水坝、溢洪道、放水构筑物3部分组成。挡水坝是横于河道的挡水构筑物,用以拦蓄洪水,抬高水位。溢洪道是排泄洪水的构筑物,当水库内的水位超过给定高度时,洪水就从溢洪道排出,以确保大坝的安全。放水构筑物包括放水洞和放水设备,库内蓄水通过放水洞送至下游,保持库内最低水位,以利汛期蓄洪。

调洪水库库址选择应注意以下几个问题:

①库址地形要肚大口小,即库址内地形要宽广,底部较平缓,这样可得到较大的库容。而坝址处(即水库的出口)应狭窄,这样可使坝长尽可能短,以减少投资和节工省料。

②坝址处应有良好的地质条件,以确保坝基稳定,水坝安全可靠,切勿将水坝建在疏松的塌土区或容易滑溜的乱石坡上,否则一旦坝垮,会给城市带来巨大的危害。

③修建水坝用料多,在建坝附近应能提供充足的材料(土、砂、石等),这样可减少材料运输并降低建设费用。

④坝址附近要有适宜开挖溢洪道的山垭或天然的岩石垭口。

7)进行分洪与滞洪

(1)分洪

分洪就是将河道不能容纳的洪水分流引入其他河流、人工渠道、湖泊或选定的分洪区,以减轻洪水对城乡或重要堤段的威胁。在内地常利用湖泊、洼地或可以利用的泛洪区来进行分洪,处在河流入海口附近的城乡则可直接分流入海。

①利用湖泊、洼地分洪蓄洪。当城市和乡村上游有较大湖泊、洼地时,则可用来分洪和蓄洪。例如,在我国长江中游和淮河、海河流域的防洪规划中,这种措施得到广泛的应用。其优点是投资少、见效快,缺点是会给分洪区带来损失,这是全局和局部的关系问题,采用时权衡利弊,做好方案比较。

江河附近的湖泊、洼地是封闭性的,可在进口处开挖引洪道,并设进洪闸(图9-27)。平时关闭闸门,当汛期洪峰到达时,开闸分洪。

河流与湖泊、洼地有沟道相连的,可在其出口处设控制闸,汛前开闸泄洪,降低湖泊水位,以利洪峰到来时容蓄洪水。

湖泊可同时修建进洪闸和泄洪闸,在汛期开闸分洪,削减洪峰流量,同时在分洪过程中可由泄洪闸将一部分洪水排到其他河流或湖泊,采用边进边泄的办法分引干流洪水。这种措施对洪峰历时长或洪峰连续出现的江河最为有效(图9-28)。

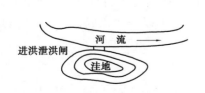

图9-27　河流分洪示意图

图9-28　荆江分洪基础设施规划示意图

②接分流入海。有的城市和乡村地处河流下游的入海口,上游河流流域面积大,而入海河道比较小,洪水容易溢流出槽,严重威胁城市和乡村的安全。例如,我国天津市位于海河入海口,海河从天津市通过,海河是南运河、北运河、大清河、永定河及子牙河五大水系的入海尾闾,但泄洪能力不足 2 000 m³,而五大水系的流域面积达 14 万 km²,有的一条水系就可出现一秒一万立方米的洪水流量,来洪和泄洪相差悬殊。中华人民共和国成立后为了解决华北平原,特别是天津市的防洪问题,采用了开减河分洪的办法,即从支流上开辟入海河道,减轻海河干流的压力,比较彻底地解除了洪水对天津的威胁。

(2)滞洪

一些城市和乡村的上游,有湖泊、洼地或预先选好的滞洪区,洪水期间可由沟渠引进一部分洪水并拦蓄起来,待洪水过后,再由原沟渠归入河道,这种措施称为滞洪。

滞洪属短期拦滞,对洪峰的削减程度比分洪小,如能修建控制性的构筑物,可提高调节洪水的能力。

8)输水构筑物

排洪沟渠上的输水构筑物有跌水、陡坡、涵洞、渡槽、桥梁及倒虹吸管等。现对防洪基础设施规划常用的跌水、陡坡及涵洞作简要介绍。

(1)跌水

跌水分单级跌水和多级跌水两种(图 9-29)。跌水和陡坡的主要区别在于水流状态不同,凡是水流从跌水口流出成自由抛射状态,然后跌入下游消力池和护坦的称为跌水;凡是水流自缺口流出后而沿斜坡下泄的称为陡坡。

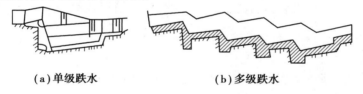

(a)单级跌水　　　　**(b)多级跌水**

图 9-29　跌水示意图

(2)陡坡

陡坡的布置原则和跌水相同。陡坡除用于地形较陡、高差较大的排洪沟段外,还可用在流速较大的出水口上。在排洪沟与桥涵相连接处,如需要修建陡坡,则在陡坡末端出水口处,应注意消能,以防冲刷桥涵。

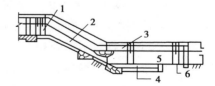

图 9-30　陡坡构造示意图
1—进口;2—陡槽;3—侧墙;
4—消力池;5—出口;6—下游护底

①陡坡的构造:陡坡由进口、陡槽、消力池及出口组成(图 9-30)。

陡槽为急流槽,断面有矩形和梯形两种。当断面为矩形时,侧墙可做成挡土墙式(齿槛等)。陡槽的纵坡比在正常情况下,可等于或小于1:2。为防止较长陡坡的陡槽向下滑动,槽底下每隔 1.5～2.5 m,以及转折处,设置齿墙,深入地基 0.3～0.5 m。

消力池的横断面,一般多采用矩形,池的宽度与下游沟道相同,长度和深度由水利计算确定。

陡坡的进出口段和跌水相同。

②陡坡和跌水的选择:在防洪规划中,采用陡坡还是跌水,应综合考虑当地的地形及技术经济条件。如排水沟渠经过高度较小的陡坎时,宜采用直落式跌水;若高差较大,且地面陡坡比较均匀,宜选用陡坡。

（3）涵洞

当排洪沟跨越沟谷或深度、宽度及流量不大的小溪或其他水路时,在填方沟道下应设置涵洞。当排洪沟与铁路、公路相交,且排水沟沟底高程较低时,可在路基下设置涵洞。修建涵洞的材料有砖石、混凝土和钢筋混凝土等。

①涵洞的布置和选址。涵洞应布置在沟底,不宜放在沟道侧坡的小台地上。小台地往往是后期形成的洪积层或冲积层;土质松散,多夹杂淤泥,作为涵洞的基础容易出现不均匀沉陷,危及洞身安全。

洞底高程应与沟底高程、河沟溪谷底部高程相衔接,不可过低,以免淤塞。洞顶填土厚度不应小于 0.7 m。

涵洞的洞址要选在能使洞身长度缩短的地段,以节约工程数量。进口应对准上游沟口。

洞址宜选择在地质条件良好、土质均匀、地基承载力较大的地方。

②涵洞的护砌。进出口部分可用块石、混凝土护砌;洞身部分可根据不同的断面形式选用不同的材料砌筑。管涵常采用预制的钢筋混凝土管,矩形断面可采用砌石或混凝土、钢筋混凝土或条石盖板,拱涵可采用砌石、混凝土和钢筋混凝土砌筑。护砌材料以就地取材为宜。

在进行防洪规划时,往往需要验算原有桥涵的过水能力,以便和设计洪水流量相比较,决定改建方案。因此应注意收集涵洞的各部位尺寸、洪水情况及涵洞上下游河道资料,参考有关资料进行验算。

9）水土保持

水土保持是防止河流水害的根本途径,是保证城镇安全的重要措施。对较大流域的治理,特别是对山区河谷小流域地区的城市和乡村的治理,应大力开展水土保持工作。水土保持在一般情况下,逐步改变着流域下垫面的因素,可以截留一部分地表水,减少坡面流速和洪水含砂量,延长洪水汇集时间,对消减洪峰流量和洪水总量起着一定的作用。

水土保持有工程技术措施和政策性措施两大类,工程技术措施包括谷坊、水窖、蓄水池、沟头防护、淤池坝、引洪漫地等。采用哪一类措施,应从实际出发,因地制宜。

10）泥石流的防治

新建小城镇或工业企业,在选择场地时应避开泥石流地区。当无法避开时,应进行全面治理。治理的主要措施:在上游区控制泥砂下泄,中游区拦砂泄流,下游区安全排泄。

控制泥砂下泄的措施,即固结土壤,增加植物覆盖的面积,是防治泥石流形成的根本方法。具体做法是在形成泥石流的流域坡地上,种植树木、草皮和保护山坡的杂草、树丛等,进行水土保持,防止土壤被冲蚀。

为了阻滞暴雨径流,在流域坡地上应进行横向耕作,如修筑水平梯田或土埂,以平整坡面,降低坡面的汇流速度。为保持坡面稳定,在滑坡和塌方处应有适当的防护措施。

拦砂泄流是在泥石流沟的中游设置一个拦截坝,其作用是降低泥石流的速度、截留冲积物,以形成均匀的河沟坡度(图 9-31)。

拦截坝的设计主要应解决下列几个问题:

①确定泥石流的流量及最大一次沉积总量。

②确定均衡坡度即新的沟谷纵坡。

③通过计算,决定坝高、坝的间隔及拦截坝的总数量。

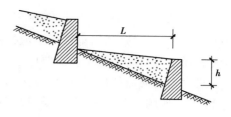

图 9-31 泥石流拦截坝示意图

④选择坝址、坝型、砌筑材料及断面尺寸。

拦截坝的选择可参考表 9-5。

表 9-5 泥石流拦截坝常用坝型表

坝型名称		适用范围	说 明
石谷坊坝	浆砌石谷坊坝	(1)有较好的地质基础 (2)适合于拦挡任何类型的泥石流 (3)石料来源不困难	结构简单、稳定性好、使用最广、收效明显
	干砌片石谷坊坝	(1)适合拦挡一般泥石流 (2)基础可设于一般土层内 (3)石料来源不困难	施工简单、造价较低
	阶梯型片石坊坝	适合消能、减缓水势	在溢流坝面采取护砌加固,在坝体内设浆砌片石心墙以增强抵抗冲击能力
土谷坊坝		(1)在黄土沟谷、沟底及两岸有很厚的黄土 (2)木料和石料均很缺乏	坝间隔一般为 3.4 ~ 13.8 m,平均7.2 m,坝高 0.7 ~ 2.4 m,边坡 1:0.32 ~ 1:0.5,沟底比降可大于 0.20
土石组合谷坊坝		石料来源缺乏及运输比较困难的地方	坝体是夯实土,在坝顶和坝面进行浆砌片石防护
石笼谷坊坝		(1)适用于中小型泥石流沟谷及当地出产竹石料的地方 (2)对地基承载力要求不高,属于半永久性工程	可就地取材,使用当地沟谷中的乱石,施工简单,造价低廉,也可以利用竹笼代替铁丝笼,以降低造价,但使用期较短
普通编篱谷坊坝		适用于汇水面积不大,流速较小,水头差不大(一般为 1.5 m),土质沟谷,纵坡较平缓及邻近产有植料的地区	植料可连接成梢捆,普通编篱坝,栅栏坝和插柳坝是一种临时设施

排泄措施是在泥石流沟的下游区段设置导流构筑物和排洪道,使泥石流通畅下泄。

泥石流排洪道是排泄泥石常用的一种工程设施,其设计和一般排洪沟渠有所不同,主要差别是除满足不漫流、不决堤、不淤积和不冲刷外,在平面布置上应尽可能布置成直线。当受地形限制而必须转变时:稀性泥石流排洪道的弯道半径需要比一般排洪道大 8 ~ 10 倍,而黏性泥石流排洪道的转弯半径需要比一般排洪道大 20 倍左右。

排洪道与河流衔接,其交角应大于 90°,入口标高应高于同频率的河流水位,至少也要高出 20 年一遇的河流水位,以免受河水顶托,导致排泄不畅而产生淤积。排洪道的纵坡应根据对天然或人工河流进行观测的资料来确定,各下游冲积扇的纵坡应尽量一致。断面形式可选用梯形断面、矩形断面或复式断面。

对排泄大型河沟的泥石流,可采用改直河道或其他简易措施,使泥石流通畅下泄。

泥石流的治理措施,应以排泄为主,拦截为辅。密切结合水土保持,综合治理,将会达到更好的效果。综合治理的方案如图 9-32 所示。

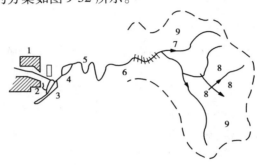

图 9-32　治理泥石流方案示意图
1—城市;2—导流堤;3—泥石流分水渠;
4—截流坝;5—顺直河段(裁弯取直);6—河流加固;
7—固防工程;8—小型水库;9—水土保持区域

11)海潮防治

有些位于江河入海口或沿海地区的老旧城市和乡村,受台风或潮汐造成的壅水影响,如因海水倒灌进入防护区或由于海水上涨而地面水及河川径流宣泄不畅,致使城乡用地遭受到不同程度的淹没。

为了保护城乡用地不被淹没,在许多情况下要修筑海堤。海堤可分为岸堤、围堤及隔水堤等类型。

岸堤是为了防止沿海城镇在涨潮、风浪时引起涨水,进而由于涨水影响河流正常入海等,而在靠近海岸处设置的堤防。

围堤是用来围护海湾的排干地段而设置的堤防,所围护的地段在抽水后,即可供农业或城市建设使用。

隔水堤不同于岸堤,顾名思义,它把海湾的水域分成两个水区,目的是减弱浪涌冲力,对岸堤或围堤起保护作用。

为便于堤内排水,海堤上应设控制闸门。海堤经常承受潮流和海浪的冲击,其破坏力很大,海堤上还可修筑防浪堤,对海岸的边坡应特别注意加固。

在沿海新建城镇或工矿区,选择用地时,应选在高潮水位以上,尽量避免潮水和风浪的袭击。

9.3.6 城市防洪基础设施规划

城市防洪基础设施规划,既是城市建设总体规划的组成部分,又是江河流域治理规划的组成部分。因此,城市防洪基础设施规划必须结合流域治理规划,符合城市总体规划的要求,与城市其他基础设施规划互相配合,综合考虑,统一编制。

城市规划有总体规划和详细规划两大阶段,防洪规划的编制内容在深度上应与城市规划阶段相一致。

城市防洪基础设施规划的主要内容是,在收集资料的基础上进行设计洪水量计算和比较粗略的水力计算,确定防洪标准,提出技术先进、经济合理、切实可行的工程规划方案。

1)防洪基础设施的总体规划原则

①全面规划、合理布局是防止洪水成灾,保护人民生命财产的重要措施。在发展工农业生产的同时,要统筹兼顾、全面安排,正确处理工业和农业、城市和农村、生产和生活的关系,使经济发展与防洪基础设施规划统一起来。

②防洪基础设施总体规划应符合城市和工业企业的总体规划,如防洪基础设施总体规划中的设计规模、设计范围、分区布局等都是依据城市或工业企业的总体规划制定。城市或工业企业的建筑、道路、地下设施等布局,对防洪基础设施的总体规划都有影响,应从全局出发,合理解决,构成有机的整体。对山区城镇和工厂进行全面规划时,防洪问题尤应详加考虑。

③防洪基础设施总体规划应按近期和远期相结合来考虑。由于防洪基础设施的建设费用比较大,因此应对近期工程作出分期建设的安排,并对远期发展留有余地。这样,既能节省初期投资,又能及早地发挥工程设施的作用。

④对原有防洪基础设施的改建和扩建,应从实际出发,充分利用和发挥原有工程效能,有计划、有步骤地加以改造,使其逐步完善并达到合理化。

⑤为减少下泄洪峰流量,减少工程造价,在可能的条件下,尽量采取分洪、截洪和排洪相结合的方式。

⑥在规划与设计防洪基础设施时,必须严格贯彻执行国家和地方有关部门制定的现行有关标准、规范或规定。

2)防洪基础设施规划设计的原则、内容及步骤

(1)设计原则

进行防洪基础设施设计时应遵循以下原则:使洪水能顺利通过截洪沟、排洪沟等构筑物,引至天然水体或水库中;尽可能利用已有的天然洼地或有利的山谷地形,修建滞洪区(或塘库),调蓄洪水,降低工程造价;与农业上的水土保持、植草种树、农田灌溉、水产养殖等密切结合;与河道的航运结合;在城镇或工业企业的上游,一般不宜修建水库,如必须修建,则应严格按有关部门规定的标准进行设计,确保下游城镇或工厂的安全。

（2）设计内容及步骤

总体规划可按以下内容和步骤进行：

①计算设计洪水流量：对市区内主要河流、沟道进行水文分析计算，确定各河沟的设计洪水流量。

②确定防洪标准：根据城市等级及性质、工业企业的规模和重要性，确定城市和工业企业的防洪标准按洪水重现期流量设计。

③进行粗略的水力计算：按初步确定的设计洪水流量，对河流沟道进行过水能力的验算；如自然河沟的过水断面不足，应作加高堤防或挖深拓宽沟槽等工程方案的比较；如河流沟道上已有桥涵闸门等水工构筑物，也应作过水能力的验算，以便考虑保留或改建。

④拟订防洪基础设施规划方案：在以上工作的基础上，拟订防洪基础设施规划方案，初步确定河沟过水断面尺寸，提出加固防护措施，绘制防洪基础设施规划平面图。

⑤编制规划说明书及估算防洪基础设施规划投资费用。

详细规划应在总体规划的基础上加细加深，更加具体、准确、合理，为施工图设计提供技术依据，其内容和步骤如下：

a. 整理、复核设计洪水流量计算成果。

b. 进行较精确的水力计算，确定工程措施的建筑材料、结构形式，确定工程各部位的尺寸，如宽度、厚度、深度、高度、坡度等。

c. 绘制防洪基础设施平面图及重要工程的纵横断面图。

d. 编制规划说明书及提出近期修建项目的概算投资费用。

3）防洪基础设施规划需要的基础资料

进行城市防洪基础设施规划设计，需要收集以下资料：

①城市规划资料，即城市现状图、城市总体规划图、规划说明书、历史受淹没的记载以及防洪的要求等资料。旨在了解城市的性质、规模及城市功能分区，城市的近、远期发展计划，为确定防洪标准和具体防洪措施提供依据。这部分资料可向当地城建部门搜集，通过查阅地方志（县志、州志、府志）了解历史洪水灾情。

②水文气象资料，即城市所在地区的历年降雨量（特别是暴雨资料），河流（沟）的水位、流速、流量、含沙量、冲刷深度、淤积厚度、风向、风速、冻土浓度等实测资料，历史洪水痕迹标高、淹没范围及洪水流量等资料。这些资料可向当地或附近的气象站、水文站索取或抄录。在抄录河流流量资料时，最好抄录相邻 3 个水文站的实测值，以便上下游对照。实测资料系列（年数）越长，水文计算成果越精确。因此，如水文站的记录系列不长（至少要 20 年）或中间缺测而不连续，应设法补齐或延长系列。有的城镇可能没有现成的历史洪水淹没资料，这时需进行调查访问，现场踏勘，弄清洪水痕迹标高（洪水水位），根据地形变化，草绘出历史洪水淹没线，并标明年份，供规划参考。

③流域的延期地理及治理规划资料，包括城市上游流域内的水系、地形、地质、地貌、土壤、植被等，流域的面积、形状（如圆形、条形、扇形等）、坡度、平均宽度等，河道的长度、纵坡、断面形状（如 V 形、宽浅式、窄深式等）、河流两岸导治线的位置、走向及流域内的水土保持情况，现有及规划水库的蓄水标高、库容、各种频率的下泄流量、水库与城市的距离等，流域内的

其他水利工程设施等资料。

通过以上资料,可以认识河流的特性及城市所在地区的自然特点,了解流域的治理规划,也可为因地制宜地确定城市防洪措施提供参证。这部分资料可向当地水电部门索取,并进行必要的踏勘,加强感性认识。有些数据可在1∶50 000地形图、1∶10 000地形图或1∶1 000地形图上量取计算。

④防洪基础设施历史沿革资料,即现有防洪基础设施规划的修建及使用情况(修建时间、工程规模、效益、现有抵御洪水的能力),防洪基础设施历年被冲毁的情况及原因分析,输水桥涵的过水能力(跨度、高度、结构形式、冲淤变化等)及改造计划,以及整个河流治理规划的实施情况等资料。这部分资料可向当地水电及交通部门搜集,有的数据可亲临现场测绘。

⑤地方建筑材料资料,即土壤类型(物理及化学性质)、岩石类型及竹料等产地、开采、运输情况等资料。这些资料可向城建部门及施工单位索取。

9.4　城乡防震基础设施规划

9.4.1　地震的基本知识

1)地震与地震分布

地震是一种自然现象,种类众多。在各种地震中,影响最大的是由地质构造作用所产生的构造地震,占地震总数中的绝大多数。

地球上平均每年发生有震感的地震高达十余万次,其中能造成严重破坏的地震约20次。地球上主要有两组地震活动带:

(1)环太平洋地震带

沿南北美洲西岸至日本,再经我国台湾省到达菲律宾和新西兰。

(2)地中海南亚地震带

西起地中海,经土耳其、伊朗、我国西部和西南地区、缅甸、印度尼西亚与环太平洋地震带相衔接。

我国地处两大地震带中间,是一个多地震国家。从历史地震状况看,我国除个别省份外,绝大部分地区都发生过较强的破坏性地震,许多地区的地震活动在当代仍然相当强烈。

例如,2008年5月12日14时28分04秒,四川汶川发生里氏震级8.0级地震,造成69 227人遇难,374 643人受伤,17 923人失踪。此次地震为中华人民共和国成立以来国内破坏性最强、波及范围最广、总伤亡人数最多的地震之一。

2)震级和烈度

(1)震级

地震的震级就是地震的级别,用来表示地震能量的大小。国际上目前较为通用的是里氏震级。它是以标准地震仪所记录的最大水平位移(即振幅,以"μm"计)的常用对数值来表示该次地震震级。用 M 表示,即

$$M = \lg A \tag{9-1}$$

一般小于 2 级的地震,人们是感觉不到的,称为微震;2~4 级的地震,物质有晃动,人也有所感觉,称为有感震;5 级以上的地震,在震中附近已引起不同程度的破坏,统称为破坏性地震;7 级以上为强烈地震;8 级以上称为特大地震。北京时间 1960 年 5 月 21 日在智利发生的 9.5 级地震,是到现今为止,全世界记录到的最强地震。

(2)烈度

地震烈度一般指某一地区受到地震以后,地面及建筑物等受到地震影响的强弱程度。

对于一次地震来说,表示地震大小的震级只有一个,但是由于各区域距震中远近不同,地质构造情况和建筑结构情况不同,所受到的地震影响不一样,因此,地震烈度也有所不同。一般情况下,震中区烈度最大,离震中越远则烈度越小。震中区的烈度称为"震中烈度",用 I 表示,在一般震源深度(15~20 km)情况下,震级与震中烈度的关系大致如表 9-6 和表 9-7 所示。

表 9-6 震级—震中烈度对应表

震级	1~3	4	5	6	7	8	8~8.7
烈度	1~3	4~5	6~7	7~8	9~10	11	12

表 9-7 震中烈度—震级对应表

烈度	1	2	3	4	5	6	7	8	9	10	11	12
震级	1.9	2.5	3.1	3.7	4.3	4.9	5.5	6.1	6.7	7.3	7.9	8.5

烈度是根据人的感觉,屋内家具设施的震动情况、房屋和构筑物遭受的破坏情况等进行的定性描绘。我国目前使用的是 12 度烈度表(1999 年颁布),详见表 9-8。

表 9-8 12 度烈度表

烈度	在地面上人的感觉	房屋震害程度		其他震害现象	水平向地面运动	
		震害现象	平均震害指数		峰值加速度/$(m \cdot s^{-2})$	峰值速度/$(m \cdot s^{-1})$
I	无感	—	—	—	—	—
II	室内个别静止中人有感觉	—	—	—	—	—
III	室内少数静止中人有感觉	门、窗轻微作响	—	悬挂物微动	—	—
IV	室内多数人、室外少数人有感觉,少数人梦中惊醒	门、窗作响	—	悬挂物明显摆动,器皿作响	—	—

续表

烈度	在地面上人的感觉	房屋震害程度		其他震害现象	水平向地面运动	
		震害现象	平均震害指数		峰值加速度/ (m·s⁻²)	峰值速度/ (m·s⁻¹)
V	室内普遍、室外多数人有感觉,多数人梦中惊醒	门窗、屋顶、屋架颤动作响,灰土掉落,抹灰出现微细裂缝,有檐瓦掉落,个别屋顶烟囱掉砖	—	不稳定器物摇动或翻倒	0.31 (0.22~0.44)	0.03 (0.02~0.04)
VI	多数人站立不稳,少数人惊逃户外	损坏—墙体出现裂缝,檐瓦掉落,少数屋顶烟囱裂缝、掉落	0~0.10	河岸和松软土出现裂缝,饱和砂层出现喷砂冒水;有的独立砖烟囱轻度裂缝	0.63 (0.45~0.89)	0.06 (0.05~0.09)
VII	大多数人惊逃户外,骑自行车的人有感觉,行驶中的汽车驾乘人员有感觉	轻度破坏—局部破坏,开裂,小修或不需要修理可继续使用	0.11~0.30	河岸出现塌方;饱和砂层常见喷砂冒水,松软土地上地裂缝较多;大多数独立砖烟囱中等破坏	1.25 (0.90~1.77)	0.13 (0.9~0.18)
VIII	多数人摇晃颠簸,行走困难	中等破坏—结构破坏,需要修复才能使用	0.31~0.50	干硬土上出现裂缝;大多数独立砖烟囱严重破坏;树梢折断;房屋破坏导致人畜伤亡	2.50 (1.78~3.53)	0.25 (0.19~0.35)
IX	行动的人摔倒	严重破坏—结构严重破坏,局部倒塌,修复困难	0.51~0.70	干硬土上出现裂缝;基岩可能出现裂缝、错动;滑坡塌方常见;独立砖烟囱倒塌	5.00 (3.54~7.07)	0.50 (0.36~0.71)

续表

烈度	在地面上人的感觉	房屋震害程度		其他震害现象	水平向地面运动	
		震害现象	平均震害指数		峰值加速度/$(m \cdot s^{-2})$	峰值速度/$(m \cdot s^{-1})$
X	骑自行车的人会摔倒,处于不稳状态的人会摔离原地,有抛起感	大多数倒塌	0.71~0.90	山崩和地震断裂出现;基岩上拱桥破坏;大多数独立砖烟囱从根部破坏或倒毁	10.00 (7.08~4.14)	1.00 (0.72~1.41)
XI	—	普遍倒塌	0.91~1.00	地震断裂延续很长;大量山崩滑坡	—	—
XII	—	—	—	地面剧烈变化,山河改观	—	—

注:表中的数量词:"个别"为10%以下;"少数"为10%~50%;"多数"为50%~70%;"大多数"为70%~90%;"普遍"为90%以上。

为了使各烈度间对比明确,论述简单,便于使用,除在数量上做了大致划分(大多数、许多、少数)外,对房屋类型和建筑物的破坏程度也做了如下区分:

①房屋类型。

Ⅰ类:简陋的棚舍;土坯墙或毛石等砌筑的拱窑;夯土墙或土坯、碎砖、毛石、卵石等砌筑,用树枝、草泥做顶,施工粗糙的房屋。

Ⅱ类:夯土墙或用低级灰浆砌筑的土坯、碎砖、毛石、卵石等墙,不用木柱的或虽有细小木柱但无正规木架的房屋。

Ⅲ类:有木架的房屋(宫殿、庙宇、城楼、钟楼、鼓楼和质量较好的民房);竹笆或灰板条外墙,有木架的房屋;新式砖石房屋。

②建筑物的破坏程度。

a.轻微损伤:粉饰的灰粉散落,抹灰层上有细小裂缝或小块剥落,偶有砖、瓦、土或灰浆碎块等坠落,不稳固的饰物滑动或损伤。

b.损伤:抹灰层上有裂缝,泥块脱落,砌体上有小裂缝,不同的砌体之间产生裂缝,个别砌体局部崩塌,木架偶有轻微拔榫;砌体的凸出部分和民房烟囱的顶部扭转或损伤。

c.破坏:抹灰层大片崩落,砌体裂开大缝或破裂,并有个别部分倒塌,木架拔榫,柱脚移动,部分屋顶破坏,民房烟囱倒下。

d.倾倒:建筑物的全部或相当大部分的墙壁、楼板和屋顶倒塌,有时屋顶移动,砌体严重变形或倒塌,木架显著倾斜,构件折断。

(3)基本烈度和设计烈度

基本烈度一般是以100年内在该地区可能遭遇的地震最大烈度为准,它是设防的依据。

设计烈度是在地区宏观基本烈度的基础上,考虑到地区内的地质构造特点,地形、水文、土壤条件等方面的不一致性,所出现小区域地震烈度的增减,而据此来制定更为切实经济的小区域烈度标准(表9-9)。如在山坡、陡岸等倾斜地形比之平地的震害更巨烈。同时,在确定设计烈度时还应该考虑到建设项目(单体)的重要性,在基本烈度的基础上按区别对待的原则确定。

表9-9　小区域地震烈度增减表

类　别	地震烈度局部增加量/度	类　别	地震烈度局部增加量/度
花岗岩	0	砂质土	1~2
石灰岩和砾岩	0~1	黏质土	1~2
半坚硬土	1	疏松的堆积土	2~3
粗状碎屑土(碎石、卵石、砾石)	1~2		

(4)地震地质灾害发生程度

地震地质灾害发生程度可分为以下3级:

①大型:发震断层地表水平或者垂直破裂位移达1 m以上,滑坡体积大于50 000 m³,崩塌落石方量超过5 000 m³,泥石流流域面积大于5 km²,砂土液化产生的不均匀沉降超过200 mm,并产生明显地面变形。

②中型:发震断层地表水平或者垂直破裂位移0.2~1 m,滑坡体积5 000~50 000 m³,崩塌落石方量500~5 000 m³,泥石流流域面积1~5 km²,砂土液化产生的不均匀沉降0~200 mm,并产生轻微地面变形。

③小型:发震断层地表水平或者垂直破裂位移为0.2 m以下,滑坡体积小于5 000 m³,崩塌落石方量小于500 m³,泥石流流域面积小于1 km²,砂土液化没有产生不均匀沉降和地面变形。

9.4.2　城乡防震基础设施规划

防震应从两个方面入手:建筑单体、规划布局。

1)建筑单体

结构体系应符合下列各项要求:

①应具有明确的计算简图和合理的地震作用传递途径。

②应避免因部分结构或构件破坏而导致整个结构丧失防震能力或对重力荷载的承载能力。

③应具备必要的防震承载能力,良好的变形能力和消耗地震能量的能力。

④对可能出现的薄弱部位,应采取措施提高防震能力。防震设计尽量做到建筑平面和立面规则、减少大悬挑和楼板开洞、总质量小且沿平面和立面分布均匀、刚度柔并不出现凸变。

采用外部技术来减少地震带来的危害,如隔震技术。隔震技术被美国地震专家称为"40年来世界地震工程最重要的成果之一"。隔震即隔离地震,应在建筑物和构筑物的基底或某个位置设置隔震装置隔离或耗散地震能量,以避免或减少地震能量向上部结构的传输,减轻结构振动反应,建筑物只发生较轻微运动和变形,从而保障发生地震时的建筑物安全。河北地震工程研究中心的建筑,就是在基础和上部结构之间放有橡胶隔震垫,大大减小地震力,如果遇到 8 级地震,对它的影响相当于 5.5 级地震。

2)规划布局

(1)城市防震标准

地震按发生的原因可分为陷落地震、火山地震、构造地震、人为地震等几种;按震源距离地表的深度可分为浅源地震、中源地震、深源地震 3 种;按所在地距震中远近可分为地方性地震、近地震、远地震、很远地震。

地震有两种指标分类法。一种是按所在地区受影响和受破坏的程度进行分级,称为地震的烈度。在我国,地震烈度分为 12 个等级,其中,6 度地震的特征是强震,7 度地震则为损害震。因此,以 6 度地震烈度作为城市设防的分界,非重点防震防灾城市的设防等级为 6 度,6 度以上设防城市为重点防震防灾城市。另一种是按震源释放出的能量来划分地震的等级,称为地震的震级,地震释放的能量越大,震级越高。震级是通过地震记录仪器所显示数据反映出来的,一般来说,震级小于 2.5 级时,人一般感觉不到,而震级大于 5 级时,就可能造成破坏。

6 度及 6 度以下的城市一般为非重点防震防灾城市,但并不是说这些城市不需要考虑防震问题,6 度地震区内的重要城市与国家重点防震城市和位于 7 度以上(含 7 度)地区城市,都必须考虑城市防震问题,编制城市防震防灾规划。

(2)城乡防震设施

城乡防震设施主要指避震和震时的疏散通道及疏散场地。

城乡避震和震时疏散可分为就地疏散、中程疏散和远程疏散。就地疏散指城乡居民临时疏散至居所或工作地点附近的公园、操场或其他空旷地;中程疏散指居民疏散至半径 1~2 km 内的空旷地带;远程疏散,指城市居民使用各种交通工具疏散至外地的过程。

①疏散通道。城乡疏散通道的宽度不应小于 15 m,一般为城市主干道,通向市内疏散场地和郊外空旷地,或通向长途交通设施。

对于 1 000 万人口以上的大城市,至少应有两条不经过市区的过境公路,其间距应大于 20 km。

为保证震时不会因为房屋倒塌而影响人员疏散,规定震区城市的居住区和公建区的建筑间距,见表 9-10。

表 9-10　房屋防震间距要求

较高房屋高度 h/m	≤10	10~20	>20
最小房屋间距 d/m	12	$6+0.8h$	$14+h$

②疏散场地。不同烈度设防区域对疏散场地的要求也不同,人均避震疏散面积见表 9-11。

表 9-11　人均避震疏散面积

城市设防烈度	6	7	8	9
面积/($m^2 \cdot$ 人$^{-1}$)	1.0	1.5	2	2.5

对避震疏散场地的布局有以下要求:远离火灾、爆炸和热辐射源;地势较高,不易积水;内有供水设施或易于设置临时供水的设施;无崩塌、地裂与滑坡危险;易于铺设临时供电和通信设施。

(3)城乡防震规划设计基本原则

①选择建设项目用地时应考虑对抗震有利的场地和地基。建筑设施的抗震能力与场地条件有密切关系,应避免在地质上有断层通过或断层交汇的地带,特别是在有活动断层的地段进行建设,宜选择地势平坦、开阔的地方作为建设项目的场地。

②规划布局时应考虑避免地震时发生的次生灾害。由于次生灾害有时会比地震直接产生的灾害所造成的损失更大,因此,避免地震时发生次生灾害,是抗震工作的一个很重要的方面。在地震区的居民点规划中,房屋不能建得太密,房屋的间距以不小于 1~1.5 倍房高为宜。烟囱、水塔等高耸构筑物,应与住宅(包括锅炉房等)保持不小于构筑物高度 1/3~1/4 的安全距离。易于酿成火灾、爆炸和气体中毒等次生灾害的工程项目应远离居民点住宅区。

③在单体建筑方面应选择技术上、经济上合理的抗震结构方案。矩形、方形、圆形的建筑平面,因形状规整,地震时能整体协调一致,并可使结构处理简化,故有较好的抗震效果。方形、L形、V形的平面,因形状凸出凹进,地震时转角处应力集中,易于受到破坏,必须从结构布置和构造上加以处理。

房屋附属物,如高门脸、女儿墙、挑檐及其他装饰物等,抗震能力极差,在地震区不宜设置。

(4)城乡防震规划设计措施

①在进行城市规划布局时,应注意设置绿地等空地,可作为震灾发生时的临时救护场地和灾民的暂时栖身之地。

②与防震救灾有关的部门和单位(如通信、医疗、消防、公安、工程抢险等)应分布在建成区内可能受灾程度最低的地方,或者提高其建筑的防震等级,并有便利的联系通道。

③规划的路网应有便利的、自由出入的道路,居民点内至少应有两个对外联系通道。

④供水水源应有一个以上的备用水源,供水管道应尽量远离排水管道,以防在两处管道同时被震坏时,饮用水受到污染。

⑤多地震地区不宜发展煤气管道网和区域性高压蒸汽供热设施,少用高架能源线,尤其不能在高压输电线路下面修建建筑物。

详细请参见《城市防震防灾规划标准(附条文说明)》(GB 50413—2007)。

9.5 城乡消防基础设施规划

9.5.1 消防基础知识

火灾是一种违反人们意志,在时间和空间上失去控制的燃烧现象。弄清燃烧的条件,对于预防火灾、控制火灾和扑救火灾有着十分重要的指导意义。

1)燃烧的条件

燃烧是一种同时伴有放热和发光效应的剧烈氧化反应。放热、发光、生成新物质是燃烧现象的 3 个特征。要发生燃烧必须同时具备下列 3 个条件：

（1）可燃物

一般来说，凡是能在氧气等氧化剂中发生燃烧反应的物质都称为可燃物。可燃物按其组成可分为无机可燃物和有机可燃物两大类。从数量上讲，绝大部分可燃物为有机物，少部分为无机物。

可燃物按其状态，可分为可燃固体、可燃液体及可燃气体 3 大类。不同状态的同一种物质燃烧性能是不同的。一般来讲，气体比较容易燃烧，其次是液体，再次是固体。

近年来，住宅区因电气线路老化而造成的火灾、触电事故越来越多，尤其是老旧小区，由于过去选用的导线较细，且线路年久失修，近年来随着家庭用电量剧增，导线长期在满负荷或超负荷下运行，加速了线路的老化。为了避免电气火灾及触电事故的发生，应及时更换老化线路和超负荷线路。

（2）氧化剂

凡是能与可燃物发生反应并引起燃烧的物质，都称为氧化剂。氧化剂的种类很多，氧气是一种最常见的氧化剂，存在于空气中（体积百分数约为 21%），一般可燃物质在空气中均能燃烧。空气供应不足时燃烧就会不完全，隔绝空气能使燃烧停止。

常见的氧化剂还有氟、氯、溴、碘，以及一些化合物，如硝酸盐、氯酸盐、高锰酸盐、过氧化物等，其分子中含氧较多，当受到光、热或摩擦、撞击等作用时，易发生分解，放出氧气，从而使可燃物氧化燃烧。

（3）火源

火源是指具有一定能量，能够引起可燃物质燃烧的能源，有时也称为着火源。火源的种类很多，如明火、电火花、冲击与摩擦火花、高温表面等。

火源这一燃烧条件的实质是提供一个初始能量，在此能量的激发下，使可燃物与氧化剂发生剧烈的氧化反应，引起燃烧。

可燃物、氧化剂和火源是构成燃烧的 3 个要素，缺一不可，即必要条件。但发生燃烧仅具有必要条件还不够，还要有"量"方面的条件，即充分条件。在某些情况下，如可燃物的数量不够，氧化剂不足，或火源的能量不够大，燃烧也不能发生。例如，在同样温度（20 ℃）下，用明火瞬间接触汽油和煤油时，汽油会立刻燃烧起来，煤油则不会。这是因为汽油在此温度下的蒸气量已经达到了燃烧所需浓度（数量），而煤油蒸气量没有达到燃烧所需浓度。由于煤油的蒸发量不够，虽有足够的空气（氧气）和着火源的接触，也不会发生燃烧。又如，实验证明，空气中氧气的浓度降低到 14%～18% 时，一般的可燃物质就不能燃烧。再如，火柴可点燃一张纸而有可能不会点燃一块木头；电、气焊火花温度可达 1 000 ℃ 以上，它可以将达到一定浓度的可燃混合气体引爆，而不能将木块、煤块引燃。

由此可见，要使可燃物发生燃烧，不仅要同时具备 3 个要素，而且每一要素都须有一定的"量"，并彼此相互作用，否则就不能发生燃烧。

2）燃烧条件在消防工作中的应用

一切防火与灭火措施的基本原理，即是根据物质燃烧的条件，阻止燃烧 3 要素同时存在、互相结合、互相作用。防止火灾的基本措施有：

（1）控制可燃物

以难燃或不燃的材料代替易燃或可燃的材料；用防火涂料刷涂可燃材料，改变其燃烧性能;对于具有火灾、爆炸危险性的厂房,采取通风方法可以降低易燃气体、蒸汽和粉尘在厂房空气中的浓度,使之不超过最高允许浓度;也可将性质相互作用的物品分开存放等。

(2)隔绝空气

易燃易爆物质的生产应在密闭设备中进行;对有异常危险的生产,可充装惰性气体保护;隔绝空气储存,如将钠存于煤油中,磷存于水中,二硫化碳用水封闭存放等。

(3)消除着火源

如采取隔离、控温、接地、避雷、安装防爆灯、遮挡阳光、设禁止烟火标志等。

(4)阻止火势蔓延

如在相邻两建筑之间留出一定的防火间距;在建筑内设防火墙、防火门和防火卷帘;在管道上安装防火阀等。

9.5.2　城市消防基础设施规划

1)城市消防对策

在我国,城市消防工作的方针是"预防为主,防消结合"。首先,在城市布局、建筑设计中,采取一系列防火措施,减少和防止火灾灾害;其次,消防队伍、消防设施建设、消防制度和指挥组织机制应健全,保证火灾的及时发现、报警和有效组织扑救。

①城市防火布局。

a.城市重点防火设施的布局。城市中不可避免地要安排一些易燃易爆危险品(如液化气站、煤气制气厂、油品仓库等)的生产、储存和运输设施,这些设施应慎重布局,特别是要保证规范要求的防火间距。

b.城市防火通道布局。消防车的通行范围涉及火灾扑救的及时性,城市内消防通道的布局应合乎种类设计规范。

c.城市旧区改造。城市旧区是建筑耐火等级低,建筑密集,道路狭窄,消防设施不足的地区,是火灾高发地区,并且燃烧的危险性很大。因此,对于城市旧区的改造工作来说,防火是重要的一项工作。

d.合理布局消防设施。城市消防设施包括消防站、消火栓、消防水池、消防给水管道等。

②构筑物、建筑物防火设施应遵照有关规范,实行防火设计,提高其耐火等级和内部消防能力,减少火灾发生和蔓延的可能性。

③城市火灾多由人为失误引起,因此消防必须发动和依靠群众。健全消防制度,普及消防知识。

2)城市消防标准

城市消防标准主要体现在构筑物、建筑物的防火设计上。与城市规划密切相关的有关规范有《建筑设计防火规范(2018 年版)》(GB 50016—2014)、《城市消防站设计规范》(GB 51054—2014)等。

(1)道路消防

进行城市道路设计时,必须考虑消防方面的要求:

①当建筑沿街部分长度超过 150 m 或总长度超过 220 m 时,应设穿过建筑的消防车道。

②沿街建筑应设连接街道和内院的通道,其间距不应大于 80 m(可结合楼梯间设置)。

③建筑物内开设的消防车道,净高与净宽均不应小于 4 m。

④消防道路宽度应大于等于 3.5 m,净空高度不应小于 4 m。

⑤尽端式消防道的回车场尺度不应小于 15 m×15 m。

⑥高层建筑宜设环形消防车道,或沿两长边设消防车道。

⑦占地面积超过 3 000 m² 的体育馆,超过 2 000 m² 的会堂,超过 3 000 m² 的展览馆、博物馆、商场,宜设环形消防车道。

（2）建筑物消防间距

建筑的间距保持也是消防要求的一个重要方面,我国有关规范要求多层建筑与多层建筑的防火间距应不小于 6 m,高层建筑与多层建筑的防火间距不小于 9 m,而高层建筑与高层建筑的防火间距不小于 13 m。

（3）消防用水

大部分城市火灾均可用水扑灭,保证消防用水是城市消防工作的重要内容。城市消防用水可由城市管网直接供给,也可设置专门的消防管道系统。在水量不足的地区,应设消防水池,或利用河湖沟的天然水。在河网城市,应考虑沿河辟出一些空地与消防通道相连,作为消防车取水的场所,见表9-12。

表 9-12　城市室外消防用水量

城市人口/万人	同一时间火灾次数/次	一次灭火用水量/（L·次⁻¹）	城市人口/万人	同一时间火灾次数/次	一次灭火用水量/（L·次⁻¹）
≤1	1	10	≤50	3	75
≤2.5	1	15	≤60	3	85
≤5	2	25	≤70	3	90
≤10	2	35	≤80	3	95
≤20	2	45	≤90	3	95
≤30	2	55	≤100	3	100
≤40	2	65			

3）城市消防设施规划

消防设施有消防指挥调度中心、消防站、消火栓、消防水池以及消防瞭望塔等。其中,消防指挥调度中心一般在大中城市中设立,主要起指挥调度多个消防队协同作战的作用,消防站和消火栓是城市必不可少的消防设施。

（1）消防站规划

按占地和装备状况,消防站主要划分为 3 级:

一级消防站:拥有 6～7 辆车辆,占地 3 000 m² 左右。

二级消防站:拥有 4～5 辆车辆,占地 2 500 m² 左右。

三级消防站:拥有 3 辆车辆,占地 2 000 m² 左右。

（2）消防站设置要求

①在接警 5 min 后,消防队可达到责任区的边缘,消防站责任区的面积宜为 4 000～7 000 m²。

②1.5万~5万人的小城市可设1处消防站,5万人以上的小城市可设1~2处。

③易燃、易爆危险品生产运输量大的地区,应设特种消防站。

④消防站布局要求:消防站应位于责任区的中心;消防站应设于交通便利的地点,如城市干道一侧或十字路口附近;消防站应与医院、小学、幼托以及人流集中的建筑保持50 m以上的距离,以防相互干扰;消防站应确保自身的安全,与危险品或易燃易爆品的生产储运设施或单位保持200 m以上的间距,且位于这些设施或单位的上风向或侧风向。

(3)消火栓设置

①消火栓的间距不应大于120 m。

②消火栓沿道路设置,靠近路口。当路宽大于等于60 m时,宜双侧设置消火栓,消火栓距建筑墙体应大于50 m。

在布局消火栓时还应注意,我国多数城市水压不足,在扑灭城市火灾时,仅依靠消火栓是不行的,消防车必须能进入灭火区域,因此不采用密设消火栓的方法,设置消防栓,以免降低道路应有的消防车道通行的宽度要求。

9.6 城乡其他灾害概述和防治

随着城乡的发展,城乡灾害的种类也逐步变得复杂,除上述灾害外,以下城乡问题也日益严重,主要包含大面积停电停水、燃气罐等易爆物爆炸、传染病、交通拥堵、空气PM$_{2.5}$污染、战争、核污染等,要做好城乡防灾基础设施规划,应该将此类信息融入规划中,下面进行简要分析和防治方法研究。

9.6.1 空气污染

1)概况

近年来,随着城乡工业化的加快以及汽车数量的急剧上升,大气污染越来越严重,城乡空气质量持续恶化。城乡大气污染不但影响人们的日常生活,而且对人们的身心健康产生了极大的威胁。最严重的危害是城市PM$_{2.5}$超标,PM$_{2.5}$指空气中直径小于或等于2.5 μm的悬浮颗粒物。它在大气中滞留时间长,传输距离远,含多种有毒有害物质,而且与其他空气污染物存在着复杂的转化关系。PM$_{2.5}$易于滞留在终末细支气管和肺泡中,其中某些还可以穿透肺泡进入血液,也更易于吸附各种有毒的有机物和重金属元素,对人类的健康危害极大。

据统计,仅北京、上海、深圳等特大城市每年有超40万人因空气中的颗粒物和烟尘感染上慢性呼吸道疾病。

(1)大气污染引发的严重后果

①产生酸雨。

②危害生物多样性。

③破坏臭氧层。

④气候变暖。

按目前的速度计算,再过20年全球平均气温还将再升高2~3 ℃,那时地震、海啸等自然灾害将更加频繁。

（2）我国城市空气污染现状

我国城市大气污染主要呈现为煤烟型污染。城市大气中悬浮颗粒物含量普遍超标、机动车尾气排放量快速增长、二氧化硫污染较为严重，全国华东、华南、华中、西南已经形成多个酸雨区，其中华中酸雨区污染程度最深。在调查的340多个城市中，总悬浮颗粒物平均浓度超过国家空气质量二级标准规定浓度的城市占64%，其中近30%的城市颗粒物平均浓度超过三级标准规定浓度。

据统计，2021年全国地级以上城市$PM_{2.5}$平均浓度比2015年下降了34.8%，全国339个地级及以上城市中，218个城市环境空气质量达标，占比64.3%，比2020年上升了3.5个百分点；121个城市环境空气质量达标，占35.7%，比2020年下降3.5个百分点，若不扣除沙尘影响，环境空气质量达标城市比例为56.9%，超标城市比例为43.1%。通过以上数据分析，我们可以发现我国治理雾霾的措施虽然已经产生了一些成效，但也同时存在着一个问题，便是$PM_{2.5}$在逐渐下降，但重度污染依然存在，雾霾也在不断地扩散，因此，研究治理城市空气污染的相关措施是十分必要的。

①二氧化硫排放。二氧化硫排放总量随着煤炭消费量的增长而增加。2017年全国二氧化硫排放量为1 014.64万t，比2016年减少8%，其中工业和生活的二氧化硫排放量分别占二氧化硫排放总量的86%和14%。

②悬浮颗粒物污染。有关资料分析结果表明：北方多数大型城市大气中的首要污染物是悬浮颗粒物。这些颗粒物主要来自本地粉尘污染和沙尘暴。其中本地粉尘主要来自拆迁工地、建筑工地和市政管线工地等施工场所的扬尘。近年来，我国沙尘暴呈现逐渐频繁的趋势，大规模的沙尘天气严重影响了空气的质量，给人们的生活和交通运输带来了众多不便。

③机动车尾气排放。中国已经成为世界第一大汽车生产国和销售国，目前全国机动车保有量超过3亿辆。汽车数量在持续增多的同时也使得汽车排放的一氧化碳和氮氧化物的排放总量逐年上升。因城市人口密集，交通运输量相对较大，我国90%以上的汽车集中在城市，这就造成了汽车尾气污染在城市大气污染中的比重不断上升。

④城市雾霾。雾霾的发生需要一定的地理条件和环境条件，其形成原因来自自然和人为两个层面。自然原因诸如刮风、逆温等自然现象会促进雾霾的形成，但自然因素从来不是雾霾形成的主要原因，相反，人为因素才是关键所在。

a. 燃煤污染。20世纪50年代的伦敦烟雾事件是一个很好的警示。当时英国在工业革命的影响下，各项生产发展迅速，但是工业的主要动力是燃煤，而煤在燃烧过程中会释放出大量的碳颗粒物和有害气体，如一氧化碳、二氧化碳、二氧化硫等。这些颗粒物如果得不到及时疏散，就会聚集成巨大的有毒烟雾，对人类身心造成伤害。伦敦烟雾事件造成的伤亡至今仍触目惊心，值得今天的我们高度警示，因为今天仍在过度地开发煤、油等化学资源，而如果不调整这一模式，城乡生态环境将持续遭受破坏。

b. 其他人为造成的大气污染。人为造成大气污染的途径很多，除上述列出的燃煤污染外，还有工业废气的排放、固体垃圾的低效处理等，这些也就是雾霾多发生在工业企业聚集城市的原因。就我国而言，最明显的就是北方重工业区。根据各省区市的空气污染状况调查报告，北方重工业城市诸如大同、沈阳、长春等均榜上有名，这一情况不得不令人深思。若不改变工业发展模式，雾霾问题就无法得到有效解决。

2）城乡大气污染的防治对策

城乡大气污染防治基础设施规划是一项复杂的系统工程，对此提出如下建议措施：

（1）调整产业结构

加快产业结构调整，对污染严重、耗能高等不符合产业政策的产业予以淘汰，降低污染物排放量，以减轻对城乡大气环境的污染。同时大力宣传、提倡有利于环境的生产方式和消费方式，实现经济与环境的协调发展。

（2）改变能源结构

推广清洁能源，通过不断革新技术、更新设备、推广清洁能源的使用、综合循环利用等措施，提高能源利用率，从源头控制污染，减少废气的排放，减轻大气环境的污染。

（3）改善城乡绿化

城乡绿化是重要的防治城市大气污染的生物措施。绿化植物可以起到滞尘、杀菌、吸收有毒气体、调节二氧化碳和氧气比例的作用，进而减轻城市大气污染，提高城市空气质量。

（4）城乡规划中预留通风廊道

在进行城乡总体规划布局时，应在区域规划的基础上，从宏观层面上全面评估城乡可利用的风环流系统。在已建成的城乡区域，在研究现有建筑密度和容积率以及城乡内部自身的地形地貌的基础上，探索现有城乡内由建筑自身形成的潜在风道，以比较小的代价，将区域自然通风潜力引入城市纵深。对新建区域则应在最初的阶段将风道规划纳入城市整体规划中。一方面风道规划的早期介入，有利于各项措施的有效实施，城乡规划是一项长期工作，虽然总是在动态中进行，但后期的修改往往困难且要付出很大代价；另一方面，在新区的规划中尽可能早地将风道建设纳入城乡规划中，便于将风道系统与城乡水体及水系、绿地系统、广场等开放空间结合，高效地形成一个城乡呼吸系统，从而提升城乡的空气质量以及城乡居民的热舒适度。

9.6.2 核污染

随着科学技术的迅速发展，无论是原子弹、贫铀弹的爆炸，还是核电站核物质的泄漏，大规模的工业生产等都会导致"三废"增多，尤其是废渣会造成大面积土壤的污染，危害人们的身体健康。因此对核污染治理方法的研究迫在眉睫，越来越引起国内外学者的高度重视。

核污染主要指核物质泄漏后的遗留物对环境的破坏，包括核辐射、原子尘埃等本身引起的污染，还有这些物质对环境造成污染后所带来的次生污染，比如被核物质污染的水源对人畜的伤害。

2011 年 3 月 11 日下午，日本发生了 9 级大地震，12 日上午 9 时 10 分已经达到正常水平的 70 倍以上。3 月 15 日晨，日本福岛第一核电站 2 号机组发生爆炸，核物质泄漏产生严重影响。4 月 12 日，已经根据国际核事件分级表（INES），决定将福岛第一核电站事故定为 7 级。这使日本核泄漏事故等级与苏联切尔诺贝利核电站核泄漏事故等级相同。1986 年 4 月 26 日，位于今乌克兰境内的切尔诺贝利核电站 4 号反应堆发生爆炸，造成 30 人当场死亡，8 t 多强辐射物泄漏。这次核泄漏事故使电站周围 6 万多平方千米的土地受到直接污染，320 多万人受到核辐射侵害，造成了人类和平利用核能史上的最大一次灾难。

1）核污染的危害特点

①危害范围大。常常波及周边很多地区和国家。

②持续时间长。受到严重污染的地区往往很多年都无法进行正常的工农业生产。

③对人体伤害极大。放射性沉降物还可通过食物链进入人体,在体内达到一定剂量时就会产生有害作用,人会出现头晕、头疼、食欲不振等症状,发展下去会出现白细胞和血小板减少等症状,如果超剂量的放射性物质长期作用于人体,就能使人患上肿瘤、白血病等疾病。

2)核污染的防治

①严格控制会引起核污染的原料的生产加工使用。

②通过立法限制核使用和核原料的买卖交易。

③使用核能源要确定其安全性,以安全最大化为原则。

④加快核能的科技研究,更深入地了解其原理,以更好地掌握和利用核能。

⑤避免核战争,约束有核国家关于核武器的研制和开发,如制定核不扩散条约等。

⑥进行核试验和开发核能应尽量选在比较偏僻的地方,如果发生事故,使损失最小化。

9.7 乡村区域防灾基础设施规划

9.7.1 乡村防洪基础设施规划

1)乡村防洪基础设施规划的要求

①位于受江、河、湖、海或山洪威胁的防洪区内的村镇防灾基础设施规划应包括村镇防洪规划,并应符合下述规定:

a.受风暴潮威胁的沿海地区的乡村应把防御风暴潮纳入防洪规划,乡村规划建设应符合防御风暴潮的要求。

b.山洪可能诱发山体滑坡、崩塌和泥石流的地区以及其他山洪多发地区应对山体滑坡、崩塌和泥石流隐患进行全面调查,划定重点防治区,采取防治措施。

c.根据历史降水资料易形成内涝的平原、洼地、水网圩区、山谷、盆地等地区应将除涝治涝纳入防洪规划,提出相应治理措施,完善排水系统,并对耐涝农作物种类和品种的发展以及洪涝、干旱、盐碱综合治理提出对策。

②乡村防洪规划应结合实际,遵循统筹兼顾、确保重点、因地制宜、全面规划、综合治理、防汛与抗旱相结合、工程措施与非工程措施相结合的原则,并与土地利用规划相协调。村镇防洪规划应依据村镇总体规划及上一级人民政府区域防洪规划进行编制,并应符合所在区域防洪的相关规定和要求。

③乡村防洪规划应根据洪灾类型[河(江)洪、海潮、山洪和泥石流]确定村镇防洪标准,组成完整的防洪体系,确定防护对象、治理目标和任务、防洪措施和实施方案,并应符合国家标准《防洪标准》(GB 50201—2014)的有关规定以及上一级防洪规划和所处江河流域规划的有关要求。

④乡村防洪规划应结合其处于不同水体位置的防洪特点,制定防洪基础设施规划方案和防洪措施,包括防洪安全建设、避洪转移、抗洪救灾预案、次生灾害防治、排洪与洪水储蓄利用、抗洪宣传、教育等内容。对于受风暴潮威胁的沿海地区村镇,还应进行海堤(海塘)、挡潮

闸和沿海防护林等防御风暴潮基础设施体系规划。

⑤乡村防洪规划应向有关部门调查了解水文地理,水情分析,暴雨资料,历史最高水位,淹没深度,历史灾害损失,基础设施与房屋现状及其抗洪存在的主要问题等相关基础资料,并应结合村镇现状与规划,了解分析设计洪水、设计潮位的调查考证。

⑥邻近大型或重要工矿企业、交通运输设施、动力设施、通信设施、文物古迹和旅游设施等防护对象的乡村,当不能分别进行防护时,应按就高不就低的原则确定设防标准及设置防洪设施。

⑦乡村防洪基础设施规划应对蓄洪滞洪水库、堤防、排洪沟渠、防洪闸和排涝设施等防洪、防涝基础设施规划体系建设作出安排。

⑧乡村防洪规划与村镇总体规划相协调,合理利用岸线,应注意避免或减少对水流流态、泥沙运动、河岸、海岸等产生不利影响,防洪设施选线应适应防洪现状和天然岸线走向。

⑨蓄滞洪区的土地利用、开发和各项建设必须符合防洪的要求,保持蓄洪能力,实现土地的合理利用,减少洪灾损失,并应符合下述要求:

a. 在指定的分洪口门附近和洪水主流区域内,严禁设置有碍行洪的各种建筑物,既有建筑物必须拆除。

b. 禁止在蓄滞洪区内建设有严重污染物质的工厂和储仓,既有此类建筑必须拆除。

c. 在指定的分洪口门附近和洪水主流区域内的土地一般只限于农牧业以及其他露天方式使用,以保持其自然空地状态。

d. 蓄滞洪区内乡村工业生产布局应根据蓄滞洪区的使用机遇进行调整。对使用机遇较多的蓄滞洪区,原则上不应布置大中型项目;使用机遇较少的蓄滞洪区,建设大中型项目必须自行安排可靠的防洪措施。

e. 蓄滞洪区内新建的永久性房屋(包括学校、商店、机关、企事业房屋等)应按照《蓄滞洪区建筑工程技术规范》的要求,采取平顶、能避洪救人的结构型式,并避开洪水流路。

f. 蓄滞洪区内机关、学校、工厂等单位和商店、影院、医院等公共设施,均应选择较高地形,并应利用厂房、仓库、学校、影院的屋顶或集体住宅平台等建设集体避洪安全设施。新建机关、学校、工厂等单位必须同时建设集体避洪设施。

g. 蓄滞洪区内的高地、旧堤应予保留,以备临时避洪。

⑩地震设防区村镇防洪基础设施规划要充分估计地震对防洪基础设施规划的影响,其防洪基础设施规划设计应符合《水工建筑物抗震设计规范》(SL 203—1997)的规定。

⑪应根据防洪标准规划安排江河、湖泊堤防的加固与维护。设防洪(潮)堤时的堤顶高程和不设防洪(潮)堤时的用地地面高程均应按防洪标准规定所推算的洪(潮)水位加安全超高确定;有波浪影响或壅水现象时,应加波浪侵袭高度或壅水高度。

2)乡村防洪基础设施规划设计方法与内容

(1)乡村防洪基础设施规划设计方法

进行乡村防洪规划时,应进行洪灾淹没危险性分析和灾害影响评估,确定乡村建筑和基础设施的灾害影响,划定灾害影响分区。洪水灾害的评估内容应包括:

①洪水过程中对村镇区域内地形地貌改变程度的评价。

②洪水蓄滞留时间的估计。

③现有排洪沟渠与截流洪水能力的评估。

④洪水灾后产生瘟疫等次生灾害的可能性。

⑤基础设施与房屋抗洪能力分析。

（2）乡村防洪基础设施规划内容

乡村防洪专项规划应包括应急疏散点、救生机械（船只）、医疗救护、物资储备和报警装置等。

3）乡村防洪基础设施规划建设布局

①乡村建设场地应选择距主干道较近、地势较高、较平坦、场地土质较好且易于排水的地区，并应避开洪水期间进洪或退洪主流区及山洪威胁区。

②位于蓄滞洪区内乡村的建筑场地选择、避洪场所设置等应符合《洪泛区和蓄滞洪区建筑工程技术标准》（GB/T 50181—2018）的有关规定。

③对位于防洪区的乡村，应在建筑群体中设置具有避洪、救灾功能的公共建筑物，并应采用平顶或其他有利于人员避洪的建筑结构型式，满足避洪疏散要求。

④对居住在行洪河道内的居民，应在上级人民政府统一组织协调下制订外迁计划。对河道、湖泊范围内阻碍行洪的障碍物，应制订限期清除措施。

⑤乡村用地应结合地形、地质、水文条件及年均降雨量等因素合理选择地面排水方式，并与用地防洪、排涝规划相协调。有内涝威胁的乡村用地应采取适宜的防内涝措施。

⑥乡村防洪保护区应制订就地避洪设施规划，有效利用安全堤防，合理规划和设置安全庄台、避洪房屋、围埝、避水台、避洪杆架等避洪场所。集体避洪场所宜设有照明、通信、饮用水、卫生防疫等设施。

⑦乡村防洪规划宜将下列设施作为保护对象：

a. 乡村的变电站（室）、邮电（通信）室、粮库、医院（医务室）、广播站等生命线系统的关键部位。

b. 村庄的变压器、广播室等。

⑧修建围埝、安全庄台、避水台等就地避洪安全设施时，其位置应避开分洪口、主流顶冲和深水区，其安全超高值应符合表9-13规定。安全庄台、避水台迎流面应设护坡，并设置行人台阶或坡道。

表9-13　就地避洪安全设施的安全超高

安全设施	安置人口/人	安全超高/m
围埝	地位重要、防护面大、安置人口≥10 000 的密集区	>2.0
	≥10 000	2.0～1.5
	1 000～10 000	1.5～1.0
	<1 000	1.0
安全庄台、避水台	≥1 000	1.0～1.5
	<1 000	0.5～1.0

注：安全超高是指在蓄、滞洪时的最高洪水位以上，考虑水面浪高等因素，避洪安全设施需要增加的富余高度。

4）乡村防洪排涝整治措施与方法

①防洪排涝整治措施包括扩大坑塘水体调节容量、疏浚河道、扩建排涝泵站等，应符合下

列要求：

a. 排涝整治标准应与服务区域人口规模、经济发展状况相适应，重现期可采用 5～20 年标准。以旱作物为主的涝区排涝时间按一日暴雨三日排完计算，以水田作物为主的涝区排涝时间按三日暴雨五日排完计算。

b. 乡村排水系统应采取适宜的防内涝措施，当村镇用地外围有较大汇水汇入或穿越乡村用地时，宜用边沟或排（截）洪沟组织用地外围的地面雨水排除。

c. 具有排涝功能的河道应按原有设计标准增加排涝流量并校核河道过水断面。

d. 具有旱涝调节功能的坑塘应按排涝设计标准控制坑塘水体的调节容量及调节水位，坑塘常水位与调节水位差宜控制在 0.5～1.0 m。坑塘最高调节水位应低于现有村镇建设地面最低标高 1 m。

②排涝整治应优先考虑扩大坑塘水体调节容量，强化坑塘旱涝调节功能。主要方法包括：

a. 将原有单一渔业养殖功能的坑塘改为养殖与旱涝调节兼顾的综合功能坑塘。

b. 调整农业用地结构。

c. 受土地条件限制地区，宜采用疏浚河道、新扩建排涝泵站的整治方式。

9.7.2　乡村防震基础设施规划

1）乡村防震基础设施规划的要求

①村庄位于地震基本烈度在 6 度及以上的地区应考虑抗震措施，应设立避难场、避难通道等。

②防震避难场地指地震发生时临时疏散和搭建帐篷的空旷场地。广场、公园、绿地、运动场、打谷场等均可兼做疏散场地，疏散场地服务半径不宜大于 500 m，村庄的人均疏散场地不宜小于 3 m²。疏散通道用于震时疏散和震后救灾，应以现有的道路骨架网为基础，有条件的村庄还可以结合铁路、高速公路、港口码头等形成完善疏散体系。

③对于公共工程、基础设施、中小学校舍、工业厂房等建筑工程和二层住宅，均应按照现行规范进行抗震设计，对于未经设计的民宅，应采取提高砌块和砌筑砂浆标号、设置钢筋混凝土构造柱和圈梁、墙体设置壁柱、墙体内配置水平钢筋或钢筋网片等方法加固。

④位于抗震设防区的村镇规划建设，应符合国家标准《中国地震动参数区划图》（GB 18306—2015）和《建筑抗震设计标准（2024 年版）》（GB 50011—2010）等的有关规定，选择对抗震有利的地段，避开不利地段，禁止在危险地段安排住宅建设和其他人员密集的建设项目。

2）乡村防震基础设施规划设计内容

①抗震防灾基本防御目标。当遭受相当于本地区地震基本烈度的地震影响时，村镇生命线系统和重要设施基本正常，一般建设工程不发生倒塌性灾害。

②乡村抗震防灾规划应包括地震灾害评估、地震次生灾害防御、避震疏散、抗震防灾等要求与措施。同时，乡村抗震防灾规划应确定对乡村其他规划及乡村建设活动具有强制性要求的内容。抗震防灾规划中的抗震设防标准、建设用地评价与要求、抗震防灾措施应根据乡村的防御目标、抗震设防烈度和国家现行标准确定，并作为乡村规划的强制性要求。

③村镇建筑的防灾性能与规划。

a. 应提出村镇中需要加强抗震安全的重要建筑,并针对重要建筑和超限建筑提出进行抗震建设和抗震加固的要求和措施。

b. 对一般建筑,应进行高密度、高危险性分区,提出位于不适宜用地上的建筑和抗震性能薄弱的建筑,结合村镇发展需要,提出分区建设及拆迁、加固和改造的对策、要求及措施。

c. 新建工程应针对不同类型建筑的抗震安全要求,结合村镇地震地质和场地环境、用地评价情况、经济和社会的发展特点,提出抗震设防要求和对策。

④村镇基础设施的抗震防灾性能评价和规划。

a. 针对基础设施各系统的抗震安全和在抗震救灾中的重要作用,应提出合理有效的抗震设防标准和要求。

b. 针对抗震救灾起重要作用的供电、供水、供气、交通、指挥、通信、医疗、消防、物资供应及保障等系统的重要建筑物和构筑物在抗震防灾中的重要性和薄弱环节,进行抗震防灾性能评价和制定相关规划要求。

c. 针对不适宜用地中村镇抗震防灾所需的供电、供水和供气系统的主干管线和交通系统的主干道路,应制定村镇基础设施布局和建设改造的抗震防灾对策与措施。

⑤地震次生灾害抗震性能评价与规划。

a. 在进行抗震防灾规划时,应按照火灾、水灾、毒气泄漏扩散、爆炸、放射性污染、海啸等地震次生灾害危险源的种类和分布,以及地震次生灾害的潜在影响,分类分级提出需要保障抗震安全的重要区域和源点。

b. 对次生火灾应划定高危险区。

c. 应提出村镇中需要加强抗震安全的重要水利设施或海岸设施。

d. 对于爆炸、毒气扩散、放射性污染、海啸、泥石流、滑坡等次生灾害,可根据村镇的实际情况选择提出需要加强抗震安全的重要源点。

e. 对可能产生严重影响的次生灾害源点,应结合村镇的发展,控制和减少致灾因素,提出防治、搬迁改造等要求。

9.7.3 乡村消防基础设施规划

1) 乡村消防基础设施规划安全布局

①在乡村总体布局中,生产、储存易燃易爆化学物品的工厂、仓库必须设在村镇边缘的独立安全地区,并与人员密集的公共建筑保持规定的防火安全距离。

A. 严重影响村镇安全的工厂、仓库、堆场、储罐等必须迁移或改造,采取限期迁移或改变生产使用性质等措施,消除不安全因素。

B. 生产和储存易燃易爆物品的工厂、仓库、堆场、储罐等应设置在村镇的边缘或相对独立的安全地带,与居住、医疗、教育、集会、娱乐、市场等之间的防火间距不得小于50 m,并符合下述要求:

a. 烟花爆竹生产工厂的布置应符合国家标准《民用爆炸物品工程设计安全标准》(GB 50089—2018)的要求。

b. 甲、乙、丙类液体储罐或罐区应单独布置在规划区常年主导风向的下风或侧风方向。

C. 在乡村规划中应合理选择液化石油气供应站的瓶库、汽车加气站和煤气、天然气调压站、沼气池及沼气储罐的位置,并采取有效的消防措施确保安全;燃气调压设施或气化设施四周安全间距需满足城镇燃气输配的有关规范,且该范围内不能堆放易燃易爆物品。通过管道供应燃气的村庄,低压燃气管道的敷设也应满足城镇燃气输配的有关规范,且燃气管道之上不能堆放柴草、农作物秸秆、农林器械等杂物。

D. 合理选择乡村输送甲、乙、丙类液体以及可燃气体管道的位置,严禁在其干管上修建任何建筑物、构筑物或堆放物资。管道和阀门井盖应当有明显标志。

E. 粮食、籽种、饲料仓库,机动车车库,农药、化肥库,汽、柴油库,牲畜棚,粮油加工厂,村镇的集贸市场或营业摊点等的设置,乡村与成片林的间距应符合《农村防火规范》(GB 50039—2010)的规定,不得堵塞消防车通道和影响消火栓的使用,并符合下述规定:

a. 上述各类仓库应专库专用,在库内不准明火取暖。

b. 每两个拖拉机库、汽车库库门之间,要设有防火墙分隔,库内要有足够的灭火器材。

c. 汽、柴油库应用围墙围挡,设有明显的防火标志,建立严格的防火制度,设置专人管理,配备灭火器材。油库内一般不准设置照明设备,不准使用产生火花的金属工具作业。

d. 牲畜棚必须留有足够数量的安全出口。

F. 乡村各类用地中建筑的防火分区、防火间距和消防车通道的设置,均应符合国家标准《农村防火规范》(GB 50039—2010)的有关规定,在人口密集地区应规划布置避难区域,规划区内原有耐火等级低、相互毗连的建筑密集区或大面积棚户区,应制定改造规划,采取防火分隔、提高耐火性能,开辟防火隔离带和消防车通道,增设消防水源等措施,以改善消防条件,消除火灾隐患。防火分隔宜按 30～50 户的要求进行,呈阶梯布局的村寨,应沿坡纵向开辟防火隔离带。防火墙应高出建筑物 50 cm 以上。

G. 打谷场和易燃、可燃材料堆场等可燃物的存放应不得堵塞消防车通道和影响消火栓的使用,并符合下列要求:

a. 宜设置在村庄常年主导风向的下风侧或全年最小频率风向的上风侧。

b. 当村庄的三、四级耐火等级建筑密集时,宜设置在村庄外。

c. 不应设置在电气设备附近及电气线路下方。

d. 柴草堆场与建筑物的防火间距不宜小于 25 m。

e. 堆垛不宜过高过大,相互之间应保持一定的安全距离。

f. 在场院内应设置明显禁止烟火标志,不得设有明火设备。

g. 电线应架空,不得使用裸体导线或老化、失去绝缘性能的电线,电闸应设置保险箱,设专人管理,安设的照明设备应牢靠固定。

H. 村庄宜在适当位置设置普及消防安全常识的固定消防宣传栏;在易燃易爆区域应设置消防安全警示标志。

2) 乡村消防基础设施规划给水系统

①具备给水管网条件时,其管网及消火栓的布置、水量、水压应符合现行国家标准《建筑设计防火规范(2018 年版)》(GB 50016—2014)、《农村防火规范》(GB 50039—2010)的有关规定,利用给水管道设置消火栓,间距不应大于 120 m。

②不具备给水管网条件时,应利用河湖、池塘、水渠等水源规划建设消防车通道和消防给水设施,利用天然水源时,应保证枯水期最低水位和冬季消防用水的可靠性。

③给水管网或天然水源不能满足消防用水时,宜设置消防水池,消防水池的容积应满足

消防水量的要求,寒冷地区的消防水池应采取防冻措施。

④利用天然水源或消防水池作为消防水源时,应配置消防泵或手抬机动泵等消防供水设备。

3）乡村区域消防通道设计

乡村的交通设施应符合现行国家标准《建筑设计防火规范(2018年版)》(GB 50016—2014)、《农村防火规范》(GB 50039—2010)的有关规定。并应符合下列要求:

①消防车通道可利用交通道路,并应与其他公路相连通。

②消防车通道之间的距离不宜超过160 m,消防车通道宽度不宜小于4 m,转弯半径不宜小于8 m。

③供消防车通行的道路上禁止设立影响消防车通行的隔离桩、栏杆等障碍物。当管架、栈桥等障碍物跨越道路时,其净高不应小于4 m。有河流、铁路通过的农村,宜采取增设桥梁等措施,保证消防车道的畅通。

④建房、挖坑、堆柴草饲料等活动,不应影响消防车通行。

⑤消防车道宜成环状布置或设置平坦的回车场地。尽端式消防回车场地不应小于15 m×15 m,并应满足相应的消防规范要求。

【典型例题】

1.城市防灾基础设施一般不包括( )。

A.防洪设施

B.抗震设施

C.人防设施

D.防疫设施

答案:D

2.在城市防灾基础设施规划中,城市总体规划及分区规划阶段的工作内容和深度应包括( )。

A.确定城市消防、防洪、人防、抗震等标准

B.制定防灾对策与措施

C.确定地下防空建筑的规模和数量等

D.确定规划范围内的防洪堤标高、排涝泵站位置等

E.布置城市消防、防洪、人防等设施

答案:ABD

解析:选项C、E属于城市防灾设施详细规划的主要内容。

【案例分析】

1.日本的城市综合防灾

1)灾害防救规划体系

日本的灾害管理部门由中央防灾会议、都道府县防灾会议和市町村防灾会议三级构成。

灾害防救规划体系分为防灾基本规划、防灾业务规划和地域防灾规划。防灾基本计划是中央层级的,都道府县和市町村都有各自的地域防灾规划。中央和地方指定的公共和行政机

关可制定各自的防灾业务规划。

2）城市规划体系外的城市综合防灾规划

日本的地域防灾规划是指灾害可能涉及的区域所制定的防灾规划，由日本各地方政府（都道府县以及市町村）依据防灾基本规划，结合本地区的灾害特征而制定的适合本区域的防灾规划。

"大阪府地域防灾规划"由总则、灾害预防对策、地震灾害应急对策、地震灾害复旧复兴对策、风水害应急对策、风水害灾害复旧复兴对策、事故等灾害应急对策和原子力灾害复旧对策推进等部分组成。灾害预防对策采取综合的表述，灾害应急对策和复旧复兴对策则采取分灾种的表述。

3）城市规划体系内的城市综合防灾规划

防灾都市建设规划一般由城市规划管理部门制定，是地域防灾规划在城市空间建设方面的具体落实。规划由都市层级的对策和地区层级的对策两部分组成，具体内容包括防灾据点的整备、避难地避难路的整备、都市防灾区划的整备、密集市区防灾街区的整备和以地区居民为主体及推动建构防灾街区等。

2. 美国的城市综合防灾

1）灾害防救体系

美国的灾害管理部门由联邦、州和地方3级构成，具体职能部门为各级政府对应的应急管理机构（EMA）。

当灾害发生后，根据灾害的严重程度、规模和复杂情况，由各级灾害管理部门激活和运作各层级的应急行动中心，它是管辖区域内具体应急回应决策制定的中心场所。

美国的灾害防救规划体系也由联邦、州和地方3级构成，在每个层次都有综合和专业两类，同时，灾前的减灾规划和灾后的回应规划一般是分开编制的。依防灾专项和专业部门不同有相应的减灾规划和应急回应规划，在此基础上编制综合减灾规划和应急行动规划。在联邦层面只有"国家应变规划"，没有该层面的综合减灾规划。

2）城市规划体系外的城市综合防灾规划

在美国，城市规划体系外的城市综合防灾规划一般由"应急行动规划"和"综合减灾规划"两部分组成，分别强调灾后回应和灾前预防。

"应急行动规划"描述在灾害过程中和灾害现场人员和财产如何被保护，规定执行具体活动的人员责任，明确人员、设备、设施、储备物资及其他在灾害中可使用的资源，并概括提出所有活动如何协调。

编制减灾规划就是决定如何减轻和消除由自然和人为灾害导致的生命和财产损失的过程。《减灾法案2000》要求所有的地方、郡和部落政府为本辖区制定减灾规划以便有资格获得减灾项目基金资助，每个社区的减灾规划必须提交州和FEMA并获批准。除了单一管辖权背景下编制的减灾规划，还有"多个管辖权的减灾规划"，允许一些具有管辖权的社区将资源联合起来，编制共同的减灾规划。

《减灾法案2000》并未具体规定减灾规划的内容格式。但是根据法案要求，倾向由规划过程、风险评价、减灾策略和规划保持几部分组成规划。

3）城市规划体系内的城市综合防灾规划

在美国大部分城市总体规划中,安全减灾要素是作为单独的章节出现的,但可能更有效地促进和推动减灾概念、策略和政策实现的方法是将它们彻底整合到现有的其他总体规划要素中。

城市总体规划中的"安全要素"对于编制和修订城市自然灾害减灾、准备和恢复规划这些由城市应急行动组织编制和保持的规划起着总体的长期导则的作用。应急行动组织的这些规划被作为城市总体规划"安全要素"的执行工具。"区划法令(Zoning)"和"土地细分规则(Subdivision Regulations)"也被作为减轻灾害暴露、风险和易损性的有效工具。

案例解析:

①美国、日本都有完整的灾害防救组织体系和规划体系,且内部结构清晰,分工明确。我国当前灾害防救的组织机构分属不同的部门,未能建立长效的部门防救灾协调机制,缺乏常设的各级综合防灾机构,各级各类防救灾规划缺乏系统性。应该加强该方面建设,这是编制城市综合防灾规划的重要外部条件。

②美国城市规划体系外的城市综合防灾规划由"应急行动规划"和"综合减灾规划"两部分组成,而日本的规划则作为一个完整的部分。我国当前的实际情况是各级各类城市应急预案体系已基本形成,并形成了相应的应急管理组织架构,同时由专业部门组织编制了城市主要的单灾种防灾专项规划。在此情况下,我国城市规划体系外的城市综合防灾规划可借鉴美国的做法,由两部分组成:在城市综合应急预案基础上深化为"城市应急行动规划",在各单灾种防灾专项规划基础上编制"城市综合减灾规划"。

③城市综合防灾规划编制依赖于全面透明的城市灾害及财产信息,人们在此基础上可以得出较客观的灾害风险评价结果,进而制定科学合理的减灾政策。我国应该加大城市灾害信息公开共享的程度,加快城市综合防灾规划基础信息建设,为制定科学的城市综合防灾规划创造条件。

【知识归纳】

1. 城乡防灾设施规划的主要任务。

2. 城乡防灾设施的组成体系。

3. 城乡防洪基础设施的基本组成。

4. 设计洪水量的计算。

5. 城市防震规划布局的原则。

6. 城乡消防的标准。

7. 其他城市灾害的特点及防治对策。

【思考题】

1. 简述防洪的基本对策。

2. 防洪构筑物包括哪些?

3. 简述防洪基础设施规划的设计原则、内容、步骤。

4. 建筑单体的结构体系在防灾规划中有何要求?

5. 简述城市消防设施规划的主要内容。

6. 简述城市大气污染的防治对策。

7. 简述核污染的防治对策。

10

城乡人防基础设施规划

导入语：

　　人防基础设施规划是指在一定区域内。根据国家对不同城市实行分类防护的人民防空要求，确定城市人民防空工程建设的总体规模、布局、主要建设项目，是与城市建设相结合的方案及规划的实施步骤和措施的综合部署，是城市总体规划的重要组成部分，是进行人民防空工程建设的依据。人防基础设施规划目前最主要适用于人口稠密的城市地区，在乡村地区中较少涉及。

　　本章关键词：人防基础设施规划；地下空间

10.1　城乡人防基础设施规划的内容与原则

10.1.1　影响城乡人防基础设施规划的要素

1）城市的战略地位

　　编制人防基础设施总体规划的首要条件取决于该城市的战略地位。战略地位是由城市所处的地理区位和城市在未来反侵略战争中的作用、地形特征、政治、经济、交通等条件决定的。

　　城市是人防建设的载体。加强人防建设，能够在满足战时需要的同时，增强抗震抗损毁的能力，减轻各种灾害事故的破坏程度，是建设安全型城市的需要。汶川地震因房屋倒塌导致大量人员伤亡的惨剧，从建筑安全的角度说明了在城市建设中落实人防要求的必要性和紧迫性。

2）地形、工程地质和水文地质条件

城市的山丘地形可作为防御或掩蔽的自然屏障,其工程规划应以山丘为重点,尽量向山里发展。平地则可构筑一定数量的地道作为掩蔽、疏散或战斗机动之用。

工程地质与水文地质条件对于工事的结构型式、构筑方法、施工安全、工程造价等有较大影响,因此工事的位置应尽量选在地质条件较好的地点,避开断层、裂隙发育、风化严重、地下水位高及崩塌、滑坡、泥石流等不利地质地段。

此外,在确定人防基础设施规划位置、规模、走向、埋深、洞口位置时,还应考虑雨量、风向、温度、湿度等气候条件。

3）城市现状

城市现有地面建筑物情况、地下各种网管现状、地面交通、人口密度、行政管理区划等数据资料,是编制人防基础设施规划的主要依据。在我国,北京市已形成了一个以地铁为骨架,以地下商场、库房、停车场等为主体的平战结合人防基础设施规划体系。

10.1.2　城乡人防基础设施规划的内容

1）人防基础设施总体规划的主要内容

城市人防基础设施总体规划的期限要与城市总体规划一致,一般为 10 ~ 20 年,同时可以对城市人防基础设施远期规划发展的空间布局提出设想。确定城市人防基础设施总体规划具体期限,使其符合城市总体规划的要求。

（1）城市人防基础设施总体规划纲要

①根据城市的总体防护方案、人口疏散规划、城市建设人防基础设施规划的能力和人防基础设施规划的现状,制订人防基础设施规划建设的发展目标,并确定其控制规模。

②根据城市规模、结构、布局和人口分布等因素,确定人防的防护体系。防护体系大体上包括指挥层次和空间分布两方面。

③制定城市和各防护片区的人防基础设施建设规划,包括建设规模、类型、布局、进度等。

④制定平战结合的人防基础设施规划。

⑤制定现有人防基础设施加固改造和普通地下室临战加固规划。

⑥制定近期规划。

（2）市域城镇人防基础设施控制体系规划

①提出市域城镇人防基础设施规划统筹协调的发展战略,确定人防基础设施规划重点建设的城镇。

②确定人防基础设施规划发展目标和空间发展战略,明确各城镇人防基础设施规划发展目标和各类工程配套规模。

③提出重点城镇人防基础设施规划建设的原则和措施。

④提出实施规划的措施和有关建议。

（3）中心城区人防基础设施规划

①根据城市遭受空袭灾害背景判断和对城市威胁环境的分析，提出城市对空袭灾害的总体防护要求。

②分析人防基础设施规划建设现状，提出人防基础设施规划总体规模、防护系统构成及各类工程配套比例，确定人防基础设施规划总体布局原则和综合指标。

③确定总体规划期内人防基础设施规划目标和各类工程配套规模，提出工程配套达标率和城市居民人均占有人防基础设施面积、战时留城人员掩蔽率等控制指标。

④确定防空（战斗）区、片区内人防基础设施组成、规模、防护标准，提出各类工程配置方案。

⑤综合协调人防基础设施与城市建设相结合的空间分布，确定地下空间开发利用兼顾人民防空要求的原则和技术保障措施。

⑥提出早期人防基础设施加固、改造、开发利用和报废的要求和措施。

⑦编制近期人防基础设施建设规划，明确近期内实施人防基础设施总体规划的重点和建设时序，确定人防基础设施近期发展方向、规模、空间布局、重要人防基础设施选址安排和实施部署。

⑧确定人防基础设施空间发展时序，提出总体规划实施步骤、措施和政策建议。

2）人防基础设施详细规划的主要内容

详细规划在城市规划体系中，是以总体规划、分区规划为依据，以落实总体规划、分区规划意图为目的，以土地使用控制为重点，根据详细规划建设用地性质、使用强度和空间环境，规定各类用地适建情况，强化规划设计与管理结合，规划设计与开发衔接，将总体规划的宏观控制要求，转化为微观控制的转折性规划编制层次。

城市人防基础设施详细规划分为控制性详细规划和修建性详细规划两种。根据深化人防基础设施规划和实施管理的需要，一般应先编制控制性详细规划，并指导修建性详细规划的编制。

控制性详细规划应落实人防专项规划对本控制性详细规划单元的要求，包括防护区划、人防基础设施、人防疏散设施、人防警报设施和重点目标防护等规划内容，具体包括：

①根据人防专项规划确定的防护区、片，结合控制性详细规划单元用地布局、道路、河道及街道、社区界线划定防护小区。

②提出开发地块各类人防基础设施的控制要求，包括工程类别、建设规模、平时功能、连通要求等。

③落实人防疏散场所和疏散通道的空间布局，确定人防警报器的位置，对规划保留及新建重点目标提出防护要求。

3）乡村区域人防基础设施规划内容

根据《人民防空地下室设计规范（2023年版）》（GB 50038—2005）中的相关规定，防空地下室的位置、规模、战时及平时的用途，应根据城市的人防基础设施规划以及地面建筑规划，地上与地下综合考虑，统筹安排。而农村地区不属于战争中的打击目标，综合经济、政治、社会等多方面的因素考虑，在乡村区域建设防空设施的意义不大，且目前国家对乡村地区的人防没有做相关规定，因此，本书中暂不对乡村区域人防基础设施规划做详细描述。

近年来,随着乡村振兴的推进,乡村振兴战略的落实,农村人民防空宣传教育工作已是新时期人防建设的一项重要的基础性工作;尤其是东南沿海地区,人防工作已无城市、乡村之分。随着乡村的发展,我国部分规模较大的乡村地区可考虑规划和布置乡村人防基础设施。

10.1.3 城乡人防基础设施规划的原则

随着科技的进步,现代战争出现了以下特点:

①从战场区域来看,其"空禁区"的限制大为缩小,作战行动更富于突然性。

②现代武器破坏、杀伤作用增大,战争异常严酷。

③战场空间愈加立体化、多维化,无形战场的角逐更加激烈。

④战争的物资消耗巨大,后勤保障更加艰巨、困难。

⑤自动化指挥系统的出现,使现代战争指挥方式发生历史性的变革。

在现代高新技术条件下,战争具有新的时代特点,这决定了人民防空的特殊地位和重要作用。为了切实保护人民生命和财产安全,保障社会主义现代化建设的顺利进行,人防规划部门一定要在研究掌握现代高技术战争特点基础上,调整规划思路,加快人民防空工程建设。因此,在城市人防基础设施建设中,应遵循以下原则。

1)以防为主、统一规划原则

根据总体战略部署,在战时,某些城市将作为战略要地和交通枢纽,某些城市将成为支援前线的战略后方,某些城市将成为拖住敌方、消灭敌方的战场。因此,在制定人防基础设施总体规划时,要使这些城市的人防基础设施规划达到"三防""五能"的要求。这里的"三防",是指防核武器、防化学武器、防细菌武器,"五能"是指能打、能防、能机动、能生活、能生产。

人防基础设施必须全面规划。在一个大军区和省(区)范围内,应根据各重点城市所处的政治、经济和军事地位统筹考虑。对于一个城市而言,要根据该城市所处的备战地位、作战预案、城市建设总体规划和地形地物、水文与工程地质、水陆交通、人口密度、行政管理区划的现状等进行全面布局,把城市划分为若干个人防片区。对于每一个工程,要根据该城市和人防片区规划、工程点的地下水位、地质条件、工程点的用途等统一安排布局。

2)平战结合原则

由于平时防灾与战时防空在预警、应急反应、救灾物资储备及抢险救灾等方面有天然的相似性,人防基础设施规划建设应将战时防空与平时防灾相结合。有防卫任务的城市,要把人防基础设施规划纳入战区的防御体系,但也要与平时的生产、生活服务相结合。

3)打防结合原则

在人防基础设施总体规划中,应根据城市的战略地位,贯彻打防结合的原则。工程规划应与城市防卫统一考虑,使各片区既能独立防护,又能独立作战。

加强人防工事间的连通,使之更有利于战争时次生危害的防御,并便于平战结合和防御其他灾害。

4）城市建设与人防基础设施建设相结合原则

人防基础设施建设是城市建设的一部分，必须统筹规划。在新建、改建大型工业、交通项目和民用建筑时，应同时规划构筑人防工事。如修地下铁路时应与疏散机动干道相结合，新建楼房应考虑修一部分附建式防空地下室等。

5）协调发展的原则

人防基础设施协调发展主要是指各类人防基础设施面积应按适当比例进行建设，同时还要考虑物资储备工程、医疗工程和其他配套工程的建设，使各类工程建设保持适当比例，协调发展。

6）各防护片区人防基础设施规划自成体系的原则

自成体系是指每个防护片区都应有独立的指挥工程、医疗救护工程、人员掩蔽工程、防空专业队工程和配套工程。大型的单项人防基础设施中要划分防护单元，各防护单元自成体系，以提高单个工程的防空抗毁能力。城市划分防护片区时，应尽可能与城市的各行政区设置相一致，以利于各防护片区形成独立、完备的人防基础设施体系。

7）功能相适应原则

根据城市总体规划，在居住用地上以安排人员掩蔽工程建设为主，在工业用地内以布置防空专业队工程建设为主。

8）人口防护与重要目标防护并重原则

人口防护与重要目标防护是人防基础设施建设的两项基本任务。在进行人防基础设施规划布局时，应优先保证这两项基本任务的完成。人防基础设施规划的主要任务是战时保障人民生命财产安全，故人口防护是规划的重点。根据现代战争的特点，城市对国家和地区有着极重要的政治、经济意义，是战争潜力的集结地，有些城市还具有直接的军事战略价值，因此，城市在战时必定成为敌方的主要攻击目标。城市是国家的政治、经济、文化和军事中心，同样，一个国家的工业大部分在城市，以常规空袭武器打击一个城市的重点经济目标已成为空袭目标的重点，由此使得城市防护问题归结到重点目标的防护问题上来，因此在人防基础设施总体规划中，应体现人口防护与重要目标防护并重的原则。

10.1.4　城乡人防基础设施规划的规模

城市人防规划需要在确定人防基础设施规划的大致总量规模后，才能确定人防基础设施的布局。预测城市人防基础设施规划总量首先需要确定城市战时留守人口数。一般来说，战时留守人口占城市总人口的30%～40%，按人均1～1.5 m^2 的人防基础设施面积标准，则可推算出城市所需的人防基础设施面积。

在居住区规划中，按照有关标准，在成片居住区内应按总建筑面积的2%设置人防基础设施，或按地面建筑面积总投资的6%左右进行安排。居住区防空地下室战时用途应以掩蔽居民为主，规模较大的居住区的防空地下室项目应尽量配套齐全。

防空专业工程规模要求见表10-1。

表 10-1　防空专业工程规模要求

项　目		使用面积/m²	参考指标
医疗救护工程	中心医院	3 000 ~ 3 500	200 ~ 300 张病床
	急救医院	2 000 ~ 2 500	100 ~ 150 张病床
	救护站	1 000 ~ 1 300	10 ~ 30 张病床
连级专业队工程	救护	600 ~ 700	消防车 8 ~ 10 台
	消防	1 000 ~ 1 200	大车 8 ~ 10 台,小车 1 ~ 2 台
	防化	1 500 ~ 1 600	大车 15 ~ 18 台,小车 8 ~ 10 台
	运输	1 800 ~ 2 000	大车 25 ~ 30 台,小车 2 ~ 3 台
	通信	800 ~ 1 000	大车 6 ~ 7 台,小车 2 ~ 3 台
	治安	700 ~ 800	摩托车 20 ~ 30 台,小车 6 ~ 7 台
	抢险抢修	1 300 ~ 1 500	大车 5 ~ 6 台,施工机械 8 ~ 10 台

10.2　城乡人防基础设施规划

10.2.1　人防基础设施规划

目前,我国人防基础设施布局存在的主要问题包括:人防建设基本结合城市地面建筑进行,各类人防基础设施规划之间缺乏功能与形态上的联系;由于缺乏规划与城建部门的沟通,很多地区的人防基础设施建设和城市建设之间出现冲突,导致存在重复建设、资源浪费现象,以及城市人防基础设施与城市其他设施之间的关系不明确等问题。因此新时期的人防基础设施规划应依据以下原则:

①避开易遭到袭击的重要军事目标,如军事基地、机场、码头等。

②避开易燃易爆品生产储运单位和设施,控制距离应大于 50 m。

③避开有害液体和有毒气体储藏,距离应大于 100 m。

④人员掩蔽所距人员工作生活地点不宜大于 200 m。

⑤与城市总体规划、各专项规划相衔接原则。

同时,在布局时应注意人防基础设施分布的均匀性、独立性、完整性。应有重点地组成集团或群体,便于开发利用,易于连通,单建式与附建式结合,地上地下统一安排,合理利用人防基础设施,做到平战结合,经济实用。

10.2.2　人防基础设施分类及布局原则

1)指挥通信工程工事

指挥通信工程工事包括中心所和各专业队指挥所,要求有完善的通信联络系统和坚固的掩蔽工事。指挥通信工程工事布局原则如下所述。

①工程布局,应根据人民防空部署,从保障指挥、通信联络顺畅出发,综合比较,慎重选定,尽量避开火车站、飞机场、码头、电厂、广播电台等重要目标。

②工程应充分利用地形、地质等条件,提高工程防护能力,对于地下水位较高的城市,宜建掘开式工事并结合地面建筑修建防空地下室。

③市、区级工程宜建在政府所在地附近,便于临战时转入地下指挥,街道指挥所应结合小区建设布置。

2)医疗救护工事

医疗救护工事包括急救医院和救护站,负责战时医疗救护工作。

在进行医疗救护工事布局时,应从本城市所处的战略地位、预计敌人可能采取的袭击方式、城市人口构成和分布情况、人员掩蔽条件以及现有地面医疗设施及其发展情况等因素进行综合分析。具体规划时还应遵循以下原则:

①根据城市发展规划与地面新建医院相结合修建。

②救护站应在满足平时使用需要的前提下,尽量分散布置。

③急救医院、中心医院应避开战时敌人袭击的主要目标及容易发生次生灾害的地带。

④尽量设置在宽阔道路或广场等较开阔地带,以利于战时解决交通运输;主要出入口应不致被堵塞并设置明显标志,便于辨认。

⑤尽量选在地势高、通风良好及有害气体和污水不致聚集的地方。

⑥尽量靠近城市人防干道并使之连通。

⑦避开河流堤岸或水库下游以及在战时遭到破坏时可能被淹没的地带。

各级医疗设施的服务范围,在无更可靠资料作为依据时,可参考表10-2所示数据。

表10-2　各级医疗设施的服务范围

序号	设施类型	服务人口/人	备　注
1	救护站	0.5万~1万	按平时城市人口计
2	急救中心	3万~5万	按平时城市人口计
3	中心医院	约10万	按平时城市人口计

医疗设施的建筑形式应结合当地地形、工程地质和水文条件以及地面建筑布局等条件确定。

与新建地面医疗设施结合或在地面建筑密集区,宜采用附建式;平原空旷地带,地下水位低,地质条件有利时,可采用单建式或地道式;在丘陵和山区可采用坑道式。

3)停车场库工事

停车场库工事是为消防、抢修、救灾等各专业队提供掩蔽场所和物资的基地。在停车场库工事中,车库的布局应遵循以下原则:

①各种地下专用车库应根据人防基础设施总体规划,形成一个以各级指挥所直属地下车库为中心的、大体上均匀分布的地下车库网点,并尽可能使能通行车辆的疏散机动干道在地下互相连通起来。

②各级指挥所直属的地下车库应布置在指挥所附近并能从地下互相连通。有条件时,车

辆应能开到指挥所门前。

③各级地下专用车库应尽可能结合内容相同的现有车场或车队布置在其服务范围的中心位置,使各个方向上的行车距离大致相等。

④地下公共小客车车库宜充分利用城市的外用社会地下车库。

⑤地下公共载重车车库宜布置在城市边缘地区,特别应布置在通向其他省区市的主要公路的终点附近,同时应与市内公共交通联系起来并在地下或地上附设生活服务设施,战时则可作为所在区或片的防空专业队的专业车库。

⑥地下车库宜设置在出露在地面以上的建筑物,如加油站、出入口、风亭等,其位置应与周围建筑物和其他易燃、易爆设施保持必须的防火和防爆间距,具体要求见《车库建筑设计规范》(JGJ 100—2015)及有关防爆规定。

⑦地下车库应选择在水文、地质条件比较有利的位置,避开地下水位过高或地质构造特别复杂的地段。地下消防车库的位置应尽可能选择地下水源较充分的地段。

⑧地下车库的排风口位置应尽量避免对附近建筑物、广场、公园等造成污染。

⑨地下车库的位置宜临近比较宽阔的、不易被堵塞的道路并使出入口与道路直接相通,以保证战时车辆出入的方便。

4)后勤服务设施

后勤服务设施包括物资仓库、车库、电站、给水设备等,其功能主要为战时人防基础设施提供后勤保障。后勤服务设施中各类仓库应遵循以下布局原则:

①粮食库工程应避开重度破坏区的重要目标,结合地面粮库进行规划。

②石油库工程应结合地面石油库修建地下石油库。

③水库工程应结合自来水厂或其他城市平时用给水水库建造,在可能的情况下规划建设地下水池。

④燃油库工程应避开重点目标和重度破坏区。

⑤药品及医疗器械工程应结合地下医疗救护工程建造。

5)人员掩蔽工事

人员掩蔽工事由多个防护单元组成,形式多种多样,有各种单建或附建的地下室、坑道、隧道等,可以为平民和战斗人员提供掩蔽场所。人员掩蔽工事的布局原则如下:

①人员掩蔽工事的规划布局以市区为主,根据人防基础设施规划技术、人口密度、预警时间、合理的服务半径进行优化设置。

②结合城市建设情况修建人员掩蔽工事,在对地铁车站、区间站、地下商业街、共同沟等市政工程作适当的转换处理后,其皆可作为人员掩蔽工事。

③结合小区开发、高层建筑、重点目标及大型建筑修建防空地下室,作为人员掩蔽工事,人员就近掩蔽。

④应通过地下通道加强各掩体之间的联系。

⑤临时人员掩体可考虑使用地下连通道等设施;当遇常规武器袭击时,应充分利用各类非等级人防附建式地下空间和单建式地下建筑的深层。

⑥专业队掩体应结合各类专业车库和指挥通信设施布置。

⑦人员掩体应以就地分散掩蔽为原则,尽量避开敌方重要袭击点,布局适当均匀,避免过

度集中。

6）人防疏散通道

人防疏散通道包括地铁、公路隧道、人行地道、大型管道沟等，用于人员的掩蔽疏散和转移，负责各战斗人防片区之间的交通联系。人防疏散干道建设布局原则如下：

①结合城市地铁、市政隧道建设，建造疏散连通工程及连通管道，联网成片，形成以地铁为网络的城市有机战斗整体，提高城市防护机动性。

②结合城市小区建设，使小区与人防基础设施体系联网，并通过城市机动干道与城市整体连接。

10.3 人防基础设施的类型

10.3.1 按构筑方法分类

人防基础设施按其构筑方法分类，一般分为掘开式工事、防空地下室、坑道式工事和地道式工事4种类型（图10-1）。

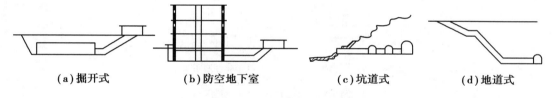

（a）掘开式 **（b）防空地下室** **（c）坑道式** **（d）地道式**

图10-1 按工程开挖方式划分的人防基础设施

1）掘开式工事

掘开式工事采取掘开方法施工，其上部无较坚固的自然防护层或地面建筑物的单建式工事。顶部只有一定厚度的覆土，称为掘开式工事（图10-2）。顶部构筑遮弹层的，称为双层掘开式工事。这类工事具有以下特点：

①受地质条件限制少。

②作业面积大，便于快速施工。

③地面土方量大，一般需要足够大的空地。

④自然防护能力较低，若抵抗力要求较高时，则需要耗费较多材料，造价较高。

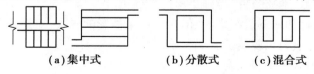

（a）集中式 **（b）分散式** **（c）混合式**

图10-2 掘开式工事示意图

2）防空地下室

按照防护要求，在高大或坚固的建筑物底部修建的地下室，称为防空地下室。一般防空地下室分级分类方式如下：

（1）抗力分级

人防基础设施的抗力级别主要用以反映人防基础设施能够抵御敌人空袭能力的强弱,其性质与地面建筑的抗震烈度类似,是一种国家设防能力的体现。对于核武器,抗力级别按其爆炸冲击波对地面超压的大小划分;对于常规武器,抗力级别按其爆炸的破坏效应划分,主要取决于装药量的大小。

《人民防空地下室设计规范(2018年版)》(GB 50038—2005)适用的抗力级别为:

防常规武器抗力级别:5级和6级(以下分别简称为常5级和常6级);

防核武器抗力级别:4级、4B级、5级、6级和6B级(以下分别简称为核4级、核4B级、核5级、核6级和核6B级)。

（2）防化分级

防化分级是以人防基础设施对化学武器的不同防护标准和防护要求划分的级别,防化级别反映了对生物武器和放射性沾染等相应武器(或杀伤破坏因素)的防护。防化级别是依据人防基础设施的使用功能确定的,与其抗力级别没有直接关系。

3）坑道式工事

坑道式工事是指利用高出地面的山地、丘陵、台地从自然地面或自然地面以上部位切口、掘进水平倾角小于50°的工程(图10-3)。该工事具有如下的特点:

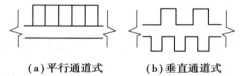

（a）平行通道式　　　　**（b）垂直通道式**

图10-3　坑道式工事示意图

①自然防护层厚,防护能力强。

②利用自然防护层,可减少人工被覆盖厚度,节省材料。

③便于自然排水和实现自然通风。

④施工、使用比较方便。

⑤受地形条件限制,作业面积小,不利于快速施工。

4）地道式工事

地道式工事是大部分主体地面低于最低出入口的暗挖工程,多建于平地。该类工事具有如下特点。

①能充分利用地形、地质条件,增强工事防护能力。

②不受地面建筑物和地下管线影响,但受地质条件影响较大,对地质条件要求较高。

③防水、排水和自然通风较坑道式工事困难。

④坡度受限制,不利于平战结合。

10.3.2　按战时使用功能分类

根据战时不同的功能要求,人防基础设施划分为指挥工程、人员掩蔽和疏散干道工程、医疗救护和物资储备工程、防空专业队掩蔽所工程和配套工程5类。

1）指挥工程

指挥工程是指各级人防指挥所，包括指挥所、通信站、广播站等工程，如图 10-4 所示。人民防空指挥工程是人民防空指挥机构在战时实施安全、稳定、有效指挥的重要场所，在人民防空工程中居于核心位置。它不仅要求有较高的抗常规武器直接打击和抗核武器效应的能力，还要求采取防生化武器、防震和减震措施。为保证指挥活动的顺利进行，工程内部除必须配齐生活设施外，还需要配备人民防空指挥自动化系统。

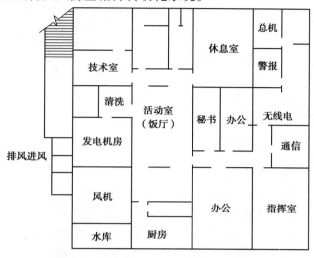

图 10-4　指挥工程——某指挥所

指挥所定员一般为 30～50 人，大城市可增加到 100 人，人均面积 2～3 m²。抗力等级：全国重点城市和中央直辖市的区一级指挥所一般为四级，特别重要的才能定为三级。

指挥所内各功能的关系图，如图 10-5 所示。

图 10-5　指挥所内各功能的关系图

2）人员掩蔽和疏散干道工程

人员掩蔽和疏散干道工程，是解决城市公共场所和人口密集地区人员掩蔽疏散的公共防护设施，对确保战时人民生命安全极为重要。公用的人员掩蔽工程建设，要符合城市人口分布情况和就地就近掩蔽的要求，通常划区分片进行，并结合改造、利用城市地下空间（如城市地下交通干线、地下公共设施和地下建筑等），达到建设标准。疏散干道工程要求经过城市人口稠密区域，市一级应设置疏散干道工程，区一级应设置支干道工程。重要人民防空工程、居民区人员掩蔽工程应通过支干道工程彼此相连，干道工程则连通不同区域的人民防空工程群，如图 10-6 所示。该项工程建设由人民防空主管部门负责，经费主要通过地方各级财政预算、中央预算补助和人民防空主管部门筹措等多渠道解决。

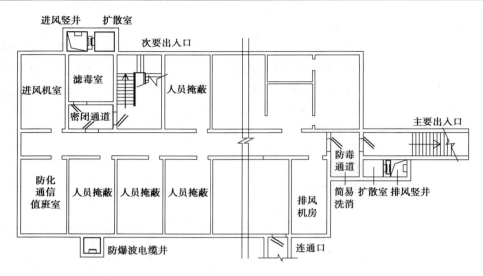

图 10-6　人员掩蔽工程——某人员掩蔽工程

3）医疗救护和物资储备工程

医疗救护和物资储备专用工程，是指地下医院、救护站（所），以及各类为战时储备物资的仓库、车库，人民防空专业队伍集结掩蔽部等。它是保障战时各级人民政府统一组织医疗救护、物资供应、集结人民防空专业队伍的专用工程。这一工程建设对于战时减轻空袭后果，减少空袭所造成的损失，意义十分重大。医疗救护和物资储备工程防护要求高，建设项目多，涉及的单位和部门也较多，组织协调较为复杂，可结合地下建筑物的建设进行，并根据地下建筑物的不同情况和战时防空袭斗争的需要，预留加固技术措施，以便临战阶段加以改造、加固。该项建设由县级以上人民政府所属的公安、城建、电力、化工、交通、邮电、商业、卫生、医药、环保、民航等部门负责。如图 10-7 所示为某人防医院，按照医疗分级和任务的不同，医疗救护工程可分为中心医院、急救医院和救护站。抗力等级一般为 5 级，个别重要的可为 4 级。面积按伤员和医务人员数量，每人 4~5 m² 计算。

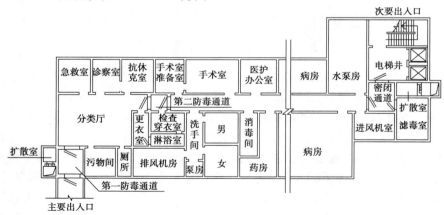

图 10-7　医疗救护工程——某人防医院

4）防空专业队掩蔽所工程

保障防空专业队掩蔽和执行某些勤务的人防基础设施，一般称为**防空专业队掩蔽所工**

程。一个完整的防空专业队掩蔽所一般包括专业队队员掩蔽部(图10-8)和专业队装备(车辆)掩蔽部(图10-9)两个部分。

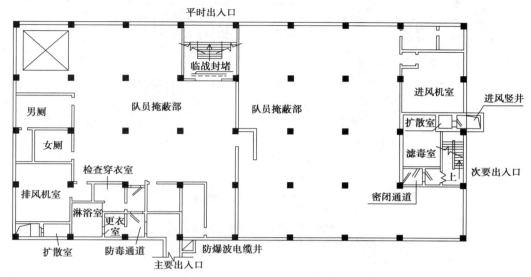

图 10-8 防空专业队工程——某专业队队员掩蔽部

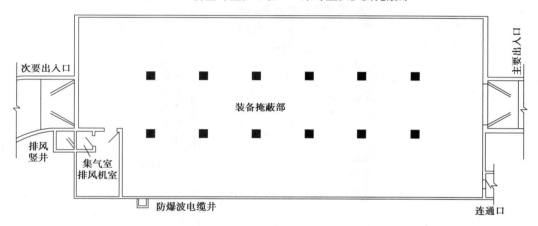

图 10-9 防空专业队工程——某专业队装备(车辆)掩蔽部

防空专业队是按专业组成担负防空勤务的组织,人防专业队依据城市人口按规定比例组建,应建有抢险抢修、防化防疫、医疗救护、通信、运输、消防、治安等7支队伍。人防专业队平时应积极参加社会经济建设和突发事故的抢险救灾,战时是消除空袭后果的骨干力量,负责对空袭目标的抢救抢修、保障城市生产生活秩序稳定和城市功能的正常运转,积极配合支援城市防卫及防空作战等。

5)配套工程

配套工程指除上述4种类型以外的其他各类保障性人防基础设施。主要包括人防汽车库(图10-10)区域变电站(图10-11)、区域供水站、核生化检测中心、物资库(图10-12)、警报站、食品站、生产车间和人防通道工程等,抗力等级一般为五级,其面积根据留守人员和防卫计划预定的储粮、储水及其物资数量计算面积。人防通道指主干道、支干道、连通道等。

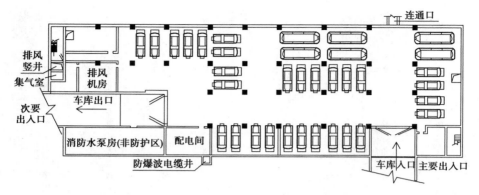

图 10-10　配套工程——某人防汽车库

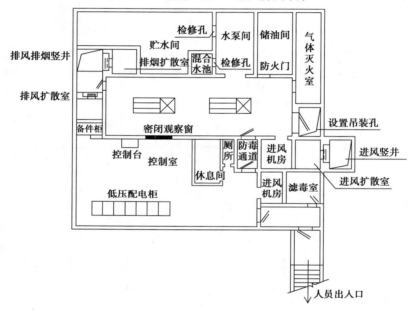

图 10-11　配套工程——某区域变电站

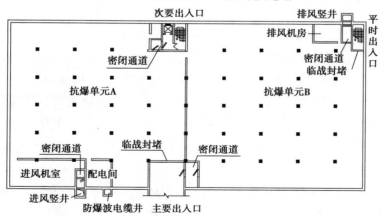

图 10-12　配套工程——某物资库

10.3.3　按照是否防核武器划分

　　虽然未来爆发核大战的可能性已经很小,但核威胁依然存在。因此,在我国的一些城市和城市中的一些地区,人防基础设施建设仍需考虑防御核武器。但是由于我国地域辽阔,城市(地区)之间战略地位差异悬殊,威胁环境十分不同,因此,按照是否考虑防核把人防基础设施划分甲、乙两类。

　　甲类人防基础设施战时需防核武器、常规武器、生化武器;乙类人防基础设施不考虑防核武器,只考虑防常规武器和生化武器。

10.4　人防基础设施规划设计

10.4.1　人防基础设施规划与地下空间

1)人防基础设施规划与地下空间的建设方向

　　人防基础设施规划是城市地下工程的有机组成部分,城市地下空间的整体开发利用是人防基础设施建设的发展背景和基础。随着地下空间开发利用规模和用途的日益扩大,城市地下空间开发利用将不再是满足某一单项功能,而是立足于城市的整体建设与功能要求,是满足交通、商业、供给、环境、战时防空及平时防灾救灾等多项城市功能的大型综合体。因此,地下空间开发利用在技术上的复杂性将会越来越大,必须通过地下空间总体规划来保证城市上下部及各种地下空间设施之间的协同发展,地下空间整体开发利用与人防基础设施建设相结合已经成为人防基础设施建设规划的一个基本立足点。因此,基于地下空间进行人防基础设施规划与建设,已成为城市人防基础设施建设规划的基本出发点。在城市总体规划的框架下,协调人防基础设施与各类地下空间设施的空间关系、建设时序等,应在宏观上与城市的发展战略目标保持一致,在技术上使地下空间与地面空间协调发展,既可以抓住城市化进程中地下空间开发利用的大好机会,又可以快速增加人防基础设施建设数量,改善人防基础设施规划建设质量。同时,通过对地下空间的整体开发利用,既可拓展城市发展空间,又可促进城市各类功能的协同发展。

2)人防基础设施规划与地下空间的结合建设

　　人防基础设施规划与地下空间的结合建设是指在统筹兼顾、紧密结合、互为补充、共同发展的原则下进行人防基础设施的建设与地下空间的开发利用,这样既可满足地下空间平时开发利用,又可兼顾人防基础设施的需要,它是当前人防基础设施建设的主导形式。

　　根据城市功能布局和人防建设要求,一般城市广场、绿地系统、综合管廊、地下通道等场所是人防基础设施与地下空间开发相结合的主要分布区域。在通常情况下,城市内部的广场绿化规模比较大,而且更新周期短,改造费用低,其地下空间为人防基础设施的建设提供了较大的发展余地,是人防基础设施建设发展的一个主要方向。综合管廊是新建城区地下管线敷设方式的发展方向,将成为地下空间开发利用的重要组成部分之一。因此,无论综合管廊的建设是在本规划的规划期内还是在规划期外,我们必须坚持一个原则,即有条件兼顾人防基础设施的综合管廊,在设计时应综合考虑人防防护措施,应征求人防以及其他管理部门的意见和建议,逐步走向城市地下空间的一体化、合理化、综合化、系统化,使综合管廊的设计、建设和管理等能够有机地结合在一起。城市地下通道包括地下过街通道、下穿道路、过河隧道等,这也是城市地下空间利用的一种常见形式。

此外,还需要加强人防基础设施规划的布局。城市中心、居住区中心是规划相契合的重点,对于城市中心、居住区中心和机场、码头、车站等城市政治、经济、文化活动中心,对外交通枢纽和人群相对较为集中地区的开发建设,一定要坚持地上、地下综合规划,统一施工,必须考虑防空、防灾的地下人员掩护空间,避免自然灾害和空中袭击所造成的大量人员伤亡。在规划建设城市生命线工程时,如地下水库、地下输配电站、地铁工程、主干输水管道等,应保证它们有足够的防灾抗震、防空抗毁等防护能力,从而提高城市综合抗御灾害能力。

10.4.2 人防基础设施规划平战功能转化设计

人防基础设施规划的平战结合应从两个方面理解和分析:一方面是以人防战备要求为依据提出的各类人防基础设施的平战两用问题;另一方面是以城市开发建设为目的提出并修建的各类大型地下民用设施。前者以各类防空地下室为主,后者以地下综合体、地铁、地下街等大型城市设施为主。

1)人防基础设施规划的平战转化类型

(1)指挥通信工程的平战结合

指挥通信工程的平战结合措施如图10-13所示。

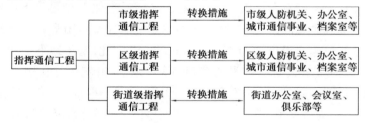

图10-13 指挥通信工程的平战结合措施

(2)人员掩蔽工程的平战结合

人员掩蔽工程的平战结合措施如图10-14所示。

(3)医疗救护工程的平战结合

医疗救护工程的平战结合措施如图10-15所示。

(4)人防专业队伍车库工程的平战结合(防空专业队工程)

人防专业队伍车库工程的平战结合措施如图10-16所示。

(5)后勤保障工程的平战结合(防空专业队工程)

后勤保障工程的平战结合措施如图10-17所示。

(6)人防通道工程的平战结合(配套工程)

人防通道工程的平战结合措施如图10-18所示。

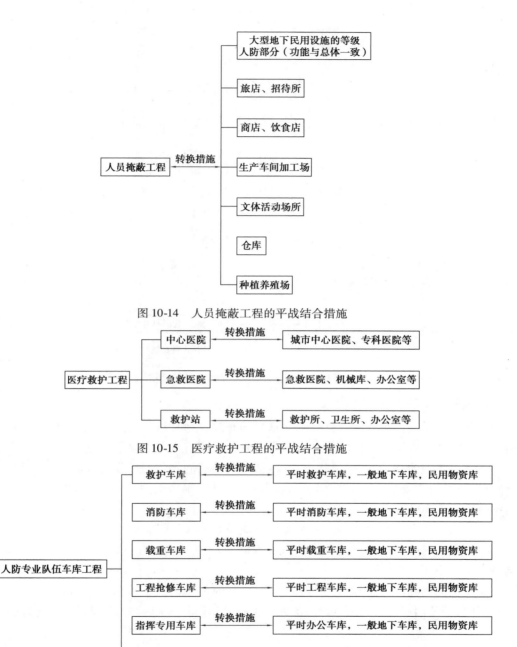

图 10-14　人员掩蔽工程的平战结合措施

图 10-15　医疗救护工程的平战结合措施

图 10-16　人防专业队伍车库工程的平战结合措施

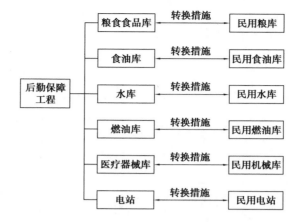

图 10-17   后勤保障工程的平战结合措施

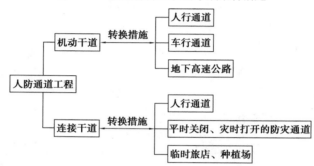

图 10-18   人防通道工程的平战结合措施

2）人防建筑的平战转化要点

人防建筑平时内部环境设计一般包括平面布局、空间设计、建筑结构与装修，以及空气环境等。战时面临内部环境的转换，因此，设计施工时应着重考虑以下几点：

①平时承担公共教育、应急指挥、社区活动等功能的人防基础设施，其内部房间宜采用大开间设计；平时主要出入口宜采用无门槛人防门，其门洞净宽不应小于 1.20 m，通道、楼梯净宽不宜小于 1.50 m。

②平时经常有人员活动的人防基础设施应设置采暖、通风、给水、排水设施。

③结合平时自行车库修建的人防基础设施，自行车坡道出入口宜采用无门槛人防门，门洞净宽不应小于 1.20 m。

④现浇的钢筋混凝土和混凝土结构、构件；战时使用的及平战两用的出入口、连通口的防护密闭门、密闭门；战时使用的及平战两用的通风口防护设施；在工程施工、安装时必须一次性完成。

【典型例题】

1.根据人民防空通信、警报建设规划，需设置通信、警报点的建筑物，应在其顶层无偿预留（   ）m² 人民防空通信、警报工作间，并预留线路管孔、电源。

A. 15　　　　　　　B. 20　　　　　　　C. 5　　　　　　　D. 10

答案：D

2.对阻挠安装人民防空通信、警报设施的人员,经教育拒不改正应承担什么法律责任?

答案:由县级以上人民政府人民防空主管部门对当事人给予警告,并责令限期改正违法行为,可以对个人并处五千元以下的罚款、对单位并处1万元至5万元的罚款;造成损失的,应当依法赔偿损失。

【案例分析】

某市人防执法人员于2017年5月接到市民投诉称:某开工建设酒店公寓未修建人防地下室。当地执法人员及时赶到案发地进行执法检查,发现该建筑地上有十五层,建筑面积29 300 m²,负一层用于停车库,建筑面积3 523 m²,工程正在进行地下室剪力墙钢筋绑扎。经核查施工图文件及报建资料,该地下车库施工图文件未按照相关人防基础设施建设规范要求设计,在开工建设前未依法向人防主管单位进行人防基础设施规划建设审核。该项目地下停车库修建的是普通地下室,不是战时用于国家规定的防空地下室,根据《中华人民共和国人民防空法》第二十二条:"城市新建民用建筑,按照国家有关规定修建战时可用于防空的地下室。"因此,该建设单位涉嫌违法。

案例解析:原告不了解人防基础设施建设程序及有关人防法律法规,因此未修建人防地下室。根据《中华人民共和国人民防空法》第四十八条、人防基础设施修建标准和该市行政处罚量化标准,城市新建民用建筑,违反国家有关规定不修建战时可用于防空的地下室的,由县级以上人民政府人民防空主管部门对当事人给予警告,并责令限期修建,可以并处十万元以下的罚款。其应建未建人防基础设施面积在1 000平方米(含)以上的,给予警告,责令限期修建,并处八万至十万元罚款。经核算,该工程应建人防建筑面积大于1 000平方米,执法人员立即向该建设单位负责人下达"行政处罚告知单":责令建设单位履行完成人防基础设施规划建设程序,依据现行人防基础设施规划技术规范对地下停车库进行防护改造,并处以十万元人民币罚款。

【知识归纳】

1.城市人防基础设施规划的内容与原则。

2.人防基础设施的规划。

3.人防基础设施的类型与设计。

【思考题】

1.简述城市人防基础设施总体规划纲要的内容。

2.人防基础设施规划的规模如何确定?

3.城市人防基础设施包括哪些?

4.简述指挥工程内部的功能关系。

5.简述防空地下室的分类。

6.简述平战转换的要求。

11

城乡管线基础设施综合系统规划

导入语：

　　为城市人民生活和工农业生产所建的各项公共设施包含大量的管线基础设施，少部分为架空线路，大部分为地下埋设管线。一般情况下，管线沿道路敷设，管线与道路之间、管线与管线之间均存在并列、交叉等不同关系。在城市建设中，对城市管线基础设施进行综合、合理地规划，是具有重要意义的。故应对城乡管线基础设施进行综合布置，合理划分地面、地下空间，减少相互之间干扰。

　　本章关键词：管线工程布置；管线工程编制；综合管廊

　　随着经济的快速发展和城市化的加速，人口不断往城市集中。城市对水、电、电信等需求增加，城市管线也随之不断新增扩容，造成道路被不断重复开挖修补。为了改变这种局面，一种新的地下构筑物——共同沟开始出现在市政行业。共同沟也称地下综合管廊，是将两种及以上的管线集中布置在其中，构成了以共同沟为平台的市政管线敷设系统。和传统直埋相比，共同沟有以下优点：沟建成后，可以避免道路的反复开挖，从而节省建设资金；在补充、更新、扩容管线时不影响交通畅通，而且有利于延长路面使用寿命；根据远期规划设计建成的共同沟，能充分利用地下空间资源，为城乡发展预留空间；可满足管线远期发展，使管线建设资金分期投入；方便管线的维修、保养和管理，提高城市基础设施的安全性，保证城乡的安全；可改善城乡景观，增加绿化空间，改善市容，提高城乡环境质量，从而改善投资环境。

11.1 城乡管线基础设施分类与综合

11.1.1 城乡管线基础设施分类

1）按性能和用途分类

①铁路：包括铁路线路、专用线、铁路站场及桥涵,地下铁道及站场等。

②道路：包括城市道路、公路、桥涵、涵洞等。

③给水管道：包括生活给水、工业给水、消防给水等管道。

④排水沟管：包括工业污水（废水）、生活污水、雨水等排水管道。

⑤电力线路：包括高、中、低压输电线路、照明用电、电车用电等线路。

⑥电信线路：包括电话、电报、广播、电信综合服务等线路。

⑦热力管道：包括蒸汽热水等管道。

⑧城乡垃圾输送管道。

⑨可燃或助燃气体管道：包括煤气、乙炔、氧气等管道。

⑩液体燃料管道：包括石油、酒精等管道。

⑪空气管道：包括新鲜空气、压缩空气管道等。

⑫灰渣管道：包括排泥、排灰、排渣、排尾矿等管道。

⑬地下建筑线路：包括防空洞、地下商场、仓库等线路。

⑭工业生产专用管道。

其中①—⑨类为城乡常见的管线。

2）按敷设形式分类

除铁路、道路和明沟外,根据敷设形式城乡管线可分为以下两大类：

①架空架设线路：如电力、电信、道路照明等线路。

②地下埋设线路：如给水、排水、燃气、热力、电信等线路。

根据具体情况和城市的要求,电力及照明线路也可以采用地下敷设。各种工业管道则根据工艺生产要求和厂区具体情况进行敷设。

3）按管线覆土深度分类

一般以管线覆土深度 1.5 m 作为划分深埋和浅埋的分界线。在北方寒冷地区,由于冰冻线较深,给水、排水,以及含有水分的湿煤气管道需深埋敷设。热力管道、电力、电信线路不受冰冻的影响,可以采用浅埋敷设(但必须满足地面负载的要求)。在南方地区,不存在冰冻线或者冰冻线很浅,给水等管道也可以浅埋;而排水管道有一定的坡度要求,排水管往往处于深埋状况。

4）按输送方式分类

各种输送管道根据管道承压情况城乡管线可分为：

①压力管道：如给水、燃气、热力等管道。

②重力流管道：除个别情况加压输送外,一般排水管道均采用重力流方式。

11.1.2 城乡管线基础设施综合及其意义

城乡管线基础设施综合,就是搜集城乡规划地区范围内各项管线工程的规划设计资料(包括现状资料)进行分析研究,统一安排、协调各种管线基础设施在规划设计上的矛盾,以便在城乡用地上合理安排各种管线的位置,以指导各单项管线基础设施的设计;同时,也为管线工程的施工和城乡建设的管理创造条件。概括起来,进行城乡管线综合具有以下意义:

①城乡管线基础设施综合,是配合城乡总体规划有设计、有步骤地实现其规划设计的重要内容之一,是城乡总体规划的组成部分。城乡公用设施各单项工程的规划是依据城乡总体规划制定的;而各单项工程中的管线工程,如城乡供水与排水、高压输电线路等,其本身就与总体规划直接有关。各管线与城乡道路之间,管线与管线之间也关系密切。因此,进行城乡管线综合,是城乡规划设计中必不可少的一部分。

②进行管线基础设施综合对指导单项工程设计来说是不可缺少的。城乡管线种类较多,其性质与用途也各不相同,且多沿道路敷设;各管线与城乡建筑与道路之间,各管线之间必然产生很多矛盾,这些矛盾包括管线与建筑、管线与道路、管线与管线的位置互相冲突、管线的衔接、局部与整体等。只有经过管线综合的工作,才能解决这些矛盾,最终使各管线在平面上和立面上占有合适的位置,同时还要考虑各种管线的现状情况。由于各单项工程不可能都是由一个单位设计来进行管线综合,因此,必须要协调并解决各种管线工程设计中的矛盾,否则设计工作将无法进行下去。

③进行城乡管线综合有利于施工的顺利进行。进行管线综合,可以解决各管线之间的矛盾,从而使各管线工程满足工程总体规划的要求。

④进行管线基础设施综合,可取得城乡各种管线的有关资料,为合理进行管线管理、城乡的扩建与改建提供了条件。

综上所述,进行城乡管线工程综合是城乡规划的一项重要工作,也是一件细致、烦琐的工作,应根据城乡总体规划的要求,从整体出发,同时照顾局部的要求,加强城乡管线基础设施的系统规划,及时进行综合,使有关单位全面了解各种管线的情况,加强城乡规划部门与各设计单位的联系,协调设计工作中的矛盾。在各设计单位交付图纸之前,就应对其所承担的设计进行核查和检查,以便及时发现和解决矛盾,避免可能产生的问题。

日本东京新宿综合管沟布置形式如图 11-1 所示。

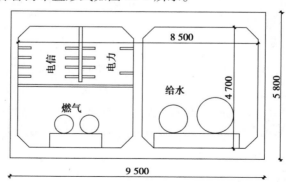

图 11-1　日本东京新宿综合管沟布置形式(单位:mm)

11.2 管线设施综合的工作阶段与综合布置的原则

11.2.1 管线基础设施综合工作阶段的划分

各种管线基础设施从开始规划到设计建成是一个逐步的过程,与此相应,管线工程的综合工作,在每一阶段也有不同的内容与要求,一般可分为以下3个工作阶段:

(1)规划综合

就成熟的总体规划而言,管线规划综合是其组成部分之一,它以各单项管线工程的规划资料为依据,进行总体布置并编制综合示意图。规划综合主要是解决各单项工程管线在系统布置上存在的问题,从而确定各种管线主干线的走向,而对管线的具体位置,除有条件的,以及必须定出的个别控制点外,一般暂不予肯定,因为在各单项工程的下阶段设计中,管线位置必然会有若干变动和调整。经过规划综合,可以对各单项工程的管线工程规划提出修改建议,从而解决各管线工程间的矛盾,从而为各单项工程的下阶段设计提供条件。

(2)初步设计综合

在各项管线基础设施初步设计的基础上,可以进行管线基础设施的初步设计综合,这属于城乡规划的阶段。在初步设计综合阶段除要确定各种管线的具体位置外,还要确定各控制点标高,并将其综合在规划图上,从而检查各管线在平面和立体上是否存在矛盾。经过初步设计综合,可对各单项管线基础设施的初步设计提出修改意见,从而为各单项管线工程的施工设计提供条件。

当综合的某单项管线基础设施设计已超越了初设阶段,则应引用该单项工程最近设计阶段的资料来进行综合。显然,初步设计综合只能在大多数管线基础设施或主要管线基础设施的初步设计基础上进行,参与综合的管线基础设施项目越多,则综合工作越完善。

(3)施工详图的检查

管线基础设施经初步设计综合,一般的矛盾和问题已经解决,但在施工设计中,由于设计的进一步深入,或客观情况的变化,可能会出现新的问题,可能会对原来的初步设计进行修改。因此,在各单项管线工程施工详图完成后应进行检查核对,以便进一步解决新出现的问题,最后确定的管线工程综合资料也将为今后的扩建、改建、管理提供条件。

在完成施工详图后,往往进入施工阶段,因而核对和检查工作通常只能个别进行。在单项基础设施施工前,须先向城乡建设管理部门申请批准。核对和检查施工详图的工作,一般划入城乡建设管理工作的范围之内。

综上所述,虽然管线基础设施综合各阶段的工作任务和内容不同,但彼此是相互关联的,前阶段为后阶段提供了条件,后阶段则对前阶段的工作进行补充、修改。

应该注意的是,城市和乡村有大、有小,有新建、扩建和改建,有复杂、有简单,各项管线基础设施任务也会有轻重缓急之分。因此,必须根据具体情况来确定管线工程综合的工作阶段,在大城市,由于管线复杂,可按明确的工作阶段来进行综合,有时也可分区进行。对于建设任务紧迫的城市和乡村,两个阶段的工作可能需要同时并行。而对于小城市和乡村,当管线简单时,则可将综合工作一次性完成。但无论综合阶段怎样划分,都应保证综合工作的及时进行,以避免在进行综合之前就进行了管线施工,一旦造成不合理的状况,不仅会造成返工浪费,还会影响建设速度,对今后的管理维修也不利。

11.2.2 管线设施综合布置的原则

1) 在进行管线设施综合布置时应遵循的原则

①厂界、道路、各种管线等的平面和立面位置,都应采用统一的坐标系统和标高系统。这样可以避免发生混乱和互不衔接,否则,应将各坐标系统和标高系统加以换算,取得统一。对于工厂,其厂区内可自成系统,以使厂界和与厂外管线相接的出口与外界采用统一的坐标系统和标高系统。

②充分利用现有管线。在满足需要的前提下应充分发挥现有管线潜力,这样可以节省建设资金,只有当原有管线不符合生产发展的要求和不满足居民生活的需要时,才考虑废弃和拆迁它们。

③对于基建施工所需临时管线,在可能时,也应与永久性管线结合考虑,使其成为永久性管线的一部分。

④安排管线位置时,应考虑到今后的发展变化情况,对有可能发展的管线,应留出余地,但应注意尽量节约建设用地。

⑤城市管线布置要与人防战备设施紧密配合。

⑥在不妨碍今后运行、检修和合理占用土地的情况下,应尽量使管线路径短捷,减少管线长度,节省资金。但应注意避免随意穿越、切割可能作为工业企业或居住区的扩建备用地,并避免因凌乱而造成今后管理和维修的不便。

⑦在居住区里布置管线时,首先应考虑将管线布置在街坊道路下,其次为次干道下,尽可能避免将管线布置在交通频繁的主干道的车行道下,以免施工或检修时开挖路面影响交通。

⑧埋设在地下的管线,一般应和道路中心(或建筑线)平行。同一管线不宜自道路一侧转到另一侧,以免多占用地和增加管线交叉的可能性。

⑨靠近设施的管线,最好与厂边平行布置,以便于施工和以后的管理。

⑩管线在道路横断面中的安置,首先应考虑布置在人行道下与非机动车道下,其次才考虑将修理次数较少的管线布置在机动车道下。

⑪各种地下管线从建筑线向道路中心方向平行布置的次序,要根据管线的性质,埋设深度等来决定。可燃、易燃和易损坏的,对房屋基础、地下室有危害的管道,应该离建筑物远一些;埋设深的管道距建筑物也应较远。一般的布置次序如下:

a. 电力电缆。

b. 电信管道或电信电缆。

c. 空气管道。

d. 氧气管道。

e. 燃气或乙炔管道。

f. 热力管道。

g. 给水管道。

h. 雨水管道。

i. 排水管道。

⑫编制管线基础设施综合时,应使道路交叉口中管线交叉点越少越好,这样可减少交叉管线在标高上发生的矛盾。

⑬管线敷设发生冲突时,要按具体情况来解决,一般是:

a.未建管线让已建管线。

b.临时管线让永久管线。

c.小管道让大管道。

d.压力管道让重力自流管道。

e.可弯曲管道让不易弯曲的管道。

⑭沿铁路安设的管线,应尽量和铁路线平行,与铁路交叉时,尽可能成直角交叉。

⑮可燃、易燃的管道,通常不允许在交通桥梁上跨越河流。在交通桥梁上敷设其他管线,应根据桥梁的性质、结构强度,并在符合有关部门规定的情况下加以考虑。管线跨越通航河流时,不论架空还是在河下敷设,均应需符合航运部门的规定。

⑯电信线路与供电线路通常不合杆架设。通常情况下,可征得有关部门同意,采取管线合杆,如高低压供电线等。高压输电线路与电信线路平行架设时,要考虑干扰的影响。

⑰综合布置管线时,管线之间或管线与建筑物、构筑物之间的水平距离,除要满足技术、卫生、安全等要求外,还需符合国防上的规定。

法国巴黎综合管沟布置形式如图 11-2 所示。

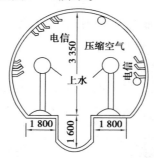

图 11-2　法国巴黎综合管沟布置形式(单位:mm)

11.3　综合管线设施的编制

城乡各种管线,无论是埋在地下的,还是架空的,部分会沿道路敷设,因此,管线工程必然与道路发生密切的关系。管线工程的综合应在城市总体规划的基础上进行。

11.3.1　综合管线设施规划的编制

管线设施规划综合的内容包括管线设施综合规划平面示意图、管线设施综合规划图、道路标准横断面图,以及相应的简要说明书等。

1)管线设施综合规划平面示意图

管线设施综合规划平面示意图的图纸比例尺应与城市总体规划图的比例尺相同,一般在1:5 000 ~ 1:10 000。图纸应包含以下基本内容:

①自然地形：主要的地物、地貌以及表明地势的等高线。

②现状：现有建筑物、工厂、铁路、道路、各种管线以及它们的主要设备和构筑物［铁路站场、水厂、污水厂、泵房、变(配)电所、燃气调压站、防洪构筑物等］。

③规划的建筑、工厂、道路、铁路等。

④各种规划的管线布置和它们的主要设备及构筑物。

⑤标明道路横断面所在的地段。

2)管线设施综合规划图编制步骤

①在描图纸上将规划城市的地形(包括坐标方格网)描绘下来。坐标网力求准确，否则会影响综合规划的准确性。

②将现有的和规划建筑物、工厂、道路网按坐标绘在图上，并根据道路的宽度画出建筑线。道路中心线交叉点的坐标则根据道路网规划确定。

③根据现状资料，将各种现有管线绘入图中。以上内容均为肯定的，因此，可以用墨线描绘。

④在以上工作的基础上逐一用铅笔将规划和设计的各种管线绘入图中。在绘制过程中，必然会产生管线在平面布置上的矛盾。因此，往往是一边绘制、一边调整。同时，在绘制中也涉及道路的横断面，应避免管线过多集中在少数几条道路上，这就需要改变管线的平面布置，或者改变道路各组成部分在横断面中原有的排列情况。

在经过上述反复调整，将各种管线综合安排妥当后，就可将各种管线用墨线描绘，并标注必要的数据和简要说明。

3)道路标准横断面图的图纸比例

道路标准横断面图的图纸比例通常采用1:200。图纸应包含以下内容：

①道路的各组成部分及相应的尺寸，如机动车道、非机动车道、人行道、分车道、绿化带等。

②现状和规划设计的管线在道路横面上的位置，并注明各种管线与建筑线之间的距离。管线位置应根据前述管网布置原则及有关管线间的水平与垂直间距规范确定，并与综合规划平面示意图相吻合。对今后可能规划新建的管线也应留出位置。

在进行道路横断面的管线布置时，还应避免树冠与架空线路之间的干扰，以及树根与地下管线之间的矛盾。

一般道路横断面图与管线综合规划平面图的绘制应并行进行，以便进行调整修正。

考虑到在居住区里的每条街道上几乎都有架空的电力、电信线路，为避免图面过于复杂，一般不将其绘入综合规划平面图，但应在道路横断面图中确定出图面与建筑物的距离，以控制其平面位置。

工业区中的高压输电线路，不一定沿道路架设，一般应将其绘入综合规划平面图中。

4)管线设施综合规划说明书

管线设施综合说明书的内容包括所综合的管线、引用的资料和其准确程度、对规划设计管线进行综合安排的原则和依据、提出各单项工程进行下阶段设计应注意的问题等。

整个的管线综合规划可以在各单项工程规划的基础上，由城乡建设规划部门根据各单项工程的规划文件和图纸资料进行综合，在综合过程中举行必要的联席会议，召集有关单位就主要问题进行研究、协调,以解决各管线综合安排时出现的矛盾,并绘出综合草图,经统一后定案。在有条件时,也可组织有关单位共同进行规划综合,这样既可迅速解决问题,也可加快规划综合的进程,并使综合更为合理。

11.3.2 综合管线设施设计的编制

综合管线设施设计的内容包括编制设计综合平面图、管线交叉点标高图和修正管道标准横断面图以及相应的说明书。

1)设计综合平面图

图纸比例一般采用1:5 000。设计综合平面图的基本内容是规划综合平面图,但在内容深度上则更为具体,例如应确定管线在平面上的具体位置,对管线在道路中的交叉点、转折点、坡度变化点、管线的起点以及在工厂四周的转角和进出口应标注出坐标数据,或者用管线距工厂厂边或建筑物的距离尺寸来确定位置。

2)管线交叉点标高图

管线交叉点标高图可用来检查和控制交叉管线在立面上的位置。图纸比例的大小及管线的布置,一般与综合平面图相同,可在综合平面图上复制,但不必描绘地形和标注坐标。为了便于查对,应在每个道路的交叉口编上号码。在交叉点上应标注各种管线的地面标高,管底标高和净距离,如图11-3所示。

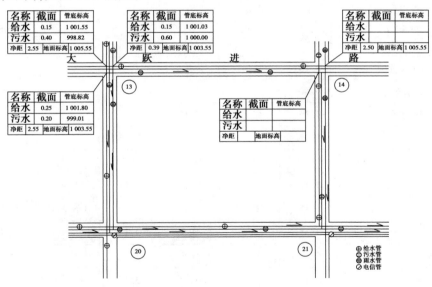

图 11-3　管线交叉点标高图

管线交叉点标高的表示概括起来有以下3种方法。

(1)垂距简表表示法

如图11-3所示,在每个管线交叉点画一垂距简表,将地面标高、管径、管底标高、以及管线交叉处的垂直净距等填入表中。当管间发生矛盾时,可在表下注明,待解决后再填入表11-1中。

表 11-1　工程管线的最小覆土深度（m）

序号		1		2		3		4	5	6	7
管线名称		电力管线		电信管线		热力管线		燃气管线	给水管线	雨水管线	污水排水管线
		直埋	管沟	直埋	管沟	直埋	管沟				
最小覆土深度/m	人行道下	0.50	0.40	0.70	0.40	0.50	0.20	0.60	0.60	0.60	0.60
	车行道下	0.70	0.50	0.80	0.70	0.70	0.20	0.80	0.70	0.70	0.70

注：10 kV 以上直埋电力电缆管线的覆土深度不应小于 1.0 kV。

其中有关管道的覆土埋深、垂直净距等见表 11-1。

采用垂距简表表示法具有简便的特点，因为是在综合平面图上直接表示，可以一目全观，便于全面了解各交叉点情况。其缺点是当交叉管线复杂时，往往在图中绘制不下，显然，这种方法适用于管线不太复杂的情况。

（2）垂直表表示法

垂直表表示法是在管线交叉编号后，依号将管线标高等各种数据填入另行绘制的交叉管线垂距表中。有关管线冲突和处理的情况可填入垂直表附注栏内，待修正后再填入各相应栏中，见表 11-2。

表 11-2　设施管线交叉时的最小垂直净距/m

序号	下面的管线名 净距/m 上面的管线名	1	2	3	4	5		6	
		给水管线	污、雨水排水管线	热力管线	燃气管线	电信管线		电力管线	
						直埋	管块	直埋	管块
1	给水管线	0.15							
2	污、雨水排水管线	0.40	0.15						
3	热力管线	0.15	0.15	0.15					
4	燃气管线	0.15	0.15	0.15	0.15				
5	电信管线　直埋	0.5	0.5	0.15	0.5				
	管块	0.15	0.15	0.15	0.15				
6	电力管线　直埋	0.15	0.15	0.15	0.5	0.5	0.5	0.5	0.5
	管块	0.15	0.15	0.15	0.15	0.5	0.5	0.5	0.5
7	沟渠（基础底）	0.5	0.5	0.5	0.5	0.5	0.5	0.5	0.5
8	涵洞（基础底）	0.15	0.15	0.15	0.15	0.2	0.25	0.5	0.5
9	电车（轨底）	1	1	1	1	1	1	1	1
10	铁路（轨底）	1	1.2	1.2	1.2	1	1	1	1

注：大于 35 kV 直埋电力电缆与热力管线最小垂直净距应为 1.00。

垂直表表示法的优点在于不受管线交叉点标高图图画大小的限制，缺点是不如垂距简表表示法使用方便。这种方法适用于管线较为复杂的情况。

上述两种方法根据实际情况，也可同时并用，即一部分简单的管线交叉用垂距简表表示法,另一部分复杂的交叉口采用垂直表示法。

（3）直接标注高程法

直接标注高程法是在管线设施综合平面图上标注出地面高程、管径后,将管线交叉点用线引出,在图纸空白处注明管线相邻的外壁高程,如图 11-4 所示。用这种方法表示可以看到管线的全面情况,绘制简便且使用灵活。

在实际工作中用哪种方法表示管线交叉点标高,可根据管线和种类、数量等具体情况,以明晰、简单、方便为原则制定,有时甚至也可以用较大比例尺（例如 1∶1 000 或 1∶500）分别绘制交叉点高程图。

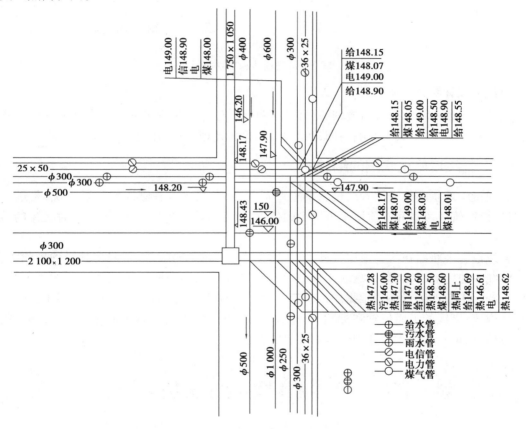

图 11-4 管线设施综合平面图

3）修正管道标准横断面图

在各单项工程完成初步设计后,各管线设施设计也更为具体,在绘制管线设施设计综合平面图的过程中,管线的平面高程均在调整、补充的基础上得到了确定,从而可对道路标准横断面图进行补充修订。道路标准横断面图数量较多,可分别绘制,汇订成册,以备使用。

对于同一道路现状的和规划的横断面应在图中表示出来,例如,用不同的图例和文字注释绘在同一图中,或者分别绘制,如图 11-5 所示。

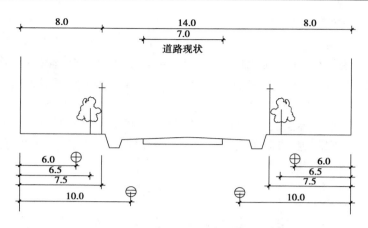

图 11-5　道路现状和规划横断面

4)编制设计综合说明书

设计综合说明书的内容与规划综合说明书相仿,但综合过程中需对所发现的问题以及一些目前还不能解决,但又不影响当前建设的问题提出处理意见,并记入说明书中。

11.3.3　管线设施现状图的编制

管线设施现状图是表明管线现状的重要资料,它反映了各种管线的实际情况,是进行城乡建设管理、管线改建和扩建所不可缺少的依据,也是各建设单位在设计、施工时必需的参考资料。

管线设施现状图在每一单项工程(或工程某一段)竣工验收后,就需将其绘到现状图上。现状管线改建完成后,也需根据竣工图修正现状图。现状图一般采用较大的比例尺来绘制,如1:2 000~1:5 000,具体可根据城市规模、管线复杂程度而定。管线工程现状图主要包含以下具体内容:管线的平面位置和标高、检查井间距、相邻管线之间的净距等。此外,还可制订一些表格,以记录图中无法详细绘入的必要资料。

11.4　城乡管线综合设施规划设计实例分析

11.4.1　规划设计的法律依据和基础资料汇编

《城市工程管线综合规划规范》(GB 50289—2016)适用于城市总体规划(含分区规划)、详细规划阶段的设施综合规划。本规范是城乡设施(市政道路)管线综合规划设计的基本依据。住宅小区和厂区的管线综合设计可参照执行《建筑给水排水设计标准》(GB 50015—2019)关于管线间距的规定。

在设计过程中,各种管线设施规划和道路规划是管线综合规划设计的基础。其中排水规划和道路规划尤其重要。管线综合是以排水管线布置为基础展开的。首先要保证排水管道的平面和竖向位置,保证排水的顺畅;同时,管线综合必须在道路、排水规划和有效地形图的基础上才能进行,以保证管线平面和竖向规划的合理性和可操作性。基础资料的收集特别是现状管线的调查是做好管线综合设计的关键。基础资料包括现状资料、勘察资料、现有规划资料和管线单位的提资要求等。前期调查做得扎实,后续工序才能顺利进行。管线综合规划与其他专项规划的协调是一个非常重要的过程,设计人员往往容易疏忽两者关系,使得辛苦进行的管线布置由于与其他专项规划有大的矛盾而不得不重来。城乡设施管线综合规划应与城乡道路交通、居住区、城乡环境、给水、排水、热力、电力、燃气 电信、防洪排涝、人防等设施的规划进行衔接和协调,只有在这些规划的基础上对工程管线的平面和竖向进行统一规划,并对各种专业规划进行进一步完善和修正,才是合格的城乡工程管线综合规划。

11.4.2 国外管线综合的发展状况

在国外,管线的综合设计体现在铺设综合管廊。铺设综合管廊是综合利用地下空间的一种手段。部分发达国家已实现了将市政设施的地下供水、排水管网发展到地下大型供水系统、地下大型能源供应系统、地下大型排水及污水处理系统,与地下轨道交通和地下街相结合,构成了完整的地下空间综合利用系统。

综合管廊最早见于法国。1833 年为了改善城市的环境,巴黎系统地在城市道路下建设了规模宏大的下水道网络,同时开始兴建综合管廊,其断面最大的地方达到了宽约 6.0 m,高约5.0 m,接纳了给水管道、通信管道、压缩空气管道及交通通信电缆等公用设施,形成了世界上最早的综合管廊。目前,巴黎已建设综合管廊 100 km 以上,形成了较为完善的综合管廊网络。

1861 年,英国首都伦敦在兴建格里歌大街时就建造了宽为 3.66 m,高为 2.29 m 的半圆形地下综合管廊,其中容纳了煤气管道、上水管道及下水干管道。1893 年,德国为了配合汉堡地区的道路建设,与单侧人行道下的建筑相接,在人行道下建造了长约 455 m 的给水管综合管廊。随后又建造了布佩鲁达尔综合管廊,总长约 300 m。断面净宽为 3.4 m. 高度为 1.8 ~2.3 m。其中有煤气和上水管道。

1933 年,苏联在莫斯科、列宁格勒、基辅等地新建或改建街道时建设了综合管廊,并且研制了预制构件现场拼装的装配式综合管廊。

1953 年,西班牙也在马德里积极发展综合管廊的建设,同时大体完成了 20 年的规划与建设。

1963 年,日本颁布了《关于共同沟建设的特别措施法》(简称《共同沟实施法》)。1963 年10 月 4 日同时颁布了《共同沟实施令》和《共同沟法实施细则》。并在 1991 年成立了专门的综合管廊管理部门,负责推动共同沟的建设工作。有关综合管廊法规的颁布,奠定了综合管廊建设的基础,自此综合管廊的建设出现了飞跃式发展。至 2001 年日本全国已兴建超过 600km 的综合管廊,在亚洲地区名列第一,截止到 2021 年,日本仍是世界上综合管廊建设速度最快、规划最完整、法规最完善、技术最先进的国家之一。

从 2014 年开始,在国家一系列政策的引导下,我国大中城市地下综合管廊行业发展迅猛,从 25 个试点城市的初步探索,到 2018 年 460 多个城市地下综合管廊项目的开工建设,全国正迎来城市地下综合管廊建设的新时代。

11.4.3 国内管线综合的发展状况

我国第一条综合管廊是 1958 年在北京市某广场下建设的约 1.3 km 的综合管道,断面为长方形,宽3.5~5.0 m,高2.3~3.0 m,埋深7.0~8.0 m。1979年,大同市在新建道路交叉口下建设共同沟,沟内设置有电力电缆、通信电缆、给水管道、污水管道。

1991年,台北市配合铁路地下化完成了中华路(北门至和平西路)第一条综合管廊建设,至2003年12月31日已经在21个地段建设了干线综合管廊、支线综合管廊及电缆沟。合计干线综合管廊60 111 m,支线综合管廊沟52 026 m,电缆沟66 005 m。台湾省在1992年规划城市管线综合管廊长约65 km,并将在台北市的快速路下修建了一条长约7 km的管线综合管廊。

1994年,上海开始建设浦东新区张杨路综合管廊。张杨路综合管廊位于浦东新区张杨路南北两侧人行道下,西起浦东南路,东至金桥路,全长11.125 km。沟体为钢筋混凝土结构,其横断面形状为矩形,由电力室和燃气室两部分组成。电力室中央敷设给水管道,两侧设有支架,分别设电力和通信电缆;燃气室为单独一孔室,内敷设燃气管道。共同沟里还配有各种安全配套设施。有排水、通风、照明、通信广播、闭路电视监视、火灾检测报警、可燃气体检测报警、氧气检测、中央计算机数据采集与显示等系统。

2001年,深圳市对大梅沙—盐田坳共同沟进行了可行性研究,沟体采用半圆形城门拱形断面,高2.85 m,宽2.4 m,结构采用初期支护和二次衬砌的钢筋混凝土复合断面结构,内设给水管道、压力污水管道、高压输气管道以及电力电缆。目前,此共同沟已经建成,是深圳市第一条共同沟。此条综合管廊由电力、供水、电信、移动、铁通、联通、广电传输网络等7个单位,按使用容量分摊资金合股建设。

广州大学城共同沟沿中环路呈环状结构布局,全长约10 km,宽为7 m,高为2.8 m,主要布置供电、供水、供冷、电信、有线电视5种管线。该综合管廊是广东省建设的第一条共同沟。

2003年,上海松江新城示范性地下共同沟工程开工。长度为323 m,高度和宽度均为2.4 m,沟内从上到下依次铺设了粗细不等的电力电缆、通信电缆、有线电视电缆、给水管道、燃气管道等。

2004年,广州市结合科韵路南延长线道路改造,建造了一条全长约3.5 km的共同沟,共有电信、移动、联通等多家通信运营商参与。该项工程完工后,广州市的通信管道集约化"同沟同井"管线将达到45 km。

2015年可谓是我国大规模开始综合管廊建设的元年。从2015年8月3日国务院办公厅下发《关于推进城市地下综合管廊建设的指导意见》开始,国家政策层面对城市综合管廊的推进和支持力度不断加大。我国地下管廊建设从2015年开始试点,截至2022年6月底,全国279个城市、104个县累计开工建设管廊项目1 647个,长度5 902 km,形成廊体3 997 km。

11.4.4 管线综合的平面设计和竖向设计

管线的平面和竖向设计是管线综合规划设计的核心内容。

1)管线的位置

规范规定,综合管廊位置应根据道路横断面、地下管线和地下空间利用情况等确定。干线综合管廊宜设置在机动车道、道路绿化带下。支线综合管廊宜设置在道路绿化带下、人行道下或非机动车道下。缆线综合管廊宜设置在人行道下。设计人员通常会犯的错误是,将给水输水、燃气配气管线布置在机动车道下面,错误理解规范对燃气输气、给水输水的界定。如果管线一旦出现问题,将可能影响交通和对机动车道路基造成损毁,产生严重后果。因此,所有管线原则上应布置在人行道、非机动车道或绿化带下面,如必须布置在机动车道下面,应选择慢车道布管。对于路幅宽度大于50 m的道路,可考虑两侧对称布置管线,以减少管线间的横穿。

2)重要管线回避原则

一些区域性或市域性重要管线,发生事故时会带来较大的损失或危害,在布置这类管线时,应尽量安排分开在道路两侧,以避免两种及以上的这类管线因靠得太近(尽管管线距离符合规范要求)而出现问题,避免当其中一条出现问题时,对其他区域性或市域性重要管线产生影响和危害而引发更大的事故。这类管线包括燃气(天然气)输气管、输油管、给水输送管等。

3)管线竖向设计

(1)管线高程控制

合理安排好各管线平面位置后还应合理地控制各管线高程。一般来说,从上至下管线顺序依次为电力管(沟)、电信管(沟)、煤气管、给水管、热力管、雨水管、污水管。电力管(沟)一般深为1.2 m左右,电信管沟深为1.3 m。因此将煤气管、给水管覆土控制在1.4 m左右,而将雨水管起点覆土控制在1.5 m左右,污水管起点覆土控制在2.0 m左右,可在高程上使各管线基本相互错开。具体应根据管线断面、地面高程、冻土层深度等进行合理确定。

(2)管线垂直间距控制及交叉处理

《城市工程管线综合规划规范》(GB 50289—2016)规定一般市政管线之间的最小垂直净距为0.15 m,个别管线如电力管沟与其他管线最小垂直净距为0.50 m。若管线在高程上不能满足规范要求,则按照"压力管让重力管、小管径让大管径、支管让干管、可弯曲管线避让不可弯曲管线"的原则进行管线交叉处理。如遇管径压力管线与重力管线交叉无法避开时,可采用4个45°弯头绕开。若该压力管为给水管,且从重力管上方布管而覆土不够时,既可采取管道加强处理措施,也可从排水管下方走,但须给水管做钢套管以避免污水管对其造成污染。

在实际设施设计或施工时有些同为重力管线而又实在难以避开时,如雨、污管线因受污水管各因素制约而无法相互错开,则做成交叉井形式。即可将污水管线直接穿过交叉井,雨水管线在井中断开,而燃气管则需采用室外埋地或独立沟槽的方式处理。

管线规划横断面图如图11-6所示。

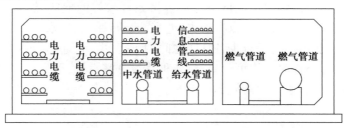

图11-6   管线规划横断面图

4)管线过河涌和桥梁

管线过河涌和桥梁的方式是设计中需要明确或提出解决方法的内容,须根据各种管线及河涌桥梁的要求视具体情况确定。管线过河涌一般从河底通过预埋或顶管等方式通过,而且应该根据河涌的不同功能控制管线与河涌底的垂直净距。当河涌上设置桥梁时,部分管线可以挂桥通过,建议挂桥的管线通过管廊统一通过,以满足城市景观和安全的要求。管廊应该在桥梁设计时一并考虑。燃气管道通常不允许挂桥,电力或给水管线挂桥通过必须在规范允许的范围内进行,如果通过的管线对桥梁安全构成潜在威胁,则必须从河底通过并与桥梁保持足够的安全距离。

5)管线布置在公路(快速路)

现代城乡发展很快,部分公路道路由于处于城乡建成区内,逐步具有城乡道路或快速路的性质,通常这些道路需布置城市管线。在这些道路布置管线需充分考虑其公路性质,布管要符合公路设计规范的要求,其主车道不允许布置管线,如有辅道,可以布置在辅道上。管线尽量在这些道路的人行道、非机动车道或绿化带下面布置,在绿化带下布置管线,要对绿化植物种类提出要求,以不影响管线的安全为宜。管线从下面横穿公路时,要根据公路设计规范采取相应的技术措施。

6)道路边坡不宜布线

道路边坡易出现塌方等问题,可能损毁在边坡布置的管线,因此,道路边坡尽量不要布置管线。当遇到此类道路时,建议将管线布置在道路边坡外的平坦平面上。

7)高压天然气管布线

目前,适用高压天然气管线(设计压力大于 1 MPa)的设计规范有《城镇燃气设计规范(2020 版)》(GB 50028—2006)和《输气管道工程设计规范》(GB 50251—2015)等,两者的要求有所不同。对于穿越城市建成区或规划区的高压天然气管线,原则上应参照《城镇燃气设计规范(2020 版)》(GB 50028—2006)。在布置该类管线时,需要考虑建筑物的安全控制距离。根据区域的性质不同,分为一至四类地区,其中四类地区要求对建筑物的最小安全控制距离是 30 m,当管材采取特殊措施时可以减少到 20 m。无论采取怎样的安全控制距离,设计时都需要做到管线位置安排合理,以满足最小安全控制距离的控制要求,特殊地方不能满足要求时,需对建筑物进行拆迁处理。高压天然气管线对易燃易爆设施场所的安全控制距离,也是在管线综合规划设计时应注意考虑的问题。

8)综合管沟布线

随着城市和乡村的发展,城乡管线逐步向地下化、集约化的模式发展,管理的要求越来越高,应用综合管沟能很好地解决以上问题。在经济条件较好的地区,综合管沟已得到了较为广泛的应用。综合管沟内的管线可以有给水、电力、通信、燃气、污水压力管等管线,重力流排水管一般不安排在管沟内。为了减少各管线之间的干扰,电力、通信分设在管沟两侧,给水管线于管沟中间布置,有条件时管沟可分室,将各种管线分室设置,可最大限度地减少管线间的影响。综合管沟在我国属于快速发展的新阶段。

11.5   乡村管线设施综合规划

按照美丽乡村建设总体规划要求,分类指导地下管线建设情况,村庄应根据地形地貌特点合理确定排水管道、电力电信管道、供热燃气管道等设施的规模和位置。然而现阶段不少乡村因缺乏统一规划,供水、排水、燃气、电力等地下管线基础设施建设存在反复开挖,混乱不堪的现象,这不仅直接影响到乡村的生态环境,也严重扰乱了居民的正常生产生活秩序。

11.5.1　乡村管线设施的发展现状

1）规划设计方面

乡村地下管线没有科学的规划设计,重视地上、忽视地下的情况屡见不鲜,对地下管线系统没有一套科学和严格的管理方法和体系。一般乡村地下管线(给水、排水、燃气、电力、通信)分别由数个专业部门规划设计,又由不同的施工单位对其施工,造成地下管线档案资料格式不统一;另外,市政府对地下管线的规划缺乏综合性和协调性,是地下管线资料不齐全,管理效率低下的直接原因。

2）建设施工方面

在管线施工中,覆土前没有严格的竣工测量,虽然对管线分布复杂的地段有竣工测量,但在地下管线分布单一的地段没有竣工测量而直接覆土,很难得到施工实测成果数据并存档。在工程改造中,乡村管线资料分类不明确,管理混乱,往往是乡村管线资料来源不明确,精度不明确,图文表格不统一的原因所在。由于缺乏地下管线现状分析,道路及管线施工有时不能按正常的设计施工,往往是在现场修改管线走向与埋深。因地下管线资料的缺漏和偏差以及地下管线的分布情况不清,曾经造成施工过程中地下管线损坏并导致停水、停电、停气等事故发生。此类事故的结果非常严重,给当地人民的正常用水用电造成了很大的不便。

3）信息档案管理方面

信息档案管理:依据国家档案局出台的《城市建设档案归属与流向暂行办法》,除军事工程档案资料按《中华人民共和国军事设施保护法》办理外,包括道路、桥涵、排水、供水、燃气、供热、照明、供电、邮政、电信等工程(设施)档案材料及管网现状图,都在乡村建设档案馆的接收存档范围。

然而,目前乡村地下管线的信息档案管理十分混乱,信息档案不仅内容不齐全,而且资料格式也不统一。各地下管线产权单位对自己的地下管网档案资料一般都是自己管理,主动向档案馆报送地下管线档案资料的产权单位占所有管线产权单位的比例很小。因此,城建档案馆对乡村最新的地下管线档案资料掌握存在不足。市政管理部门只有部分供水管、雨水管、排污管以及燃气管道的地下走向图资料,供电、电信、有线电视等地下管线铺设信息档案几乎没有。结果在管道施工中,频频出现地下管线遭毁事件,并且在管线出现故障时,乡村管线故障检索速度很慢,事故处理容易受到影响。

11.5.2　乡村管线设施的特点

①乡村地下管线的隐蔽性决定了资料的完整、准确及动态管理的重要性。

②随着社会发展、科技进步与小城镇增多,小城镇物质流、能源流与信息流流量的增大,乡村地下管线的密集度有很大的增长,空间分布也急剧扩张。

③乡村地下管线分布与地面上人流、车流和建筑密度在空间分布上呈明显的正相关。

④乡村地下管线种类日益增多,与地下各项工程设施交叉的矛盾日益突出;各类管线的碰撞问题也日益突出。

⑤乡村地下管线越来越复杂,其网络功能日趋重要。主要的网络应该包括通信网、供水网、排水网、电力网、天然气管网等。网络功能的复杂化将会带来技术上的复杂和管理上的困难。

11.5.3 乡村管线设施面临的主要问题

目前,乡村地下管线主要存在以下问题:一是缺乏统一规划。乡村地下管线建设涉及水务、电力、电信、广电等多个部门,这些部门之间缺乏沟通协调,导致管线种类越齐全,管线布局越混乱。二是埋下安全隐患。近年来,随着城镇化进程的加快推进,乡村基础设施建设的快速发展,地下管线种类和数量也迅速增加,由于建设管理混乱,事故时常发生,其引发的停电、停水、道路塌陷等事故层出不穷。三是影响乡村环境。地下管线的管理各自为政,反复开挖,严重破坏了道路、绿化等地面基础设施,致使街道尘土飞扬,垃圾无法清扫,尤其是阴雨天气,泥水横流。

因此,各地政府针对乡村地下管线应制定统一建设改造规划,加快配套的制度建设,明确执法主体,依法进行管理,逐步形成权责分明的地下管线统一管理机制,并建立健全乡村地下管线信息管理系统,主要包括三维实景展示,防灾减灾,隐患排查,辅助规划,数据共享,查询、统计、打印出图等方面,为乡村地下空间的科学规划管理、抢险救灾、排查隐患、保障居民群众生命财产安全,政府决策等方面提供科学依据。

【思考题】

1. 城乡管线平面布置的要求是什么?

2. 管线布置在公路上有哪些要点,需要注意什么?

3. 综合管线工程编制有哪些步骤?

4. 城乡管线工程分为哪几类?

5. 国外综合管线发展的历程如何? 可以在互联网上查阅有关资料。

6. 同学们平常在居住区规划或其他规划设计中考虑了管线设施布局吗? 如果有管线设施,怎样考虑其布局?

参考文献

[1] 戴慎志. 城市基础设施工程规划手册[M]. 北京:中国建筑工业出版社,2002.

[2] 戴慎志. 城市工程系统规划[M]. 2版. 北京:中国建筑工业出版社,2008.

[3] 董铁山,董久樟. 燃气热力管道工程:市政工程施工技术问答[M]. 北京:中国电力出版社,2005.

[4] 郑连勇. 城市环境卫生设施规划指南:《城市环境卫生设施规划规范》实施手册[M]. 北京:中国建筑工业出版社,2004.

[5] 郭泽宇,陈玲俐. 城市用水量组合预测模型及其应用[J]. 水电能源科学,2018,36(1):40-43.

[6] 陈汝春. 城市给水管网系统的优化布置及其相关问题研究[J]. 科技信息,2011(7):327,299.

[7] 张祥中. 村镇给水工程规划设计用水量计算[J]. 小城镇建设,1994(4):8-9.

[8] 安少梅. 西咸新区给水专项规划研究[D]. 西安:西安建筑科技大学,2017.

[9] 王海燕. 市政排水施工技术存在的问题及解决措施[J]. 山西建筑,2018,44(19):83-84.

[10] 李亚峰,马学文,王培,等. 城市基础设施规划[M]. 北京:机械工业出版社,2014.

[11] 辛俊亮. 论城市给排水工程的发展现状和发展策略[J]. 建材技术与应用,2018(2):37-38,43.

[12] 纪强. 城市排水工程专项规划编制的分析[J]. 工程技术研究,2018(3):181-182.

[13] 夏国明. 供配电技术[M]. 北京:中国电力出版社,2004.

[14] 刘学军. 工厂供电[M]. 2版. 北京:中国电力出版社,2015.

[15] 庞清乐,郭文,李希年,等. 供电技术[M]. 北京:清华大学出版社,2015.

[16] 吴金广,史金龙. 新形势下城市电信工程规划中遇到的问题与思考[J]. 科技信息(科学

教研),2008(24):75,81.

[17] 张中平,徐佑军. OLAP 技术在电信领域中的应用[J]. 计算机工程与设计,2005,26（7）:1950-1952.

[18] 许杰. 通信光缆网络线路规划设计问题探析[J]. 科技展望,2015,25(28):164.

[19] 傅耀威,徐泓,杨国威,等. 5G 移动通信技术发展现状与趋势[J]. 中国基础科学,2018（20）2:18-21.

[20] 马辉. 大数据在城市规划中的应用[J]. 工程技术研究,2018(15):251-252.

[21] 肖珈琦,陶建荣. 城市电力工程规划编制探讨[J]. 规划师,2006,22(S1):95-96.

[22] 吕小京. 试论新形势下城市电信工程规划中遇到的问题及对策[J]. 长江信息通信,2011,24(5):143-144.

[23] 袁利亨,高茂洲. 城市燃气管道设计与施工若干问题的探讨[J]. 内蒙古科技与经济,2017(20):36.

[24] 曹丽荣. 浅析城市燃气管道设计施工中的常见问题[J]. 居舍,2017(25)25:62.

[25] 王达周. 城镇燃气管道设计中安全间距探讨[J]. 科技展望,2015,25(12):107.

[26] 薛皓文. 城市燃气管道的技术创新探究[J]. 经济师,2015(8):286-287.

[27] 王超. 浅谈城市燃气管道的优化设计[J]. 黑龙江科技信息,2014(26):210.

[28] 王晓,尹宗杰,张胜军,等. 常见力学试验结果与聚乙烯燃气管道力学破坏的关系[J]. 塑料工业,2015,43(12):93-94,140.

[29] 张静. 城市燃气企业的成本控制与管理[J]. 企业改革与管理,2018(7):167-168.

[30] 荆东佼,李晓绿,郑建旭. 城市燃气供销差原因分析和治理措施[J]. 城市燃气,2017（2）:24-27.

[31] 王飞,徐瑞萍. 供热工程中规划与现状的协调问题[J]. 太原理工大学学报,2001,32（1）:88-90,93.

[32] 贺平,孙刚,吴华新,等. 供热设施[M].5 版 北京:中国建筑工业出版社,2021.

[33] 王晓夫,王蓉. 关于建设优化安全环保的城市供热体系的建议[J]. 决策咨询,2015(4):63-67.

[34] 安徽省城镇供热协会. 中国南方城市供热(冷)联盟发起人会议隆重召开[J]. 煤气与热力,2014,34(10):25.

[35] 李晨龙. 供热工程项目成本管理对策研究[A]// 2016 供热设施建设与高效运行研讨会会议论文专题报告[C].2016.

[36] 刘福玲.《供热工程》课程教学改革初探[C]//"决策论坛——管理科学与经营决策学术研讨会"论文集(上). 北京,2016:228.

[37] 刘铁峰. 供热管网的施工质量管理[C]//2016 供热工程建设与高效运行研讨会会议论文专题报告. 南京,2016:227-228.

[38] 谢金宁,谭勇,刘怡妃. 城市公共厕所布局合理性分析:以湘潭市雨湖区为例[J]. 环境卫生工程,2011,19(6):4-6.

[39] 黄迎峰. 城市环境卫生专业规划编制研究:以郴州市为例[D]. 长沙:中南大学,2012.

[40] 曹巍. 浅析环卫设施恶臭防治现状[J]. 环境卫生工程,2014,22(3):79-80.

[41] 李慧,付昆明,周厚田,等. 农村厕所改造现状及存在问题探讨[J]. 中国给水排水,

2017,33(22):13-18.

[42] 段学坤. 农村生态旱厕空间环境及无障碍设施的设计研究[D]. 天津:南开大学,2011.

[43] 钱七虎. 城市可持续发展与地下空间开发利用[J]. 地下空间,1998(2):69-74,126.

[44] 包志毅,陈波. 城市绿地系统建设与城市减灾防灾[J]. 自然灾害学报,2004,13(2):155-160.

[45] 仇保兴. 我国城镇化高速发展期面临的若干挑战[J]. 城市发展研究,2003,10(6):1-15.

[46] 徐波. 城市防灾减灾规划研究[D]. 上海:同济大学,2007.

[47] 方国华,钟淋涓,苗苗. 我国城市防洪排涝安全研究[J]. 灾害学,2008,23(3):119-123.

[48] 杨延军,姜韦,郭东军,等. 城市人防工程总体规划理论初探[J]. 地下空间,2002(1):79-82,96.

[49] 高冬梅. 对我国城市人防工程建设的思考[J]. 新建筑,2004(5):25-29.

[50] 陈霞. 我国城市人防工程的开发策略研究[D]. 北京:北京交通大学,2014.

[51] 林枫,杨林德. 现代战争条件下城市人防工程的功能[J]. 地下空间,2004(2):229-231,274.

[52] 白洋. 城市工程管线综合规划设计关键技术研究[D]. 西安:西安建筑科技大学,2012.

[53] 张彩恋. 城市地下综合管廊建设刍议[J]. 城建档案,2009(8):24-25.

[54] 徐秉章. 建设市政综合管廊中存在的主要问题及对策[J]. 中国市政工程,2009(4):72-74,84.

[55] 胡静文,罗婷. 城市综合管廊特点及设计要点解析[J]. 城市道桥与防洪,2012(12):196-198,18.

[56] 王恒栋. 城市地下市政公用设施规划与设计[M]. 上海:同济大学出版社,2015.

[57] 冉春雨. 供热工程[M]. 北京:化学工业出版社,2009.

[58] 北京市人民防空办公室. 居民防空防灾应急手册[M]. 北京:原子能出版社,2004.

[59] 蒂莫西·比特利. 绿色城市主义:欧洲城市的经验[M].邹越,李吉涛,译. 北京:中国建筑工业出版社,2011.

[60] 朱建达,苏群. 村镇基础设施规划与建设[M]. 南京:东南大学出版社,2008.

[61] 于水. 农村基础设施建设机制创新[M]. 北京:社会科学文献出版社,2012.

[62] 蔡守华. 水生态工程[M]. 北京:中国水利水电出版社,2010.

[63] 张培新. 燃气工程[M]. 北京:中国建筑工业出版社,2004.

[64] 崔玉川. 城市污水厂处理设施设计计算[M]. 2版. 北京:化学工业出版社,2011.

[65] 高光智. 城市给水排水工程概论[M]. 北京:科学出版社,2010.

[66] 琼·菲茨杰拉德. 翡翠城市:欧美城市发展启示录[M]. 温莹莹,乔坤,译. 北京:中国商业出版社,2011.

[67] 冯敏. 现代水处理技术[M]. 2版. 北京:化学工业出版社,2012.

[68] 高峰,高泽华,文柳,等. 无线城市:电信级 Wi-Fi 网络建设与运营[M]. 北京:人民邮电出版社,2011.

[69] 帕特里克·格迪斯. 进化中的城市:城市规划与城市研究导论[M].李浩,吴骏莲,叶冬青,等,译. 北京:中国建筑工业出版社,2012.

[70] 理查德·海沃德. 城市设计与城市更新[M]. 王新军,李韵,刘谷一,等,译. 北京:中国建筑工业出版社,2009.

[71] 胡修坤. 村镇规划[M]. 北京:中国建筑工业出版社,1993.

[72] 本书编委会. 城市地下空间开发利用关键技术指南[M]. 北京:中国建筑工业出版社,2006.

[73] 江波,史晓婷. 日本城市与城市文化[M]. 北京:中国社会科学出版社,2011.

[74] 姜润宇. 城市燃气:欧盟的管理体制和中国的改革[M]. 北京:中国物价出版社,2006.

[75] 蒋建国. 城市环境卫生基础设施建设与管理[M]. 北京:化学工业出版社,2005.

[76] 焦双健,魏巍. 城市防灾学[M]. 北京:化学工业出版社,2006.

[77] 李群. 城市人防工程建设多维探讨[M]. 北京:中国经济出版社,2010.

[78] 李亚峰,朴芬淑,蒋白懿. 给水排水工程概论[M]. 北京:机械工业出版社,2009.

[79] 林伯强. 中国能源问题与能源政策选择[M]. 北京:煤炭工业出版社,2007.

[80] 刘兴昌. 市政工程规划[M]. 北京:中国建筑工业出版社,2006.

[81] 德克里斯蒂安·隆格,马库斯·沙伊贝尔. 城市导视:城市公共指引系统[M]. 王婧,译. 沈阳:辽宁科学技术出版社,2010.

[82] 马东辉,郭小东,王志涛. 城市抗震防灾规划标准实施指南[M]. 北京:中国建筑工业出版社,2008.

[83] 马良涛. 燃气输配[M]. 北京:中国电力出版社,2004.

[84] 牛强. 城市规划GIS技术应用指南[M]. 北京:中国建筑工业出版社,2012.

[85] 钱文斌. 城市燃气基础教程[M]. 北京:机械工业出版社,2012.

[86] 任伯帜. 城市给水排水规划[M]. 北京:高等教育出版社,2011.

[87] 麻清源,麻晓晖,王冬岩. 数字化城市管理信息平台[M]. 北京:中国人民大学出版社,2009.

[88] 宋小冬,叶嘉安,钮心毅. 地理信息系统及其在城市规划与管理中的应用[M]. 2版. 北京:科学出版社,2010.

[89] 童林旭,祝文君. 城市地下空间资源评估与开发利用规划[M]. 北京:中国建筑工业出版社,2009.

[90] 王炳坤. 城市规划中的工程规划[M]. 天津:天津大学出版社,2011.

[91] 王腊春,史运良,王栋. 中国水问题:水资源与水管理的社会研究[M]. 南京:东南大学出版社,2007.

[92] 王学谦,唐永国. 建筑消防安全必读[M]. 北京:中国人民公安大学出版社,2001.

[93] 王宇清,宋永军. 集中供热工程施工[M]. 哈尔滨:哈尔滨工业大学出版社,2011.

[94] 吴俐民,丁仁军,冯亚飞,等. 城市规划信息化体系[M]. 成都:西南交通大学出版社,2010.

[95] 吴志强,李德华. 城市规划原理[M]. 4版. 北京:中国建筑工业出版社,2010.

[96] 徐志嫱,李梅. 建筑消防工程[M]. 北京:中国建筑工业出版社,2009.

[97] 姚雨霖,任周宇,陈忠正,等. 城市给水排水[M]. 2版. 北京:中国建筑工业出版社,1986.

[98] 于宏源,李威. 创新国际能源机制与国际能源法[M]. 北京:海洋出版社,2010.

［99］张长江. 城市环境色彩管理与规划设计［M］. 北京:中国建筑工业出版社,2009.

［100］张明,章健,沈黎明,等. 城市电力网规划［M］. 郑州:郑州大学出版社,2009.

［101］詹淑慧. 燃气供应［M］. 北京:中国建筑工业出版社,2004.

［102］赵景柱,等. 低碳城市发展途径及其环境综合管理模式［M］. 北京:科学出版社,2013.

［103］中国质检出版社第五编辑室. 城镇供热计量标准法规汇编［M］. 北京:中国标准出版社,2011.

［104］周云,李伍平,浣石,等. 防灾减灾工程学［M］. 北京:中国建筑工业出版社,2007.

［105］周福霖,张雁. 防震减灾工程研究与进展［M］. 北京:科学出版社,2005.

［106］朱庆,林珲. 数码城市地理信息系统:虚拟城市环境中的三维城市模型初探［M］. 武汉:武汉大学出版社,2004.